Sammlung geologischer Führer

Sammlung geologischer Führer

Herausgegeben von Peter Rothe

Band 106

Gebr. Borntraeger · Stuttgart · 2011

Spessart

Geologische Entwicklung und Struktur, Gesteine und Minerale

von

Martin Okrusch, Gerd Geyer
und Joachim Lorenz

mit Beiträgen von Jürgen Jung

mit 2 Karten und 103 Abbildungen

Gebr. Borntraeger · Stuttgart · 2011

Anschriften der Autoren:

Prof. Dr. Martin Okrusch, Institut für Geographie und Geologie, Am Hubland, 97074 Würzburg. E-mail: okrusch@uni-wuerzburg.de

Prof. Dr. Gerd Geyer, Am Rubenland 17, 97084 Würzburg.
E-mail: gerd.geyer@uni-wuerzburg.de

Joachim Lorenz, Graslitzer Str. 5, 63791 Karlstein a. Main.
E-mail: Jo.Lorenz.Karlstein@t-online.de

Titelbild: Felsgruppe unterhalb des Pompejanums in Aschaffenburg (Aufschluss 59): Goldbacher Orthogneis mit steilstehender Schieferung. Im Hintergrund das Aschaffenburger Schloss, erbaut aus Miltenberger Sandstein (Calvörde-Formation, Unterer Buntsandstein).

Für die Förderung der Drucklegung dieses Buches danken Verlag und Herausgeber der:

Unterfränkischen Kulturstiftung

und der

Stiftung Sparkasse Mainfranken

1. Auflage 1965 (Matthes/Okrusch)

ISBN 978-3-443-15093-8
Information on this title: www.schweizerbart.de/9783443150938

Gedruckt auf alterungsbeständigem Papier nach ISO 9706-1994

Satz: Satzpunkt Ursula Ewert GmbH, Bayreuth
Druck: Tutte Druckerei GmbH, Salzweg
Printed in Germany

Verlag: Gebrüder Borntraeger Verlagsbuchhandlung, Johannesstraße 3A, 70176 Stuttgart, Germany
www.borntraeger-cramer.de, mail@borntraeger-cramer.de

Inhalt

Vorwort

Mit seinen ausgedehnten Eichen- und Buchenwäldern, lieblichen Tälern und alten Städten gehört der Spessart, der bereits im Nibelungenlied als „Spehtshart“ erwähnt wurde, zu den schönsten Kulturlandschaften Deutschlands. Seine Attraktivität als Fremdenverkehrsgebiet wurde durch die Einrichtung des Naturparks Spessart in den sechziger Jahren des vorigen Jahrhunderts erheblich gesteigert und hat in jüngster Zeit durch die Aufnahme in das Projekt „Europäische Kulturwege“ nochmals erheblich zugenommen. Träger dieses zukunftsweisenden Unternehmens, das den Besuchern Geologie, Landschaftsbild und Geschichte des Spessarts näher bringen möchte, sind der bereits seit 1876 bestehende Spessartbund e.V. und das 1998 gegründete Archäologische Spessart-Projekt e.V.

Gerade im Spessart sind die Beziehungen zwischen Landschaft und Gesteinsuntergrund sehr eng. Geologische Kenntnisse eines Gebietes bieten deshalb eine gute Grundlage, das Landschaftserlebnis zu vertiefen. Bemerkenswerte Anfänge geologischer und mineralogischer Forschung, nicht zuletzt angeregt durch einen alten Bergbau, sind uns im Spessart seit dem 18. Jh. überliefert; gegen Ende des 19. Jh. waren die geologischen Formationen des Spessarts, seine Gesteine und viele seiner Minerale in Grundzügen bekannt. Die erdwissenschaftliche Beachtung, die unser Gebiet gefunden hat, kommt in einer Reihe international verwendeter Gesteins- und Mineralnamen zum Ausdruck. So benannte der berühmte Petrograph Harry Rosenbusch 1886 ein Gestein *Spessartit* nach einem Vorkommen im Gebiet von Aschaffenburg. Aber schon 1787 fand der in Braunschweig ansässige russische Diplomat Fürst Dimitri A. Gallitzin in der Gegend von Aschaffenburg das Mineral *Spessartin*, dessen Namengebung allerdings erst 1832 durch den französischen Mineralogen François Sulpice Beudant erfolgte. Im Jahr 1845 beschrieb Wilhelm Karl Ritter Haidinger erstmals das Mineral *Bieberit*, gefunden in den Kobaltbergwerken von Bieber; nach dem Hanauer Hutfabrikanten und Mäzen Carl Rössler benannte der Heidelberger Mineraloge Reinhard Blum 1861 das ebenfalls in Bieber vorkommende Magnesiumarsenat *Rösslerit*. Erst im Jahre 2003 wurde wiederum ein neues Mineral aus dem Spessart beschrieben, durch die zuständige Fachkommission der International Mineralogical Association anerkannt und nach seiner Fundlokalität an der Hartkoppe bei Sailauf als *Sailaufit* benannt.

Die offizielle geologische Kartierung ist im Spessart weit fortgeschritten, aber noch nicht zum Abschluss gebracht. Von den 24 Blättern im Maßstab 1:25.000 wurden durch das Bayerische Geologische Landesamt die Blätter 5920 Alzenau, 5921 Schöllkrippen, 5922 Frammersbach, 6020 Aschaffenburg, 6021 Haibach, 6022 Rothenbuch, 6023 Lohr und 6123 Marktheidenfeld neu herausgegeben; die Blätter 5923 Rieneck, 5924 Gemünden und 6121 Heimbuchenthal sind derzeit im Druck. Das Hessische Geologische Landesamt brachte das Blatt 5721 Gelnhausen neu heraus. Demgegenüber sind die älteren geologischen Karten vergriffen, so die von der ehemaligen Preußischen Geologischen Landesanstalt publizierten Blätter 5722 Salmünster, 5723 Altengronau, 5820 Langenselbold, 5821 Bieber und 5822 Lohrhaupten (Wiesen), die hessischen Blätter 6120 Obernburg und 6220 König (Wörth a. M.) sowie die badischen Blätter 6222 Nassig (Stadtprozelten) und 6223 Wertheim. Besonders im Buntsandstein des südwestlichen Spessarts sind einige Karten noch nicht erschienen. Hier wirkt sich auch die seit Jahrhunderten bestehende Grenzsituation innerhalb des Spessarts aus, da wir uns in einem Grenzgebiet zwischen Hessen, Bayern und Baden-Württemberg bzw. deren historischen Vorläufer-Territorien befinden.

Gleichlaufend mit der geologischen Neukartierung im Maßstab 1:25.000 setzte seit den fünfziger Jahren des 20. Jh. eine Periode der modernen geowissenschaftlichen Forschung ein, die auch heute noch nicht abgeschlossen ist. Sie wurde hauptsächlich von den Universitäten Würzburg, Göttingen und Frankfurt am Main getragen, aus denen zahlreiche Diplom- und Doktorarbeiten zur Geologie des Spessarts hervorgingen. Die Anwendung moderner strukturgeologischer, mineralogischer, petrologischer, geochemischer, geochronologischer und geophysikalischer Methoden führte insbesondere im kristallinen Grundgebirge des Vorspessart zu wichtigen neuen Erkenntnissen, die in der Neuauflage dieses geologischen Führers eine angemessene Darstellung finden müssen. Ebenso hat sich unser Verständnis der sedimentbildenden Prozesse wesentlich erweitert und vertieft, so dass die Sedimentfolgen des permomesozoischen Deckgebirges heute anders dargestellt werden müssen, als in der ersten Auflage des geologischen Spessartführers von Siegfried Matthes und Martin Okrusch im Jahre 1965. Seitdem hat sich unser geologisches Weltbild grundlegend gewandelt: die Plattentektonik als übergeordnetes und fachübergreifendes Prinzip hat sich durchgesetzt. Deshalb wird in dieser Neuauflage die Spessartgeologie stärker in den Zusammenhang mit der geologischen und geotektonischen Entwicklung Mitteleuropas gestellt, als das 1965 der Fall war. Ein Problem für geologische Exkursionen im Spessart ist die deutlich verschlechterte Aufschluss-Situation. So sind die instruktiven Buntsandstein-Aufschlüsse, die durch den Neubau der Autobahntrasse A3 entstanden waren, inzwischen fast vollständig verfallen und überwachsen. Das gleiche gilt für viele Kristallin-Aufschlüsse. Leider ebnet man neu geschaffene Aufschlüsse, z. B.

im Straßenbau, aus falsch verstandenem Naturschutzinteresse sehr schnell ein und deckt solche „Narben“ mit „Einheitsgrün“ zu.

Unser geologischer Exkursionsführer in den Spessart ist für den Fachkundigen, der sich orientieren will, in gleicher Weise aber auch für den interessierten Naturfreund und Mineraliensammler als Anleitung und Anregung gedacht. Dabei wollen wir uns nicht darauf beschränken, beobachtbare Fakten darzustellen, sondern versuchen, geologische Prozesse auch für den Anfänger einsehbar zu machen. Wichtige Fachbegriffe, deren Verwendung unvermeidbar ist, sollen im Text so weit wie möglich erklärt werden. Die beigefügte Übersichtskarte des gesamten Spessarts (Karte 1) und des kristallinen Grundgebirges (Karte 2) dienen dabei als Orientierungshilfe. Die Aufschlüsse werden etwa in der Reihenfolge beschrieben, wie die einzelnen Gesteinseinheiten im Einführungsteil behandelt worden sind. Bei der Auswahl der insgesamt 294 Aufschlüsse haben wir eine sinnvolle Verteilung über den Spessartraum angestrebt und uns bemüht, Städte und größere Landgemeinden angemessen zu berücksichtigen.

Die enge Beziehung zwischen Landschaft und Gesteinsuntergrund lässt sich am besten auf einer Fußwanderung begreifen. So haben wir bei unseren Exkursionsvorschlägen im besonderen Maße die markierten Wanderwege des Spessartbundes berücksichtigt. Mehrere wichtige Aufschlüsse liegen an den inzwischen über 70 europäischen Kulturrundwegen im Spessart und wurden durch das Archäologische Spessart-Projekt neu zugänglich gemacht.

Unser Dank gilt insbesondere Dr. Jürgen Jung (Aschaffenburg) für die sorgfältige Gestaltung der geologischen Karten (Karte 1 und 2) sowie für die Textbeiträge zum Tertiär und Quartär. Den größten Teil der Strichzeichnungen verdanken wir Klaus-Peter Kelber, einige weitere Winfried Weber. Abb. 16 wurde von Professor Dr. Thomas Will, Abb. 24 und 25 von Dr. Volker von Seckendorff zur Verfügung gestellt. Peter Späthe stellte in bewährter Weise zahlreiche Dünnschliffe von Spessartgesteinen her. Für hilfreiche Diskussionen und Anregungen danken wir Professor Dr. Hartwig Frimmel, Dr. Jürgen Kempf, Professor Dr. Ulrich Schüßler, Dr. Volker von Seckendorff, Dr. Barbara Sponholz, Professor Dr. Thomas Will und Professor Dr. Armin Zeh. Für wohlwollende Unterstützung sind wir den Steinbruchsbetreibern Erich Fuchs (Sailauf), Dr. Christof Hommertgen (HeidelbergCement Lengfurt), Alexander Hufgard (Feldkahl) und Erwin Stahl (Dörrmorsbach) sowie den Bediensteten der Forstbetriebe und der kommunalen Behörden zu großem Dank verpflichtet. Die gute Bildausstattung dieses geologischen Führers wurde durch großzügige Zuwendungen der Unterfränkischen Kulturstiftung beim Bezirk Unterfranken und der Stiftung Sparkasse Mainfranken gefördert. Dafür gilt Herrn Regierungspräsidenten Erwin Dotzel und Herrn Dr. Rudolf Fuchs unser besonderer Dank. Professor Dr. Peter Rothe (Mannheim) und Dr. Andreas Nägele (Gebr. Borntraeger Stuttgart) sei für die vertrauensvolle Zusammenarbeit herzlich gedankt. Nicht zuletzt möchten wir unseren Frauen Dr. Marion Kraßnitzer-Geyer, Helga Lorenz und Irene Okrusch für ihr freundliches Verständnis und die Mithilfe bei der Korrektur danken.

Wir übergeben diesen geologischen Spessartführer der Öffentlichkeit in der zuversichtlichen Hoffnung, neue Freunde, vor allem auch in der Jugend, für eine ernsthafte Begegnung mit der Geologie zu gewinnen.

Würzburg, im Juli 2011
Die Verfasser

Grenzüberschreitende Informationen zum Spessart erhält man durch den Spessartbund e. V., 63739 Aschaffenburg. Tel.: 06021-15224; e-mail: geschaeftstelle@spessartbund.de. (www.spessartbund.de) und das Archäologische Spessart-Projekt e.V., Treibgasse 3, 63739 Aschaffenburg. Tel. 06021-5840343; e-mail: info@spessartprojekt.de (www.spessartprojekt.de).
Die Fotos stammen, wenn nicht anders angegeben, von J. A. Lorenz.

1. Geographischer Überblick

Zwischen Rhön und Odenwald, Vogelsberg, Untermainebene und Fränkischer Platte gelegen, umfasst der Spessart das gesamte Mainviereck und das Gebiet zwischen Kinzig und Sinn. Die Abgrenzung ist somit etwa durch die Städte Aschaffenburg – Miltenberg – Wertheim – Lohr – Marktheidenfeld – Gemünden – Schlüchtern – Gelnhausen – Alzenau – Aschaffenburg gegeben.

Der Spessart zeigt den gleichen geologischen Aufbau wie die Randgebirge des Oberrheingrabens: Buntsandstein über kristallinem Sockel. Dadurch ergibt sich eine Gliederung in zwei natürliche Einheiten: Der *Vorspessart* besteht aus *kristallinem Grundgebirge*, dessen steilstehende Gesteinsserien eine kuppige, vielfach gegliederte Hügellandschaft erzeugen, in der Wald gegenüber Wiesen und Äckern zurücktritt. Größere Wälder sind auf den harten Quarzitrücken des Hahnenkamms (436 m), der höchsten Erhebung des Vorspessarts, beschränkt. Die Grundgebirgslandschaft wird von der Landstufe des Buntsandsteins überragt, die durch die rückschreitende Erosion der Flüsse und Bäche vielfach zerlappt und in zahlreiche markante Auslieger und Zeugenberge gegliedert ist. Die flach nach Osten einfallende, durch Störungen in Schollen zerbrochene *Buntsandsteintafel* baut den *Hochspessart* auf, dessen weitgespannte Bergrücken mit dichten, z. T. uralten Wäldern bestanden sind. Ausgeprägte Bergformen fehlen; die höchste Erhebung des Spessarts, der Geiersberg-Breitsol (586 m) ist nur durch seine Sendeanlagen weithin sichtbar. Einen ganz eigenen Landschaftstyp stellt das tiefeingeschnittene *Maintal* mit seinen ständig wechselnden Bildern und seinen alten, an Kunstschätzen reichen Städten dar.

Das *Gewässernetz* fließt ausnahmslos dem Main zu, der die örtliche Erosionsbasis bildet. Der Vorspessart wird durch die dichtbesiedelten Talfurchen der Aschaff (mit Laufach und Bessenbach) und der Kahl aufgeschlossen. In den Wiesentälern des Hochspessarts liegen dagegen nur wenige Ortschaften. Die Talungen sind hier tief eingeschnitten und zeigen die für Buntsandsteingebiete typische Kastenform. Elsava, Hafenlohr, Lohr, Sinn (mit Jossa) und Kinzig (mit Orbbach und Bieberbach) sind die wichtigsten Wasserläufe.

Den Spessart durchziehen uralte *Verkehrswege*, die überwiegend auf den Höhen verliefen. Der Eselsweg verband die Orber Saline mit Miltenberg, die Birkenhainer Straße Würzburg mit den staufischen Kaiserpfalzen Gelnhausen und Seligenstadt. Die alte Handelsstraße von Frankfurt am Main über Würzburg nach Nürnberg, die den Spessart zwischen Aschaffenburg und Markttheidenfeld durchquert, wird in Wilhelm Hauffs „Wirtshaus im Spessart“ (1825/27) erwähnt. In den Jahren 1854 und 1866–68 wurde der Spessart in Etappen durch die Bahnstrecken Würzburg – Frankfurt und Frankfurt – Fulda für den modernen Massenverkehr erschlossen; sie stellen heute wichtige ICE-Strecken der Deutschen Bahn dar. Die Bahnlinien im Maintal und die private Kahlgrundbahn sind von Bedeutung für den Personennahverkehr. Dem schnellen Autoverkehr stehen neben den Bundesstraßen 8, 26 und 276 mehrere Autobahnen zur Verfügung. Von ihnen gehört die Spessart-Autobahn A3 Frankfurt – Würzburg – Nürnberg heute zu den wichtigsten, meistbefahrenen und häufig überlasteten europäischen Fernverbindungen. Die Bundesautobahnen A45 Aschaffenburg – Hanau – Gießen und A66 Frankfurt – Hanau – Fulda begleiten den Spessart an seiner West- bzw. Nordwest-Seite. Mit der Einweihung des Main-Donau-Kanals im Jahr 1992 hat sich der Güterverkehr auf dem Main auf das Vierfache gesteigert.

Das Gebiet um die Stadt Aschaffenburg (68.700 Einwohner) ist Teil des Rhein-Mainischen *Wirtschaftsraums* mit dem Zentrum Frankfurt am Main. Außer Werken der chemischen, papierherstellenden, holz- und metallverarbeitenden Industrie spielen Klein- und Mittelbetriebe eine wichtige Rolle. Die ehemals bedeutende Konfektionsbranche ist dagegen stark zurückgegangen. Dienstleistungen wie das Transportgewerbe werden zunehmend wichtig. Das nahegelegene Hanau (88.650 E.) ist durch seine Edelmetall-Industrie (Platin), die Herstellung von Quarzglas und Autoreifen sowie den Apparatebau bekannt geworden; die Kernindustrie kam unter dem Einfluss einer gewandelten Umweltpolitik zum Erliegen. In Karlstein (8.000 E.) befand sich als „Versuchsatomkraftwerk Kahl“ eines der ersten Kernkraftwerke Deutschlands. Alzenau (18.700 E.) und Kleinostheim (8.200 E.), wo zahlreiche Betriebe neu aufgebaut wurden, profitierten von der „Industrieflucht“ aus dem nahen Hessen. Von den Orten im Maintal hat Obernburg (8.500 E.) Zellstoff-Industrie, Erlenbach am Main (9.900 E.) und Miltenberg (9.200 E.) haben holz-, stein- und metallverarbeitende Industrie, Wertheim (23.550 E.) ist durch Geräteglas-Herstellung und Maschinenbau bekannt geworden, Marktheidenfeld (10.800 E.), Lohr (15.700 E.) und Gemünden (10.650 E.) verfügen über metall- und holzverarbeitende Industrie. Die hessischen Orte Schlüchtern (16.800 E.), Gelnhausen (21.500 E.) und Bad Orb (9.800 E.) sind durch Land- und Forstwirtschaft bzw. durch den Fremdenverkehr geprägt.

Abgesehen von den wenigen Lössflächen ist die Bodenqualität im Vorspessart nicht gut; auf der Buntsandsteintafel des Hochspessarts sind die Böden meist ausgesprochen arm. Deshalb und wegen fortgesetzter Realteilung wurde die *Landwirtschaft* bis weit ins 20. Jh. hinein von kleinbäuerlichen Betrieben dominiert. Im Mittelalter durchaus wohlhabend, mussten viele Menschen, die ursprünglich in der Landwirtschaft tätig waren, ihren Lebensunterhalt als Waldarbeiter und als Treiber bei herrschaftlichen Jagden verdienen. So herrschte besonders seit dem 17. bis hinein ins 19. Jh. im Spessart bittere Armut, die auch durch den insgesamt bescheidenen, teilweise staatlich geförderten Bergbau, durch die Glashütten und Eisenhämmer kaum gemildert wurde. Eine Folge war das Armuts-bedingte Räuber-Unwesen, das im Spessart-Museum in Lohr eindrucksvoll dokumentiert ist und die Vorlage für Wilhelm Hauffs „Wirtshaus im Spessart" lieferte. In einem Gutachten für die bayerische Staatsregierung hat der große Mediziner Rudolf Virchow (1821–1902) „Die Noth im Spessart" (1852) in erschütternder Weise beschrieben. Erst mit dem Anstieg der Industrialisierung und der zunehmenden Motorisierung hat sich – insbesondere nach dem Zweiten Weltkrieg – ein durchgreifender Strukturwandel vollzogen. Heute pendeln Arbeitnehmer aus dem gesamten Spessart zu den Industriestandorten am Main. Die Bauernhöfe wurden weitgehend in Nebenerwerbsbetriebe umgewandelt, oft aber auch ganz aufgegeben. Eine der Folgen ist die Zunahme des Waldbestandes.

Nach wie vor hat daher die *Forstwirtschaft* eine besondere Bedeutung im Spessart. Die großen Waldareale befinden sich im Besitz des Staates und einiger alter Adelsgeschlechter. Von diesen und von zahlreichen privaten Pächtern wird die Jagd auf die immer noch reichen Wildbestände gepflegt. Dabei kommt es zur Konkurrenz zwischen den Anliegen der Forstwirtschaft und den Interessen der Jäger, die an einem großen Wildbestand interessiert sind. Bereits von Ausrottung bedrohte Tierarten wurden im Spessart erfolgreich wieder angesiedelt, z. B. der Biber und die Wildkatze.

Ausgedehnte Wälder und stille Wiesentäler machen den Spessart zu einem beliebten *Fremdenverkehrsgebiet.* Der rührige Spessartbund und die örtlichen Verkehrsvereine leisten hierzu wichtige Beiträge durch die Anlage von Park- und Rastplätzen, die Markierung von Wanderwegen und die Herausgabe von Publikationen, darunter die beliebte Zeitschrift „Spessart". Der Naturwissenschaftliche Verein Aschaffenburg, die Wetterauische Gesellschaft für die gesamte Naturkunde in Hanau und der Geschichts- und Kunstverein e. V. in Aschaffenburg leisten mit ihren Publikationen wichtige Beiträge zur Landeskunde des Spessarts. In Zusammenarbeit mit dem Spessartbund bemüht sich der Verein Naturpark Spessart e. V., die Naturlandschaft des Spessarts unverfälscht zu erhalten und dem Erholung suchenden Menschen nahe zu bringen. Erfreulicherweise werden in jüngster Zeit durch die Wanderwege des Spessartbundes und die Europäischen Kulturwege des Archäologischen Spessartprojekts e. V. auch Punkte von geologischem Interesse einer breiteren Öffentlichkeit nahegebracht.

2. Geologie und Gesteinsaufbau des Spessarts

2.1. Überblick

Der Spessart baut sich aus Gesteinen von ganz unterschiedlichem Alter und unterschiedlicher Beschaffenheit auf, die man drei Hauptgruppen von geologischen Formationen zuordnen kann:

1. Das *kristalline Grundgebirge* im Vorspessart besteht aus *metamorphen und magmatischen Gesteinen*. Sie bilden den tieferen und zugleich älteren Untergrund, der durch die Abtragung jüngerer Deckschichten freigelegt wurde. Metamorphe Gesteine entstehen durch die Deformation und Umkristallisation älterer sedimentärer, magmatischer oder bereits metamorpher Gesteine unter dem Einfluss veränderter physikalisch-chemischer Bedingungen, insbesondere von Druck und Temperatur. Bei der Gesteinsmetamorphose kommt es zu Änderungen im Gefüge, im Mineralbestand und z. T. auch in der chemischen Zusammensetzung der Ausgangsgesteine. Im Bereich dessen, was wir heute Spessart nennen, wurden im Zeitraum vom jüngeren Proterozoikum vor ca. 600 Millionen Jahren (600 Ma) bis zur Wende Silur/Devon vor ca. 400 Ma verschiedenartige Sedimente abgelagert, in die vulkanische Gesteine, überwiegend Basalte eingeschaltet waren. In diese vulkano-sedimentäre Serie drangen vor ca. 400 Ma heiße Gesteinsschmelzen (Magmen) ein, die zu Graniten auskristallisierten. Im Zuge der Variscischen Orogenese (Gebirgsbildung) vor ca. 350 Ma wurde der gesamte Komplex metamorph überprägt, wobei aus Sedimenten Glimmerschiefer, Paragneise, Quarzite und Marmore, aus Basalten Amphibolite und aus Graniten Orthogneise entstanden. Gegen Ende dieser Orogenese vor ca. 330 Ma kam es im Südteil des Vorspessarts wiederum zur Intrusion von Magmen, die zu Quarzdioriten und Granodioriten, untergeordnet auch zu Graniten auskristallisierten. Wenig später drangen in den Quarzdiorit-Granodiorit-Komplex auf Nord-Süd-gerichteten Spalten magmatische Schmelzen ein, die zu Lamprophyr-Gängen erstarrten. Im Westen wird das Spessart-Kristallin durch das N–S bis NNW–SSO streichende Störungsbündel der Spessart-Randverwerfung abgeschnitten, deren Sprunghöhe im Raum Aschaffenburg 200–250 m, im Raum Alzenau 500 m erreicht (Weinelt 1967, 1971). Im Zeitraum zwischen 340 und 330 Ma lag der heutige Spessart sehr nahe am Äquator, vor 300 Ma etwa unter 11,5° südl. Breite.

2. Der Hauptteil des Spessarts, der stark bewaldete Hochspessart, wird von sedimentären Gesteinen des *permo-mesozoischen Deckgebirges* eingenommen, welche die Kristallingesteine des Grundgebirges diskordant überdecken und heute eine markante, in zahlreiche Auslieger und Zeugenberge aufgelöste Landstufe bilden. Während des späten Karbons und der Rotliegend-Zeit im frühen Perm, im Zeitraum zwischen ca. 300 und 270 Ma, wurde das kristalline Grundgebirge herausgehoben und unterlag der Abtragung. Die Abtragungsprodukte der Kristallingesteine wurden in Senken abgelagert; besonders an der Nordwest-Seite des Spessart-Kristallins lässt sich diese sedimentäre Entwicklung präzise nachverfolgen. Wie auch in anderen Teilen Mitteleuropas kam es während der Rotliegend-Zeit vor ca. 290 Ma auch im Spessart zu Vulkan-Ausbrüchen; wichtigste Beispiele sind die Rhyolithe von der Hartkoppe und vom Rehberg bei Sailauf. Gegen Ende des Perms, vor 258 Ma, drang das Zechstein-Meer in den heutigen Spessartraum vor und überflutete weite Bereiche des kristallinen Grundgebirges; es bildete sich eine Flachsee-Küste mit zahlreichen Inseln und Halbinseln. Über dem wenige Meter mächtigen Zechstein-Konglomerat, entstanden aus dem Verwitterungsschutt der Kristallingesteine, kam es zur Ablagerung des ebenfalls geringmächtigen, aber früher wirtschaftlich wichtigen Kupferschiefers. Darüber folgen in einer Mächtigkeit von bis zu 45 m die Zechstein-Dolomite der Werra-Formation. Gegen deren Ende zog sich das Zechstein-Meer aus dem Spessartgebiet zurück; die Region fiel trocken, die Dolomite verwitterten und verkarsteten. Erst mit dem Leine- und dem Aller-Zyklus kam es zur erneuten Meeres-Überflutung (Transgression) und wiederum zur Bildung von Dolomiten und Tonsteinen.

Die Schichten des Zechsteins werden von den über 500 m mächtigen Sedimentgesteinen des Buntsandsteins überlagert. Es handelt sich überwiegend um Sandsteine, die im Zeitraum zwischen 251 und 243 Ma in verzweigten Fluss-Systemen erzeugt wurden. Sie enthalten geringmächtige Zwischenlagen von Ton- und Schluffsteinen; erst im Röt, dem obersten Buntsandstein, überwiegen feinklastische Gesteine.

Das Muschelkalk-Meer, das weite Teile Mitteleuropas überflutete, bedeckte auch die Region des heutigen Spessarts. Die Muschelkalk-Gesteine wurden aber bis auf einen geringen Rest wieder abgetragen. Grundgebirge und permotriadisches Deckgebirge wurden anschließend durch Störungen zerlegt, die überwiegend NW–SO streichen. In diesen Störungszonen drangen im Zeitraum zwischen etwa 150 und 90 Ma, d. h. in der mittleren Jura- und frühen Kreide-Zeit, heiße, wässerige (hydrothermale) Lösungen ein, aus denen Gänge von Baryt, seltener auch von Sulfiderzen auskristallisierten. Im gleichen Zeitraum ist eine Phase hydrothermaler Aktivität in anderen Teilen Mitteleuropas, wie z. B. im Harz, im Rheinischen Schiefergebirge, im Erzgebirge und im Schwarzwald belegt, wobei ökonomisch bedeutsame Erz- und Mineral-Lagerstätten entstanden. Auch im Spessart gaben diese Mineralisationen bis ins 20.

Jh. hinein Anlass zu bergbaulichen Aktivitäten und besaßen so eine gewisse wirtschaftliche Bedeutung.

3. Mit großem zeitlichem Abstand erfolgte die Ablagerung von jungen *Sedimenten der* Tertiär- *und Quartär-Zeit.* Hierzu gehören die Tone, Sande und Braunkohlenlager des Oberpliozän (ca. 1,7 Ma) im Maintal, die tertiären Rotlehme und andere Zeugen der tiefgründigen Verwitterung unter Bedingungen des tropisch-wechselfeuchten Tertiär-Klimas. Aus dem Pleistozän mit seinem Wechsel von Kalt- und Warmzeiten stammen die Terrassenschotter im Maintal und seinen Nebentälern, der periglaziale Wanderschutt, Löss, Lösslehm, Flugsand und Hanglehm, aus dem Holozän die alluvialen Talfüllungen und Schwemmkegel. Der ausgedehnte Vulkanismus der Tertiär-Zeit, der weite Bereiche Mittel- und Westeuropas prägte, hat nur im Nordteil des Spessarts, im Grenzbereich zur benachbarten Rhön, größere Spuren hinterlassen.

Seit der mittelalterlichen Entwaldung des Spessarts kam es, infolge der damit verbundenen verstärkten Erosion, zur Ablagerung großer Sedimentmassen in den Tälern. Darüber hinaus erfuhr das natürliche Gländerelief und damit die Landschaft seit dem 19. Jh. eine zunehmende Umgestaltung, bedingt durch den Einsatz von Maschinen und die sinkenden Kosten für den Massentransport. Zeugnisse der natürlichen Reliefentwicklung werden durch diese *anthropogenen Eingriffe* weithin getilgt, z. T. in flächenhaftem Ausmaß, oft auch mit schädlichen Folgen für die Umwelt. Dazu gehört neben den Flurbereinigungen auch der Bau von Straßen, die Einrichtung von Baugebieten für Gewerbe- und Wohnbauten, die Gewinnung von Sand, Kies und Schotter und die Verwendung von weit heran transportierten Baumaterialien. So stammen teilweise die Wasserbausteine aus dem Odenwald, der Schotter auf den Waldwegen im Spessart aus dem Raum Würzburg, die Bahnschotter aus dem Vogelsberg, um nur einige Beispiele zu nennen. Diese künstliche Ablagerung und die durch natürliche Abtragungsvorgänge noch verstärkte Verteilung von fremdem Gesteinsmaterial erschwert nicht nur im Spessart, sondern auch in anderen Gebieten die geologische Kartierung mittels Lesesteinen.

2.2. Das kristalline Grundgebirge im Vorspessart

Zusammen mit den isolierten Kristallin-Komplexen der nördlichen Vogesen, des Pfälzer Waldes, des Bergsträßer und Böllsteiner Odenwaldes, von Ruhla-Brotterode im Thüringer Wald und des Kyffhäusers bildet das Spessart-Kristallin einen Bestandteil der SW–NO streichenden Mitteldeutschen Kristallinschwelle (Brinkmann 1948) oder Mitteldeutschen Kristallinzone (Abb. 1). Bohrungen im Hochspessart und in der Rhön (Trusheim 1964, Weinelt et al. 1985, Schmidt et al. 1986) sowie Kristallingesteine, die als Fremdeinschlüsse (Xenolithe) in den tertiären Vulkaniten der Rhön gefunden wurden (z. B. Franz

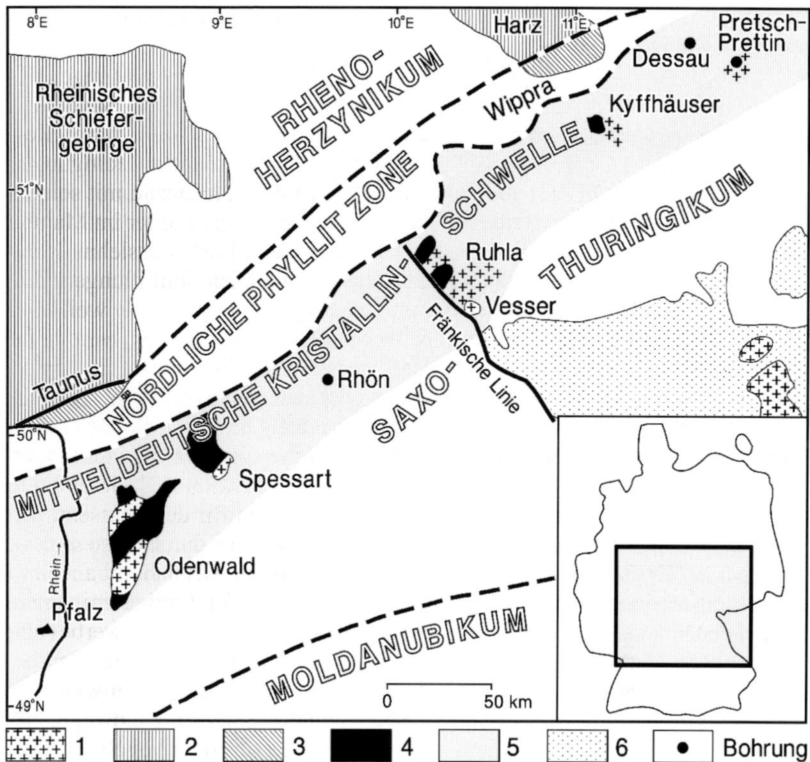

Abb. 1. Die wichtigsten tektonischen Einheiten im Zentralteil der mitteleuropäischen Varisciden. **1** Variscische Plutone (Gabbros, Diorite, Granodiorite, Granite) von Visé- bis Namur-Alter (360–320 Ma), überwiegend posttektonisch; **2** Rhenoherzynikum: Devonische und karbonische Sedimente und Vulkanite, variscisch sehr schwach metamorph überprägt. **3** Nördliche Phyllitzone: Prädevonische Sedimente und Vulkanite, Grünschiefer-faziell metamorph. **4** Aufgeschlossene und **5** überdeckte Anteile der Mitteldeutschen Kristallinschwelle: Proterozoische bis silurische Sedimente mit eingeschalteten basischen Vulkaniten und spätsilurischen bis frühdevonischen Plutoniten, die während der Variscischen Orogenese überwiegend Amphibolit-faziell metamorph überprägt wurden, mit variscischen Plutonen (**1**). **6** Saxothuringikum: Präkambrische bis unterkarbonische Sedimente, Vulkanite und Plutonite, Grünschiefer-, Amphibolit- oder Granulit-faziell metamorph , stellenweise mit Hochdruck-Relikten. Modifiziert nach Franke (1989), Oncken (1997) und Zeh et al. (2000).

& Seifert 1998), belegen eine Verbindung zwischen dem Spessart-Kristallin und dem Ruhlaer Kristallin im tieferen Untergrund.

2.2.1. Die Gesteinsserien des Spessart-Kristallins (Karte 2, Abb. 2, 3)

Wie bereits Bücking (1892) und Thürach (1893) erkannt hatten, gliedert sich das Spessart-Kristallin in eine Reihe SW–NO streichender Gesteinsverbände. Diese weisen unterschiedlichen lithologischen Charakter auf, wurden aber im Zuge der Variscischen Gebirgsbildung unter recht einheitlichen Druck-Temperatur-Bedingungen stark deformiert und metamorph umgeprägt (z. B. Matthes & Okrusch 1977, Okrusch 1983, 1995, Okrusch & Weber 1996). Im Folgenden werden die lithostratigraphischen Einheiten, in denen metamorphe Sedimentgesteine vorherrschen, als „Formationen" bezeichnet, wobei sich die Namensgebung an die „Stufen" von Thürach (1893) anlehnt (Hirschmann & Okrusch 1988, 2001). Zusätzlich werden die Bezeichnungen aus den amtlichen geologischen Karten angegeben (Weinelt 1962, Okrusch & Weinelt 1965, Okrusch et al. 1967, Streit & Weinelt 1971), ferner die Aufschlussnummern. Die Beschreibung folgt dem vermuteten geologischen Alter dieser Formationen. Danach werden die Orthogneise des Spessart-Kristallins sowie der Quarzdiorit-Granodiorit-Komplex mit seinen Lamprophyr-Gängen behandelt. Eine detaillierte Beschreibung der Gesteinsgefüge und der Mineralbestände erfolgt bei den jeweiligen Aufschlüssen. Darüber hinaus sind die Minerale des Spessart-Kristallins bei Lorenz (2010) detailliert beschrieben. Isotopische Altersdatierungen an Mineralen und Gesteinen des Spessart-Kristallins wurden bislang mit der Rubidium-Strontium- (Rb-Sr-), der Blei-Blei- (Pb-Pb-), Kalium-Argon- (K-Ar-) und Argon-Argon-(Ar-Ar-)Methode durchgeführt. Eine kurze Einführung in diese Methoden ist dem Mineralogie-Lehrbuch von Okrusch & Matthes (2009) zu entnehmen. Im Text sind die isotopischen Altersdaten mit ihren Standardabweichungen in Millionen Jahren (Ma) angegeben, z. B. 407 ± 2 Ma. Altersangaben ohne Standardabweichung sind nur Näherungswerte und entsprechen dem derzeitigen internationalen Kenntnisstand.

Geiselbach-Formation
Quarzit-Glimmerschiefer-Serie: **7**–**17**

Die Geiselbach-Formation stellt eine relativ monotone, etwa 2.500 m mächtige Folge aus Granat-führenden Glimmerschiefern und Quarz-Glimmerschiefern dar, die bei der Metamorphose aus tonigen bis tonig-sandigen Sedimentgesteinen gebildet wurden (Gabert 1957, Plessmann 1957, Schneider 1962); man bezeichnet sie daher als *Metapelite*. In sie sind markante, mehr oder weniger weit aushaltende Quarzitzüge eingeschaltet, die auf Lagen von Quarzsandstein

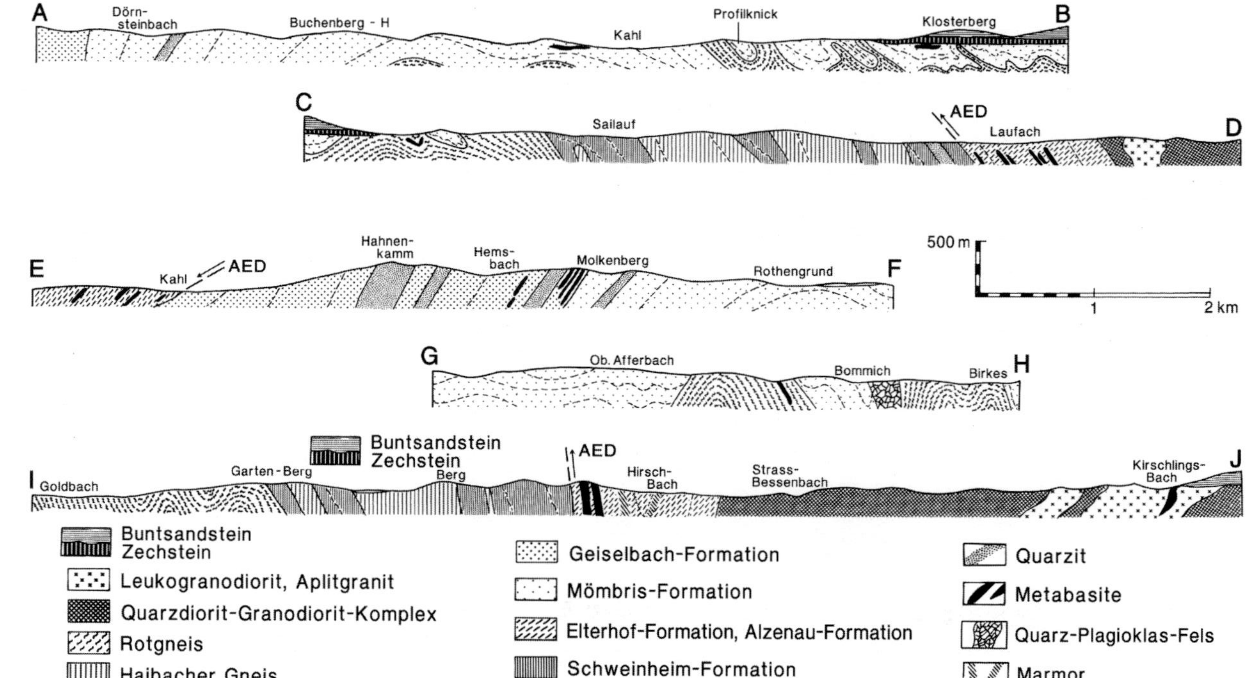

Abb. 2. Geologische Profilschnitte durch das Spessart-Kristallin; ihre Lage ist der geologischen Karte (Karte 2) zu entnehmen. Nach Weinelt (1962, 1965, 1967) aus Hirschmann & Okrusch (1988).

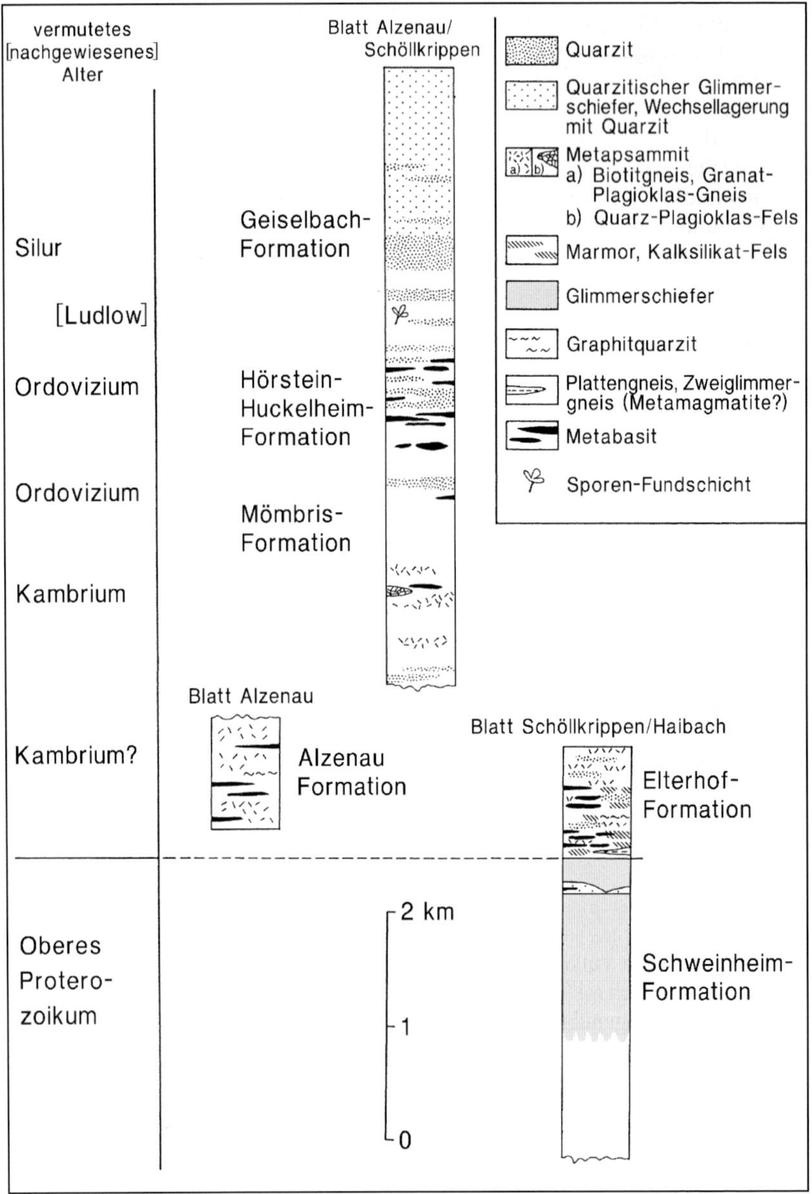
vermutetes
[nachgewiesenes]
Alter
Silur
[Ludlow]
Ordovizium
Ordovizium
Kambrium
Kambrium?
Oberes
Protero-
zoikum
Blatt Alzenau/
Schöllkrippen
Geiselbach-
Formation
Hörstein-
Huckelheim-
Formation
Mömbris-
Formation
Blatt Alzenau
Alzenau
Formation
Blatt Schöllkrippen/Haibach
Elterhof-
Formation
Schweinheim-
Formation
2 km
1
0
Quarzit
Quarzitischer Glimmer-
schiefer, Wechsellagerung
mit Quarzit
Metapsammit
a) Biotitgneis, Granat-
Plagioklas-Gneis
b) Quarz-Plagioklas-Fels
Marmor, Kalksilikat-Fels
Glimmerschiefer
Graphitquarzit
Plattengneis, Zweiglimmer-
gneis (Metamagmatite?)
Metabasit
Sporen-Fundschicht

zurückgehen (Metapsammite). Der größte Quarzitzug, der den Gipfel des Hahnenkammes trägt, lässt sich auf 15 km im Streichen verfolgen und besitzt eine Ausstrichsbreite von maximal 400 m (Karte 2, Abb. 2, Profil E-F).

Reitz (1987) konnte in quarzitischen Glimmerschiefern aus dem unteren Bereich der Geiselbach-Formation mikroskopisch *kleine Sporen* von fossilen Farnen (Pteridophyten) nachweisen, die eine Einstufung ins Silur, wahrscheinlich ins Ludlow erlauben, entsprechend einem Alter von ca. 420 Ma (Abb. 3) . Dieser Fund zeigt, wie stabil Pflanzenteile sich auch bei starker Metamorphose verhalten können.

Metabasitzug Hörstein – Huckelheim
21, 22

Im Grenzbereich zwischen der Geiselbach-Formation und der südöstlich anschließenden Mömbris-Formation konzentrieren sich linsenförmige Körper von metamorphen basischen Vulkaniten (Metabasiten), die einen ausgeprägten, SW–NO streichenden Gürtel bilden (Karte 2, Abb. 2, Profil E-F). Sie sind mit Quarzitzügen vergesellschaftet und in Glimmerschiefer eingelagert, die im SO-Teil bereits Staurolith (s. u.) führen. Zusammen mit den umgebenden Metasedimenten wird dieser, ca. 700–800 m mächtige Bereich neuerdings als *Hörstein-Huckelheim-Formation* ausgegliedert (Hirschmann & Okrusch 2001). Da diese Formation sehr unscharf begrenzt ist, wurde sie in Karte 2 und Abb. 2 nicht gesondert dargestellt. Die Metabasite sind schiefrige oder massige Amphibolite, die überwiegend aus Plagioklas und Hornblende bestehen und darüber hinaus Quarz, Epidot, Biotit und/oder Granat führen. Außerdem treten quarzreichere (Epidot-)Hornblende-Gneise auf.

Aufgrund ihrer geochemischen Charakteristik (Nasir 1986, Nasir & Okrusch 1991, Okrusch et al. 1990, 1995) lassen sich die vorherrschenden schiefrigen Amphibolite des Metabasitzuges und die massigen Biotit-Amphibolite vom Abtsberg bei Hörstein von subalkalischen Basalten (Tholeiiten) ableiten (Abb. 4a). Sie fallen im Diskriminations-Diagramm Ti vs. Zr nach Pearce (1982) in das Feld von Basalten vulkanischer Bögen (AL), teilweise allerdings in den Überschneidungsbereich mit dem Feld der Basalte mittelozeanischer Rücken (MORB, Abb. 5a). Demgegenüber weisen die Granat-Amphibolite vom Stbr. Abtsberg höhere SiO_2-Gehalte und Zr/Ti-Verhältnisse auf; sie besitzen somit andesitischen bis trachyandesitischen Charakter (Abb. 4a) und fallen im Diagramm Ti gegen Zr ins AL-Feld (Abb. 5a).

←

Abb. 3. Lithostratigraphische Gliederung des Spessart-Kristallins. Modifiziert nach Hirschmann & Okrusch (1988).

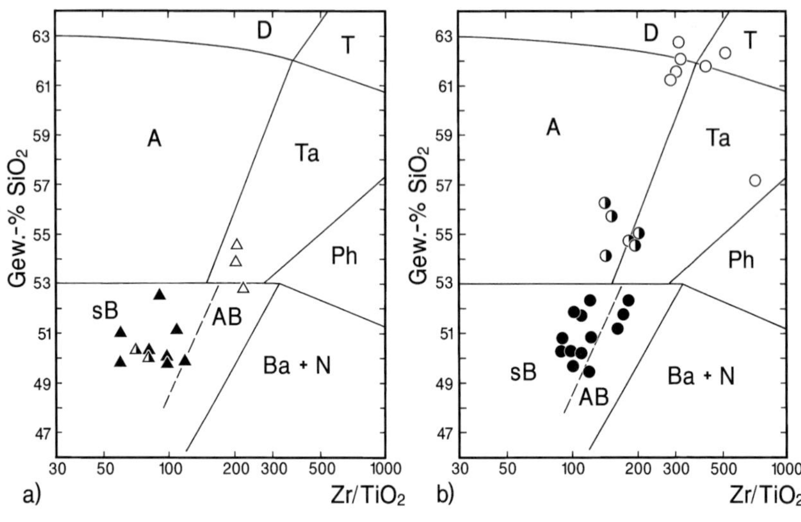

Abb. 4. Variationsdiagramm SiO_2 vs. Zr/TiO_2 nach Winchester & Floyd (1977) mit den Feldern von subalkalischen Basalten (sB), Alkalibasalten (AB), Basaniten und Nepheliniten (Ba+N), Andesiten (A), Daciten (D), Trachyandesiten (Ta), Trachyten (T) und Phonolithen (Ph). (a) Metabasitzug Hörstein – Huckelheim: Schiefrige Amphibolite (▲) massige Biotit-Amphibolite bei Hörstein (◭), Granat-Amphibolite bei Hörstein (Δ) (b) Metabasitzug Aschaffenburg – Feldkahl – Rottenberg: Amphibolite (•), Biotit-Hornblende-Gneise (◑), Hornblende-Gneise (o). (c) Metabasite der Alzenau-Formation (□) und der Elterhof-Formation (■). Nach Nasir & Okrusch (1991) und Okrusch et al. (1985).

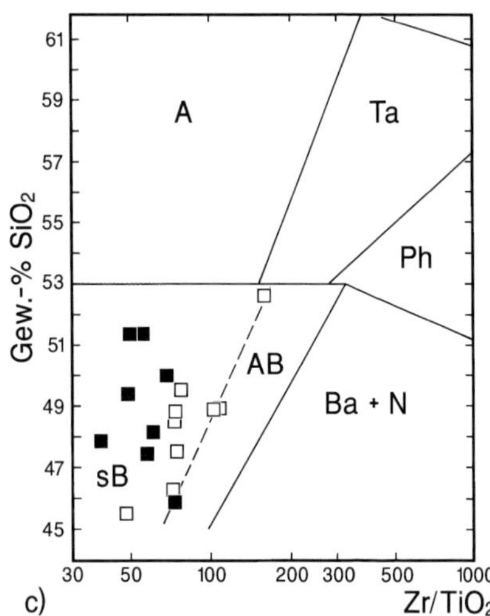

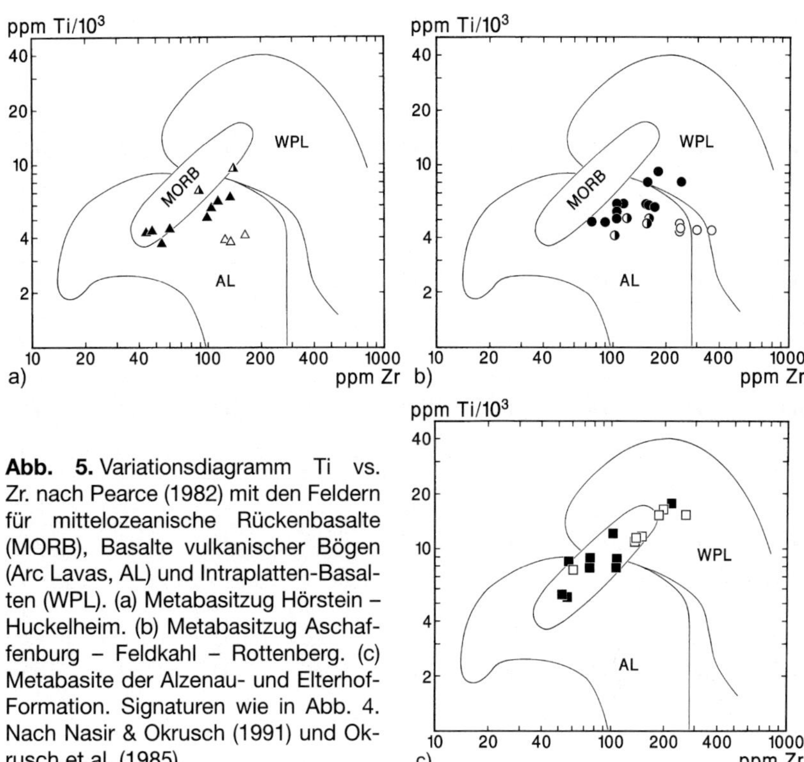

Abb. 5. Variationsdiagramm Ti vs. Zr. nach Pearce (1982) mit den Feldern für mittelozeanische Rückenbasalte (MORB), Basalte vulkanischer Bögen (Arc Lavas, AL) und Intraplatten-Basalten (WPL). (a) Metabasitzug Hörstein – Huckelheim. (b) Metabasitzug Aschaffenburg – Feldkahl – Rottenberg. (c) Metabasite der Alzenau- und Elterhof-Formation. Signaturen wie in Abb. 4. Nach Nasir & Okrusch (1991) und Okrusch et al. (1985).

Diese und andere geochemische Merkmale sprechen dafür, dass die vulkanischen Ausgangsgesteine dieses Metabasitzuges im Bereich eines konvergenten Plattenrandes gefördert wurden, wobei die Granat-Amphibolite auf Inselbogen-Vulkanite zurückgehen dürften. Demgegenüber wurden die vulkanischen Ausgangsgesteine der schiefrigen Amphibolite und der massigen Biotit-Amphibolite vermutlich in einem kleinen Meeresbecken gefördert, das hinter diesem Inselbogen, also im Backarc-Bereich lag. Der Vulkanismus fand wahrscheinlich zeitgleich mit der Ablagerung der assoziierten Sedimentfolge statt, die nach Smoler (1987) ebenfalls in einer Kontinentalrand-Situation erfolgte. Berücksichtigt man, dass sich der Fossil-Fundpunkt in der Geiselbach-Formation stratigraphisch etwa 500 bis 1.000 m oberhalb der Metabasite befindet (Reitz 1987), liegt eine zeitliche Einstufung dieses Vulkanismus in den Grenzbereich Ordovizium/Silur nahe (Nasir & Okrusch 1991, Okrusch et al.

1995; vgl. Abb. 3). Nach neuesten Erkenntnissen von Zeh & Gerdes (2010) wurde zu dieser Zeit durch die Kollision der Mikro-Kontinente Cadomia und Baltica der Rheic-Ozean geschlossen, wobei sich ein Inselbogen und vermutlich auch ein dahinter liegendes Backarc-Becken bildete (s. Abschnitt 2.2.4).

Mömbris-Formation

Staurolithgneis-Serie: **23–39**, **42**, **43**, **50**

Die Mömbris-Formation stellt – ähnlich wie die Geiselbach-Formation – eine relativ monotone, mindestens 2.000 m mächtige Folge aus metamorphen Tonsteinen (Metapeliten) und Grauwacken (Metapsammiten) dar, in denen Quarz, Plagioklas, Muscovit, Biotit und Granat in unterschiedlichen Mengenanteilen die Hauptminerale bilden (Matthes 1954, 1958). Im Gegensatz zur Geiselbach-Formation waren jedoch in den Metapeliten der Mömbris-Formation weithin die chemischen Voraussetzungen gegeben, dass sich das charakteristische metamorphe Mineral Staurolith, gelegentlich auch die Al-Silikate Kyanit und Sillimanit, seltener Andalusit bilden konnten (Matthes 1954, 1958). Die typischen Gesteine der Mömbris-Formation sind dementsprechend Staurolith-Granat-Glimmerschiefer und Staurolith-Granat-Plagioklas-Gneise (Paragneise). Die sedimentären Ausgangsgesteine waren durch Al-Überschuss, kombiniert mit einem hohen Fe^{2+}/Mg-Verhältnis gekennzeichnet. Nur untergeordnet treten eher sandige oder mergelige Einschaltungen auf, in denen kein Staurolith gebildet werden konnte und die heute als Granat-Plagioklas-Gneise vorliegen (z. B. **24**, **27**, **36**). Im Nordwesten ist in die Staurolith-führenden Metapelite ein langaushaltender, vielfach durch Störungen zerlegter Quarzitzug eingelagert (Karte 2; Abb. 2, Profile A-B, E-F), der die Grenze zwischen Mömbris- und Hörstein-Huckelheim-Formation bildet. Lokal begrenzte Quarzit-Einschaltungen finden sich am Kalmus bei Schöllkrippen (**18**). Der gleitende Übergang von der Geiselbach- über die Hörstein-Huckelheim- zur Mömbris-Formation belegt eine ununterbrochene Sedimentation, wenn auch in einem sich wandelnden Milieu. Smoler (1987) konnte geochemische Argumente dafür finden, dass das sedimentäre Ausgangsmaterial der Mömbris-Formation an einem Kontinentalrand abgelagert wurde, und zwar in geringer Entfernung vom Liefergebiet. Es handelt sich um ehemalige Trübstrom-Ablagerungen (Turbidite), für die ein Wechsel zwischen mehr tonigen und mehr sandigen Sedimentlagen charakteristisch ist. Bei der Metamorphose wurden die ehemaligen Tonsteine zu Staurolith-Granat-Glimmerschiefern und -Paragneisen, die ehemaligen Grauwacken zu Granat-Plagioklas-Gneisen umgeprägt.

Nachdem bereits Bücking (1879) auf die lithologischen Ähnlichkeiten zwischen dem Ruhlaer und dem Spessart-Kristallin hingewiesen hatte, führte Matthes (1954) erstmals den petrographischen und geochemischen Vergleich der

Staurolith-führenden Metapelite in beiden Kristallin-Komplexen durch und hielt ein kambrisches Alter der Mömbris-Formation für wahrscheinlich. Diese Einstufung, der auch Bederke (1957) folgte, blieb – außer von Neumann (1966) – unbestritten, wobei signifikante Kriterien rar sind. Sie beruht im Wesentlichen nur auf einer Entstehung der Formation aus einer wechselhaften, klastisch dominierten Abfolge, wie sie für das Kambrium am Nordrand Gondwanas üblich ist. Nach dem Fossilfund von Reitz (1987) muss allerdings damit gerechnet werden, dass zumindest der obere Teil der Mömbris-Formation noch bis ins Ordovizium reicht (vgl. Abb. 3). Obwohl die Metasedimente der Geiselbach-, der Hörstein-Huckelheim- und der Mömbris-Formation intensiv gefaltet und verschuppt sind, spricht nichts dagegen, dass hier im Wesentlichen eine normale stratigraphische Abfolge vorliegt. In der Bohrung Wiesen 2, die 1982 im Hochspessart niedergebracht wurde, traf man in 263 m Teufe einen Sillimanit-Staurolith-führenden Metapelit an, der sich der Mömbris-Formation zuordnen lässt (Weinelt et al. 1985). Staurolith-führende Glimmerschiefer treten auch als Xenolithe in Vulkaniten der Rhön auf (z. B. Franz & Seifert 1998).

Kleine Körper von Plagiogranit bzw. Quarz-Plagioklas-Fels, die zwischen Glattbach und Feldkahl in die Staurolith-führenden Metapelite eingeschaltet sind (z. B. **34**, **41**, **42**) könnten spättektonische Intrusionen darstellen (Murawski 1957, 1958, 1966, Okrusch & Richter 1967) oder metamorph aus einem sandigen Ausgangsmaterial gebildet worden sein (Okrusch & Richter 1967, Smoler 1987). Dieses Gestein ist typisch für die Mobilisationszone Aschaffenburg – Feldkahl in der es zu starken Rekristallisations-Erscheinungen in unterschiedlichen Gesteinstypen mit auffälligem Größenwachstum von Plagioklas, Staurolith und Biotit in Staurolith-führenden Metapeliten kam (Matthes 1954, 1958; z. B. **34, 39**, **43**). Der assoziierte Goldbacher Orthogneis ist teilweise so stark rekristallisiert, dass er ein Granit-ähnliches Erscheinungsbild erhält (Matthes & Okrusch 1965a, z. B. **41**, **42**).

Metabasitzug Aschaffenburg – Feldkahl – Rottenberg
44–47

Die schiefrigen und massigen Amphibolite sowie Hornblende- und Biotit-Hornblende-Gneise, die diesen Metabasitzug aufbauen, findet man als Einschaltungen in den Staurolith-führenden Metapeliten der Mömbris-Formation, aber auch in den Goldbacher Orthogneisen (s. u.). Obwohl die Verbandsverhältnisse schlecht aufgeschlossen sind, muss man annehmen, dass die Metabasite von Vulkaniten abstammen, die zumindest teilweise *nach* der Intrusion der Rotgneis-Granitoide gefördert wurden, also jünger als etwa 420 Ma sind (s. u.). Einige Amphibolite im Raum Feldkahl zeigen Relikte eines ophitischen

Gefüges (Matthes & Krämer 1955): Man erkennt ein sperriges Gerüst von Plagioklas-Leisten in einer Matrix von Hornblende, die bei der Metamorphose vermutlich aus ehemaligem magmatischem Pyroxen gebildet wurde. Solche Gefüge sind typisch für basaltische Lagergänge (Dolerite).

In ihrer chemischen Zusammensetzung weisen die Metabasite des Zuges Aschaffenburg – Feldkahl – Rottenberg eine große Variationsbreite auf, die von tholeiitischen, meist subalkalischen Basalten über Andesite bis hin zu Daciten reicht (Nasir 1986, Nasir & Okrusch 1991, Okrusch et al. 1990, 1995; vgl. Abb. 4b). Im Diskriminations-Diagramm Ti vs. Zr fallen die meisten Analysenpunkte ins AL-Feld (Abb. 5b). Auch sonst sprechen die geochemischen Merkmale dafür, dass die vulkanischen oder subvulkanischen Ausgangsgesteine dieser Metabasite in einem Inselbogen gefördert wurden, der im Zusammenhang mit der Schließung des Rheic-Ozeans an der Wende Silur/Devon entstand (s. u.).

Einen auffälligen Gesteinstyp im Metabasitzug Aschaffenburg – Feldkahl – Rottenberg bilden Linsen von ultramafischen Talk-Chlorit-Amphibol-Felsen, die nach dem Vorkommen bei Wenighösbach (**47**) mit dem Lokalnamen „Hösbachit“ bezeichnet werden (Matthes & Krämer 1955, Matthes & Okrusch 1965b, Matthes & Schubert 1967, Nasir 1986, 1990). In ihren petrographischen und geochemischen Eigenschaften erinnern sie stark an ähnliche Gesteine im Bergsträßer und Böllsteiner Odenwald (Schubert 1969, Knauer et al. 1974). In der KTB-Vorbohrung wurden solche Hösbachite im unmittelbaren Verband mit Meta-Doleriten angetroffen und gehen dort zweifelsohne auf mafische Kumulate in doleritischen Lagergängen zurück (Matthes et al. 1995). Eine ähnliche Genese könnte man auch für die – nur in Leseblöcken auftretenden – Hösbachite des Vorspessarts annehmen. Die technische Verwendung dieses Gesteins während der Urnenfelderzeit ist bei **47** beschrieben.

Alzenau- und Elterhof-Formation

Amphibolitisch gebänderte Serie: **1–6**
Körnig-streifige Paragneis-Serie: **74–80, 82**

Bereits Thürach (1893) war die lithologische Ähnlichkeit zwischen der Alzenau-Formation am NW-Rand und der Elterhof-Formation im S-Teil des Spessart-Kristallins aufgefallen. Die Alzenau-Formation, die weitgehend von Sedimenten des Rotliegend, des Buntsandsteins und des Pleistozäns überdeckt wird, und die Elterhof-Formation besitzen wahrscheinlich jeweils eine Mächtigkeit von mehr als 1.000 m (Karte 2, Abb. 2, Profile E-F, I-J). Beide Formationen bestehen überwiegend aus Gneisen, meist ± Granat-führenden Biotit-Plagioklas-Gneisen, sog. *Perlgneisen* (Braitsch 1957a), wie sie auch 1982 in der Bohrung Frammersbach 1 im Hochspessart in 138.9 m Teufe angetroffen wurden, aber auch granitischen Orthogneisen. Kennzeichnend für diese „bunten Serien" ist die starke Beteiligung von *Amphiboliten*, *Hornblendegneisen* sowie von Pyroxen-, Granat-, Skapolith- und/oder Calcit-führenden *Kalksilikat-Gneisen* (Braitsch 1957a, El Shazly, 1983, Okrusch et al. 1985); darüber hinaus sind Graphit- und Muscovit-Graphit-*Quarzite* eingeschaltet, die in beiden Serien sehr Apatit-reiche Lagen enthalten können (Weinelt 1967). *Marmor*-Züge, die für die Elterhof-Formation geradezu ein Leitgestein darstellen (**76**), treten allerdings in der Alzenau-Formation nur vereinzelt und in reduzierter Form auf (Thürach 1895, Weinelt 1967). Die karbonatischen Ausgangsgesteine der Marmore dürften biologischen Ursprungs sein, z. B. Kalke aus Riff-bildenden Organismen, die in einem marinen Umfeld gebildet wurden. Die Metabasite sind stellenweise mit hellen *Plattengneisen* aus Quarz + Plagioklas + Kalifeldspat ± Biotit ± Granat ± Sillimanit assoziiert (Braitsch 1957a, Weinelt, 1962, 1967), die auf das vulkanische Gestein Rhyolith zurückgehen dürften. Ein charakteristisches Gestein im Grenzbereich zwischen Elterhof-Formation und dem südöstlich anschließenden Quarzdiorit-Granodiorit-Komplex ist der *Augengneis,* der 2–3 cm große Augen von Kalifeldspat in einer Grundmasse aus Plagioklas, Kalifeldspat, Quarz, Biotit und wenig Hornblende enthält (z. B. Mosebach 1938, Braitsch 1957a, Okrusch 1962, Okrusch & Weinelt 1965).

Nach den bisher vorliegenden geochemischen Daten (El Shazly 1983, Okrusch et al. 1985, 1990, 1995) gehen die Metabasite der Alzenau- und Elterhof-Formation auf tholeiitische, subalkalische bis schwach alkalische Basalte zurück (Abb. 4c). Allerdings ist die chemische Variationsbreite der Amphibolite in beiden Formationen relativ groß; die Streubreiten der charakteristischen Spurenelemente überlappen sich zwar, decken sich aber nicht. Auch sind die geochemischen Hinweise auf das vormetamorphe Ausgangsmaterial der Metabasite nicht eindeutig. So liegen im Diskriminationsdiagramm Ti vs. Zr die meisten Punkte der Alzenau-Formation im Überschneidungsbereich zwischen AL- und MORB-Feld, was auf Förderung der vulkanischen Ausgangsgesteine in einer Inselbogen- oder Interarc-Becken-Situation hindeuten würde. Andererseits zeigen die meisten Amphibolite in der Elterhof-Formation geochemische Anklänge an Intraplatten- oder Ozeaninsel-Tholeiite (Abb. 5c). Zudem deutet die Assoziation mit hellen Plattengneisen auf einen bimodalen Vulkanismus hin, bei dem in der gleichen Periode vulkanischer Aktivität Basalt- und Rhyolith-Magmen gefördert wurden, möglicherweise während einer Phase kontinentaler Grabenbildung in prävariscischer Zeit (Zeh & Will 2010).

Trotz dieser Einschränkungen ist die Ähnlichkeit zwischen beiden Formationen so groß, dass eine Zusammengehörigkeit nicht unwahrscheinlich ist. Akzeptiert man weiterhin den – bereits von Thürach (1893) vermuteten – tektonischen Kontakt zwischen Alzenau- und Geiselbach-Formation (Bederke, 1957, Gabert 1957, Plessmann 1957, Murawski 1958, Schneider 1962, Okrusch & Weber 1996), so könnte man beide Formationen zwanglos als Reste einer größeren, ehemals zusammenhängenden tektonischen Einheit interpretieren (Abschnitt 2.2.3; Heinrichs 1985, DEKORP Research Group 1985, Behr & Heinrichs 1987).

Bereits Bederke (1957) und Braitsch (1957b) hatten auf die Ähnlichkeit der Elterhof-Formation mit den lithologisch bunten Gruppen aus verschiedenen Teilen der Böhmischen Masse hingewiesen, die von vielen Autoren ins Proterozoikum oder ins tiefere Kambrium eingestuft werden. Auch Hirschmann & Okrusch (1988, 2001) bevorzugen eine unterkambrische Altersstellung der Alzenau- und Elterhof-Formation, allerdings ohne zwingende Argumente (Abb. 3).

Schweinheim-Formation

Glimmerschiefer-Paragneis-Serie bzw. Glimmerschiefer-Serie: **68**.

Die metapelitischen Zweiglimmerschiefer der Schweinheim-Formation bilden SW–NO streichende Lamellen, die durch Zwischenschaltungen von Haibacher Biotitgneis (s. u.) gegliedert werden (Braitsch 1957b, Weinelt 1962, 1965, 1971; Karte 2, Abb. 2, Profile C-D, I-J). Wegen der ausgesprochen ungünstigen Aufschlussverhältnisse und des schlechten Erhaltungszustandes ist kaum etwas über die petrographische und geochemische Variationsbreite dieser Metapelite bekannt; es ergeben sich auch keine brauchbaren Anhaltspunkte für eine lithostratigraphische Korrelation. Braitsch (1957b) nahm allerdings aufgrund strukturgeologischer Untersuchungen an, dass die Schweinheimer Glimmerschiefer das Liegende der Elterhof-Formation bilden. Sie sollten demnach ins Proterozoikum eingestuft werden, wie das auch auf den amtlichen bayerischen Kartenblättern geschehen ist (Weinelt 1962, Okrusch & Weinelt 1965, Streit & Weinelt 1971, vgl. auch Hirschmann & Okrusch 1988, 2001; vgl. Abb. 3).

Im Jahr 1982 wurde durch die Bohrung Flörsbach 2 in 84 m Teufe ein Staurolith-Glimmerschiefer angetroffen, der petrographisch dem Typusgestein der Mömbris-Formation entspricht. Wegen der engen Nachbarschaft zum Haibacher Biotitgneis (Bohrung Flörsbach 1) liegt jedoch eher eine Einstufung in die Schweinheim-Formation nahe (Weinelt et al. 1985), in der Staurolith gelegentlich gefunden wurde (Thürach 1893, Deml 1931, Weinelt 1962, Will pers. Mitt.).

Orthogneise

Körnig-plattiger Muscovit-Biotit-Gneis (Schöllkrippener Gneis): **48–50**.
Körnig-flasriger Muscovit-Biotit-Gneis (Goldbacher Gneis): **41**, **42**, **51–67**.
Mittelkörniger Biotitgneis (Haibacher Gneis): **68–73**.

Helle Quarz-Feldspat- oder Feldspat-reiche Gneise, die mit größter Wahrscheinlichkeit von einem magmatischen Ausgangsmaterial, z. B. von Graniten, Granodioriten, Syeniten oder Rhyolithen abstammen, bezeichnet man ganz allgemein als Orthogneise (Wie oben dargelegt, leiten sich Metabasite, z. B. Amphibolite, von basischen Magmatiten ab.) Im Spessart-Kristallin treten zwei Typen von Orthogneisen auf, die von Klemm (1895) als „älterer und jüngerer Granit" bezeichnet wurden. Sie bestehen überwiegend aus Quarz, Plagioklas und Kalifeldspat in wechselnden Mengenverhältnissen sowie aus geringeren Mengen an Muscovit und Biotit und besitzen damit granitische bis granodioritische Zusammensetzung, wie das modale Konzentrations-Dreieck Quarz (Q) – Alkalifeldspat (A) – Plagioklas (P) zeigt (Abb. 6). (Als Modalbestand oder Modus bezeichnet man den quantitativen Mineralbestand, angegeben in Volumen-%).

Die Muscovit-Biotit-Gneise des *Rotgneis-Komplexes* – mit den beiden untereinander sehr ähnlichen Spielarten Schöllkrippener und Goldbacher Gneis – sind mit Staurolith-führenden Metapeliten der Mömbris-Formation verfaltet (Karte 2, Abb. 2). Verbandsverhältnisse, Relikte des magmatischen Gefüges, petrographische und geochemische Zusammensetzung sprechen dafür, dass sich die Rotgneise von prävariscischen Intrusionen granitischer bis granodioritischer Zusammensetzung ableiten. Sie wurden während der Variscischen Gebirgsbildung gemeinsam mit ihrem sedimentären Nebengestein deformiert und metamorph überprägt (Bederke 1957, Murawski 1957, 1958, Matthes & Okrusch 1965a, Okrusch & Richter 1986).

Im gleichkörnigen *Haibacher Biotitgneis*, der mit den Glimmerschiefern der Schweinheim-Formation verfaltet ist (Karte 2, Abb. 2, Profile C-D, I-J), fehlen magmatische Gefügerelikte weitgehend. Trotzdem wurde schon von Braitsch (1957b) ein magmatisches Ausgangsmaterial angenommen, was durch die geochemische Bearbeitung von Dombrowski et al. (1995) bestätigt wird. So fallen die Datenpunkte der Orthogneise im experimentell bestimmten Schmelzdiagramm für das vereinfachte Granit-System SiO_2 (Qz) – $NaAlSi_3O_8$ (Ab) – $KAlSi_3O_8$ (Or) – H_2O in die Nähe der kotektischen Linie, welche die beiden Eutektika in den flankierenden Zweistoff-Systemen Qz – Ab und Qz – Or verbindet, sowie des ternären Schmelzminimums für niedrige Drücke (Abb. 7a, c). Die Orthogneise besitzen also eine niedrig-schmelzende Zusammensetzung, wie das für Granit-Magmen typisch ist, die durch partielle Aufschmelzung von Gesteinen der Erdkruste entstanden sind.

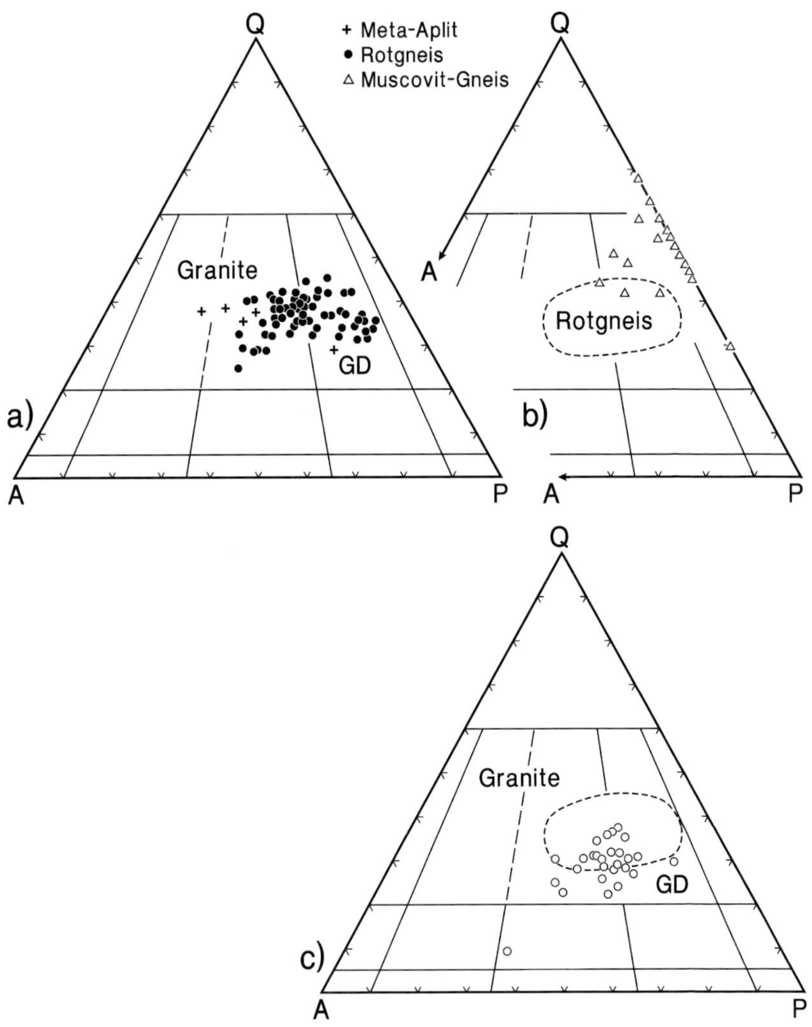

Abb. 6. Modales Konzentrationsdreieck Quarz (Q) – Alkalifeldspat (A) – Plagioklas (P) in Vol.-% für die Orthogneise des Spessarts mit den Feldergrenzen für Granite, Granodiorite (GD) und andere Plutonite nach der IUGS-Nomenklatur (Le Bas & Streckeisen 1991). (a) Rotgneis-Komplex. (b) Muscovitgneise an den Rändern des Rotgneis-Komplexes. (c) Haibacher Gneis. Modifiziert nach Okrusch & Richter (1986) und Dombrowski et al. (1995).

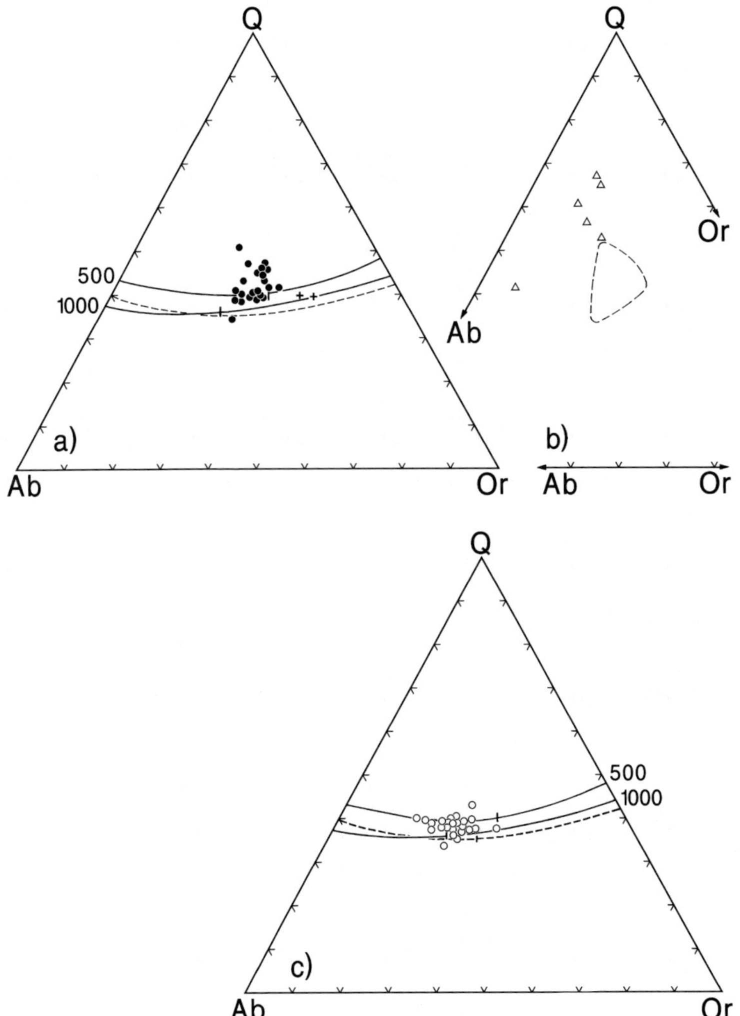

Abb. 7. Konzentrations-Dreieck SiO_2 (Q) – $NaAlSi_3O_8$ (Ab) – $KAlSi_3O_8$ (Or) mit kotektischen Linien für H_2O-Drücke von 500 und 1000 bar (Tuttle & Bowen 1958; ausgezogene Linien) sowie für einen Gesamtdruck von 2000 bar und einem ursprünglichen $H_2O/(H_2O+CO_2)$-Verhältnis in der Gasphase von 0,5 (Holtz et al. 1992; gestrichelte Linie). (a) Rotgneis-Komplex. (b) Muscovitgneise an den Rändern des Rotgneis-Komplexes. (c) Haibacher Orthogneis. Modifiziert nach Okrusch & Richter (1986) und Dombrowski et al. (1995).

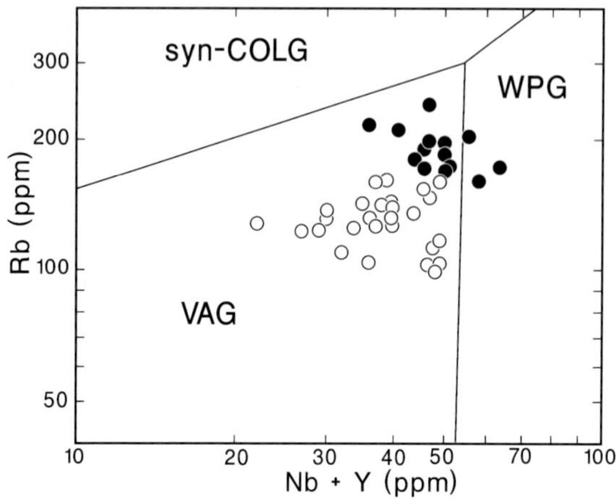

Abb. 8. Diskriminations-Diagramm Rb gegen Nb+Y zur Unterscheidung von Granitoiden aus unterschiedlichen plattentektonischen Umgebungen nach Pearce et al. (1984) mit den Feldern von synCOLG, VAG und WPG. Eingetragen sind die Analysen für den Rotgneis-Komplex (•) und für den Haibacher Gneis (○). Nach Dombrowski et al. (1995). Die Abkürzungen sind im Sachwortverzeichnis erläutert.

Muscovit-Gehalte von 1–7 Vol.-% im Rotgneis und 1–12 Vol.-% im Haibacher Gneis sowie gelegentliche Granat-Gehalte (bis 0,5 Vol.-%) im Rotgneis – bei gleichzeigem Fehlen von Hornblende, Klinopyroxen und Titanit – weisen darauf hin, dass sich die Orthogneise des Spessarts von peraluminosen Graniten bis Granodioriten ableiten. Mit molaren $Al_2O_3/(CaO+Na_2O+K_2O)$-Verhältnissen von > 1 zeigen die Rotgneise sog. S-Typ-Charakter, während beim Haibacher Gneis dieses Verhältnis meist zwischen 1,0 und 1,1 liegt, was einem I-Typ-Charakter entspricht (Okrusch & Richter 1986, Dombrowski et al. 1995). Granit-Magmen vom S-Typ sind durch partielles Schmelzen von vorwiegend Al_2O_3-reichen Metamorphiten sedimentärer Herkunft entstanden, während solche vom I-Typ durch partielles Schmelzen von basischen Magmatiten der Unterkruste, insbesondere von Tonaliten gebildet wurden. Die für beide Gneistypen bemerkenswert niedrigen $^{87}Sr/^{86}Sr$-Anfangsverhältnisse deuten auf die Beteiligung einer Erdmantel-Komponente hin (s. u.). Im Diskriminations-Diagramm Rb gegen Nb+Y (Pearce et al. 1984) fallen fast alle Analysenpunkte in die Felder von Volcanic-Arc-Graniten (VAG, Abb. 8), was eine Magmen-Bildung an einem konvergenten Plattenrand nahelegt (Dombrowski et al. 1995).

An den Rändern des Rotgneis-Komplexes treten, oft mit Staurolith-führenden Metapeliten verfaltet oder verschuppt, Kalifeldspat-führende und Kalifeldspat-freie Muscovitgneise auf, die mineralogisch und geochemisch mehr oder weniger stark von den Rotgneisen abweichen (Abb. 6b, 7b). Sie gehen mit großer Wahrscheinlichkeit auf ehemalige Sedimente, z. B. Sandsteine zurück (Matthes & Okrusch 1965a, Okrusch & Richter 1986).

An 8 Gesamtgesteinsproben vom Haibacher Gneis aus dem Stbr. Wendelberg (**68**) wurden Rb-Sr-Isotopenanalysen durchgeführt. Im Nicolaysen-Diagramm $^{87}Rb/^{86}Sr$ vs. $^{87}Sr/^{86}Sr$ liegen die Analysenpunkte auf einer Geraden, die als Isochrone interpretiert werden kann, da sie mit einer mittleren gewichteten Standardabweichung (MSWD) von 2,2 statistisch abgesichert ist. Das Prinzip dieser Methode ist z. B. in Okrusch & Matthes (2009) erläutert. Aus der Steigung dieser Isochrone ergibt sich ein Alterdatum von 407 ± 7 Ma, aus ihrem Schnittpunkt mit der Ordinate ein $^{87}Sr/^{86}Sr$-Anfangsverhältnis von 0,7077 ± 0,0007 (Abb. 9a). Der Alterswert wird durch ^{207}Pb-^{206}Pb-Datierungen nach der Methode von Kober (1987) an drei klaren, einschlussfreien, idiomorphen Zirkonen aus dem Haibacher Gneis im Stbr. Schmerlenbach (**71**) bestätigt, die ein mittleres Alter von 410 ± 18 Ma erbrachten (Dombrowski et al. 1995; vgl. Abb. 9b). Weiterhin ermittelten diese Autoren ein – innerhalb des Fehlers – identisches $^{207}Pb/^{206}Pb$-Alter von 418 ± 18 Ma an drei klaren, idiomorphen Zirkonen aus Rotgneisen der Stbr. Rauenthal (**54**) und Steinbach hinter der Sonne (**55**; vgl. Abb. 9c). Dadurch werden Ergebnisse früherer Rb-Sr-Datierungen an Rotgneis-Proben, die aus weit verstreuten Aufschlüssen stammen (Kreuzer et al. 1973, Lippolt 1986, Nasir et al. 1991), bestätigt. Ähnliche Alter wurden durch Einzelzirkon-Datierungen an Orthogneisen des Böllsteiner Odenwaldes und des Ruhlaer Kristallins gefunden (Reischmann et al. 2001, Brätz & Zeh 1999).

Zusammenfassend kann man feststellen, dass die Rb-Sr-Gesamtgesteins-Daten und die Einzelzirkon-Daten für ein silurisches Intrusionsalter der granitoiden Ausgangsgesteine des Haibacher Gneises und des Rotgneises sprechen. Man sollte beachten, dass die Sedimentation der ordovizischen bis silurischen Geiselbach-Formation noch im Gange war, als die Granitoide in die liegenden Anteile des Sedimentstapels der Mömbris- und der Schweinheim-Formation intrudierten.

Obwohl in den Orthogneisen des Spessarts klare, idiomorphe Zirkone dominieren, treten in den untersuchten Rotgneisen noch zusätzlich gedrungene, gerundete Zirkon-Körner auf, die erstaunlich hohe ^{207}Pb–^{206}Pb-Alterswerte von 2.279 ± 12 Ma, 2.490 ± 12 Ma und 2.734 ± 12 Ma erbrachten. Diese waren bereits als akzessorische Schwerminerale in den metamorphen Sediment-Gesteinen vorhanden, aus denen die granitoiden Magmen durch partielles Aufschmelzen gebildet wurden, belegen also eine Beteiligung von frühproterozoischen bis spät-archaischen Gesteinen der kontinentalen Erdkruste (Dombrowski et al. 1995). Andererseits weisen die niedrigen $^{87}Sr/^{86}Sr$-Anfangsverhältnisse, die für den Haibacher Gneis und den Rotgneis gefunden

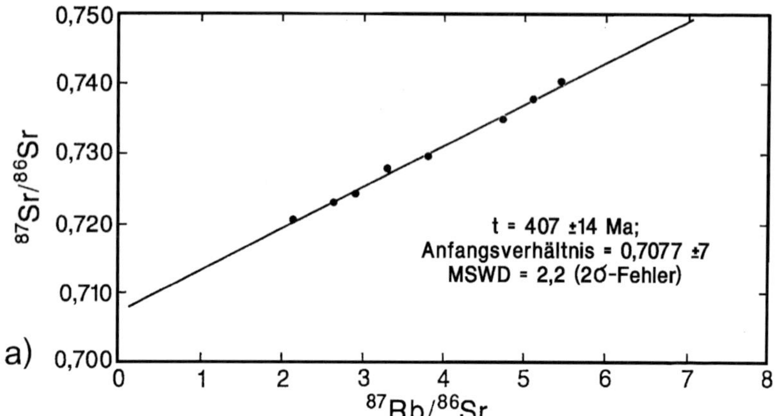

Abb. 9. Alterdatierungen für Orthogneise des Spessart-Kristallins. (a) Isochronendiagramm für acht Gesteinsproben aus dem Stbr. Wendelberg (**67**) im Haibacher Gneis. Da die Messungen einen akzeptablen MSWD = 2,2 erbrachten, kann die Regressionsgerade als Isochrone interpretiert werden, deren Steigung einem Alterswert von 407 ± 14 Ma entspricht und deren unterer Schnittpunkt einem Anfangsverhältnis $^{87}Sr/^{86}Sr0$ = 0,7707 ± 0,0007 ergibt. Nach Dombrowski et al. (1995), aus Okrusch & Matthes (2009). (b), (c), (d), Histogramme der radiogenen Blei-Isotopen-Verhältnisse $^{207}Pb/^{206}Pb$ bei der Evaporation von Einzelzirkonen aus Orthogneisen des Spessarts und die daraus resultierenden Alterswerte (± 2σ). (b) Drei nahezu klare, idiomorphe Zirkone aus dem Haibacher Gneis vom Stbr. Schmerlenbach (**70**); (c) drei nahezu klare, idiomorphe Zirkone aus dem Rotgneis der auflässigen Stbr. Rauenthaler Hof und Steinbach hinter der Sonne (**54**, **55**). (d) Drei xenomorphe Zirkone aus Rotgneis der Aufschlüsse **54** und **55**. Nach Dombrowski et al. (1995).

wurden, ganz klar auf eine juvenile Mantelkomponente in den granitoiden Mutter-Magmen hin. Diese könnte durch große Mengen mafischer Magmen, die aus dem oberen Erdmantel stammten und in die Unterkruste intrudierten, d. h. durch den Prozess des *Magmatic Underplating* zugeführt worden sein, und zwar wahrscheinlich an einem konvergenten Plattenrand (Dombrowski et al. 1995). Ähnlich wie der Kalkalkali-Vulkanismus, der sich im Metabasitzug Aschaffenburg – Feldkahl – Rottenberg dokumentiert, könnten die Granit-Intrusionen mit der Kollision von Baltica und Cadomia im Zusammenhang stehen, die zur Schließung des Rheic-Ozeans führte (s. Abschnitt 4.2.2.).

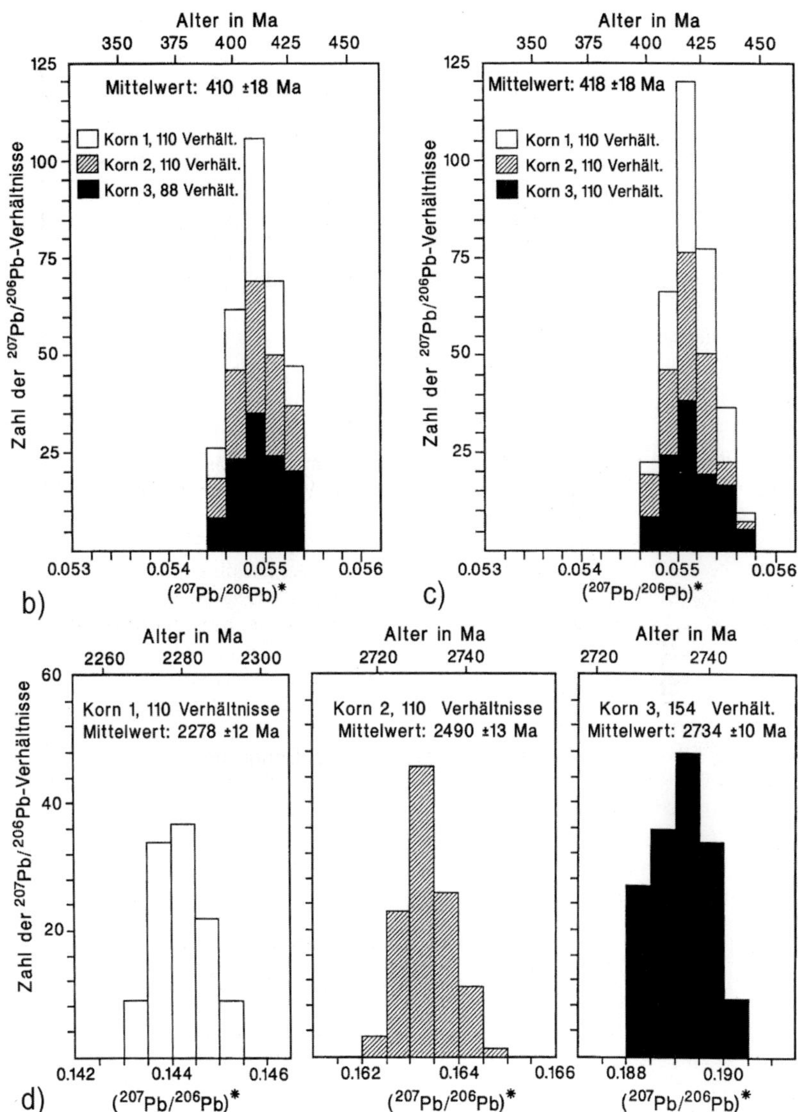

Abb. 9. Fortsetzung

Quarzdiorit-Granodiorit-Komplex
81–94.

Im Gegensatz zum kristallinen Grundgebirge des Bergsträßer Odenwaldes, wo nichtmetamorphe Tiefengesteine (Plutonite) unterschiedlicher Zusammensetzung wesentliche Anteile bilden, kennen wir im Spessart-Kristallin nur einen einzigen Intrusiv-Komplex, den Quarzdiorit-Granodiorit-Komplex. Dieser besitzt allerdings im südl. Vorspessart eine beachtliche Ausdehnung (Karte 2, Abb. 2, Profile C-D, I-J). Er setzt sich noch weiter östlich unter der Buntsandstein-Bedeckung fort: In der Baryt-Grube Neuhütten wurde er diesseits und jenseits der Neuhüttener Störungszone in 43,5 bzw. 113,5 m Teufe nachgewiesen (Weinelt 1962, Cramer & Weinelt 1978; vgl. Karte 1). Auch die Bohrung Großwallstadt erschloss ihn im Teufenbereich von 450–821 m unter der sedimentären Bedeckung von Rotliegend, Zechstein und Quartär (Trusheim 1964). Der Quarzdiorit-Granodiorit-Komplex zeigt im Aufschluss ein inhomogenes Erscheinungsbild mit zahlreichen basischen Schollen und Kalifeldspatreichen Schlieren. Er weist ein schwach ausgeprägtes Parallelgefüge auf, das an der Grenze zur Elterhof-Formation deutlicher wird.

Das *Hauptgestein* besteht überwiegend aus Plagioklas, Hornblende, Biotit mit geringeren Anteilen an Quarz und Kalifeldspat; als typische Nebengemengteile sind Titanit, das Seltenerd-haltige Epidot-Mineral Allanit und Opakminerale stets vorhanden. Im modalen Konzentrations-Dreieck Quarz (Q) – Alkalifeldspat (A) – Plagioklas (P) fallen die Analysenpunkte in die Felder für Quarzdiorit und Tonalit. Die *basischen Schollen* haben überwiegend dioritische bis quarzdioritische Modalbestände, während die *Kalifeldspat-reichen Schlieren* einen weiten Streubereich bis hin zu granitischen Zusammensetzungen einnehmen (Abb. 10a, b). Trotz weiter Überlappung mit dem Haupttyp sind die mafischen Schollen meist deutlich mafitenreicher und quarzarm bis quarzfrei, während umgekehrt die Kalifeldspat-reichen Schlieren tendentiell höhere Quarz- und Feldspat-Gehalte aufweisen. Die modalen Unterschiede spiegeln sich im Haupt- und Spurenelement-Chemismus der unterschiedlichen Gesteinstypen wider (Okrusch & Richter 1969).

Granodiorite, die in der Gegend von Waldaschaff verbreitet sind (**92**, **93**), zeigen im Vergleich zum Quarzdiorit/Tonalit höhere Gehalte an Quarz und Kalifeldspat und sind ärmer an Mafiten. Sie ähneln in ihrem Modalbestand den Kalifeldspat-reichen Schlieren (Abb. 10a). Die basischen Schollen im Granodiorit haben den gleichen Mineralbestand wie im Quarzdiorit, sind aber reicher an Hornblende.

Die Gefügemerkmale des Quarzdiorit-Granodiorit-Komplexes hatten zu widersprüchlichen Deutungen geführt. Diese reichten von rein metamorpher Entstehung des „Hornblendegneisses“ (Thürach 1893) bis zu einer rein magmatischen Bildung des „Hornblendegranits“ (Klemm 1895). Vermittelnd

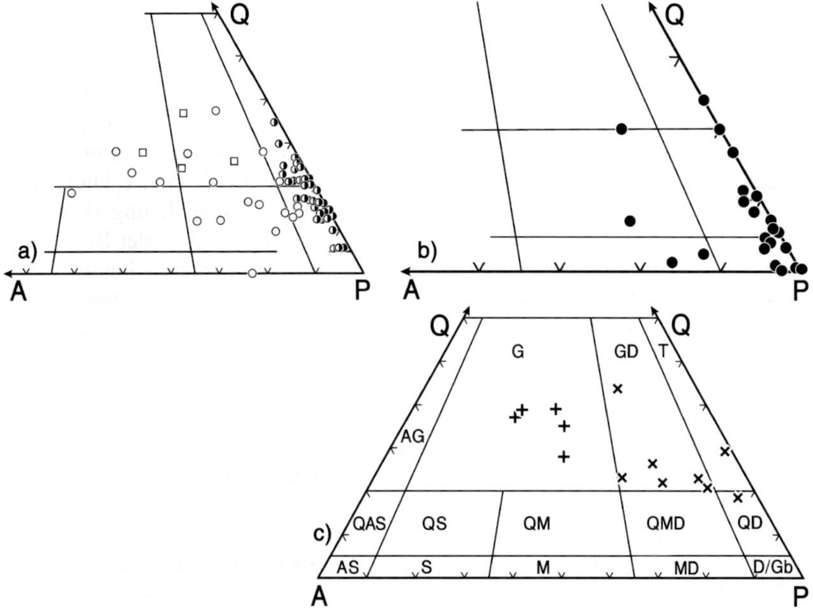

Abb. 10. Modales Konzentrations-Dreieck Quarz (Q) – Plagioklas (P) – Alkalifeldspat (A) in Vol.-% für den Quarzdiorit-Granodiorit-Komplex mit den Feldergrenzen für Granit (G), Granodiorit (GD), Tonalit (T), Quarz-Monzonit (QM), Quarz-Monzodiorit (QMD), Quarzdiorit (QD), Monzonit (M), Monzodiorit (MD), und Diorit (D) + Gabbro (Gb) nach der IUGS-Nomenklatur (Le Bas & Streckeisen 1991). (a) Quarzdiorit/Tonalit (◑), Kalifeldspat-reiche Schlieren (o), Granodiorit (□); (b) Basische Schollen im Quarzdiorit/Tonalit: (•); (c) Leukogranodiorit (×), Leukogranit (+). Daten nach Okrusch (1963a).

nimmt Bücking (1892) an, dass der „Dioritgneis" durch tektonische Überprägung aus einem Plutonit entstanden sei. In neuerer Zeit setzte Okrusch (1963) der rein magmatischen Deutung von Braitsch (1957a) des Komplexes ein „transformistisches" Modell entgegen, wonach der Diorit durch „metablastische" Umkristallisation aus einem metamorphen Altbestand entstanden sei. Heute besteht kein Zweifel mehr, dass der Quarzdiorit-Granodiorit-Komplex – ähnlich wie die Diorit- und Granodiorit-Plutone der Bergsträßer Odenwaldes – eine echte magmatische Intrusion darstellt (Anthes 1998). Die verbreiteten basischen Schollen stellen *endomagmatisch*e Einschlüsse dar, wie sie in I-Typ-Magmatiten typisch sind. Sie weisen auf den Bildungsort des quarzdioritischen Magmas im Oberen Erdmantel hin. In der Tat liegen die Isotopen-Verhältnisse $^{143}Nd/^{144}Nd$ und $^{87}Sr/^{86}Sr$, berechnet für ein Intrusionsalter von ca. 320 Ma, nahe an den Werten für den primitiven Erdmantel, sind aber etwas in Richtung auf das Feld des „angereicherten Erdmantels“ (EM II) verschoben, was die Beteiligung einer Subduktions-Komponente bei der Magmenbildung wahrscheinlich macht (Anthes 1998; Abb. 18, S. 48). Im Gegensatz zu den endomagmatischen Einschlüssen muss die gestreifte Gneis-Amphibolit-Scholle, die im Höllein'schen Stbr. am Stengerts (**81**) ansteht, als großer Nebengesteins-Einschluss aus der Elterhof-Formation gedeutet werden.

^{207}Pb-^{206}Pb-Datierungen an neun Einzelzirkonen aus dem Quarzdiorit vom Stengerts (**81**) ergaben einen mittleren Alterswert von 329,6 ± 0,8 Ma, der als Intrusionsalter interpretiert wird (Anthes 1998, Anthes & Reischmann 2001). Hierzu passen K-Ar-Alter an zwei Hornblenden aus einer Kalifeldspat-reichen Schliere im Quarzdiorit vom Stengerts und einer basischen Scholle vom Ameisenbrunnen (**88**), die 328 bzw. 318 (± 4) Ma erbrachten (Nasir et al. 1991). Da die Amphibole, Muscovite und Biotite aus den metamorphen Gesteinen ganz ähnliche K-Ar- und Ar-Ar-Alter aufweisen (s. u.), kann man schließen, dass der Quarzdiorit-Granodiorit-Komplex gegen Ende der variscischen Deformation und Metamorphose intrudierte, wie das bereits Braitsch (1957a) angenommen hatte.

Die Stöcke von *Leukogranodiorit* (**86**, **89**) und *Leukogranit* (**87**, **91**, **94**), die den Quarzdiorit-Granodiorit-Komplex an mehreren Stellen durchschlagen, führen sehr geringe Gehalte an mafischen Gemengteilen (meist < 6 Vol.-%). Im Q-A-P-Dreieck nehmen sie einen erstaunlich großen Streubereich ein (Abb. 10c). Wahrscheinlich stellen diese Gesteine Ausläufer (Apophysen) einer größeren Granit-Intrusion dar (Okrusch 1963), die nach der Intrusion des Quarzdiorit-Granodiorit-Komplexes erfolgte. Durch die Bohrung Lichtenau 1 wurde ein Leukogranit unter der Buntsandstein-Bedeckung angefahren, der allerdings stark deformiert und sekundär umgewandelt ist (Weinelt et al. 1985).

2.2.2. Die Metamorphose-Entwicklung des Spessart-Kristallins

Während der Variscischen Gebirgsbildung wurden die sedimentären und magmatischen Gesteine des Spessarts intensiv metamorph überprägt. Dabei wurde nur ein Metamorphosezyklus durchlaufen, der zunächst *prograd*, also bei steigenden Drücken (*P*) und Temperaturen (*T*) ablief (Matthes 1958). Im Anschluss an den *Metamorphose-Höhepunkt* kam es bei der Heraushebung, Druckentlastung und Abkühlung des Spessart-Kristallins zu *retrograden* Metamorphose-Erscheinungen, die aber nur bereichsweise zu durchgreifenden Änderungen im Mineralbestand führten. Zahlreiche Untersuchungen der Würzburger Arbeitsgruppe haben diese Konzeption bestätigt (z. B. Okrusch 1995, Will 1998b). Für das Verständnis der plattentektonischen Vorgänge, die zu dieser Metamorphose führten, sind die *P-T*-Bedingungen, die beim Höhepunkt erreicht oder auch auf einzelnen Punkten des *P-T*-Pfades durchlaufen wurden, besonders wichtig, weil sich daraus der geothermische Gradient, d. h. die Zunahme von *T* mit *P*, d. h. mit der Tiefe ableiten lässt. Die Abschätzung von *P-T*-Bedingungen ist möglich

- aus experimentell bestimmten oder thermodynamisch berechneten *Gleichgewichtskurven von Mineralreaktionen*,
- aus experimentell bestimmten oder empirischen *Geothermometern*, die auf Verteilungs-Gleichgewichten von Kationen auf koexistierende Minerale beruhen, z. B. von Mg und Fe auf Granat und Biotit (z. B. Okrusch & Matthes 2009, Kap. 25),
- bzw. aus *Geobarometern*, die auf dem Koordinationswechsel $Al^{[6]} \Leftrightarrow Al^{[4]}$ in Mineralen basieren.

Die Metamorphose im Spessart-Kristallin erfolgte unter den Bedingungen der Amphibolit-Fazies, wie die weite Verbreitung der Mineralparagenese

Plagioklas + gemeine Hornblende ± Quarz ± Epidot ± Diopsid ± Biotit ± Granat

in Amphiboliten und Hornblendegneisen der Alzenau- und Elterhof-Formation sowie in den Metabasitzügen Hörstein – Huckelheim und Aschaffenburg – Feldkahl – Rottenberg belegt.

In den *Metapeliten* der *Mömbris-Formation* tritt, wie bereits Matthes (1954) herausgearbeitet hatte, das Indexmineral Staurolith in weiter Verbreitung auf, stellenweise begleitet von den Al_2SiO_5-Mineralen Kyanit, Sillimanit und (seltener) Andalusit. Auch in den Glimmerschiefern der *Schweinheim-Formation* wurde Staurolith gelegentlich nachgewiesen. Dementsprechend werden die *P-T*-Bedingungen durch die kritische Paragenese

Staurolith ± Granat + Biotit + Muscovit ± Kyanit/Sillimanit + Plagioklas + Quarz

definiert, die auf mittlere Druckbedingungen hinweist. Beim Höhepunkt der Metamorphose muss die untere Stabilitätsgrenze von Staurolith in Gegenwart von Biotit und Quarz überschritten worden sein. Diese ist durch die Gleichgewichtskurven der Entwässerungs-Reaktionen

(1) Chlorit + Muscovit = Staurolith + Biotit + Quarz + H_2O

und

(2) Granat + Chlorit + Muscovit = Staurolith + Biotit + Quarz + H_2O

gegeben. Da sich in den Staurolith-führenden Metapeliten stellenweise eine Verdrängung von Kyanit durch Sillimanit beobachten lässt (Matthes, pers. Mitt.), muss im Zuge der Metamorphose-Entwicklung die Stabilitätsgrenze

(3) Kyanit = Sillimanit

überschritten worden sein. Eine Kombination der Gleichgewichtskurven (1), (2) und (3) ergibt für das zentrale Spessart-Kristallin *minimale* P_{H2O}-T-Bedingungen von etwa 5 kbar und 570 °C (Abb. 11). Andererseits ist die Gleichgewichtskurve der Abbau-Reaktionen für Staurolith

(4) Staurolith + Muscovit + Quarz = Granat + Biotit + Kyanit/Sillimanit + H_2O

nicht erreicht worden. Das gleiche gilt für die Zerfalls-Reaktionen von Muscovit in Gegenwart von Quarz

(5) Muscovit + Quarz = Sillimanit + Kalifeldspat + H_2O,

die den Übergang von der niedrig-gradierten zur höher-gradierten Amphibolitfazies definieren. Das bedeutet nach Abb. 11 eine *Maximaltemperatur* von etwa 650 °C für den Höhepunkt der Metamorphose im mittleren Vorspessart.

Die Orthogneise des zentralen Vorspessarts führen die Paragenese

Quarz + Plagioklas + K-Feldspat + Biotit + Muscovit ± Granat,

welche die simultane Anwendung des Granat-Biotit-Geothermometers, des Muscovit-Biotit-Geothermobarometers und des Phengit-Geobarometers erlauben (Phengit ist ein Muscovit, in dem mit steigendem Druck die [4]- und [6]-koordinierten Al^{3+}-Atome zunehmend durch Mg^{2+}+Si^{4+} ersetzt werden). Daraus ergib sich ein *P*-*T*-Bereich von 4–7 kbar und 600–650 °C (Dombrowski et al.1994), der mit dem Befund in den Staurolith-führenden Metapeliten übereinstimmt und fast vollständig im Stabilitätsfeld von Sillimanit liegt (Abb. 11). Demgegenüber weisen stärker phengitische Kernzusammensetzungen in Rotgneis-Muscoviten auf höhere Drücke und/oder niedrigere Temperaturen hin, d. h. auf *P*-*T*-Bedingungen im Kyanit-Feld, die auf dem progaden Ast der Metamorphose-Entwicklung durchlaufen wurden. Das spricht für einen *P*-*T*-Pfad im Uhrzeigersinn (Dombrowski et al. 1994). Für den Schweinheimer Glimmerschiefer wurde ein *P*-*T*-Bereich 6–8 kbar und 590–620 °C errechnet, der ebenfalls noch im Kyanit-Feld liegt (Abb. 11).

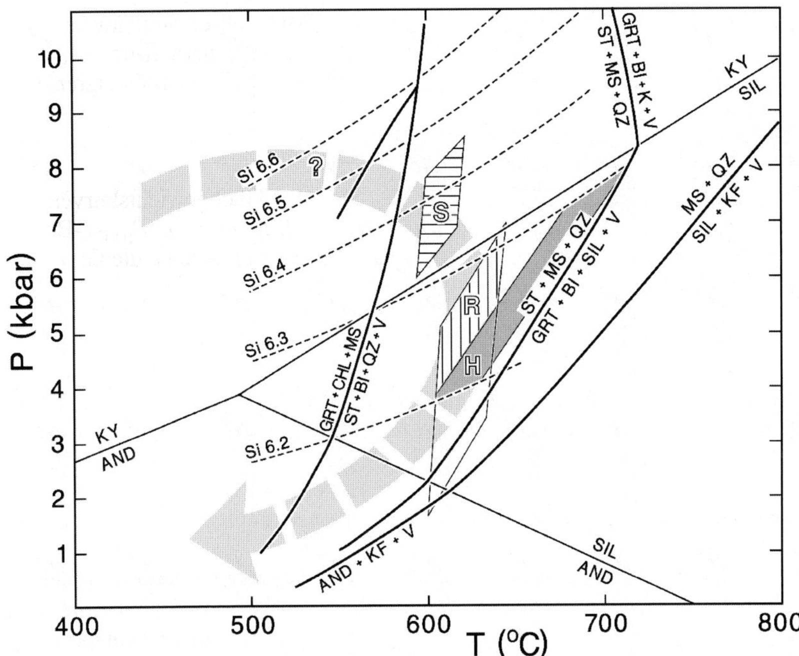

Abb. 11. *P-T*-Diagramm für die Metamorphose-Entwicklung im Spessart-Kristallin mit dem abgeleiteten *P-T*-Pfad nach Dombrowski et al. (1994). Eingetragen sind einige wichtige Gleichgewichtskurven für das System K_2O – FeO – MgO – Al_2O_3 – SiO_2 – H_2O nach Spear & Cheney (1989), das Stabilitätsdiagramm der Al_2SiO_5-Minerale nach Holdaway & Mukopadhyay (1993) und die Si-Isoplethen in Muscoviten/Phengiten im Gleichgewicht mit Kalifeldspat und Quarz nach Massonne & Schreyer (1987). Die simultane Anwendung des Granat-Biotit-Geothermometers nach Kleemann & Reinhardt (1994) und des Muscovit-Biotit-Geothermobarometers nach Hoisch (1991) bzw. des Phengit-Barometers von Massonne & Schreyer (1987) führt zu den *P-T*-Feldern für die Schweinheimer Glimmerschiefer (S, waagerecht schraffiert), die Rotgneise (R, senkrecht schraffiert oder weiß gelassen) bzw. den Haibacher Gneis (H, dunkel schattiert). Abkürzungen: AND = Andalusit, BI = Biotit, CHL = Chlorit, GRT = Granat, KF = Kalifeldspat, KY = Kyanit, MS = Muscovit, QZ = Quarz, SIL = Sillimanit, ST = Staurolith, V = Wasserdampf. Nach Dombrowski et al. (1994).

An einem Staurolith-führenden Metapelit der Mömbris-Formation (Pfahlloch, nahe **26**) berechnete Will (1998b) einen sog. *Pseudoschnitt*, der die Gleichgewichtskurven und Stabilitätsfelder unterschiedlicher Mineralparagenesen zeigt, die für einen bestimmten Gesteinschemismus im Modellsystem K_2O–MnO–FeO–MgO–Al_2O_3–SiO_2–H_2O (KMnFMASH) bei unterschiedlichen *P-T*-Kombinationen realisiert sind (Abb. 12). Darin nimmt die Paragenese Granat –Biotit–Staurolith– *Kyanit*–Muscovit–Quarz nur ein schmales *P-T*-Feld ein, das von 620 °C/9,5 kbar bis 655 °C/7 kbar reicht, dessen unterer Teil wahrscheinlich dem Höhepunkt der Metamorphose entspricht. Bei der Verdrängung von Kyanit durch Sillimanit, die in dieser Probe beobachtet wurde, wird das schmale Feld der Paragenese Granat–Biotit–Staurolith–Sillimanit–Muscovit–Quarz gekreuzt, wahrscheinlich bereits bei abnehmendem *P* und *T*. Schließlich führt aber die *retrograde* Entwicklung zur Chloritisierung von Staurolith und Granat (Matthes 1954), und es wird das ausgedehnte Stabilitätsfeld der Paragenese Granat–Biotit–Chlorit–Muscovit–Quarz bei < 560 °C und < 4 kbar erreicht (Abb. 12).

In den Metapeliten der Geiselbach-Formation wurde bislang kein Staurolith gefunden. Dies könnte durch einen ungünstigen Gesteinschemismus, durch starke retrograde Überprägung oder durch primär niedrigere Metamorphose-Bedingungen verursacht worden sein. Die Anwendung verschiedener Geothermometer und Geobarometer auf die Amphibolite, Hornblendegneise und Kalksilikat-Gneise in den *Metabasitzügen* Aschaffenburg – Feldkahl – Rottenberg und Hörstein – Huckelheim ergab eine recht große Variationsbreite von 570–650 °C und 5–7 kbar, aber keine systematischen Unterschiede zwischen dem südlichen und nördlichen Metabasitzug (Nasir & Okrusch 1997). Bei einem *Kalksilikatgneis* der Alzenau-Formation erbrachte das Granat-Klinopyroxen-Geothermometer 635 °C (bei P = 6 kbar), bei einer ähnlichen Probe der Elterhof-Formation 640 °C für den Granat-Kern und 685 °C für den Granat-Rand (Okrusch et al. 1985, El Shazly 1983).

Dementsprechend variierten im Spessart-Kristallin die *P-T*-Bedingungen beim Höhepunkt der Regionalmetamorphose nur wenig und entsprachen generell der *unteren Amphibolit-Fazies*. Auch in der *Mobilisationszone Aschaffenburg – Feldkahl* (s. o.) wurden keine Bedingungen der oberen Amphibolit-Fazies erreicht. Durch *die retrograde Überprägung* unter Bedingungen der Grünschiefer-Fazies, kombiniert mit starker Deformation, entstehen bereichsweise, besonders in den Metapeliten der Geiselbach- und der Mömbris-Formation, Phyllit-ähnliche Gesteine, sog. Phyllonite (zusammengesetzt aus den Worten Phyllit und Mylonit). Plagioklas wird sericitisiert, Biotit und Granat werden ganz oder teilweise durch Chlorit, Staurolith durch Chlorit + Sericit verdrängt (Matthes 1954, Gabert 1957, Braitsch 1957a, Schneider 1962, Matthes & Okrusch 1977, Smoler 1987).

K-Ar-Datierungen an zahlreichen Mineral-Konzentraten aus unterschiedlichen Einheiten des Spessart-Kristallins streuen – abgesehen von wenigen Ausreißern – in einem recht engen Bereich von 311–328 Ma bei Fehlergrenzen von ± 2 bis ± 4 Ma (Lippolt 1986, Nasir et al. 1991, Dombrowski et al. 1994;

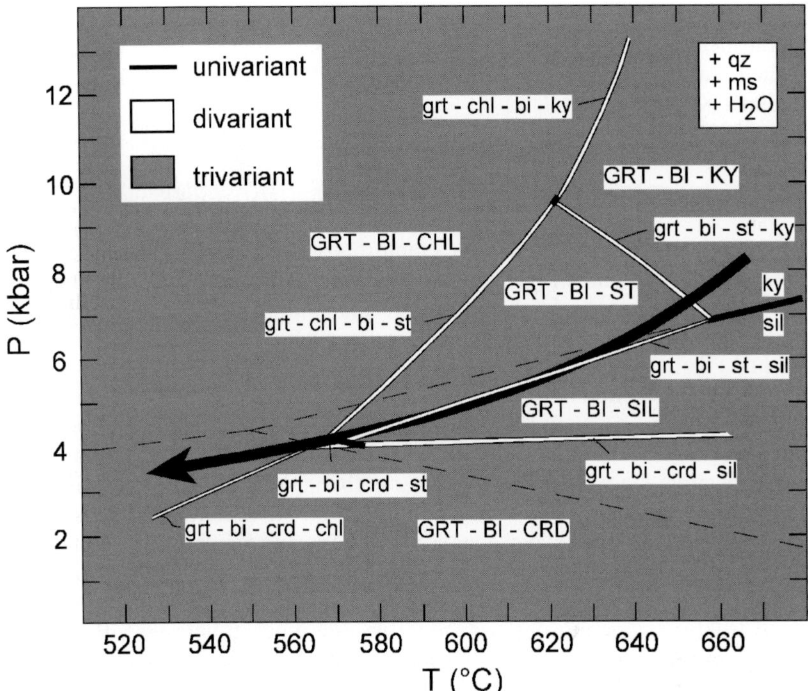

Abb. 12. *P-T*-Pseudoschnitt im System K_2O – MnO – FeO – MgO – Al_2O_3 – SiO_2 – H_2O für einen Staurolith-führenden Metapelit vom Pfahlloch (nahe **26**). Der retrograde *P-T*-Pfad der Metamorphose ist eingetragen. Beim Höhepunkt der Metamorphose wurden Temperaturen um 660 °C bei einem Druck von ca. 8 kbar erreicht. Modifiziert nach Will (1998b).

zur Methodik der Mineral-Datierungen siehe z. B. Okrusch & Matthes 2009, Kap. 31). Dombrowski et al. (1994) bestimmten darüber hinaus ein *Ar-Ar-Plateau-Alter* von 324 ± 3 Ma an einem Muscovit aus dem Haibacher Gneis von Schmerlenbach (**71**), das exzellent mit dem konventionellen K-Ar-Datum von 323 ± 3 Ma übereinstimmt. Im gleichen Aufschluss ergaben *Rb-Sr-Datierungen* an zwei Muscoviten 323 und 326 (± 7) Ma, während drei Biotite von Schmerlenbach und vom Wendelberg (**68**) mit 301–306 (± 6) Ma deutlich niedriger liegen und wahrscheinlich sekundär verjüngt sind. Obwohl alle drei isotopisch datierten Mineralarten sehr unterschiedliche Schließungstemperaturen für das K-Ar- und das Rb-Sr- Isotopensystem besitzen, ergaben sich – abgesehen von den wenigen, sekundär verjüngten Daten – keine signifikanten

Unterschiede in den ermittelten Alterswerten. Das spricht für eine sehr rasche Heraushebung und Abkühlung des Spessart- Kristallins um die Wende vom frühen zum späten Karbon, die kurz nach der Intrusion des Quarzdiorit-Granodiorit-Komplexes erfolgte.

2.2.3. Strukturelle Entwicklung des Spessart-Kristallins

Kennzeichnend für die Regionalmetamorphosen in Orogen-Gürteln ist das komplizierte Zusammenspiel von metamorphen Umkristallisations- und Deformations-Prozessen, durch welche die metamorphen Gesteine geschiefert und gefaltet werden. Diese Vorgänge spielen auch im Spessart-Kristallin eine wichtige Rolle. Dabei sind Faltenstrukturen besonders deutlich in den Metasedimenten der Mömbris- und Geiselbach-Formation ausgebildet, die einen viel ausgeprägteren Lagenbau besitzen als z. B. die Orthogneise oder die Metabasite. Bereits der berühmte Geologe Serge von Bubnoff (1926) hatte im Spessart-Kristallin eine kuppelförmige Aufwölbung, eine *Antiform*, mit einem Kern von Orthogneisen (Rotgneisen) erkannt, an die eine Hüllserie aus metamorphen Sedimentgesteinen angefaltet ist. Die Göttinger Strukturgeologen griffen diese Konzeption wieder auf (Bederke 1957, Gabert 1957, Plessmann 1957, Murawski 1957, 1958, Doutsos 1979), stellten aber fest, dass diese Großstruktur asymmetrisch ausgebildet ist, mit einer mittelsteil einfallenden NW-Flanke und einer steil einfallenden NO-Flanke (Abb. 2).

Neuere Untersuchungen vermitteln ein noch komplexeres Bild der Faltenstrukturen im Spessart-Kristallin (Juckenack 1990, Weber & Juckenack 1990, Weber 1995a, 1996). Die *Metasedimente* der *Geiselbach-* und *Mömbris-Formation* zeigen Falten im dm- bis m-Bereich, durch die eine erste Schieferung S_1 verfaltet wird. Häufig lassen sich zwei Faltengenerationen F_1 und F_2 unterscheiden, die jedoch nicht – wie früher angenommen wurde – auf eine zweiaktige Deformation zurückgehen. Die Falten sind jeweils auf einzelne Gesteinslagen beschränkt, stellen also *Internfalten* dar. In Abhängigkeit von der Mächtigkeit und vom Material der wechsellagernden Gesteine, z. B. Glimmerschiefer/Quarzit oder Staurolith-Glimmerschiefer/Granat-Plagioklas-Gneis variiert die Ausbildung dieser Falten stark: *inkongruente Faltung*. Die Falten sind durch Abscherhorizonte voneinander getrennt und gegeneinander versetzt: *disharmonische Faltung* (Abb. 13). Dementsprechend sind sie stark asymmetrisch ausgebildet, d. h. sie besitzen einen gedehnten langen Schenkel, dessen Raumlage sich bei der Faltung nicht oder nur wenig ändert, und einen kurzen Schenkel der um die Faltenachse rotiert und dabei verdickt, bei weiterer Rotation aber auch wieder verdünnt wird. Durch Dehnung des langen Schenkels entwickelt sich parallel oder sehr spitzwinklig zu diesem und in großem Winkel zum kurzen Schenkel eine zweite Schieferung S_2. Wenn diese

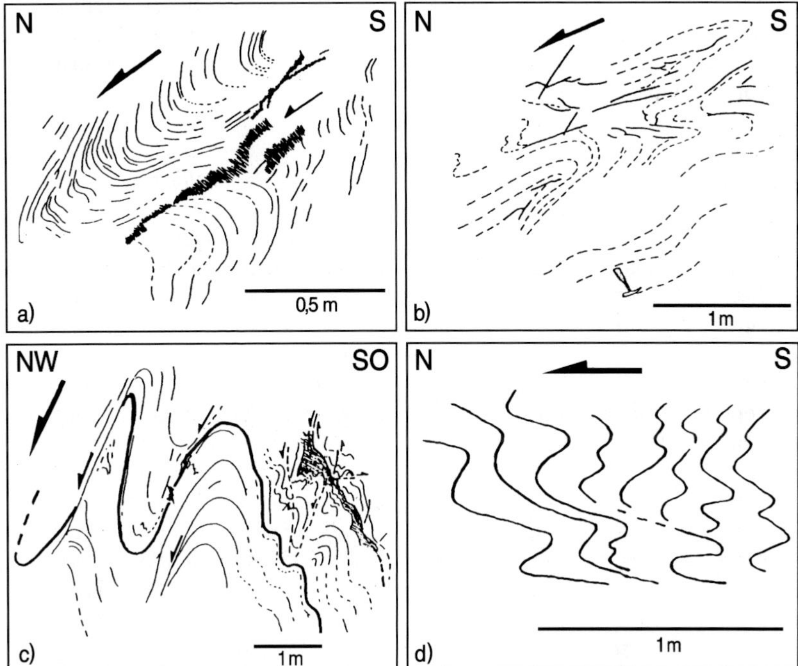

Abb. 13. Typische Faltenbilder im NW-Teil des Spessart-Kristallins. Die Falten sind überwiegend disharmonische Internfalten mit zahlreichen Abscherhorizonten, die eine nordwestliche Transportrichtung anzeigen (Pfeile). (**a**), **(b)** Geiselbach-Formation: (**a**) 4. Quarzitzug, Weganschnitt „Giftiger Berg", nahe der ehem. Tria-Werke im Kahltal; (**b**) 5. Quarzitzug, aufgelassener Stbr. am NW-Hang des Burgstalls am Hahnenkamm, NO Wasserlos (**11**); (**c**) Glimmerschiefer der Mömbris-Formation, aufgelassener Stbr. am Pfahlloch, 1 km nördl. Rückersbach (**26**); (**d**) Rotgneis, Hangklippen im Fahrbachtal am ehemaligen Rauenthaler Hof W Glattbach (nahe **44**). Nach Weber (1995).

Schieferungsflächen engständig angeordnet sind, entsteht eine *Runzelschieferung (Crenulation Cleavage).* Im Gegensatz zu den älteren Auffassungen konnte Juckenack (1990) zeigen, dass der tektonische Transport in der Geiselbach- und Mömbris-Formation nicht nach SO, d. h. auf die Gneiskuppel zu, sondern nach NW ausgerichtet ist. Hierfür sprechen die generelle NW-Vergenz der asymmetrischen Falten und die zahlreichen Scherflächengefüge, die bei der disharmonischen Internfaltung angelegt wurden und vorherrschend einen Hangend- über Liegend-Transport nach NW anzeigen (Abb. 13).

Schon von Bubnoff (1926) beobachtete im Spessart-Kristallin zwei *Streckungslineare* L_1 und L_2, die sich in einem spitzen Winkel schneiden. Stets weicht das jüngere Linear L_2 bis zu 30° in dextraler Richtung, d. h. im Uhrzeigersinn vom älteren L_1 ab. Die Lineare entstanden bei der Faltung durch Streckung der Gesteine, wobei es häufig zur Parallel-Ausrichtung der Minerale kam. Das jüngere Linear L_2 wird häufig auch durch Faltenachsen F_2 repräsentiert. Die Lineare entwickelten sich durch progressive Überfaltung, wobei es zur Rotation der Faltenachsen gegen den Uhrzeigersinn kam (Weber 1995a, Fig. 4a). Dieser Vorgang hängt mit der Aufwölbung der kuppelförmigen Antiform im Orthogneis-Kern zusammen.

Die *Alzenau*- und die *Elterhof-Formation* werden heute als Reste einer tektonischen Einheit angesehen, die ursprünglich zusammenhing und als Decke

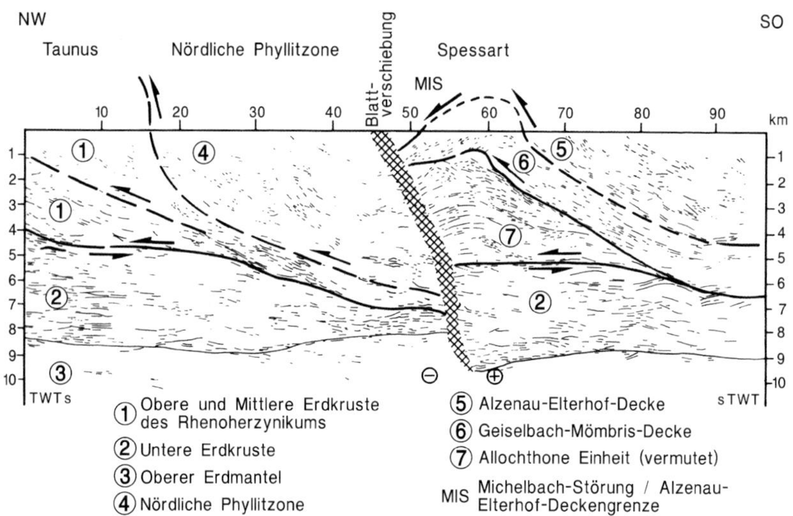

Abb. 14. Vorläufige Interpretation des reflexions-seismischen NW-SO-Profils DEKORP 2N und 2S durch den Grenzbereich Rhenoherzynikum/Saxothuringikum, die Nördliche Phyllitzone (Taunus–Wetterau) und die Mitteldeutsche Kristallinzone (Spessart). Der Spessart bildet ein kuppelförmiges Gewölbe (Antiform); Elterhof- und Alzenau-Formation bilden Reste einer ehemaligen Decke (tektonische Klippen), während die übrigen Einheiten – durch Abtragung teilweise freigelegt – ein tektonisches Fenster darstellen. MIF: Michelbach-Störung. Die Grenze zwischen Oberem Erdmantel und Unterster Erdkruste, die Mohorovičić-Diskontinuität („Moho") ist an einer tiefreichenden Blattverschiebung versetzt. Dabei zeigen (-) und (+) eine horizontale Verschiebung im Uhrzeigersinn (sinistral) an. Nach Weber (1995a).

über die übrigen Einheiten des Spessart-Kristallins geschoben wurde (Heinrichs 1986, Behr & Heinrichs 1987, Weber 1995a, 1996). Ähnliche Decken-Einheiten, d. h. horizontal weit ausgedehnte Gesteinspakete auf fremder Unterlage, sind in den Alpen und in anderen Bereichen des Alpidischen Orogens schon seit langem bekannt. Alzenau- und Elterhof-Formation stellen also tektonische Klippen (Deckenreste) dar, während die anderen Einheiten ein tektonisches Fenster bilden. Diese Konzeption wird durch die seismischen NW-SO-Profile DEKORP 2N und 2S, die den Spessart queren, gestützt (Abb. 14). Die Deckengrenze zwischen Alzenau- und Geiselbach-Formation dürfte im Bereich der heutigen Michelbach-Störung, die Grenze zwischen Elterhof- und Schweinheim-Formation im Bereich des Plattengneises gelegen haben (**74**; Abb. 2). Dieser wurde in einer Scherzone – offensichtlich beim Deckentransport – unter noch relativ hohen Temperaturen stark deformiert; er liegt heute als *Hochtemperatur-Mylonit* vor (Weber 1995a).

Die *Michelbach-Störung* ist nicht aufgeschlossen und auch im reflexionsseismischen Profil (Abb. 14) DEKORP 2S nicht direkt erkennbar. Sie wird aber durch Mylonite und Ultramylonite dokumentiert, die durch starke duktile Deformation bei relativ geringen Temperaturen gebildet wurden und teilweise noch eine spätere Spröd-Deformation (Kataklase) erfahren haben (Schneider 1962, Weber 1996; siehe **7**). Dabei entstand ein drittes, nach N einfallendes Linear L_3. Die Störung wurde früher als SO-gerichtete Aufschiebung aufgefasst (Thürach 1893, Bederke 1957, Plessmann 1957, Murawski 1958), später aber als Rücküberschiebung im Anschluss an den NW-gerichteten Deckentransport interpretiert (Weber 1981, Behr & Heinrichs 1987). Möglicherweise steht sie jedoch im Zusammenhang mit einer sinistralen Blattverschiebung (Transformstörung), die sich in der Otzbergzone zwischen Böllsteiner und Bergsträßer Odenwald fortsetzt und schließlich in die Lalaye–Lubine–Baden-Baden-Linie einschwenkt (Abb. 15; Weber 1995a, b). Sie hätte somit überregionale Bedeutung.

2.2.4. Plattentektonisches Szenario für die Entwicklung der Mitteldeutschen Kristallinzone

Die europäischen Varisciden sind eine überaus komplexe Struktur, die durch die Kollision mehrerer kontinentaler Platten und Mikroplatten entstanden ist (z. B. Weber 1984, Franke 1989, Franke & Oncken 1990, Dallmeyer et al. 1995, Zeh 1996, Oncken 1997, Gerdes & Zeh 2006, Zeh & Gerdes 2010, Zeh & Will 2010, Linnemann & Romer 2010, Kroner et al. 2010). Diese gingen aus dem ehemaligen Superkontinent Rodinia hervor, der während des Neoproterozoikums im Zeitraum zwischen 750 und 550 Ma in zahlreiche größere und kleinere Kontinentalplatten zerbrach, von denen hier nur die großen Kontinente Laurentia, Bal-

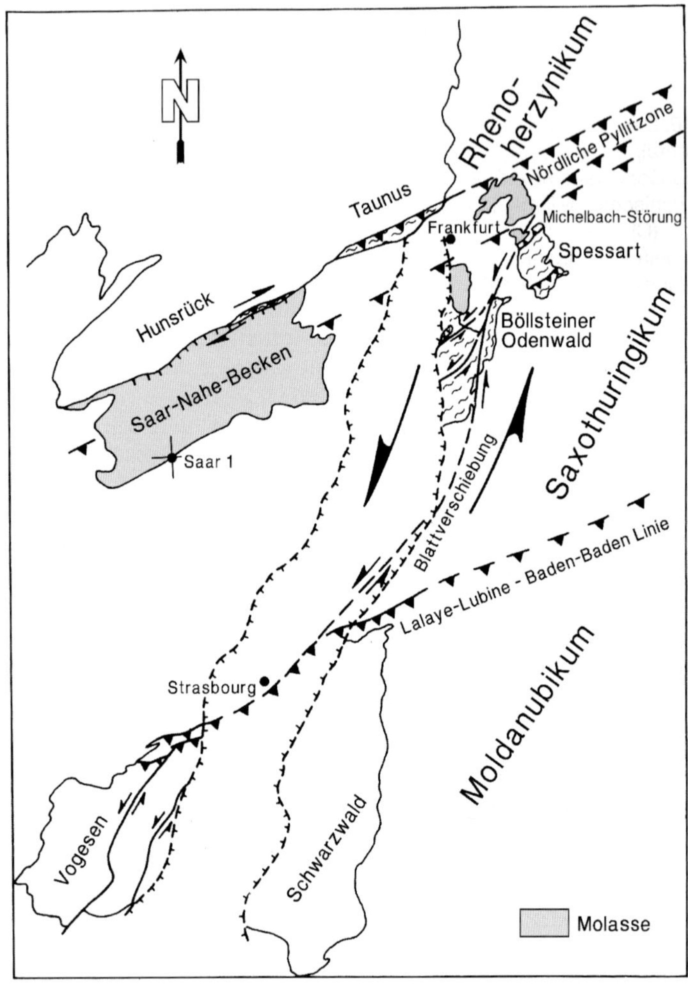

Abb. 15. Störungsmuster im südwestlichen Mitteleuropa. Die Michelbach-Störung geht nach Südwesten zu in eine sinistrale, NNO-SSW-gerichtete Blattverschiebung (Transformstörung) über, die im komplexen Störungsbündel der Otzbergzone zwischen Bergsträßer und Böllsteiner Odenwald dokumentiert ist. Ihre Süd-Fortsetzung, die vermutlich durch die jüngeren Verwerfungen des Rheingrabens überlagert wird, und der Übergang in die Lalaye–Lubine–Baden-Baden-Linie sind jedoch hypothetisch. Die Blattverschiebung bewirkt, dass das kristalline Grundgebirge östl. der Störungszone stärker herausgehoben wird als westl. davon. Nach Weber (1995b).

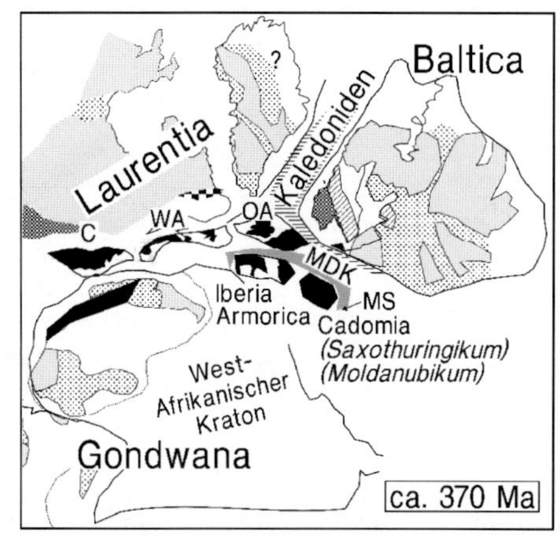

Abb. 16. Die relative Position der Kontinentalplatten Laurentia, Baltica und Gondwana sowie der perigondwanischen Mikrokontinente Carolina (C), Westavalonia (WA), Ostavalonia (OA), Iberia, Armorica und Cadomia vor ca. 370 Ma. Eingetragen ist ferner die Mitteldeutsche Kristallinzone (MDK) mit ihrem östlichen Ausläufer dem Moravo-Silesium (MS). Nach Zeh (unpubl.).

tica, Sibiria und Gondwana sowie die „perigondwanischen“ Mikrokontinente West- und Ost-Avalonia, Iberia, Armorica und Cadomia genannt seien (Abb. 16). Relativ zu Gondwana wanderten Baltica, Laurentia, Sibiria und die Mikrokontinente unterschiedlich weit nach Norden, wobei sich im Laufe der Zeit vier große Ozeanbecken öffneten: der Iapetus-Ozean, der Rheic-Ozean, der Zentralmassiv-Moldanubische Ozean und die Tornquist-See (z. B. Trench & Torsvik 1992, Tait et al. 1997). Seit dem späten Ordovizium vor ca. 460–450 Ma wanderten die genannten Kontinentalplatten wieder aufeinander zu; es kam zur Subduktion der ozeanischen Lithosphärenplatten, zur allmählichen Schließung der Ozeane, und zur Kollision der einzelnen Kontinente und Mikrokontinente (Abb. 16, 17). Diese plattentektonischen Vorgänge führten nacheinander zur Kaledonischen und zur Variscischen Gebirgsbildung.

Die Mitteldeutsche Kristallinzone (MDK) entstand an der *Rheic-Sutur*, d. h. an der Nahtstelle zwischen den Kontinenten Ost-Avalonia + Baltica im Norden und Gondwana – einschließlich der Mikrokontinente Iberia, Armorica und Cadomia – im Süden. Entlang dieser Sutur wurde der bis zu 2000 km breite Rheic-Ozean geschlossen (Abb. 16, 17). Die untere Platte, die wesentliche Anteile von Ost-Avalonia- und Baltica-Sedimenten beinhaltet und weitgehend dem heutigen Rhenoherzynikum entspricht, wurde in der Karbonzeit (vor ca. 350–320 Ma) nach SO unter den NO-Rand von Gondwana, dem heutigen Saxothuringikum, subduziert. Daher besteht die MDK aus Anteilen beider Platten, wobei der Böllsteiner Odenwald und der Spessart wahrscheinlich überwiegend aus rhenoherzynischen, der Bergsträßer Odenwald und der Kyffhäuser aus saxothuringischen Anteilen bestehen. Demgegenüber enthält das Ruhlaer Kristallin rhenoherzynische und saxothuringische Komponenten, die

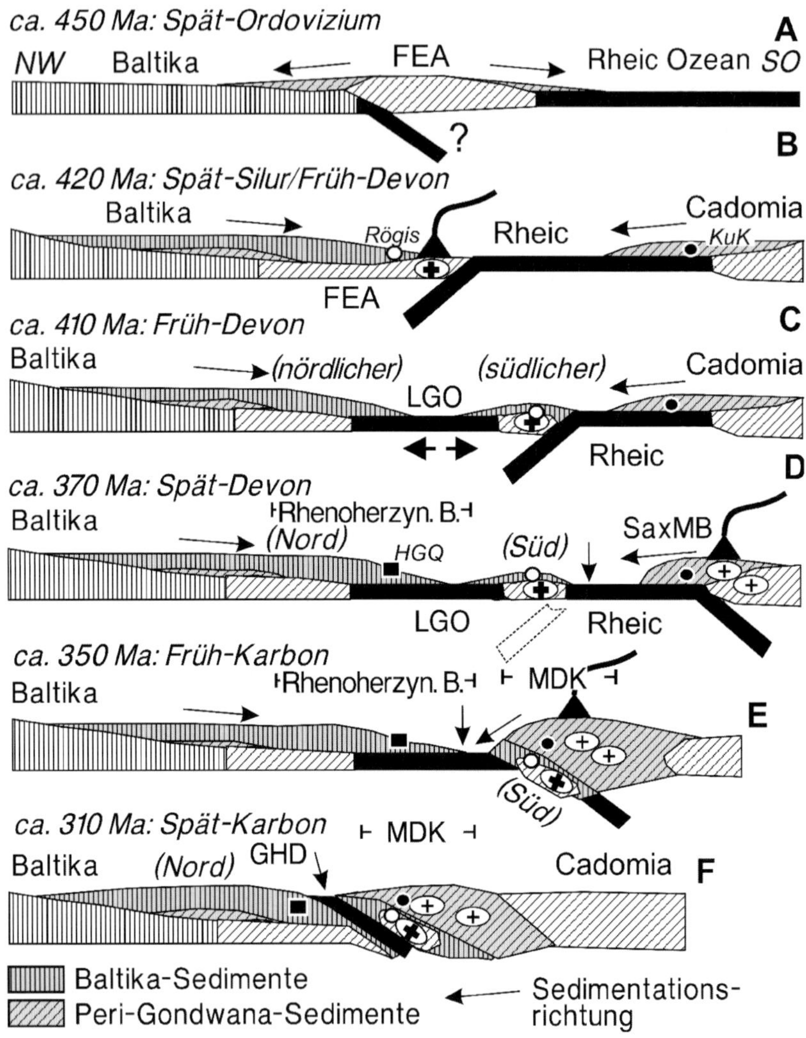

Abb. 17. Vereinfachtes geotektonisches Modell zur Entstehung der Mitteldeutschen Kristallinschwelle. Erläuterungen im Text. Nach Zeh (1996) und Zeh & Gerdes (2010).

z. B. in der Brotterode- bzw. der Ruhla-Gruppe dokumentiert sind (Zeh 1996, Gerdes & Zeh 2006, Zeh & Gerdes 2010, Zeh & Will 2010).

Isotopische Datierungen an gerundeten Zirkonkörnern, die als Schwermineral-Detritus in die Ausgangs-Sedimente der Metapelite und Quarzite der MDK geschüttet wurden, geben Hinweise auf das kontinentale Liefergebiet, aus dem sie ursprünglich stammen. So erbrachten detritische Zirkone aus dem Rögis-Quarzit der Ruhla-Gruppe überwiegend Alter von 1.800–900 Ma, sollten also von SW-Baltica stammen (Zeh & Gerdes 2010), während bei Zirkonen aus einem Metapelit der Brotterode-Gruppe zwei Altersgruppen von 2.100–2.000 Ma und 700–500 Ma dominieren, die für Gondwana und die perigondwanischen Mikrokontinente typisch sind (Gerdes & Zeh 2006). Diese wichtigen Ergebnisse sprechen dafür, dass die „rhenoherzynischen“ (Meta-)Sedimente der MDK von Baltica im N, die „saxothuringischen“ (Meta-)Sedimente dagegen von Gondwana geliefert wurden.

Fasst man die bisher vorhandenen geomagnetischen, geologisch-stratigraphischen, geochemischen und geochronologischen Erkenntnisse zusammen, so lässt sich für die MDK das folgende plattentektonische Szenario entwickeln (Zeh & Gerdes 2010), das in Abb. 17 A–F dargestellt ist:

A Im späten Ordovizium, vor ca. 450 Ma ist die ozeanische Lithosphäre der Tornquist-See unter den östlichsten Teil von Avalonia subduziert. (Fern-)Ost-Avalonia (Far-East Avalonia, FEA) hat sich mit Baltica vereinigt.

B Im späten Silur und frühen Devon (440–400 Ma) wandert Cadomia auf Baltica zu, wobei der Rheic-Ozean unter Ost-Avalonia/Baltica subduziert und daher kleiner wird. Über der Subduktionszone entsteht ein magmatischer Bogen, später auch ein Backarc-Bereich, das Rhenoherzynische Becken. Zeugen für den Inselbogen sind die Orthogneise des Spessarts und der Metabasitzug Aschaffenburg–Feldkahl–Rottenberg, während die Vulkanite des Metabasitzuges Hörstein–Huckelheim vermutlich im Backarc-Bereich gefördert wurden. Die Ablagerung der Sedimentgesteine der Mömbris- und Geiselbach-Formation im Spessart und der Ruhla-Gruppe im Thüringer Wald erfolgte in einem Zeitraum bis einschließlich Silur auf dem baltisch-avalonischen Schelf. In Abb. 17 B–F ist die Lage der Metasediment-Proben *Rögis* und *KuK* im Ruhlaer Kristallin, aus denen die datierten Zirkone stammen, schematisch eingetragen.

C Im frühen Devon (ca. 410 Ma) ist der Rheic-Ozean durch N-gerichtete Subduktion weitgehend, aber noch nicht vollständig geschlossen und der Backarc-Bereich hat sich zum Lizard–Gießen–Ozean (LGO) erweitert. Dadurch wurde der Schelf von Baltica in einen N- und einen S-Bereich geteilt.

D Im späten Devon (ca. 370 Ma) kommt es zur Umkehrung der Subduktionsrichtung des Rheic-Ozeans, wobei die ozeanische Lithosphäre nun in S-Richtung unter Cadomia subduziert wird. Dadurch entsteht der saxothuringische magmatische Bogen (SaxMB), während der LGO weiter von Baltica aus mit Sedimenten gefüllt wird.

E Im frühen Karbon (ca. 350 Ma) wird schließlich auch der südliche Schelfbereich von Baltica unter Cadomia subduziert; aus rhenoherzynischen und saxothuringischen Anteilen entsteht die Mitteldeutsche Kristallinzone (MDK).

F Im späten Karbon (ca. 310 Ma) wird die Gießen-Harz-Decke (GHD), die Teile des Lizard–Gießen–Ozeans enthält, auf den nördlichen Schelfbereich von Baltica überschoben.

Paläomagnetische Untersuchungen von Edel & Wickert (1991) ergaben, dass Spessart, Odenwald, Schwarzwald und Vogesen während der Karbon- und Permzeit in der Nähe des Äquators lagen. Vor 340–330 Ma (an der Wende Visé/Namur) lag die Paläobreite des Spessarts entweder ca. 4,5° N oder ca. 5,5° S, vor ca. 300 Ma (im Stephan) ca. 11,5° S. Danach wanderte das gesamte Gebiet nach N, so dass der Spessart vor ca. 290 Ma (Wende Stephan/Perm) bei ca. 3,5°N lag.

2.3. Postvariscischer Magmatismus

2.3.1. Lamprophyr-Gänge

77, 78, 79, 81, 84, 86, 88.

Gegen Ende der Variscischen Gebirgsbildung stellte sich das Spannungsfeld der Erdkruste um; es herrschte nunmehr Dehnungs-Tektonik, wobei in der MDK etwa N–S streichende Spalten aufrissen. In diese drangen basische Magmen ein, die oberflächennah zu Lamprophyr-Gängen erstarrten. Lamprophyre sind dunkle Ganggesteine, die äußerlich Basalten ähneln, aber besondere petrographische und geochemische Merkmale aufweisen. Bei vergleichbaren SiO_2-Werten sind die Gehalte an K_2O oder K_2O+Na_2O deutlich höher als in Basalten. Dementsprechend treten als dunkle Gemengteile neben Pyroxen und Olivin auch K_2O-, Na_2O- und (OH)-haltige Minerale wie Amphibol und Biotit (oder Phlogopit) auf. Kennzeichnend sind ferner hohe Gehalte an inkompatiblen Spurenelementen wie Ba, Rb, Sr, P und Zr, neben den für Basalte typischen Elementen Cr und Ni. (Als inkompatibel bezeichnet man Spurenelemente, die beim teilweisen Aufschmelzen des Erdmantels bevorzugt in die magmatische Schmelze gehen, also nicht im Olivin- und Pyroxen-reichen Restgestein verbleiben.) Oft enthalten Lamprophyre H_2O-reiche, sekundär gebildete Umwandlungsprodukte, wie Chlorit, Talk und Serpentin, aber auch Calcit.

Im Spessart sind insgesamt 80 einzelne Lamprophyrgänge bekannt geworden, deren Vorkommen sich ausschließlich auf den Quarzdiorit-Granodiorit-Komplex und die nordwestl. anschließende Elterhof-Formation beschränkt (Chatterjee 1959, Wrobel 2000, mit Angabe der älteren Literatur). Die Gänge sind 0,3–12 m mächtig und bis zu ca. 500 m lang, verschwinden aber häufig unter dem Deckgebirge (Karte 2). Sie streichen etwa in N-S-Richtung, meist 330–360°, seltener bis 30°; und fallen 40–80° W.

Im Spessart sind nur zwei Lamprophyr-Typen vertreten, nämlich:

- *Kersantite* mit Plagioklas > Kalifeldspat und Biotit/Phlogopit > Amphibol und
- *Spessartite* mit Plagioklas > Kalifeldspat und Amphibol > Biotit/Phlogopit.

Da das Biotit:Amphibol-Verhältnis innerhalb eines Ganges stark wechseln kann, liegen häufig Übergangstypen zwischen Kersantit und Spessartit vor. Amphibol und/oder Biotit/Phlogopit, Klinopyroxen und Olivin (sekundär umgewandelt in „Pilit" = Gemenge aus Talk + Tremolit) bilden kleine Einsprenglinge, die in einer feinkristallinen Grundmasse aus Plagioklas, Kalifeldspat, Quarz, Klinopyroxen, Biotit und Magnetit liegen. Weit verbreitet sind korrodierte Fremdkristalle von Quarz, Kalifeldspat, Plagioklas und Biotit, die in größeren Tiefen der Erdkruste durch eine Wechselwirkung der Lamprophyr-Magmen mit zugemischten dioritischen bis granitischen Magmen entstanden sind (Wrobel 2000). Lamprophyre mit 2–3, maximal 6 cm großen Fremdkristallen von Kalifeldspat wurden von Gümbel (1866) mit dem Lokalnamen *Aschaffit* bezeichnet, der heute nicht mehr gebräuchlich ist.

Die Lamprophyre sind jünger als die Gefügeprägung im kristallinen Grundgebirge und auch jünger als die Aplit-, Pegmatit- und Quarz-Gänge im Quarzdiorit-Granodiorit-Komplex. Für den Aufstieg der Magmen wurden Querklüfte benutzt, die senkrecht zu den Faltenachsen in den Metamorphiten der Elterhof-Formation stehen. Allerdings wurden die Lamprophyre selbst noch von späten Bewegungen erfasst, wobei sich z. T. eine enggescharte Klüftung bildete (Deml 1931, Braitsch 1957a); auf Verwerfungsflächen entstehen stellenweise Harnische (Rutschstreifen).

Da die Lamprophyr-Gänge vom Bröckelschiefer, im Sodental auch von Zechstein-Dolomit diskordant überdeckt werden, müssen sie vor dem späten Perm entstanden sein. In der Tat erbrachten Rb-Sr-Biotit-Gesamtgesteins-Datierungen an zwei Lamprophyr-Gängen von Gailbach (**77**, **79**) Intrusionsalter von 326,8 ± 2,4 Ma und 321,1 ± 1,7 Ma, die noch ins Unterkarbon (Namur) fallen (Wrobel 2000). Dazu passen $^{40}Ar/^{39}Ar$-Daten von 316 bis 323 (± 3) Ma, die an Biotiten aus vier Spessartit-Gängen ermittelt wurden und ebenfalls als Kristallisationsalter interpretiert werden (von Seckendorff et al. 2004a). Diese Alterswerte sind nur wenig niedriger als das Intrusionsalter des Quarzdiorits von 329,6 ± 0,8 Ma (Anthes & Reischmann 2001).

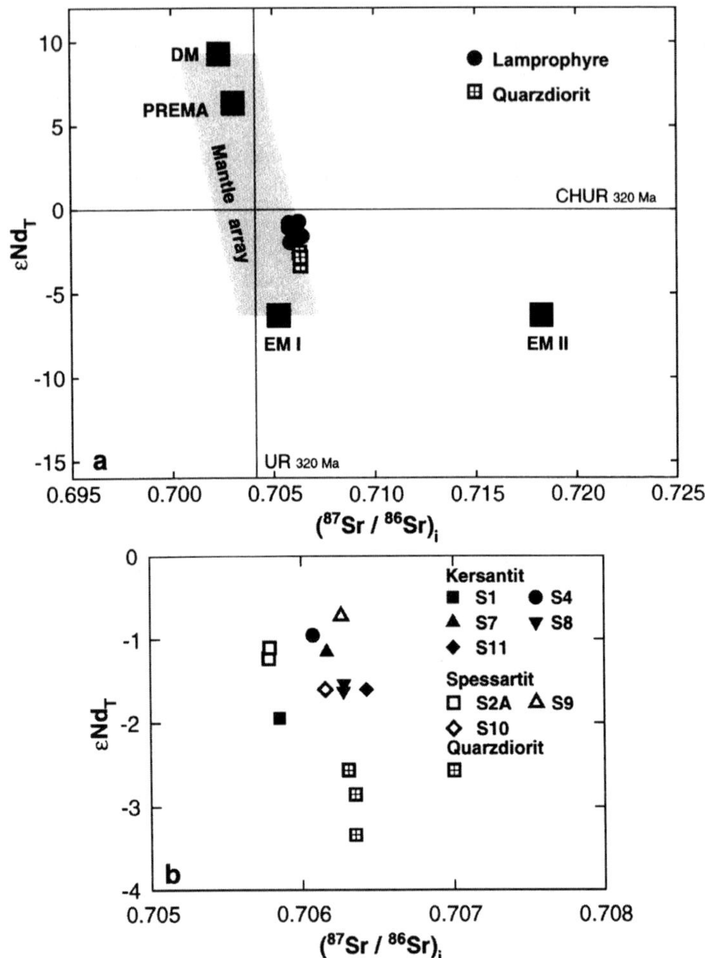

Abb. 18. Initiales Isotopenverhältnis ($^{87}Sr/^{86}Sr$)i vs. εNd_T für die Spessart-Lamprophyre, bezogen auf einen Alterswert von 320 Ma. PREMA = primitiver Erdmantel; EM I = angereicherter Erdmantel I, DM = verarmter Erdmantel), EM II = angereicherter Erdmantel II. Zum Vergleich sind die Werte für den Quarzdiorit des Spessarts eingetragen. Modifiziert nach Wrobel (2000). **b** Vergrößerter Ausschnitt mit den Analysenpunkten für Kersantite, Spessartite nach Wrobel (2000), sowie der Quarzdiorite nach Liew & Hofmann (1988) und Anthes (1998). Der εNd_T-Wert ist ein Maß für das Isotopenverhältnis $^{143}Nd/^{144}Nd$ im Gestein zur Zeit T, bezogen auf dieses Verhältnis im primitiven Erdmantel.

Die ($^{87}Sr/^{86}Sr$)i-Anfangsverhältnisse von 0,7058–0,7064 und εNd_T-Werte von -0,75–-2,0 belegen eindeutig, dass die Lamprophyr-Magmen durch partielles Aufschmelzen des Oberen Erdmantels gebildet wurden, wobei die Werte in einem engen Bereich zwischen denen des primitiven Erdmantels (PREMA) und dem angereicherten Mantel I (EM I) liegen (Abb. 18). Infolge von Subduktions-Vorgängen war diese Mantelquelle durch Stoffzufuhr an den meisten inkompatiblen Elementen angereichert, während Nb, Nd und Ti Minima aufweisen, die für diese Situation typisch sind (Abb. 19a); charakteristisch ist

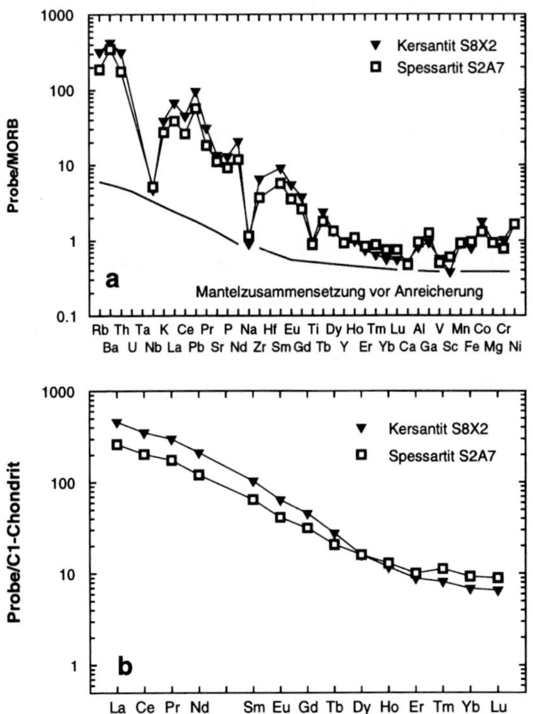

Abb. 19. a MORB-normiertes Spurenelement-Muster von zwei typischen Lamprophyr-Proben aus dem Spessart: Kersantit S8X2 und Spessartit S2A7. Zum Vergleich ist die Zusammensetzung des Erdmantels vor der Zumischung der Subduktions-Komponente als durchgehende Linie nach Pearce & Parkinson (1993) eingetragen. Modifiziert nach von Seckendorff et al. (2004b).
b Seltenerd-Element-Muster von Kersantit S8X2 und Spessartit S2A7 normiert auf Werte für den C1-Chondrit. Modifiziert nach Wrobel (2000).

auch die Anreicherung der leichten gegenüber den schweren Seltenerd-Elementen. Zusätzlich wurden die Lamprophyr-Magmen allerdings durch fraktionierte Kristallisation und durch die Assimilation von Gesteinen der Oberen Erdkruste in ihrer chemischen Zusammensetzung verändert. Die Intrusion der Gänge erfolgte in mehreren Schüben, wobei es zur Vermischung von primitiveren und stärker differenzierten Lamprophyr-Schmelzen kam (Wrobel 2000). Im Diagramm ($^{87}Sr/^{86}Sr)_i$ vs. εNd_T liegen die darstellenden Punkte der Lamprophyre in enger Nachbarschaft zu denen des Quarzdiorits (Abb. 8-24a, b), was auf einen genetischen Zusammenhang bei der Bildung beider Magmentypen hinweist. Hierfür spricht auch die räumliche Konzentration der Lamprophyr-Gänge auf den Quarzdiorit-Granodiorit-Komplex und das nur wenig jüngere Alter der Lamprophyre.

2.3.2. Permische Vulkanite

Während der Rotliegendzeit waren große Bereiche des Spessarts Bestandteil der SW–NO streichenden Spessart-Schwelle und damit weithin Abtragungsgebiet. Rotliegend-Sedimente wurden daher nur am NW-Rand des Spessarts sowie in isolierten Teilbecken abgelagert (vgl. Abschnitt 2.4.1). Aber auch der permische Vulkanismus, der z. B. im Saar-Nahe-Gebiet zur ausgedehnten Förderung von Laven, Pyroklastiten und Ignimbriten basaltischer bis rhyolithischer Zusammensetzung führte (z. B. von Seckendorff et al. 2004b), hat im Spessart nur vereinzelt Spuren hinterlassen.

Der Basalt von Königshofen an der Kahl

Dieses Gestein, das von Bücking (1892) als „Melaphyr“ beschrieben wurde, bildet einen 30–80 cm mächtigen, annähernd 2 km langen, O-W streichenden Gang, der nahezu senkrecht steht. Er ist vollständig zu Brauneisen und Tonmineralen verwittert.

Der Rhyolith von Sailauf

Alter Name *Quarzporphyr*: **95**, **96**.

Der Rhyolith von Sailauf, durch zwei große Steinbrüche im Bereich der Hartkoppe und des Rehberges erschlossen, ist an SO–NW streichende Störungen gebunden. Kittel (1840) lehnte einen „pyrogenetischen“ (d. h. vulkanischen) Ursprung des „Feldspatporphyrs“ ab, da er im Gegensatz zu den Basalten im Spessart (Abschnitt 2.3.3) keine „Umschmelzung der benachbarten Gebirge“

feststellen konnte. Thürach (1884) und Bücking (1892) gaben bereits zutreffende petrographische Beschreibungen des Gesteins, das sie – entsprechend der in Mitteleuropa lange gebräuchlichen Aufteilung in paläozoische und tertiäre Vulkanite – als „Quarzporphyr“ bezeichneten. Bereits von Gümbel (1894) erkannte Gneis-Einschlüsse im Rhyolith, der damit eindeutig jünger sein muss als die variscische Metamorphose. Andererseits enthalten die Konglomerate des Ober-Rotliegend am nordwestlichen Spessartrand (Abschnitt 2.4.1) bereits Rhyolith-Gerölle, die z. T. petrographisch und geochemisch ähnlich sind und aus dem Sailaufer Vorkommen stammen dürften (Bücking 1892). Die chemische Analyse eines solchen Rhyolith-Gerölls aus dem Oberrotliegend-Vorkommen S Neuenhaßlau ergab eine ähnliche Zusammensetzung wie die des Rhyoliths von Sailauf (Schmidt in Lorenz 2010; Abb. 20, 21). Somit sind die vulkanischen Durchbrüche älter als Ober-Rotliegend und werden analog zu anderen Vorkommen übereinstimmend ins jüngere Unter-Rotliegend gestellt. Zwar ist der Rhyolith von Sailauf isotopisch noch nicht datiert, doch ist es sehr wahrscheinlich, dass er zu einer verbreiteten Phase vulkanischer Aktivität gehört, die vor 290 ± 5 Ma in Mitteleuropa stattfand (z. B. Lippolt et al. 1989, Goll & Lippolt 2001). Ein weiteres Rhyolith-Vorkommen vergleichbarer chemischer Zusammensetzung wurde in der Bohrung Rechtenbach im Hochspessart angetroffen (Weinelt et al. 1985; Abb. 20, 21).

Das Gestein weist ein typisch porphyrisches Gefüge auf, mit Einsprenglingen von Quarz, Alkalifeldspat, Plagioklas und – zurücktretend – Biotit in einer feinkristallinen, makroskopisch dichten Grundmasse. Bei mikroskopischer Betrachtung erkennt man, dass die Quarz-Einsprenglinge randlich angelöst sind und Korrosions-Buchten zeigen, in die die ehemalige Schmelze (jetzt als Grundmasse vorliegend) eingedrungen ist (Abb. 69, S. 201).

Diese Tatsache lässt sich durch die Kombination zweier Prozesse erklären (Johannes & Holtz 1996):

1. Rhyolithe entstehen aus ungewöhnlich heißen, H_2O-armen Magmen granitischer Zusammensetzung. Aus ihrer tiefliegenden Magmenkammer steigen sie bei einem Vulkan-Ausbruch sehr rasch auf, wobei sie nur wenig Wärme an die Umgebung verlieren, d. h. es findet ein nahezu adiabatischer Aufstieg statt. Dabei kommt es zwar zur Druck-Entlastung, aber nur zu geringer Abkühlung. Die Folge ist Dekompressions-Schmelzen, d. h. die in der Magmenkammer ausgeschiedenen Kristalle werden teilweise wieder aufgelöst.
2. Das gilt ganz besonders für Quarz, da sich bei Druckentlastung die kotektische Linie im Dreistoff-System SiO_2 (Qz) – $KAlSi_3O_8$ (Or) – $NaAlSi_3O_8$ (Ab) in Richtung auf den Quarzpol verschiebt. Bei erhöhten Drücken, z. B. bei 2 kbar entsprechend der Tiefenlage einer Magmakammer von ca. 7,5 km, liegen die meisten darstellenden Punkte des Sailaufer Rhyoliths im Qz-Feld (Abb. 20), d. h. es scheiden sich zunächst Quarz-Einsprenglinge

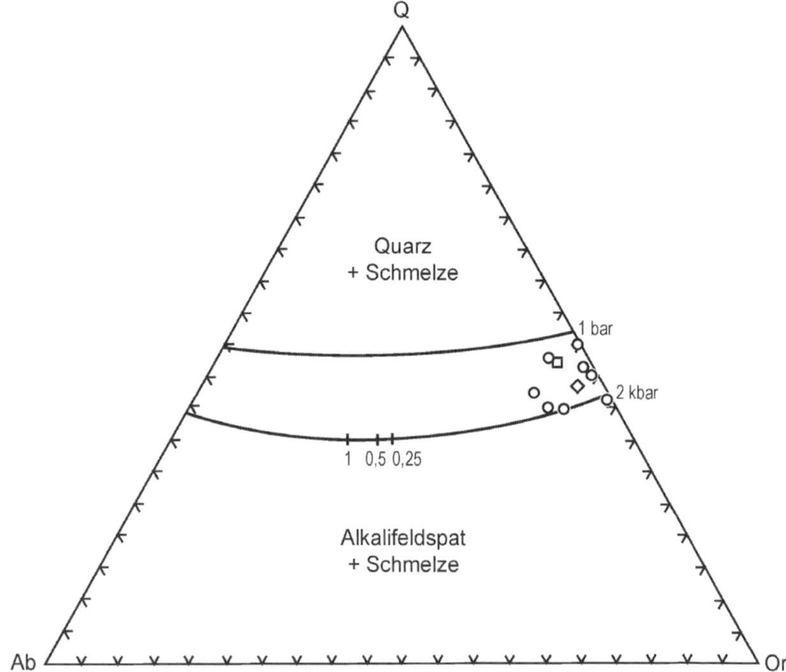

Abb. 20. Experimentell bestimmtes Dreistoffsystem SiO_2 (Q) – $NaAlSi_3O_8$ (Ab) – $KAlSi_3O_8$ (Or). Die kotektischen Linien für Drücke von 1 bar (Tuttle & Bowen 1958) und 2000 bar (Holtz et al. 1992) trennen die primären Ausscheidungsfelder der SiO_2-Minerale (Tridymit bei niedrigem Druck, Quarz bei erhöhtem Druck) und Alkalifeldspat. Die ternären Schmelzminima (kurze Striche) entsprechen den niedrigstschmelzenden Zusammensetzungen beim entsprechenden Druck; bei 2 kbar sind sie für ursprüngliche $H_2O/(H_2O+CO_2)$-Verhältnisse in der Gasphase von 1, 0,5 und 0,25 angegeben. Bei einem Druck von 2 kbar liegen die meisten Analysenpunkte der Rhyolithe von Sailauf im primären Ausscheidungsfeld von Quarz, bei sinkenden Drücken dagegen im Feld der Alkalifeldspäte. ○ Rhyolithe von der Hartkoppe und vom Rehberg bei Sailauf (Kramlich 1994: Unpubl. Dipl.-Arbeit Univ. Würzburg; Lorenz 2010); □ Rhyolith, Bohrung Rechtenbach (Weinelt et al 1985); ◇ Rhyolith-Geröll, Rotliegendes, Neuenhaßlau (Lorenz 2010).

aus. Beim Aufstieg der Schmelze in ein höheres Niveau sinkt der Druck, und die kotektische Linie wandert zum Qz-Pol hin. Nunmehr liegen die darstellenden Punkte des Rhyoliths im Feld von Alkali-Feldspat, der jetzt aus der Schmelze auskristallisiert. (Wegen der zusätzlichen Anwesenheit von Calcium in Form der Anorthit-Komponente scheiden sich zusätzlich noch Plagioklas-Einsprenglinge aus.) Dagegen stehen die Quarz-Einsprenglinge jetzt im Ungleichgewicht mit der Schmelze und werden korrodiert; für eine vollständige Auflösung reichte die Zeit allerdings nicht aus, da die Restschmelze erstarrte, sobald sie durch die vulkanische Förderung ein oberflächennahes Niveau erreicht hatte.

2.3.3 Junge Vulkanite (Ober-Kreide und Tertiär)
97–106.

Der tertiäre Vulkanismus, der in weiten Teilen Mitteleuropas eine herausragende Rolle gespielt hat, führte z. B. im benachbarten *Vogelsberg* zur ausgedehnten Förderung basaltischer Laven. Erosionsreste dieser Deckenergüsse, insbesondere der *Alsberger Decke*, reichen noch in das Gebiet zwischen Schlüchtern und Bad Orb im nördlichsten Hochspessart hinein (Seyfried 1914, Reis 1927, Diederich & Ehrenberg 1998). Es handelt sich um Basalte, speziell *Alkalibasalte* (Abb. 21, Nr. 13, siehe **102**) und *basaltische Andesite* (Abb. 21, Nr. 16, 17, 18; z. B. **101**). Dagegen wurden bei isolierten vulkanischen Durchbrüchen im gleichen Gebiet SiO_2-untersättigte Laven gefördert, die zu *Limburgiten*, d. h. *Nephelin-Basaniten* mit einem hohen Glasanteil in der Grundmasse erstarrten (Abb. 21, Nr. 6). Wie die nördlich gelegenen Vorkommen in der Rhön führen sie Xenolithe des kristallinen Grundgebirges.

Auch die *isolierten Basalt-Vorkommen* des Hohen Berges (**97**), des Madsteins (**98**) und des Beilsteins (**99**) bei Lettgenbrunn sowie im Kasseler Grund bei Bieber (**100**) sind am Ort durch den Buntsandstein aufgedrungen. Am Madstein und im Kasseler Grund stehen Alkali-Olivin-Basalte an (Abb. 21, Nr. 12, 14), während die basischen Vulkanite vom Hohen Berg und vom Beilstein stärker SiO_2-untersättigt sind und daher ins (Nephelin-)Basanit-Feld fallen (Nr. 7, 8). Bei Lettgenbrunn (**97**, **98**, **99**) enthalten die basaltischen Gesteine reichlich Einschlüsse von Peridotit-Knollen des Oberen Erdmantels sowie hochgradig kontaktmetamorph überprägte Xenolithe des kristallinen Grundgebirges und des Deckgebirges, während im Kasseler Grund ein Basalt-Gang den angrenzenden Buntsandstein kontaktmetamorph verändert hat. In beiden Fällen ist es zur Entstehung von Teilschmelzen gekommen, die zu einem Gesteinsglas erstarrt sind; in solchen Gesteinen, die man Buchite nennt, haben sich Hochtemperatur-Minerale wie Mullit gebildet (Matthes & Okrusch 1965, Lorenz & Okrusch 2010).

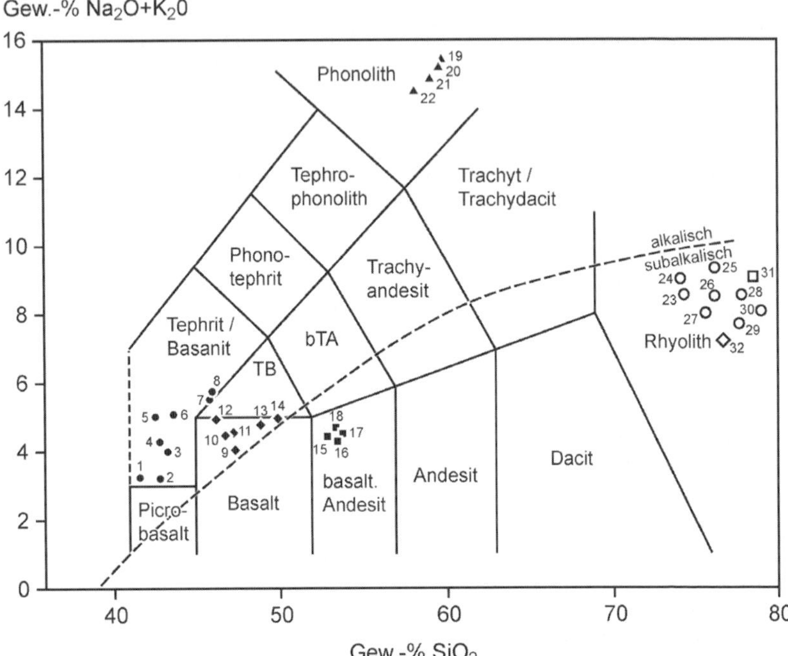

Abb. 21. Chemische Klassifikation der Vulkanite im Diagramm $Na_2O + K_2O$ vs. SiO_2 nach Le Bas et al. (1992). Junge Vulkanite: ● Tephrite und Basanite: 1 Strietwald, 2 Horbach, 3 Hohl, 4 Kirschlingsgraben, 5 Winzenhohl, 6 Hohenzeller Berg, 7 Beilstein, 8 Hoher Berg. ◆ Basalte und Trachybasalte (TB): 9 Tonkautenkopf, 10, 11 Straße Hörstein–Hohl, 12 Kasseler Grund, 13 Hohenzeller Berg, 14 Madstein. ■ Basaltische Andesite: 15 Straße Alzenau–Kahl, 16 Alsberg, 17 Weiperzberg, 18 Dallecker. Δ Phonolithe: 19, 20, 21: Rückersbacher Schlucht, 22: Lindig. ○ Permische Rhyolithe: 23–30: Hartkoppe; 29, 30: Rehberg; □ 31: Bohrung Rechtenbach; ◇ 32: Rhyolith-Geröll, Rotliegend, Neuenhaßlau. Analysen 1–5, 7–12, 14–16, 19, 29, 30, 32: Dr. Ralf Schmitt (Museum für Naturkunde, Berlin, in Lorenz 2010); 6, 13, 17, 18: aus Ehrenberg & Hickethier (1971); 20, 21: aus Weinelt et al. (1965); 22 aus von Gümbel (1881); 23: Bayer. Geol. L.-Amt; 24–27, 30 aus Kramlich: Dipl. Arb. Univ. Würzburg (1994); 31: aus Weinelt et al. (1985).

Ausläufer des sog. *Untermain-Trapps* wurden in großen Steinbrüchen zwischen Kahl und Alzenau abgebaut (**103**; z. B. Schottler 1922, Reis 1927, Schmeer 1967). Nach ihrem Mineralbestand liegen hier Olivin-Basalte vor, die allerdings wegen ihrer SiO_2-Gehalte von knapp über 52 Gew.-% bei Na_2O+K_2O-Gehalten von 4,4–4,9 % bereits ins Feld der basaltischen Andesite fallen (Abb. 21, Nr. 15).

Im westlichen kristallinen Vorspessart treten kleinere Durchbrüche junger basaltischer Vulkanite auf, die durch Weinelt et al. (1965) und Schmeer (1967, 1971) petrographisch bearbeitet wurden. Der *Alkali-Olivin-Basalt* an der Straße Hörstein–Hohl (R^{35}0786 H^{55}4568; Abb. 21, Nr. 10, 11) und der *Limburgit*-Gang NW Hohl (R^{35}0767 H^{55}4646; Abb. 21, Nr. 3) sind heute nicht mehr aufgeschlossen. Die *Schlot-Tuffe* am *Farenberg* bei Großostheim (**106**) und im *Strietwald* bei Aschaffenburg (**105**) werden in Abschnitt 4.3 näher beschrieben. Die basischen Bomben und Gänge im Strietwald-Vorkommen sind nach ihrem Mineralbestand *Olivin-Nephelinite*, obwohl der Analysenpunkt gerade noch ins Basanit-Feld fällt (Abb. 21, Nr. 1). Auch der Ilmenit-Magnetit-reiche *Olivin-Basalt* aus einem kleinen, gangförmigen Vorkommen am *Kirschlingsgraben* bei Oberbessenbach (**91**) hat Basanit-Zusammensetzung (Abb. 21, Nr. 4; Weinelt & Lorenz 1983). Der *Phonolith* nahe der *Rückersbacher Schlucht* (**104**; Abb. 21, Nr. 19–21) wird in Abschnitt 4.3 eingehend beschrieben.

Altersdatierungen mit der K-Ar-Methode an Gesamt-Gesteins Proben von Vulkaniten des Vorspessarts ergaben ein Altersspektrum, das von der Ober-Kreide bis ins Miozän reicht (Horn et al. 1971, 1972; Lippolt et al. 1975, z. T. ohne Angabe der Fehlergrenzen). So erbrachten die basaltischen Vulkanite von Hohl ca. 83, 70±5 und 60±3 Ma sowie der Phonolith der Rückersbacher Schlucht ca. 55 Ma, d. h. einen Zeitraum vom Santon bis zum Paläozän. Ein (?) Santon-Alter von ungefähr 74 Ma wurde für die Olivin-Basalt-Komponente im Schlot-Tuff des Farenberges bei Großostheim gefunden. Jüngere, eozäne Alter ergaben der Alkali-Olivin-Basalt von Horbach (ca. 49 Ma) und der Olivin-Nephelinit im Schlot-Tuff vom Strietwald (43 ± 3 Ma). Miozäne Alter erbrachten der Basalt von der Straße Kahl–Alzenau (ca. 17 Ma) und ein Basalt-Lesestein unbestimmter Herkunft am Farenberg (19,5 ± 1,5 Ma). Diese Werte stimmen gut mit den Altern von 13–17 Ma überein, die für andere Vorkommen im Untermain-Trapp (Horn et al. 1972, Lippolt et al. 1975) und für die Vogelsberg-Basalte ermittelt wurden (Kreuzer et al. 1974).

Wissenschaftshistorische Bemerkung: Mehrere Vorkommen junger Vulkanite im Spessart wurden schon in der ersten Hälfte des 19. Jh. beschrieben (Behlen 1823, von Nau 1826, von Leonhard 1832, Kittel 1840) und – im Gegensatz zu der überholten „neptunistischen“ Deutung – als vulkanische Bildungen interpretiert. So erkannte von Nau (1826, cit. Okrusch 1963), dass die Basalte ihr Nebengestein diskordant durchbrochen und kontaktmetamorph verändert haben. Auch Kittel (1840) bekennt sich eindeutig zu einem „pyrogenetischen Ursprunge“ des Basalts, da er bei dem Vorkommen von Kleinostheim deutliche Kontakterscheinungen beobachten konnte: „...Der Gneiß war an den Stellen, wo ihn der Basalt berührte, nicht blos alteriert, sondern, man erkannte deutlich die Spuren einer begonnenen Schmelzung, besonders an dem glasig gewordenen Feldspath, und an den an ihrem Umfange geschmolzenen und in die feldspathige Masse färbend übergegangenen braunen Glimmerblättchen...“. In seinem Buch über „Die Basaltgebilde...“, das der vulkanischen Genese des Basalts endgültig zum Durchbruch verhalf, hatte von Leonhard (1832; cit. Okrusch 1963) auch Beispiele aus dem Spessart aufgeführt und abgebildet.

2.4 Das Deckgebirge

2.4.1 Rotliegend

Die Variscische Gebirgsbildung schuf in Mitteleuropa ein stark gegliedertes Landschaftsrelief. Bereits bei der Heraushebung von einzelnen Regionen im späten Karbon setzte natürlicherweise Erosion ein, die zu Abtragungsprodukten wie Hangschutt, Schlammlawinen und Flussschottern führte. Infolgedessen wurden Kies, Sand, Schluff und Ton auf dem kristallinen Untergrund abgelagert. Die ältesten Gesteine des Deckgebirges, also alle ungefalteten und nicht metamorphen Gesteine, haben in Unterfranken ein unterpermisches Alter. Im Germanischen Becken repräsentiert das Unterperm den – hinsichtlich der Mächtigkeit – größten Teil des Perms und wird als „Rotliegend“ bezeichnet. Rotliegend-Gesteine sind meist Siliziklastika (Ton-, Schluff- und Sandsteine, Konglomerate), die von den herausgehobenen Regionen in die zwischen diesen Höhenzügen liegenden Talsysteme transportiert wurden und diese sukzessive auffüllten. Auf diese Weise entstanden Sedimentpakete, die lokal gewaltige Mächtigkeiten erreichten.

Unterrotliegend

Sedimentgesteine des Unterrotliegend sind aus Übertageaufschlüssen im Bereich des Spessarts nicht bekannt. Es kommen aber im Vorspessart Vulkanite vor, die in die kristallinen Gesteine eingeschaltet sind. Erwähnenswert ist vor allem der Rhyolith bei Ober-Sailauf (Aufschlüsse **95**, **96**).

Oberrotliegend

Am Nordwestrand des Spessarts und weiter nach Oberhessen sind zwischen Alzenau und Büdingen bedeutende Ausstrichbereiche mit Gesteinen des Oberrotliegend vorhanden. Während dieses Zeitabschnitts im frühen Perm bestand dort ein Ablagerungsbecken, der *Wetterau-Trog*, in das die typischen rotbraunen klastischen Sedimente geschüttet wurden. Das Verschwinden der Ablagerung O Alzenau ist durch den Rand des damaligen Ablagerungsbeckens verursacht, so dass vor 285 bis 275 Ma dort der Westrand eines Hochgebiets lag, die *Spessart-Rhön-Schwelle*.

Die Gesteine im Raum Ronneburg–Niederrodenbach bestehen aus wechselnden Abfolgen von Konglomeraten und Sandsteinen mit gelegentlichen Tonstein-Einschaltungen, wobei die Gerölle der Konglomerate aus aufgearbeiteten Glimmerschiefern, Quarziten, Gneisen und Rhyolithen bestehen. Die

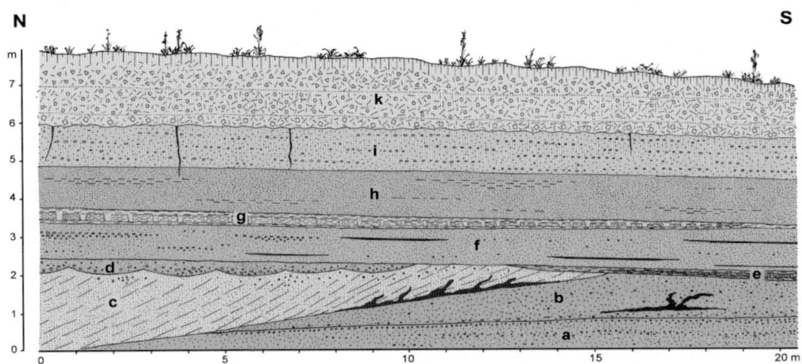

Abb. 22. Beispiel für die Ausbildung des höchsten Oberrotliegend am Spessartrand. Schematisierte Skizze eines temporären Aufschlusses (1982) in den Rodenbach-Schichten am Südrand von Freigericht-Altenmittlau. (a) Brauner Grobsandstein mit einzelnen Konglomerat-Lagen. (b) Graurotbraun marmorierter und grauer Grobsandstein mit dolomitischen Konkretionen und Krusten. (c) Schräggeschichteter mittelkörniger Sandstein mit dolomitischen Konkretionen und Krusten. (d) Rotbrauner konglomeratischer Sandstein mit Kristallingeröllen, rinnenförmig in (c) eingetieft. (e) Mittelkörniger Sandstein mit Konglomerat-Linsen und einzelnen Geröllen; an der Basis mit einer intensiv von Trockenrissen durchsetzten Schicht. (f) Braungelbe und braune dolomitische Lagen. (g) Braune Schluff- und Tonsteine, mit Trockenriss-Horizont. (h) Blassrotbrauner mittelkörniger Sandstein mit Schluffstein-Lagen. (i) Braunroter Grobsandstein. (k) Quartärer Hangschutt aus Rotliegend-Konglomeraten, Zechstein-Konglomerat und Zechsteindolomit. Leicht verändert nach Kowalczyk (1983, Abb. 26).

Sandsteine zeigen deutliche Schrägschichtungskörper. Gelegentlich finden sich Kieselhölzer.

Von der Spessart-Rhön-Schwelle zum Wetterau-Trog nimmt die durchschnittliche Korngröße der siliziklastischen Gesteine ab. Im Schwellenbereich zwischen Spessartrand und Kinzig treten grobklastische, rotbraun gefärbte Sande oder nur schwach verfestige Sandsteine auf, die bis zu 150 m mächtigen *Rodenbach-Schichten*. Sie verzahnen sich nach Norden und beckenwärts mit feinerkörnigen Sedimentgesteinen, die meist rotbraun gefärbten *Bleichenbach-Schichten*, die nördlich der Kinzig dominieren (Kowalczyk & Prüfert 1978, Kowalczyk 1983).

Weißliegendes

Die charakteristischen rotbraunen Klastika des Rotliegend werden überwiegend von bleichen Sedimentgesteinen überlagert, die in einer Art Sammelbegriff „Weißliegendes" genannt werden. Im Bereich des Vorspessarts handelt es sich um primär äolisch abgelagerte, helle, karbonatische Sande, die lokal Zweige und Zapfenschuppen der Konifere *Voltzia hexagona* enthalten (festgestellt bei Huckelheim, Hofstetten und Großkahl; Bücking 1891). Die Mächtigkeit schwankt beträchtlich. Oft fehlt das Weißliegende völlig. Verschiedene Sedimentationsmerkmale zeigen an, dass die Sande fluviatil umgelagert wurden. Vermutlich wurden ursprünglich rotbraune Sande durch chemische Prozesse entfärbt. Die meisten Spezialisten gehen heute davon aus, dass die Weißliegend-Schichten eine kurze Episode vor der Überflutung durch das Zechstein-Meer belegen.

2.4.2 Zechstein

Die lange Festland-Periode in Mitteleuropa endete mit einer Meeresüberflutung vor etwa 258 Millionen Jahren. Die Senke, die während der Rotliegend-Zeit die Abtragungsprodukte der umliegenden Hochgebiete aufgenommen hatte, wurde nun von einem flachen Binnenmeer bedeckt, das sich in seiner größten Ausdehnung von den heutigen Britischen Inseln bis in den polnisch-ukrainischen Grenzbereich und bis Süddeutschland erstreckte.

Die späte Perm-Zeit gehört zu den warmen Epochen der Erdgeschichte: das Zechstein-Meer lag damals nahe dem Äquator. Als Folge herrschte eine ungewöhnlich hohe Verdunstungsrate. Es entstanden Ablagerungen, die von *Evaporiten* (Eindampfungsgesteinen) geprägt waren. Sie enthalten die größten Salzlager, die in diesem Gebiet jemals erzeugt wurden und die zu den größten weltweit gehören. Die mittel- und norddeutschen Salzlager, die heute ausgebeutet werden, gehören fast alle zu diesen Zechstein-Salzen.

Durch die älteren Zechstein-Ablagerungen wurden zunächst die Reliefunterschiede ausgeglichen, so dass nach einer turbulenten Anfangsphase relativ gleichartige Sedimentabfolgen entstanden, die sowohl in ihrer zeitlichen Abfolge als auch in ihrer räumlichen Verbreitung einem einfachen Schema folgen. Grundsätzlich lassen sich insgesamt acht Ablagerungszyklen erkennen, die jeweils mit einen Zustrom von Meerwasser mit normaler Salinität aus dem Weltmeer in das Zechstein-Binnenmeer begannen. Beeinträchtigungen der Verbindung zum Ozean sorgten hernach für eine partielle Eindampfung des Wassers im Zechstein-Becken. Durch die sukzessive Auffüllung des Beckens mit Sedimenten verringerte sich die Beckentiefe und somit auch die Ausdehnung der überfluteten Gebiete von Zyklus zu Zyklus, so dass der älteste Ablagerungszyklus die am weitesten verbreitete und am differenziertesten ausgebildete Ablagerungsfolge ist. Grob vereinfacht begann jeder Ablagerungszyklus zunächst mit gewöhnlichen Flachmeer-Ablagerungen, wie Tonschlämmen. Darauf folgten Kalke, dann Gips und schließlich Steinsalz und Kalisalze. Diese Abfolge entspricht der chemischen Abfolge von Salzen mit zunehmender Löslichkeit: Erst wenn die schlechter löslichen Salze bereits aus dem Meerwasser ausgefällt waren, konnten sich auch die am leichtesten löslichen Substanzen, in diesem Fall das Steinsalz (NaCl) und die Kalisalze, nicht mehr in der Restbrühe halten.

Allerdings zeigte das flache Zechstein-Meer als Ergebnis unterschiedlicher regionaler Bedingungen (Wassertiefe, Entfernung zur Küste, Wasserchemismus etc.) auf geringe Distanzen erhebliche Unterschiede in den Ablagerungen. Die vollständige Folge von Evaporiten von Kalkstein und Dolomitstein über Gips und Anhydrit bis zu Steinsalz und Kalisalz wurde nur im Beckenzentrum erzeugt. Zum Rand hin werden die Evaporit-Sequenzen unvollständig und reichen in den so genannten perisalinaren Beckenteilen nur bis zum Anhydrit oder am Beckenrand gar nur bis zu Karbonat-Gesteinen. Und auch in stratigraphischer Reihenfolge werden die Abfolgen von Zyklus zu Zyklus unvollständiger und nehmen in ihrer Mächtigkeit immer mehr ab (Abb. 23).

Die vier ältesten dieser Ablagerungszyklen werden als Werra-, Staßfurt-, Leine- und Aller-Formation (früher „Folgen“) bezeichnet und sind die klassischen Abschnitte des Zechsteins (Richter-Bernburg 1955). Darüber liegen drei eher dünne Schicht-Pakete, bei deren Bildung es nicht mehr zu Gips-, Steinsalz- und Kalisalz-Ausscheidungen kam: die Ohre-, Friesland- und Fulda-Formation (Käding 1978, 2000). Das Gebiet des heutigen Spessarts und dessen Vorland lagen im Zechstein nahe dem Beckenrand, so dass die Sequenzen durchweg geringmächtig und unvollständig ausgebildet sind. Eine frühere Bohrung bei Jügesheim (nahe Rodgau, ca. 20 km W Aschaffenburg) zeigte, dass dort Zechstein-Gesteine völlig fehlen, weil der Höhenrücken der Spessart-Rhön-Schwelle während des späten Perms weiterhin als Hochgebiet bestand. Nach NNO nimmt dagegen die Mächtigkeit der Zechstein-Schichten bis Bad

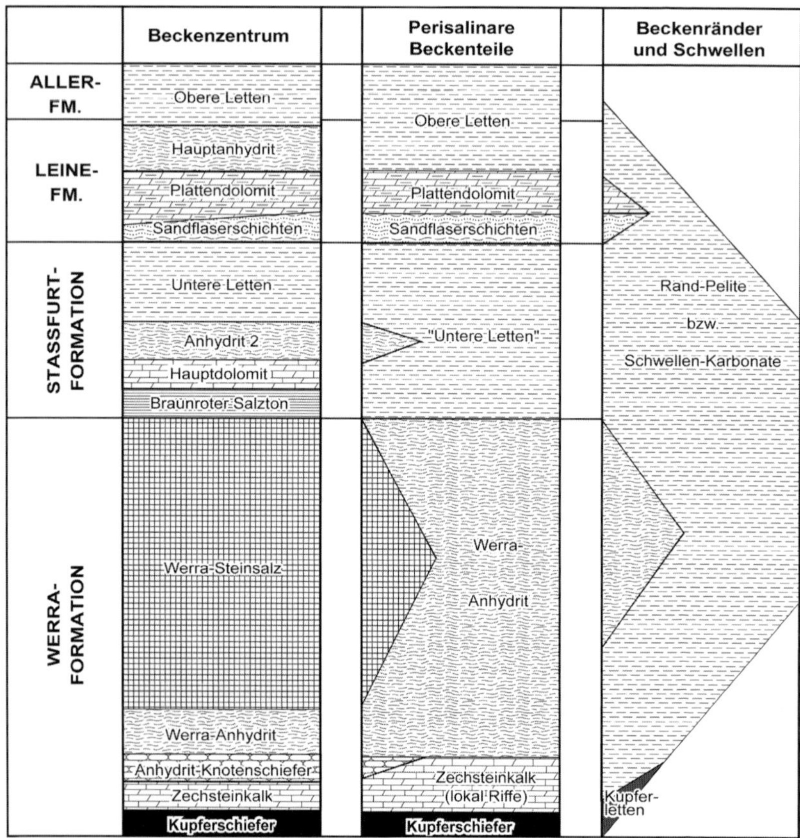

Abb. 23. Gesteinseinheiten und Faziesveränderungen des klassischen Zechsteins in Abhängigkeit von der Lage im Ablagerungsbecken. Das Gebiet des heutigen Spessarts lag im Bereich einer perisalinaren Beckenzone (rechte Spalte) im Randbereich eines Salinars, in dem nicht mehr die komplette Abfolge von Sulfaten und Chloriden ausgeschieden wurde. Außerdem verringerten sich sukzessive die Ausdehnungen und Mächtigkeiten von Ablagerungszyklus zu Ablagerungszyklus und somit von der Werra-Formation über Staßfurt-, Leine- und Aller-Formation. Verändert nach Trusheim (1964, Abb. 2) und Geyer (2002, Abb. 32).

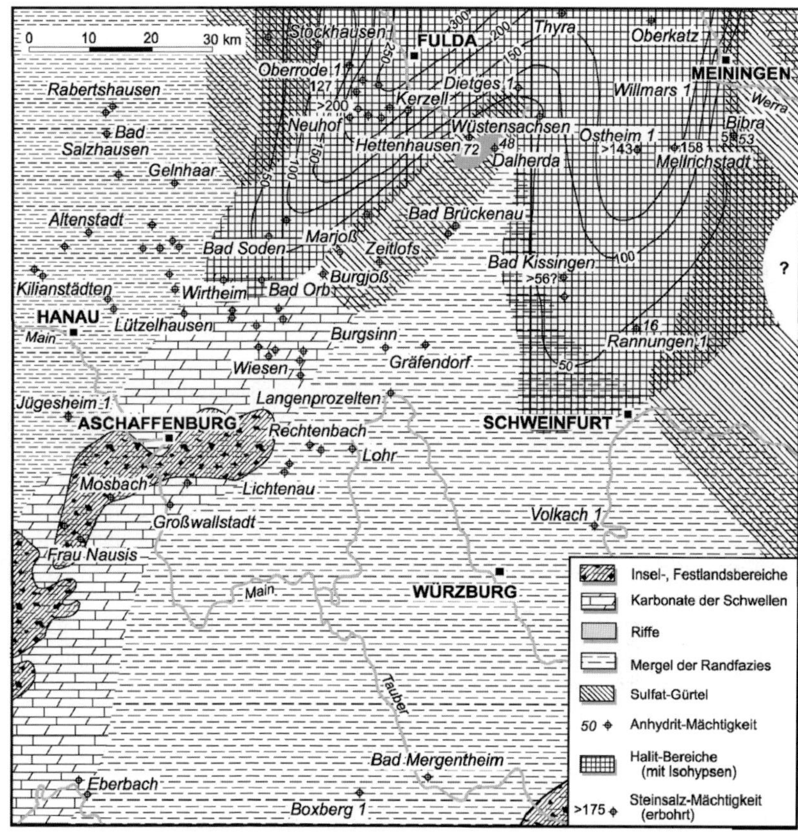

Abb. 24. Mächtigkeit und schematische Faziesverteilung der Werra-Formation in Unterfranken und angrenzenden Gebieten. Die Verteilung der dominierenden Fazies (Schwellenkarbonate, Riffbildungen, Sulfate, Steinsalz und Mergelsteine) bzw. Schichtlücken sind ein direkter Beleg für die Topographie des damaligen Untergrundes. Der Gürtel der Schwellenkarbonate, der sich in SSW–NNE-Erstreckung über den Aschaffenburger und Fuldaer Raum zieht, ist ein Abbild der Spessart-Rhön-Schwelle. Verändert nach Geyer (2002, Abb. 13) bzw. nach Trusheim (1964, Beilage 3) und weiteren Autoren.

Orb auf mehr als 110 m und bis Bad Soden auf mehr als 160 m zu. Die Spessart-Rhön-Schwelle wird südöstl. vom Oos-Saale-Trog begleitet, der sich bereits in einer Tiefbohrung bei Großwallstadt andeutete (Abb. 24). Die Reliefunterschiede des Untergrundes waren offenkundig extrem kleinräumig. Inseln und Archipele im Zechsteinmeer dokumentieren sich durch unterschiedliche Lithologien der Gesteine vor allem der Werra-Formation. Derartige Erhebungen wurden früher in Aufschlüssen als „Flözberge“ registriert (Weidmann 1926). Sie wurden z. B. im Dolomitbruch am Gräfenberg bei Rottenberg (Aufschluss **114**) beobachtet, sind aber z. Zt. am Spessartrand nicht mehr aufgeschlossen.

Stratigraphie

Die **Werra-Formation** ist normalerweise das am besten und vollständigsten ausgebildete Schichtpaket des Zechsteins. Sie erreicht im Beckenzentrum Mächtigkeiten von mehr als 300 m, im W-Spessart dagegen kaum jeweils mehr als 50 m. Das beste Beispiel für eine besonders geringmächtige Entwicklung zeigt sich bei Hain, wo die gesamte Abfolge nur noch 2,7 m erreicht. Davon entfallen sogar noch 80 bis 100 cm auf einen Aufarbeitungshorizont an der Basis, der als ***Grundgebirgsbrekzie*** bezeichnet wird (Weinelt 1978). Er besteht aus eckig-kantigen Gesteinsbruchstücken des Untergrundes, meist aus der unmittelbaren Nachbarschaft, sowie isolierten Feldspat- und Hornblende-Körnern oder Glimmer-Schuppen. Sekundäre Ausscheidungen von Eisen- und Mangan-Verbindungen können das Gestein dunkelgrau oder schwärzlich verfärben. Die Grundgebirgsbrekzie ist ein Zeugnis der Transgression des Zechsteinmeeres und damit das früheste Zeugnis der Überflutung. Allerdings ist zu vermuten, dass bereits die chemische Verwitterung zur Rotliegend-Zeit für eine oberflächliche Zersetzung der kristallinen Gesteine und für eine Bodenbildung gesorgt hatte, so dass das vordringende Meer den Gesteinszersatz nur lokal zusammenschwemmte.

Andernorts bestehen die basalen Gesteine aus gerundeten Flussschottern, die aus dem Oberrotliegend stammen dürften und das ***Zechstein-Konglomerat*** bilden. Über dem basalen Konglomerat ist die Werra-Formation beckenweit durch ein Paket von dunklen, bituminösen Tonsteinen und Tonmergelsteinen vertreten, die örtlich erhebliche Gehalte an Sulfid-Erzen aufweisen und diese Schichten, den ***Kupferschiefer***, zu Beginn der Bergbauzeit zu einem der begehrtesten Abbauziele in Mitteleuropa machten. Silberhaltiger Tennantit, Chalkopyrit und Galenit sind örtlich so stark angereichert, dass die Ausbeutung des Kupferschiefers beispielsweise im Gebiet von Richelsdorf (Oberhessen) und von Mansfeld–Sangerhausen (Sachsen-Anhalt) für den Wohlstand ganzer Landstriche verantwortlich war. Grund für die Anreicherung der Schwermetallsulfide sind euxinische Bedingungen im damaligen Zechstein-

Meer. Infolge geringer Wasserbewegung entstanden sauerstofffreie oder extrem sauerstoffarme Bedingungen in den bodennahen Wasserschichten des tieferen Meeresbeckens. Organische Abbauprodukte konnten deshalb Metallverbindungen aus dem Wasser ausfällen, wobei Bakterien eine wichtige Rolle spielten. Der Sauerstoffmangel verhinderte weitgehend auch eine Verwesung von zu Boden gesunkenen Organismen-Resten, so dass häufig Fossilien mit Resten von Weichteilen erhalten blieben.

In der Spessart-Region, in der die Schichten auch als ***Kupferletten*** bezeichnet werden, gab es zahlreiche, oft erfolglose Abbauversuche. Wie in Abschnitt 3.1.3 näher ausgeführt wird, blühte jedoch in der zweiten Hälfte des 18. Jahrhunderts ein ertragreicher Bergbau auf Kupfer und Silber, der erst 1807 endgültig eingestellt wurde. Die Mächtigkeiten schwanken meist zwischen 10 und 40 cm. Wo größere Erhebungen des Rotliegend-Untergrundes vorhanden waren, fehlt der Kupferletten ganz, wie bei Soden, das gewissermaßen auf dem Grat der Spessart-Rhön-Schwelle liegt. Funde von Fossilresten sind nur in der älteren Literatur gemeldet worden, wie die Schuppen des Knochenfisches *Palaeoniscus freieslebeni*, der „Mansfelder Hering“ (Bücking 1892).

Als sich die Ablagerungsbedingungen im frühen Zechsteinmeer erstmals normalisierten, wurden Kalkschlämme abgelagert, aus denen die heutigen plattigen oder bankigen Karbonate des ***Zechsteinkalks*** bzw. ***Zechsteindolomits*** am Spessartrand entstanden. Dort schwanken die Mächtigkeiten meist zwischen 3 und 20 m, NO Schöllkrippen erreichen sie sogar etwa 40 m. Für die flachen Meeresbereiche wie auf der Spessart-Rhön-Schwelle sind diese grauen dolomitischen Kalksteine typisch, so dass diese Fazies-Ausbildung in den perisalinaren Bereichen dominiert. Leider wurden die Gesteine durch die sekundäre Dolomitisierung so stark verändert, dass in den heutigen Aufschlüssen primäre Sedimentstrukturen oft nicht mehr identifizierbar sind.

Der weitaus größte Teil der Zechstein-Karbonate im Vorspessart gehört der Werra-Formation an. Diese dünnplattigen bis dickbankigen, lichtbraun gefärbten Dolomitsteine bestehen überwiegend aus Dolomit, der relativ Fe- und Mn-reich ist. Sie enthalten einen bedeutenden, diffus verteilten Anteil an organischer Substanz, der von unvollständig zersetzten Organismen des ehemaligen Meeres herrührt. Beim Anschlagen des Gesteins entsteht daher ein unangenehmer Geruch, so dass die Gesteine lokal als „Stinkdolomite“ bezeichnet werden. Außerdem kommen in den Zechstein-Dolomiten regelmäßig Fe- und Mn-Anreicherungen vor, die zum Teil sedimentären Ursprungs sind (Fahlbusch 1967). Bauwürdige Anreicherungen von Mangan-haltigem Siderit, der sekundär zu Limonit und Mn-Oxiden verwittert ist, sind im Bereich des Spessarts aber auch durch hydrothermale Verdrängung des Zechstein-Dolomits entstanden (vgl. Abschnitt 2.5).

Die Karbonate im Vorspessart sind meist arm an Fossilien, da diese meist durch die Dolomitisierung zerstört wurden. Als noch kleinere Abbaue von

Zechsteinkalk vorhanden waren, tauchten zumindest ab und zu Muscheln und Brachiopoden auf (Bücking 1892, Weidmann 1929), aber auch im früheren Stbr. der Fa. Hufgard bei Rottenberg (heute im Bercich des Golfplatzes von Aschaffenburg, Aufschluss **115**) fanden sich zahlreiche, allerdings allesamt kleine (bis 3 mm Länge) Gehäusereste von Schnecken (Fahlbusch 1967). Eine besonders charakteristische Muschelart ist *Schizodus schlotheimi*, die bei Schweinheim, im so genannten Hösbacher Bruch bei Rottenberg, im ehemaligen Stbr. bei Eichenberg, im Stbr. Alte Burg bei Schöllkrippen, am Bergsteinchen bei Huckelheim, am Abtshof bei Hörstein und bei Alzenau gefunden wurde. Außerdem fanden sich die Muschelarten *Liebea hausmanni* im Stbr. am Gräfenberg (Aufschluss **114**), bei Eichenberg, Huckelheim und Alzenau, *„Cardita" murchisoni* bei Alzenau, *Bakevellia antiqua* und *Bakevellia ceratophaga* ebenfalls bei Alzenau, sowie *„Arca" kingiana* bei Eichenberg und Schöllkrippen. Eher seltene Funde waren Schnecken, wie *Omphaloptycha altenburgensis* im Hösbacher Bruch und bei Schöllkrippen und *Polytropis helicina* am Gräfenberg und bei Alzenau. Merkwürdigerweise fehlen in der Literatur Berichte über Funde von Brachiopoden (Armfüßern), die im Zechsteindolomit fast im gesamten Verbreitungsgebiet in Deutschland zu den häufigsten Fossilien gehören. Auch im Vorspessart wurden sie von Sammlern gefunden, aber bisher nicht beschrieben. Diese Brachiopoden der späten Perm-Zeit gehören zur Gruppe der Productiden, die durch eine stark konvexe Arm- und eine deutlich konkave Stielklappe, verbunden durch einen geraden Schlossrand leicht zu erkennen sind. Bryozoen (Moostierchen) scheinen relativ regelmäßig vorzukommen, sind aber meist schwierig zu identifizieren. Während sie in Bohrungen der angrenzenden Rhön regelmäßig aufgefunden werden, fehlen eindeutige Belege aus dem Vorspessart. Deutlich fossilreicher sind die stratigraphisch äquivalenten Schichten in der Wetterau, die dort Randmergel genannt werden.

Das **Werra-Salinar** reicht mit einem Ausläufer von Gips und Steinsalz nach Unterfranken bis in die Gegend von Würzburg, wie Tiefbohrungen gezeigt haben. Allerdings gehört dieser Bereich zum Oos-Saale- bzw. Kraichgau-Saale-Trog. Im Spessart-Bereich und damit auf der Spessart-Rhön-Schwelle wurden echte salinare Gesteine nicht gebildet.

Die **Staßfurt-Formation** beginnt normalerweise mit einer Schicht, die als *„**braunroter Salzton**"* bezeichnet wird. Es handelt sich – entgegen dem Namen – um graue und rötliche, karbonatische Tonsteine. Eigentlich stellen sie ablagerungsgeschichtlich das Ende des Werra-Zyklus' dar, wurden aber als Beginn der zweiten Ablagerungs-Sequenz angesehen und seither zur Staßfurt-Formation gestellt. Da die darüber folgenden salinaren Gesteine („jüngerer Anhydrit") zum Beckenrand hin in graue und rotbraune dolomitische Tonmergel- und Tonsteine übergehen und der Vorspessart in diesem stratigraphischen Bereich nie detailliert untersucht wurde, sind diese Schichten kaum zu identi-

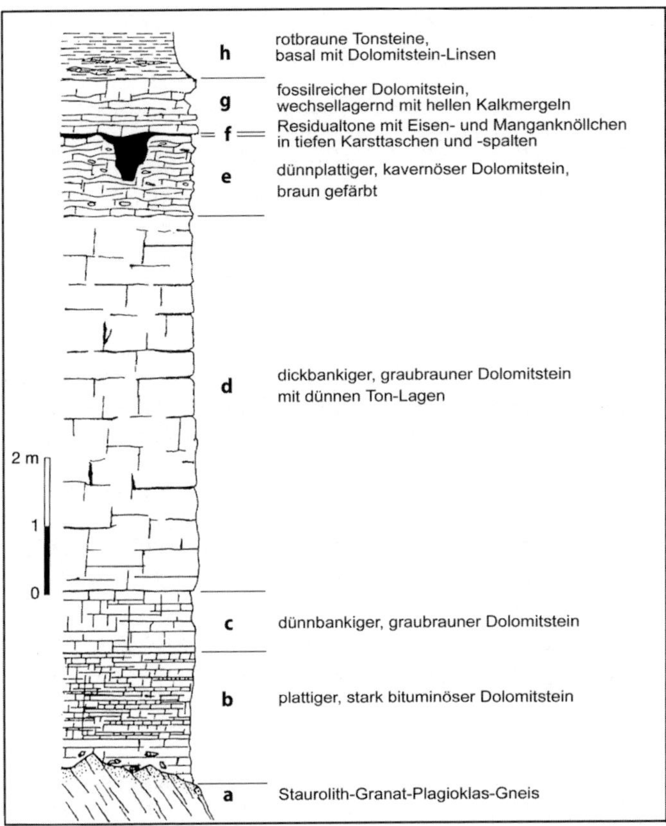

Abb. 25. Schichtenfolge mit Werra- und vermutlich unterer Staßfurt-Formation im ehemaligen Stbr. Hufgard bei Rottenberg, Die Abbausohle befand sich im unteren Bereich von (b). Leicht verändert nach Kowalczyk & Prüfert (1978, Abb. 2).

fizieren. Vermutlich gehören die rotbraunen Schichten, die in der Tongrube O Geiselbach (Aufschluss **117**) anstehen, zu diesem stratigraphischen Abschnitt.

Zum Hangenden werden die Probleme im Zechstein noch schwieriger. Gesteine der Leine-, Aller-, Ohre- und Friesland-Formation sind im Vorspessart nirgends eindeutig nachgewiesen und wurden vermutlich größtenteils gar nicht abgelagert, weil die Region damals außerhalb des Sedimentationsbereichs lag. Stattdessen sorgten die Klimabedingungen in dieser Festlandperiode hier lokal für tief reichende Verkarstung des Zechstein-Dolomits, der – bevorzugt entlang von Klüften und an Schichtgrenzen – in Lösung ging. Es bildeten sich Karsthohlräume und -taschen, in die Tone eingeschwemmt wurden. Diese Tone absorbierten hernach Fe- und Mn-Hydroxide aus Verwitterungslösungen, die in den Karbonaten zirkulierten, so dass Mineralanreicherungen entstanden, die vereinzelt abbauwürdige Fe-Mn-Erzlager bildeten. (Diese Verwitterungserze in Karsttaschen sind nicht mit dem verwitterten Mn-Siderit zu verwechseln, der durch hydrothermale Verdrängung von Zechstein-Dolomit entstanden ist.)

Am besten war die Verkarstung im Stbr. der Fa. Hufgard am Ortsrand von Rottenberg zu sehen (Abb. 25) und ist auch noch in Aufschluss **113** zu erkennen. Dort wird der dickbankige Zechsteindolomit der Werra-Formation von dünnplattigem, kavernösem Dolomitstein überlagert, der tiefgründig verkarstet und durch dispers verteilte Eisen- und Manganerzpartikel dunkel gefärbt ist. Steilwandige Karsttaschen und -rinnen greifen bis zu 2 m tief in diese Dolomitsteine ein. Es gilt als nahezu sicher, dass die plattigen Dolomitsteine Ablagerungen der Staßfurt-Formation (als „Plattendolomite") repräsentieren. Ob die lokal darüber lagernden Dolomitmergelsteine noch der Staßfurt- oder bereits der Leine-Formation angehören, ist dagegen ungeklärt (vgl. Murawski 1967, Prüfert 1969). Die Interpretation der Verkarstungserscheinungen wird dort noch verkompliziert, weil dort *innerhalb* des Zechsteindolomits ein Karsthorizont ausgebildet ist.

Bröckelschiefer (Fulda-Formation)

Während die Ablagerungs-Sequenzen des klassischen Zechsteins im Beckenzentrum ein gleichförmiges, zyklisches Muster von Sedimentpaketen bildeten, ist am Beckenrand in Süddeutschland gegen Ende der Zechsteinzeit ein Umschwung erkennbar. Die geschilderte Festlandszeit ohne bleibende Sedimentation, stattdessen mit einer Verkarstung des Untergrundes, wurde abgelöst durch eine Phase von erneuter Sedimentation, die offenkundig durch einen Klimaumschwung ausgelöst wurde. Langfristig etablierte sich eine Landschaft, die durch weit verzweigte Flusssysteme mit daraus resultierenden Sand-, Schluff- und Tonablagerungen geprägt wurde. Diese Ablagerungen bilden heute den Buntsandstein.

Die basalen Schichten markieren allerdings noch eine vom zurückweichenden Meer geprägte Zeitspanne, die eben noch dem Schema der Zechstein-Zyklen folgt. Diese Schichten werden heute als Fulda-Formation bezeichnet; traditionell heißen sie Bröckelschiefer und bildeten früher den untersten Abschnitt des Buntsandsteins. Das ist aus historischer Sicht durchaus logisch, weil die Gesteinseinheiten im Liegenden des Bröckelschiefers lithologisch typische marine oder randmarine Zechstein-Gesteine sind, während mit dem

Bröckelschiefer das Regime von festländischen, meist rotbraun gefärbten Sedimentgesteinen zu beginnen scheint.

Entsprechend wurde die Perm/Trias-Grenze historisch an die Grenze Zechstein/Buntsandstein gelegt. Aus globaler Sicht wird jedoch diese Grenze mithilfe von marinen Fossilien definiert, die nicht in Mitteleuropa, sondern z. B. in China, im Iran oder in Grönland vorkommen. Süddeutschland ist zwar das Typusgebiet des Systems Trias, spielt jedoch heute für Grenzziehungen global keine Rolle mehr. Daher ist die andernorts definierte Grenze Perm/Trias im Germanischen Becken stratigraphisch nicht genau zu lokalisieren. Die wahrscheinlichste Position liegt nahe der Basis der Calvörde-Formation des Unteren Buntsandsteins oder im höchsten Teil des Bröckelschiefers (Kozur 1989 bzw.1993).

Der typische Bröckelschiefer besteht aus rotbraunen Tonsteinen, die wegen der charakteristischen Färbung auch „Leberschiefer" genannt wurden. Im unteren Teil finden sich auch grüngraue Schluffstein-Lagen mit detritischen Glimmerplättchen, die eine Anlieferung von Material aus kristallinen Gesteinen anzeigen. Bläuliche und grüngraue Tonstein-Lagen sind häufiger in die rotbraunen Feinklastika eingeschaltet. Daneben kommen Rot- und Brauneisensteinbänke und eine Eisensandstein-Bank im oberen Teil bzw. am Top des Bröckelschiefers vor, gebildet infolge von Ausfällungen in der Beckenrandzone. Dabei wirkt der Bröckelschiefer als wasserstauender Horizont, über dem zahlreiche Quellen austreten. Die Rot- und Brauneisensteinbänke zeigen im verwitterten Zustand oft blutrote Bruchflächen. Sie können von Limonitkrusten überzogen sein und einen Eisen-Gehalt von mehr als 20 % erreichen. Die Eisensandsteinbank gab in der Vergangenheit zu Abbauversuchen Anlass, die jedoch wenig erfolgreich waren (Weinelt 1965b).

In der Spessart-Region liegen an der Basis des Bröckelschiefers wiederum brekziöse Schichten. Eckiger Gesteinsschutt des Untergrundes wurde aufgearbeitet und verbacken. Zwischen den großen Gesteinsfragmenten findet sich stark veränderter Zersatz der kristallinen Gesteine im Liegenden, z. B. von Quarzdiorit-Granodiorit, Gneisen und Glimmerschiefern, der durch die chemische Verwitterung am Ende der Zechstein-Periode entstand und teilweise durch Limonit gebunden sein kann. Die Mächtigkeit dieser Basalbrekzie kann mehr als 2 m erreichen (1,7 m bei Dörrmorsbach; Aufschluss **83**).

Die Mächtigkeit des Bröckelschiefers variiert in Abhängigkeit von der topographischen Lage auf dem Untergrund und wird meist auf ca. 40 m geschätzt. Lokal sollen Minima von etwa 35 m bzw. Maxima von mehr als 50 m erreicht werden. In Bohrungen im Raum Roßbach–Volkersbrunn (Bl. Heimbuchenthal; Schwarzmeier, im Druck b) wurden sogar bis ca. 70 m angetroffen. Eine Sandschüttung, die eine Schichtflut-Ablagerung darstellt (Backhaus 1975), teilt den Bröckelschiefer in einen unteren und einen oberen Abschnitt, jeweils von 10–15 m Mächtigkeit. Typisch für den unteren Bröckelschiefer am westlichen Spessartrand sind Tonsteinpakete mit Massen von kleinen Rutschungsharnischen (Abb. 25), die großenteils auf Setzungserscheinungen zurückgehen.

Ergänzend sei auf die stratigraphischen Ergebnisse von Forschungsbohrungen hingewiesen, die im Rahmen eines bundesweiten Programms zur Erkundung des Kupferschiefers bei Langenprozelten, Rieneck, Lohr, Burgjoß und Marjoß niedergebracht wurden (Kulick et al. 1984). Die Bohrung Langenprozelten (B12) durchteufte eine vollständige Schichtenfolge des Zechsteins (Schwarzmeier, im Druck a). Darin sind die Ablagerungen des klassischen Zechsteins (ohne Bröckelschiefer) 148,70 m mächtig, davon die Werra-Formation 124,10 m. Das basale Zechsteinkonglomerat ist überraschend gut entwickelt. Über dem Unteren Werra-Sandstein liegt der Kupferschiefer in einer 2,10 m mächtigen Einheit, überlagert vom 72.60 m mächtigen Zechsteinkalk (Ca1). Darüber folgt bis zu 10 m mächtiger Werra-Anhydrit, während der Anhydrit in der jüngeren Aller-Formation nur 1,20 m mächtig ist.

Die Werte für die Bohrungen Rieneck sind vergleichbar und in der folgenden Tabelle summarisch dargestellt:

	Bohrung Langenprozelten	Bohrung Rieneck
Basis Unterer Buntsandstein i. e. S.	273,30 m	258,00 m
Oberer Bröckelschiefer	16,70 m	15,20 m
Unterer Bröckelschiefer	10,80 m	11,50 m
Friesland-Formation	6,70 m	5,65 m
Ohre-Formation	1,50 m	2,65 m
Aller-Formation	3,30 m	4,12 m
Leine-Formation	4,70 m	3,98 m
Staßfurt-Formation	8,40 m	17,49 m
Werra-Formation	124,10 m	127,78 m
Oberrotliegend	12,00 m	11,28 m

Die Vererzungen im Kupferschiefer und benachbarten Schichtgliedern des Zechsteins

Im Spessart enthält nicht nur der Kupferschiefer, sondern auch das liegende Zechstein-Konglomerat und die hangenden Zechstein-Dolomite eine Buntmetall-Vererzung, die während der Sedimentation gebildet und während der Diagenese verändert wurde. Die Metall-Gehalte in dieser Blei-Zink-Kupfer-

(Silber-)Vererzung lagen im Mittel bei 1,80 % Cu, 0,17 % Zn und 54 g/t Pb (Schmitt 1991, 2001). Typische Mineral-Paragenesen in den Gruben „Segen Gottes" bei Huckelheim (Vorkommen **271**) und „Hilfe Gottes" bei Kleinkahl/ Großkahl (Vorkommen **272**) sind:

1. Pyrit + Tennantit im Zechstein-Konglomerat,
2. Pyrit + Markasit + Chalkopyrit + Enargit + Tennantit an der Basis des Kupferschiefers,
3. Galenit + Sphalerit + Tennantit + Löllingit im oberen Bereich des Kupferschiefers und dem hangenden Zechstein-Dolomit.

Dementsprechend liegt das Cu-Maximum generell in einem tieferen stratigraphischen Horizont als das Pb-Maximum, das im Dolomit 6.350 g/t (= 0,635 Gew.-%) erreichen kann (Schmitt 1991, 2001). Im Zuge einer späteren hydrothermalen Aktivität kam es nicht nur im Spessart, sondern auch in anderen Vorkommen des mitteleuropäischen Kupferschiefers zur Remobilisierung des Metall-Inhalts und zu erneuten Metall-Konzentrationen (z. B. Schmidt & Friedrich 1988, Schmitt 1991, 2001; s. Abschnitt 2.5).

In den Zechstein-Dolomiten oberhalb des Kupferschiefers und unterhalb der Bröckelschiefer finden sich *schichtgebundene Fe-Mn-Vererzungen*, die bei Bieber, Huckelheim, Sommerkahl und anderen Lokalitäten gelegentlich abgebaut wurden (z. B. Bücking 1892, Weidmann 1929, Weinelt 1965b). Sie sind unregelmäßig verteilt, an größere Störungen gebunden und oft mit hydrothermalen Baryt-Gängen (s. Abschnitt 2.5) verknüpft; in ihrer Nachbarschaft wird der Zechstein-Dolomit durch Quarz und Mangan-Siderit verdrängt. Die Fe-Mn-Erze sind an Ba, As und Buntmetallen angereichert (Lorenz 2010:696ff). Alle diese Erscheinungen sprechen dafür, dass diese Vererzungen auf hydrothermale Lösungen zurückgehen, durch welche der Dolomit metasomatisch verdrängt wurde (Weinelt 1965b).

2.4.3 Buntsandstein

Der Ablagerungsbereich, der sich während der Zechstein-Zeit herausgebildet hatte und der größtenteils vom Zechstein-Meer überflutet wurde, bestand in den folgenden Epochen weiter, allerdings in etwas modifizierter Form. Während im Zechstein die Beckenachse eindeutig W–O gerichtet war und im Süden kleinere Teilbecken entwickelt waren, wurde mit dem Beginn der Buntsandstein-Zeit die N–S- bzw. NNO–SSW-Komponente stärker entwickelt, so dass sich das Ablagerungsbecken nach Süden hin beträchtlich erweiterte. Diese Konfiguration nennt man *Germanisches Trias-Becken.*

Während der Buntsandstein-Zeit dehnte sich der terrestrisch geprägte Sedimentationsbereich über den größten Teil Mitteleuropas aus (Abb. 26) und pro-

Abb. 26. Mitteleuropa während der Ablagerung des Mittleren und Oberen Buntsandsteins (Induum und Olenekium, Untere Trias). Das grobe Punktraster zeigt die Gebiete an, in denen vorwiegend grobe Klastika abgelagert wurden. Die Pfeile geben die Haupttransportrichtungen an. Verändert nach Ziegler (1990).

gradierte über die marinen Ablagerungen des Zechsteins. Als Folge entstanden charakteristische siliziklastische Ablagerungen, die auch das Grundgebirge im Spessart überdeckten. Die für den Spessart maßgeblichen Abtragungsgebiete gehören vor allem zu dem als Vindelizisches Hochland bezeichneten Gebiet, welches heute durch die Gebirge Ostbayerns und Böhmens dokumentiert wird. Von dort aus wurden Abtragungsprodukte in vorwiegend nördliche und nordwestliche Richtungen transportiert, also zum Zentrum des Mitteleuropäischen Beckens hin. Im Gebiet des heutigen Spessarts variieren die Mächtigkeiten des Buntsandsteins moderat (Abb. 27); für den östl. Spessartrand auf Blatt Gemünden wurde eine Gesamtmächtigkeit von 615 bis 635 m ermittelt (Schwarzmeier, im Druck a).

Alle in der Spessart-Region zutage tretenden Schichten des Buntsandsteins entstanden vollständig in terrestrischen Ablagerungsregimen. Das in dieser Zeit herrschende Klima wird meist generalisierend als semiarid bis arid interpretiert (z. B. Paul 1982, Tietze 1982), wogegen jedoch sedimentologische und paläontologische Kriterien sprechen (Geyer 2002: 112–114) So weisen die häufig als Klima-Indikatoren herangezogenen Rotsedimente des Buntsandsteins auf tiefgreifende chemische Verwitterung im Liefergebiet.

Die Abfolgen des *Unteren* und *Mittleren Buntsandsteins* werden von fluviatilen Sedimentgesteinen dominiert, die in breit gefächerten Flusssystemen (*braided rivers*) mit stark verzweigten Flussrinnen entstanden (z. B. Backhaus & Bähr 1987). Daneben kommen auch Schichtflut-Ablagerungen vor, während äolische Sedimentgesteine in Franken völlig zu fehlen scheinen. All das weist auf saisonale, monsunartige Starkregen hin und schließt ein generell trockenes Klima aus. Zwar gibt es neben Pflanzen mit höherem Bedarf an Bodenfeuchte auch xerophytische Florenelemente, wie *Pleuromeia sternbergii*, doch kann man diese als Hinweis auf lokale Trockenheit interpretieren. Die stark verflochtenen Flussläufe veränderten ihre Lage häufig, so dass es immer wieder zur Erosion bereits abgelagerter Sedimente kam (Abb. 30), wodurch die Sandkörper lateral verschmelzen konnten. Sie bilden heute scheinbar durchgehende Sandstein-Horizonte, die nichts anderes als Amalgame ehemals getrennter Flussrinnen sind. Sie erreichen als Natursteine oft wirtschaftliche Bedeutung, allen voran der „Miltenberger Sandstein", der auch als „Roter Mainsandstein" und unter Handelsnamen wie „Bürgstadter Sandstein" oder „Dorfprozeltener Sandstein" bekannt ist. Der Begriff „Miltenberger Sandstein" zieht also einen babylonischen Namenswirrwarr nach sich: Das Gestein wird seit langem als „Roter Mainsandstein" gehandelt, wobei unter diesem Namen ganz verschiedene stratigraphische Bereiche, die unter Abbau stehen, gemeint sein können und entsprechend verschiedenartige Gesteinstypen erhältlich sind. Geologisch entspricht der Begriff „Miltenberger Sandstein", der noch in mehreren geologischen Kartenblättern des Spessarts auftaucht, mehr oder weniger dem Dickbanksandstein der heutigen Calvörde-Formation (frü-

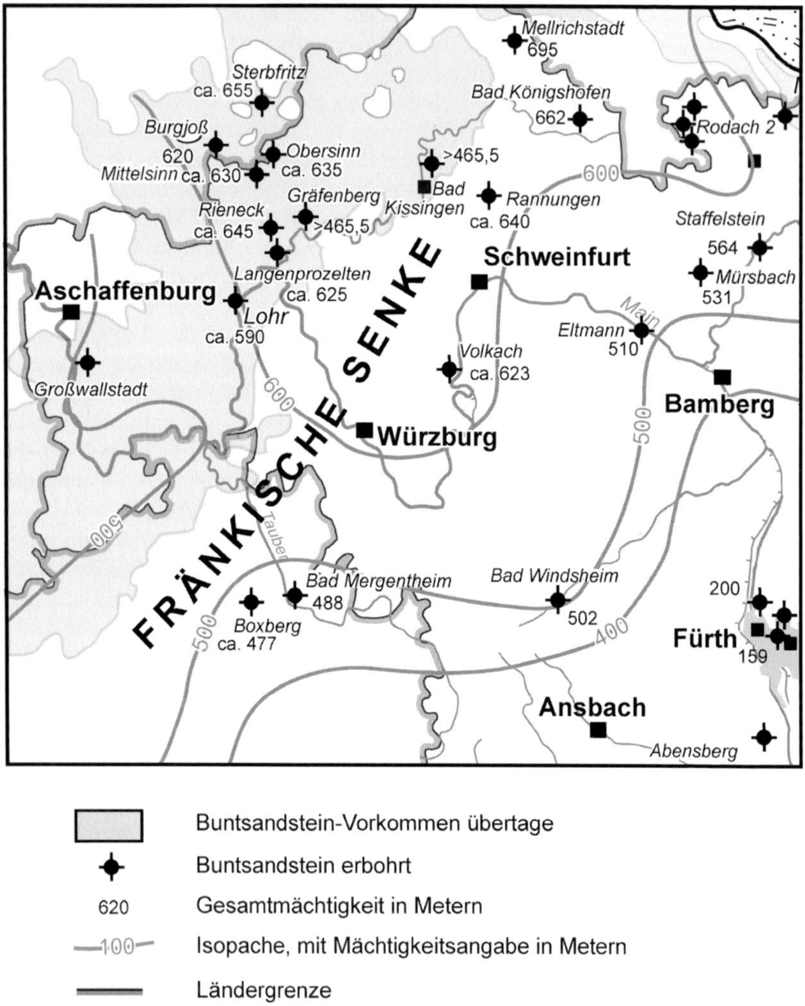

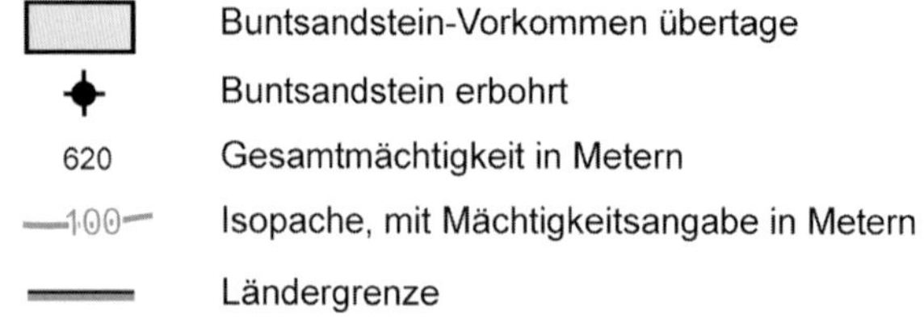

Abb. 27. Verbreitung (grau) und Mächtigkeiten des Buntsandsteins im Spessart und den angrenzenden Regionen. Die Veränderungen der 500-m-Isopache zeigen die Fränkische Senke bzw. die während des Buntsandsteins schwach ausgebildete Spessart-Schwelle an.

her Gelnhausen-Dickbanksandstein) und dem unteren Teil des Basissandsteins der heutigen Bernburg-Formation (früher Salmünster-Basissandstein).

Im *Oberen Buntsandstein* sind die Sandsteine Bildungen von Flusssystemen, die vom Vindelizischen Hochland im Süden her vordrangen, nun aber mit deutlich modifiziertem Ablagerungsszenario und veränderter Geometrie: Nun umfassten die transportierten Sedimentmassen weit mehr aufgearbeitetes Material, wobei die Systeme im Bereich des heutigen Spessarts und den angrenzenden Gebieten nur noch aus relativ wenigen, eher kleineren Flussrinnen bestanden, die meist eine ziemlich konstante Position einnahmen (Abb. 33). Auch dieser stratigraphische Abschnitt, der Plattensandstein, lieferte im westlichen Unterfranken gefragte Natursteine. Die darüber folgenden, von Tonschluffsteinen dominierten Gesteinspakete waren dagegen vor allem Sebkha-Ablagerungen mit mehr oder weniger deutlich ausgebildeten salinaren Einschaltungen. Sie entstanden durch episodische Überschwemmungen, während derer feinklastisches Material eingeschwemmt wurde, das schließlich beim Verdunsten des Wassers zurückblieb. Die meist nur geringen Sediment-Akkumulationen addieren sich im Laufe der Zeit zu mächtigen Schichtpaketen. Während der Überschwemmungsphasen konnten sich flache Salzseen bilden. Ihre Bildung zeigt, dass die Abtragung im Bereich der Hochländer deutlich geringer wurde. Gegen Ende der Buntsandstein-Zeit machte sich sukzessiv die marine Transgression bemerkbar, die schließlich zur Ausbildung des Muschelkalk-Meeres führte.

In Abhängigkeit von der Lage zum Beckenrand können Mächtigkeiten und Lithofazies in Bayern beträchtlich schwanken. Schichtpakete mit größeren Anteilen von Ton- und Schluffstein-Lagen werden gewöhnlich als *Wechselfolgen* bezeichnet. Eine grobe lithologische und gleichzeitig sequenz-stratigraphische Gliederung der eintönig erscheinenden Abfolgen ist durch Horizonte mit groben Quarzgeröllen gegeben. Diese *Geröllhorizonte* markieren jeweils die Basis einer gradierten Sequenz mit generell nach oben abnehmenden Korngrößen. Diese Kleinzyklen bilden die lithostratigraphischen Grundeinheiten im Buntsandstein.

Sie wurden bis vor kurzem als „Folgen“ bezeichnet und erst im Frühjahr 2010 von der Stratigraphischen Subkommission Perm-Trias durch den international gebräuchlichen Terminus „Formation“ ersetzt. Die in den bisherigen Publikationen angegebenen Folgen (Calvörde-, Bernburg-, Volpriehausen-, Detfurth-, Hardegsen-, Solling- und Röt-Folge) sind also umbenannt (Abb. 28).

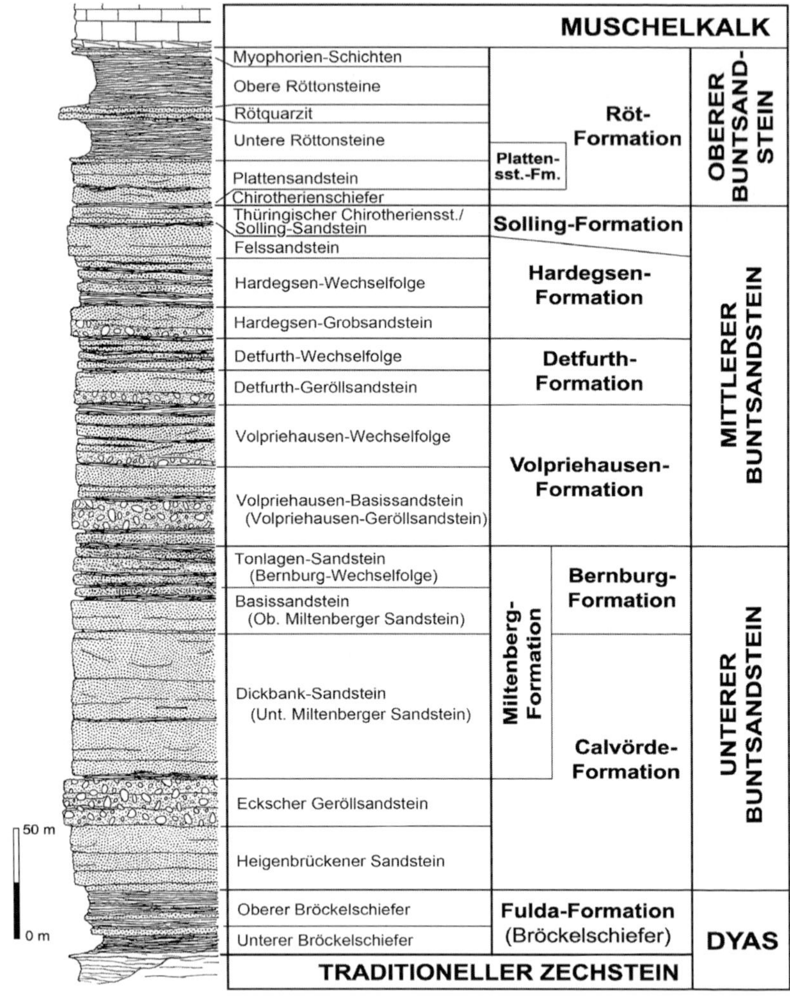

Abb. 28. Vereinfachtes lithologisches Profil und lithostratigraphische Einheiten des Buntsandsteins im Spessart. Über der Fulda-Formation (Bröckelschiefer) dominieren im Unteren und Mittleren Buntsandstein mittelkörnige Sandsteine (punktiert) und Sandstein-Abfolgen mit untergeordneten Konglomerat-Horizonten. Daneben kommen volumenmäßig vielfach unterbewertete Tonstein-Schluffstein-Pakete (unregelmäßig liniert) vor. Lediglich der mittlere und obere Abschnitt des Oberen Buntsandsteins („Röt") wird von Ton- und Schluffsteinen dominiert. Verändert nach Geyer (2002).

2.4.3.1 Unterer Buntsandstein

Der Untere Buntsandstein ist der bedeutendste Abschnitt der Deckgebirgsschichten: Er bildet das Schichtpaket mit dem größten Anteil von Sandsteinen und verursacht dadurch die morphologische Ausprägung des Buntsandsteins als Härtling und somit des Spessarts als Mittelgebirge; er stellt den Löwenanteil an wirtschaftlich nutzbaren Sandsteinen. Die Gesamtmächtigkeit des Unteren Buntsandsteins (ohne Bröckelschiefer/Fulda-Formation) liegt im zentralen Spessart bei ca. 200–250 m. Im östl. Spessart beträgt die Mächtigkeit in der Bohrung Lohr 292 m (Schwarzmeier 1986); auf Blatt Gemünden vermutet Schwarzmeier (im Druck a) sogar etwa 340 m.

Die Untergrenze wurde von der Subkommission Perm–Trias (1993) an die Basis des Heigenbrückener Sandsteins gelegt. Danach besteht der Untere Buntsandstein aus der Calvörde-Formation und der darüber liegenden Bernburg-Formation (Abb. 28). Diese entsprechen etwa der früheren Gelnhausen- und Salmünster-Folge in Südhessen und auf mehreren geologischen Kartenblättern des Spessarts.

Calvörde-Formation

Die Calvörde-Formation (früher Gelnhausen-Folge) ist mit einer Gesamtmächtigkeit von etwa 150 m im mittleren Spessart und bis zu 250 m im nördlichen Spessart eine der mächtigsten Folgen der Germanischen Trias.

Der ***Heigenbrückener Sandstein*** ist eine typisch unterfränkische Einheit, die von C. W. von Gümbel (1894) als eigenständiges Schichtpaket ausgeschieden wurde. Sie ist im mittleren Spessart meist etwa 30–40 m mächtig. Typisch sind feinkörnige Sandsteine, die meist fahlrötlich gefärbt sind, mit teilweise erheblichen Mengen an feinen Feldspatkörnern und viel Hellglimmer. Wegen seines oft etwas gesprenkelten Aussehens wurde der Heigenbrückener Sandstein auch als *Tigersandstein* bezeichnet (Erb 1928). Auffällig sind die sehr dicken „Felsbänke“, die zum Teil mehrere Meter Mächtigkeit erreichen. Daneben kommen aber auch von Tonlagen durchzogene Partien vor. Sedimentstrukturen sind meist nicht auffällig. Bekannt sind vor allem Strömungswülste (*flute casts*). Bei Heigenbrücken wurde in den Schichten ein größerer Wedelrest angetroffen, der mutmaßlich von *Anomopteris mougeoti* stammt (Trusheim 1937b).

Der Heigenbrückener Sandstein zeigt relativ deutliche regionale Unterschiede, die bisher nicht näher untersucht wurden. Erwähnenswert ist beispielsweise der primär weißliche und auffällig feinkörnige Sandstein zwischen Bad Orb und Wegscheide mit seinem hohen Gehalt an Feldspäten und bis handtellergroßen, flachen Tonstein-Klasten (Aufschluss **188**).

Die gleichförmige und relativ feine Körnung, die dicke Bankung und die gute Bearbeitbarkeit machten den Heigenbrückener Sandstein früher zum beliebtesten Baustein der Region. Viele Häuser im W-Spessart sind daraus erbaut, wobei allerdings die Werksteine in den Bauten des 19. Jahrhunderts oft schon stark verwittert sind. Auf die Typuslokalität N des Bahnhofes von Heigenbrücken (Aufschluss **136**) kann man als Bahnreisender zwischen Frankfurt und Würzburg *en roulant* einen kurzen Blick werfen (Abb. 29). Die tieferen Abschnitte sind im Stbr. am Kerkelberg bei Roßbach (Aufschluss **130**) aufgeschlossen.

Der ***Eck'sche Geröllsandstein*** oder Eck'sche Geröllhorizont ist ein 20–35 m mächtiges Paket von rötlich bis weißlichgrauen, fein- bis mittelkörnigen, feldspathaltigen Sandsteinen. Die namengebenden Gerölle sind meist nur in wenigen Horizonten an der Basis von gradierten Bänken zu finden und zudem von relativ geringer Größe (meist 4 bis 12 mm Durchmesser). Die Gerölle bestehen meist aus milchig durchscheinenden, rötlichen oder bräunlichen Quarzen, selten auch Lyditen und quarzitischen Schiefern. Lagenweise sind mitunter Tonschmitzen, -walzen und -gallen eingestreut, die unter anderem im verbauten Zustand an der Kaiserpfalz von Gelnhausen zu studieren sind. Das Inventar an Sedimentstrukturen ist dürftig.

Die geologische Bedeutung des Eck'schen Geröllsandsteins liegt in seinem Leitwert: Er bildet mehr oder weniger das einzige Schichtglied im Unteren Buntsandstein Süddeutschlands, das im Handstück identifizierbar ist. Allerdings gilt das nur für einige der Bänke an der Basis der Abfolge. Während die Schichten nahe den Liefergebieten (wie Pfalz, Vogesen oder Schwarzwald) noch vorherrschend als Konglomerate entwickelt sind, ist der Eck'sche Geröllsandstein in Spessart und Rhön meist nur noch als mittel- bis untergeordnet grobkörniger Sandstein ausgebildet. Dennoch fallen die wenigen Lagen mit selbst kleinen Geröllen aus dem Rahmen der monotonen Sandsteine des Unteren Buntsandsteins. Diese grobe Ausbildung hat bei den frühen Kartierungen sogar für Missverständnisse gesorgt. Von preußischen Landesgeologen wurde der viel besser ausgeprägte „Mittlere Geröllhorizont" (heute der Volpriehausen-Basissandstein, s. u.) mit dem „Eck'schen Konglomerat" verwechselt, was zu Verwirrung bei Korrelationen führte.

Abb. 29. Stbr. N des Bahnhofs Heigenbrücken, die Typlokalität des Heigenbrückener Sandsteins (Calvörde-Formation). Der Aufschluss zeigt die typische durchgehende Bank und mit wechselnden Bankmächtigkeiten und die häufigen Lagen mit großen Tonklasten an der Basis und in den unteren Abschnitten der Bänke. Die schräg verlaufende Fläche am linken Bildrand lässt eine bemerkenswert flach einfallende Kluft erkennen. Höhe des Bildabschnittes etwa 20 m.

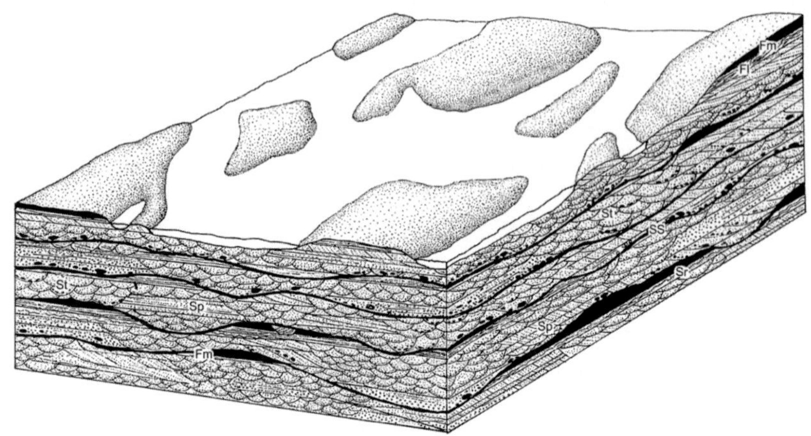

Abb. 30. Schematisches Blockbild der Sedimentationsbedigungen und Faziesverhältnisse zur Ablagerungszeit des Dickbanksandsteins der Calvörde-Formation (unterer Teil des Miltenberger Sandsteins). Vielfach verflochtene Flussrinnen sorgen durch ihre häufige Verlagerung für Aufarbeitung und Resedimentation mit einer zunehmenden Anreicherung von psammitischen Partikeln. Fazieselemente: *Fl* – laminierte Sandsteine mit Rippeln als Überflutungssedimente; *Fm* – laminierte Schluff- und Tonsteine als Ablagerungen von Stillwasserbereichen; *Sh* – Geröll führende, laminierte Sandsteine; *Sr* – Schluff- und Sandsteine mit verschiedenartigen Rippelmarken als Ablagerungen des unteren Fließregimes; *St* – bogig schräggeschichtete Sandsteine, teils mit Geröllen; *SS* – Erosionshorizont, gewöhnlich mit Tonklasten. Breite des stark überhöhten Blocks etwa 5 km. In Anlehnung an Backhaus & Bähr (1987, Abb. 10).

Der ***Dickbank-Sandstein*** (früher Gelnhausen-Dickbanksandstein) besteht im westlichen Franken aus rotbraunen bis blassroten, selten auch weißlich gebleichten, fein geschichteten Sandsteinen, die meist fein- bis mittelkörnig ausgebildet sind. Ein horizontal-gestreiftes oder geflammtes Erscheinungsbild kommt durch sekundäre Bleichung von Lagen mit größerem Porenvolumen zustande. Da diese Entfärbung im südlichen Mainviereck viel deutlicher entwickelt und weiter verbreitet ist als weiter nördlich, konzentrieren sich die Gewinnungsstellen auf den südlichen Spessart. Im nördlichen Spessart kann die Bleichung völlig fehlen. Einige Partien haben einen hohen Ton- und Schluffgehalt, so dass dort feinschichtige Partien entstehen, deren Schichtflächen oft von Hellglimmerplättchen bedeckt sind und daher blättrig zerfallen. Stellenweise treten „Pseudomorphosen“ auf – kugelige, durch Mangan- und Eisenoxidmulm geschwärzte Nester von lockeren Sandkörnern, die bei Verwitterung rundliche Hohlräume im Gestein zurücklassen. Die Bankung schwankt von plattig bis dickbankig. Die mächtigeren Sandsteinbänke zeigen oft eine deutliche trogförmige Schrägschichtung, die die Ablagerung in wechselnden fluvialen Strömungsregimen belegt (Abb. 30).

Der Dickbank-Sandstein ist nichts anderes als der untere Teil des „Miltenberger Sandsteins". Er war lange Zeit einer der begehrtesten Bausteine Süddeutschlands, der an seiner rot-weißen Flammung auch im verbauten Zustand leicht zu erkennen ist. Obwohl das Zentrum des Abbaus im Abschnitt zwischen Miltenberg und Stadtprozelten lag, ist der Sandstein entlang des Maintals im gesamten südlichen Mainviereck in zahllosen Steinbrüchen teilweise hervorragend erschlossen. Gute Einblicke im nördlichen Spessart gestattet z. B. der Stbr. bei Marjoß (Aufschluss **193**), wo die Ton- und Schluffstein-Zwischenlagen auffällig geringmächtig und insgesamt spärlich ausgebildet sind. Auf Schichtunterseiten sind dort auch Spuren von Gliederfüßern (vermutlich Krebstiere aus der Gruppe der Notostraca) zu finden, taxonomisch als *Cruziana problematica* (früher *Ichnopodichnus probematicum*) bezeichnet (Diederich 1978).

Dank seiner Mächtigkeit nimmt der Dickbank-Sandstein im Spessart große Ausstrichbereiche ein und bildet deutliche Hangversteilungen über dem Eck'schen Geröllsandstein mit einer meist markanten Verebnung auf der Dachfläche. Im südlichen Spessart werden 70 bis 85 m angetroffen, im zentralen Spessart 80 bis 95 m, während in der Bohrung Langenprozelten am nordöstl. Spessart-Rand ca. 152 m ermittelt wurden.

Bernburg-Formation

Die Bernburg-Formation entspricht der früheren Salmünster-Folge und dem oberen Teil des ursprünglichen Miltenberger Sandsteins. Sie nimmt vom südlichen Spessart von rund 50 m nach NO hin auf etwa 80 m Mächtigkeit zu. Im nördlichen Odenwald, im Spessart und in der südlichen Rhön zeigt sie die klassische Dualität mit einem liegenden Sandstein-dominierten Schichtabschnitt und einem hangenden feinklastisch dominierten Schichtpaket, die sich morphologisch als Abfolge von Geländeanstieg und Verebnung bemerkbar macht.

Der ***Bernburg-Basissandstein*** ist mit 10 bis 30 m vergleichsweise geringmächtig und besteht vor allem aus dickbankigen Feinsandsteinen, die örtlich relativ große Feldspatkörner führen. Die Farbe wechselt von hellgrau nach rötlich. Wo Schichtflächen einsehbar sind, kann man häufig Oszillations-Rippeln beobachten, deren Kammabstand meist zwischen 5 und 10 cm liegt.

Die hangende ***Bernburg-Wechselfolge*** (Tonlagen-Sandstein) ist dagegen eine viel mächtigere (30–45 m), unruhig gegliederte Abfolge von Sandsteinen, teils voller Tongallen und -schmitzen, feinschichtigen Wechsellagen und dm-mächtigen Tonsteinlagen (Schwarzmeier 1993). Die Sandsteine variieren auch in der Färbung vom üblichen Braunrot bis zu weißlich. Tongallen und limonitische Anteile sorgen häufig für ein unruhiges Gepräge: Beim Herauswittern entstehen zellige Sandsteine. Fe- und Mn-Oxide sind besonders an kleineren Korrosionslöchern angereichert und erzeugen bisweilen ein getigertes Erscheinungsbild.

Die Tonsteinlagen der Bernburg-Wechselfolge wirken oft als Wasserstauer, so dass auffällig viele Quellen und Nässestellen darin angesiedelt sind. Als Kuriosität des Spessarts gelten deshalb wohl auch die zahlreichen Wildschweinsuhlen.

Ein Pflanzenrest, der bei Obernburg gefunden wurde und als Steinkern des Schaftes von *Equisetites mougeoti* gedeutet wird (Trusheim 1937b), stammt vermutlich aus diesem Schichtpaket.

2.4.3.2 Mittlerer Buntsandstein

Die Gesteine des Mittleren Buntsandsteins (Abb. 28) sind typisch für den zentralen Spessart und den Odenwald. Es sind fein- bis grobkörnige, tonige, häufiger auch eisenschüssige und zum Teil quarzitische Sandsteine, die durch meist geringmächtige Tonschluffstein-Lagen unterbrochen werden. Aufgrund der Ablagerungsbedingungen sind die aufgeschlossenen Sandstein-Pakete normalerweise deutlich schräggeschichtet.

Epirogenetische Bewegungen mit Hebungen und Senkungen sorgten während des Mittleren Buntsandsteins für eine Differenzierung des Raumes, so dass die Erosion der Hochgebiete verstärkt und deshalb das fluviatile Ablagerungsgeschehen modifiziert wurde. Dieses Geschehen begann mit einer Hebung, welche die Volpriehausen-Diskordanz zur Folge hatte, die den Unteren und den Mittleren Buntsandstein trennt. Die resultierenden Ablagerungs-Sequenzen beginnen jeweils mit geröllführenden Grobschüttungen, die als Geröllsandsteine jeweils die Basis eines Fining-upward-Zyklus bilden. Die oft kieselig gebundenen und dadurch verwitterungsbeständigen Grobsandsteinhorizonte veranlassen im Gelände meist eine Steilstufe mit ausgeprägter Verebnungsfläche im Hangenden („Sargberge“), über der im Hangprofil die weniger verwitterungsresistenten tonig-schluffig-sandigen Wechselfolgen mit flacher ausgebildetem Anstieg folgen. Die einzelnen Sedimentationszyklen umfassen fluviatile Abfolgen mit oft starkem und raschem Wechsel der Transportrichtung, wie z. B. für den Volpriehausen-Basissandstein an der Burgklinge in Klingenberg (Aufschluss **153**) belegt ist (Backhaus 1967).

Lithostratigraphisch werden die komplexen Sohlbank-Zyklen heute in die Volpriehausen-, die Detfurth-, die Hardegsen- und die Solling-Formation untergliedert. Vorübergehend verwendete Lokalnamen wie Rohrbrunn-, Geiersberg- und Spessart-Folge sind heute obsolet.

Volpriehausen-Formation

Die Volpriehausen-Formation (früher Rohrbrunn-Folge) ähnelt der Bernburg-Formation und ist wie sie zweigeteilt: in einen relativ geringmächtigen Sandsteinkomplex an der Basis und eine darüber liegende Wechselfolge. Die Gesamtmächtigkeit liegt maximal zwischen 70 und 95 m.

Der ***Volpriehausen-Basissandstein*** ist eine 15–40 m mächtige Abfolge von wenig verfestigten violettbraunen und rotbraunen, auch bräunlichgrauen, meist fein- bis mittelkörnigen Sandsteinen mit Tonschluffstein-Zwischenlagen. Ein wesentliches Merkmal ist der Gehalt an groben, bis über faustgroßen Geröllen an der Basis und in einzelnen weiteren Lagen. Die Gerölle bestehen meist aus undurchsichtigen, weißlichen Milchquarzen, daneben kommen Chalcedone, schwarze Lydite und graue Rhyolith-Klasten vor.

Der Volpriehausen-Basissandstein ist typisches Ablagerungsprodukt eines Flusssystems mit stark verflochtenen Stromrinnen und zeigt dessen charakteristische Sedimentstrukturen, wie trogförmige Schrägschichtungskörper mit rasch wechselnden Schüttungsrichtungen. Die Mächtigkeit liegt bei 21–38 m (Schwarzmeier 1984, 1985). Der von Cramer & Weinelt (1978) für Blatt Frammersbach abgeschätzte Wert von 6 m ist viel zu gering und erklärt sich durch die abweichende Abgrenzung zur hangenden

Volpriehausen-Wechselfolge (50–70 m), die vor allem aus fein- bis mittelkörnigen, unreifen Sandsteinen gebildet wird. Der Begriff „Wechselfolge" ist also für den Bereich des Spessarts irreführend. Neben kieselig gebundenen Sandsteinen kommen mürbe und wenig verfestigte Sandsteine vor. Ihre Färbung wechselt von violettbräunlich bis weißlichgrau.

Detfurth-Formation

Die Detfurth-Formation (vormals Geiersberg- oder Rhön-Folge) ähnelt der Volpriehausen-Formation, was offenbar mehrmals zu Verwechslungen führte. Realistische Mächtigkeitsangaben für die Spessart-Region liegen bei 35–45 m, örtlich mögen 60 m erreicht werden.

Der untere Teil der Detfurth-Formation wird durch den ***Detfurth-Geröllsandstein*** gebildet, dessen Mächtigkeit meist zwischen 18 und 26 m schwankt. Sein unterer Teil wird von Sandsteinen mit Geröll-Lagen und dünnen Zwischenlagen aus Tonschluffsteinen gebildet. Darüber folgen mittel- bis grobkörnige, violettbraune bis blassviolettbraune oder hellgraue Sandsteine, die bisweilen blass gestreift und oft eisenschüssig oder kieselig gebunden sind. Es finden sich auch Lagen mit braunroten Tongallen und Korrosionslöchern.

Die ***Detfurth-Wechselfolge*** wird vor allem aus schlecht sortierten Sandsteinen gebildet, die häufig schräggeschichtet und mürbe sind. Die Mächtigkeiten liegen im Spessart bei nur 10–20 m und nehmen nach O hin leicht zu. Die Sandsteine sind violettbraun bis blassrotbraun oder weiß gestreift und tonig gebunden. Verhältnismäßig häufig finden sich rotbraune Tonschluffstein-Lagen, die mit dünnen Sandsteinhorizonten wechsellagern. Backhaus (1967) beschrieb aus Aushubmaterial bei Umbauten von Kloster Mariabuchen ausgedehnte Rippelfelder und eine Reihe weiterer Sedimentstrukturen von den Basisflächen der Sandsteinbänke, wie Hufeisenkolke und Strömungswülste, sowie einfache Spurenfossilien. In Gesteinen der Detfurth-Wechselfolge bei Windheim (nahe Hafenlohr) fand Siebenhüner (1964) *Chirotherium*-Fährten.

Hardegsen-Formation

Die Hardegsen-Formation entspricht im Spessart dem oberen Teil der ehemaligen Geiersberg-Sandsteine und wurde zeitweilig auch als Spessart-Folge bezeichnet. Ihre Mächtigkeit liegt im mittleren und östlichen Spessart (inkl. Felssandstein) bei 50–70 m.

An der Basis der Formation liegt der etwa 22 m mächtige ***Hardegsen-Grobsandstein,*** der vor allem aus violettbraunen bis weißlichen Mittel- und Grobsandsteinen mit deutlichen Schrägschichtungskörpern besteht, teilweise eingekieselt oder auch eisenschüssig ist. Auf den Bankunterseiten finden sich bisweilen Netzleisten, Strömungs- und Belastungsmarken. Tonig-schluffig gebundene, eisenschüssige und quarzitische Sandsteine treten regelmäßig auf.

An oder nahe der Basis liegen meist relativ dickbankige, rotbraune Sandsteine mit einem geringen Feldspatgehalt. Gröbere Sandsteine über der Basis können oft einen deutlichen Gehalt an Fe- und Mn-Mineralen und cm-große, z. T. von schwarzem Mulm ausgefüllte Hohlräume aufweisen. Bekannt sind U-förmige „Wurmspuren“ vom Typ *Diplocraterion* (gewöhnlich als „*Corophioides*“ bezeichnet), aber auch *Chirotherium*-Fährten (Siebenhüner 1964).

Der Hangendteil der Hardegsen-Formation, die ***Hardegsen-Wechselfolge***, besteht aus einer meist 20–30 m mächtigen Abfolge von mürben, fein- und mittelkörnigen, selten grobkörnigen, blassvioletten oder weißlich gebleichten Sandsteinen mit glimmerreichen Tonschluffstein-Lagen. Die wenigen kieseligen Partien enthalten Tongallen und „*Pseudomorphosen*“, wie sie auch vom Dickbanksandstein bekannt sind. Karneol-Knollen wurden lokal angetroffen (Schwarzmeier 1985). Sie gelten als diagenetisch überprägte Zeugnisse von damaligen Bodenbildungsprozessen.

Im oberen Teil der Hardegsen-Wechselfolge finden sich in einzelnen Lagen Massen der als *Diplocraterion luniforme* („*Corophioides luniformis*“) bezeichneten U-förmigen Spreitenbauten (Schwarzmeier 1979, 1980, 1984). Besonders schöne Beispiele fanden sich früher bei Marktheidenfeld und bei Bronnbach im Taubertal.

In der traditionellen Auffassung vertritt der ***Felssandstein*** mit den ***Karneol-Dolomit-Schichten*** den oberen Teil der Hardegsen-Formation. Bereits der Name „Felssandstein“ deutet an, dass diese Schichten trotz der relativ geringen Mächtigkeit von 15–25 m den auffälligsten Härtling im Buntsandstein des westlichen Frankens bilden und fast überall Geländestufen verursachen. So steht die Burg Rothenfels auf einer durch den Felssandstein verursachten Hangverebnung. Auch der Gipfel des Geiersberges bei Rohrbrunn, mit 585 m der höchste Berg des Spessarts, und das Steinerne Haus bei Lohr werden vom Felssandstein gebildet. Besonders an Hangschultern tieferer Täler ist der Felssandstein markant und bildet bizarre Simse, wie am Mainprallhang nahe Bestenheid bei Wertheim (Aufschluss **233**). Auch die charakteristischen „Sargberge“ im östl. Spessart werden durch den Felssandstein verursacht. Sekundär entstehen durch die Hangversteilung große Mengen von jüngerem Blockschutt. Es kann sogar zur Bildung von Felsenmeeren pleistozänen Alters kommen, wie am Geiersberg bei Rohrbrunn (Aufschluss **174**), am Ospis bei Großheubach (Aufschluss **158**) oder im Heinrichsbach-Tal (Blatt Marktheidenfeld).

Der Felssandstein wird typischerweise von violettbraunen bis rotbraunen, oft weißlich gestreiften, mittelkörnigen Sandsteinen gebildet, die wegen der regional ausgebildeten Einkieselung massig wirken. Schrägschichtungskörper sind eher selten zu beobachten, vor allem, weil durch die Einkieselung der Gesteine die Schichtungsphänomene überprägt wurden. Durch das kieselige Bindemittel entstehen glitzernde Brüche. Rotbraune Tongallen sind in fast allen Bänken zu beobachten. Hohlräume als Zeugnisse herausgewitterter „Pseudomorphosen“ treten überall auf und sind zum Teil so häufig, dass sie dem Gestein ein löcheriges Aussehen geben. Zwischenlagen aus dünnen Tonsteinhorizonten sind gewöhnlich glimmerreich.

Zu den außergewöhnlichen Fossilfunden aus dem Felssandstein gehört eine nahe Erlach bei Lohr geborgene, gut erhaltene Clavicula (Kehlbrustplatte) eines Stegocephalen (Reis 1928). Eine weitere Clavicula, die als Rest des Labyrinthodonten *Capitosaurus* interpretiert wurde, stammt aus Mittelsinn (Trusheim 1935). Lebensspuren sind vereinzelt bekannt geworden, z. B. bei Mariabuchen (Schwarzmeier 1980).

Karneol-Dolomit-Schichten. Die höchsten Partien des Felssandsteins sind auffällig abweichend ausgebildet und repräsentieren eine ablagerungsgeschichtlich bedeutsame Episode. Diese nur 0,5–2 m mächtigen Schichten bestehen aus feinkörnigen Sandsteinen, die sehr unterschiedlich gefärbt sein können. Rotbraune und violette bis blauviolette tonige Sandsteine wechseln mit

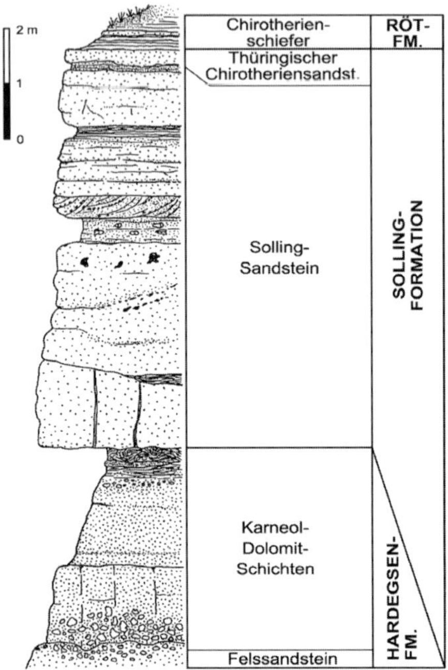

Abb. 31. Profil durch die Karneol-Dolomit-Schichten, die Solling-Formation (nach traditioneller Auffassung) und Chirotherienschiefer am Bahnhof Gambach (N Karlstadt). Umgezeichnet und modifiziert nach Schuster (1933).

graugrünen oder blauschwärzlichen, die sich am Hang morphologisch durch eine Verflachung bemerkbar machen. Tonschluffsteinlagen sind wechselhaft eingeschaltet, können aber bis 1 m mächtig werden. Bedeutsam ist der Karbonatgehalt einzelner Sandsteinlagen, der sich lokal durch weißliche Dolomitknollen bemerkbar macht. Seltener sind auch rosafarbene bis hellviolette Karneol-Knauern zu finden, die namengebend für die Schichten waren.

Zu den bekanntesten Lokalitäten der Schichten gehören die Profile bei Gamburg im Taubertal (Aufschluss **237**) und vor allem das klassische Profil am Bahnhof Gambach bei Karlstadt (Abb. 31), wo die Schichten seit langem und von Generationen von Geologen studiert wurden (Sandberger 1867, Gümbel 1894, Schuster 1933a). Die Karneol-Dolomit-Schichten werden als Zeugnis einer langen Sedimentationspause an einer ehemaligen Landoberfläche interpretiert (Hildebrand 1924, Herrmann 1962, Trusheim 1963), wobei nur ein Teil des ehemaligen Bodenprofils erhalten ist. Neben den violetten Farben und dem Vorkommen von Chalcedon sind vor allem die häufige Entschichtung und das Auftreten von durchwurzelten Bodenhorizonten (Schuster 1933a) Indizien für diese Deutung. Die namengebenden Dolomitknollen sind wohl keine primären Bildungen, sondern wurden durch diagenetische Überprägung erzeugt (vgl. Ortlam 1980).

Die Oberfläche der Karneol-Dolomit-Schichten weist häufig ein deutliches Relief auf, das erosive Ereignisse nach der Ablagerung der Schichten und nach der Bodenbildung sowie eine bedeutende Unterbrechung in der Ablagerungsfolge anzeigt (Trusheim 1963). Traditionell wurde diese Diskordanz, die im größten Teil des süddeutschen Teils des Germanischen Ablagerungsbeckens auftritt (im Schwarzwald als „VH2"; Ortlam 1969), als Äquivalent der Schichtlücke betrachtet, die nördlich der Rhön als Hardegsen-Diskordanz („H-Diskordanz") bekannt ist und eine der bedeutendsten tektonischen Episoden im Buntsandstein markiert. Somit wären die Karneol-Dolomit-Schichten einer der markantesten Leithorizonte in der Germanischen Trias.

Aufgrund neuer Forschungsergebnisse, u. a. von Bohrungen bei Zeitlofs, kommt U. Hoffmann (unveröff. Manuskript) zu einer alternativen Interpretation. Danach ist der fränkische Felssandstein ein stratigraphisches Äquivalent des Solling-Sandsteins, wie er nördlich der Rhön verbreitet ist. Der fränkische Solling-Sandstein repräsentiert danach nur den oberen Teil der Solling-Formation. Allerdings dokumentierten dann die Karneol-Dolomit-Schichten nur eine regionale Sedimentationspause und entsprächen nicht der Hardegsen-Diskordanz. Diese gravierende Schichtlücke mit entsprechender Erosion läge dann aber an der Basis des Felssandsteins, wofür im Spessart keine verlässlichen Indizien existieren. Der Interessierte möge sich am Schloss Wertheim (Aufschluss **234**) selbst ein Bild machen.

Solling-Formation

Die Solling-Formation ist im Spessart und im angrenzenden Odenwald nur 3–10 m, in der Rhön dagegen bereits 22 m mächtig (Lepper 1970). Grund für diese Schwankungen ist nach Lepper (1970) und Schwarzmeier (1981) ein kleinräumiges Nebeneinander von Hochgebieten mit Bodenbildung und Sedimentation in flachen Becken. Bindig (1994) deutete den Solling-Sandstein des Spessarts als Ablagerung gering kanalisierter, kurzfristiger Schichtfluten. Einige Horizonte können als alte Landoberflächen angesprochen werden.

Der untere, 2,3–8,6 m mächtige Teil der Solling-Formation repräsentiert heute den ***Solling-Sandstein***, der im Spessart und im angrenzenden Odenwald fein- bis mittelkörnig, wechselhaft ausgebildet und oft reich an Glimmer ist. Die Farben wechseln von rotbraun bis violettbraun, graugrün und schmutziggrau. Besonders im mittleren Teil treten kleine Tonsteingerölle auf. Ab und an finden sich Rippelmarken und Trockenrisse. Die violetten Partien und Sandsteine mit Wurzelröhren sowie Chalcedon- und Dolomitknollen (Schwarzmeier 1977, 1979, 1980) markieren eine terrestrische Episode mit Bodenbildungen. Die Wurzelröhren (Lepper 1970) wurden früher als Bohrröhren von tierischen Organismen interpretiert (Reis 1911, Schuster 1933a). Die kieselig gebundenen Sandsteine eines „oberen Geröllhorizontes“ bilden ab und zu Härtlinge und Blockschutt. Solche Klippen sind z. B. südlich des Bellingser Kreuzes südlich Bad Orb zu finden.

Mit nur 0,1 bis gut 1 m Mächtigkeit ist der ***Thüringische Chirotheriensandstein*** in Unterfranken kaum als eigenständiger stratigraphischer Abschnitt ausscheidbar, hat aber als Fundpunkt der ersten Chirotherien-Fährten Bedeutung. Diese wurden 1833 durch den Gymnasialdirektor Friedrich Sickler gefunden – auf einer Platte, die für den Bau eines Gartenhauses angeliefert und nahe Hildburghausen abgebaut worden war. Es handelt sich um Trittsiegel (Fußspuren) des kleinen Archosauriers *Chirotherium* („Handtier“), der Dinosauriern ähnelte, aber nicht näher mit ihnen verwandt war. Daneben sind die Funde von Fährten eines Rhynchosauriden (*Chirotherium barthi*) und eines als Schildkröte (*Agastropus falcatus*) interpretierten Organismenrestes in der Nähe von Lohr (Scheinpflug 1977) erwähnenswert. Der Chirotherien-Sandstein ist überwiegend feinkörnig und schmutzig-weißlich, graugrün, violettgrau bis rotbraun gefärbt. Karbonatisches Bindemittel unterscheidet die Gesteine deutlich von den übrigen Sandsteinen des Mittleren Buntsandsteins. Kieselige Partien fallen durch eine feine, nur mm-dicke rotviolette Streifung auf; Schrägschichtung ist meist deutlich ausgebildet. Schichtflächen können von Rippelmarken und Netzleisten bedeckt sein.

In der z. Zt. gültigen Buntsandsteinstratigraphie wird die Grenze Mittlerer/Oberer Buntsandstein zwischen Thüringischem Chirotheriensandstein und Chirotherienschiefer (s. u.) festgelegt. Das ist für unterfränkische Verhältnisse etwas unglücklich, weil beide Schichtglieder früher als ***Chirotherienschichten*** zusammengefasst wurden.

2.4.3.3. Oberer Buntsandstein

Röt-Formation

Der Obere Buntsandstein wird oft als das „Röt“ bezeichnet, eine Pauschalierung, die der ursprünglichen Fassung des Begriffs Röt widerspricht. Obwohl seine Gesteine meist schlecht aufgeschlossen sind, lassen sich die einzelnen Schichtglieder leichter unterscheiden als im Unteren und Mittleren Buntsandstein, weil die Abfolge relativ wechselhaft ausgebildet ist.

Die in Unterfranken und im angrenzenden Hessen etwa 85–100 m mächtige Formation (Abb. 32) enthält mit den Röttonsteinen zwei mächtige Pakete aus Ton- und Schluffsteinen, die wenig verwitterungsresistent sind. Sie verursachen daher sanfte Hanganstiege und Verebnungen, während die Sandstein-Schichten im Liegenden und die Kalksteine des darüber folgenden Muschelkalks steilere Hänge bilden. Im östl. Spessart formen die Röttonsteine meist die Auflage des Plateaus.

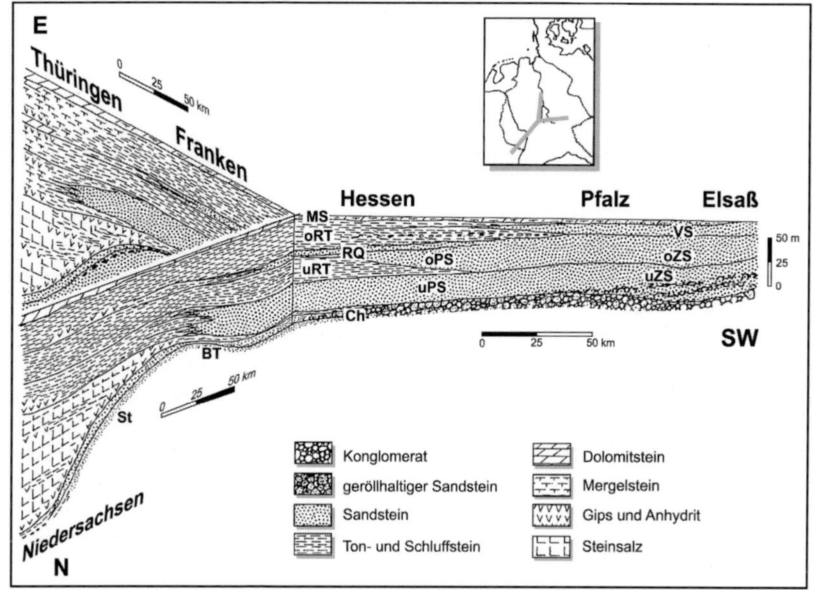

Abb. 32. Lithologie und laterale Faziesveränderungen der Röt-Formation im südlichen Germanischen Becken. Sowohl der südwestdeutsche Plattensandstein (inkl. Odenwald und Spessart; *uPS* in der Abbildung) als auch der „obere Plattensandstein" (*oPS*) sind Sandschüttungen von Flusssystemen, die sich aus Süden und Südwesten vorbauten. Die salinare Sequenz im unteren Teil des Oberen Buntsandsteins in Niedersachsen ist ein fazielles Äquivalent von Chirotheriensandstein und Chirotherienschiefer. Das Insert zeigt die Lage der Profilschnitte. *BT* – Basistone; *Ch* – Chirotheriensandstein; *MS* – Myophorienschichten; *oPS* – oberer Plattensandstein; *ORT* – Obere Röttonsteine; *oZS* – obere Zwischenschichten; *RQ* – Rötquarzit; *St* – Stammen-Schichten; *uPS* – unterer Plattensandstein; *uRT* – Untere Röttonsteine; *uZS* – untere Zwischenschichten; *VS* – Voltzien-Sandstein. Umgezeichnet und verändert nach Bindig & Backhaus (1995, Abb. 31) und Geyer (2002, Abb. 58).

Deutliche Mächtigkeitsschwankungen und gegenläufige Mächtigkeitsentwicklungen in den Schichten des Oberen Buntsandsteins offenbaren, dass die Ablagerungsbedingungen stark variierten und von den paläogeographischen Gegebenheiten, insbesondere von der Entfernung des Liefergebietes der Sedimente abhängig waren. In der Schichtfolge nimmt der Anteil der Sandstein-Fazies zugunsten der Tonstein-Fazies von SW nach NO stetig ab, wie Abb. 32 zeigt. So erreicht die *Plattensandstein-Fazies* im Odenwald ihr Maximum, wo sie fast die ganze Profilmächtigkeit zwischen Solling-Sandstein und Rötquarzit einnimmt. Bereits bei Amorbach sind die Unteren Röttonsteine auffällig geringmächtig; Schuster (1934) bezeichnete diese Faziesentwicklung als „Amorbacher Ausbildung“, im Gegensatz zur „Main-Saale-Ausbildung“ im größten Teil Unterfrankens. Im Gebiet von Würzburg und Gemünden wird der Plattensandstein noch ca. 25–30 m mächtig, nimmt aber nach Thüringen hin ab und spaltet in mehrere Horizonte auf, während die *Röttonsteine* immer mächtiger werden. Diese entsprechen einer tonigen Fazies des Beckenzentrums, die nur in Bereichen vorzufinden ist, in die sandige Ablagerungen nicht vorstießen.

Der *Grenzquarzit* ist ein dünner Sandstein-Horizont, der durch seine Verkieselung eine Zeitmarke zu bilden scheint. Er liegt im SO-Spessart gewöhnlich direkt auf dem Plattensandstein (Aufschlüsse **241**, **242**, **243**, **248**) und ist noch innerhalb von Plattensandstein-Profilen bei Amorbach zu erkennen. Es wurden also im südlichen Bereich sandige Sedimente – der „obere Plattensandstein“ (*oPS* in Abb. 32) – abgelagert, als weiter nördlich noch die (tonigen) Unteren Röttonsteine entstanden.

Chirotheriensandstein und *Chirotherienschiefer* sind fazielle Äquivalente einer mächtigen salinaren Serie in Niedersachsen (Röt 1; Abb. 32). Sie werden südlich des Spessarts sukzessive von Sandsteinen in *Plattensandstein*-Ausbildung ersetzt. Dieser „untere Plattensandstein“ ist noch am Südrand des Mainvierecks durch mittelkörnige, seltener feinkörnige Sandsteine mit typischen Merkmalen, wie satt rotbraune Färbung mit violettem Stich, dicht mit Hellglimmer-Schüppchen belegte Leeblätter, kleindimensionale Schrägschichtungskörper infolge häufig wechselnder Transportrichtungen vertreten (z. B. Aufschluss **155**).

Chirotherienschiefer

Der Name Chirotherienschiefer (Schuster 1933a) bezieht sich auf ein heterogenes, meist nur 1–3,5 m, im NO-Spessart wohl bis rund 6 m mächtiges Schichtpaket, das vor allem aus blättrigen, rotbraunen bis blauviolett-braunen oder typischen grünlichgrauen schluffigen Tonsteinen mit teils erheblichem Gehalt an Hellglimmerblättchen besteht. Im unteren Teil sind schlierige, fein- bis mittelkörnige, rotbraune bis blassviolette oder auch weißgraue, eingekieselte Sandsteine eingeschaltet, die dem Thüringischen Chirotheriensandstein ähneln.

Plattensandstein

Der rotbraune, feinkörnige, tonig gebundene Plattensandstein fällt etwas aus dem Rahmen der Sandsteinpakete im Buntsandstein. Viele seiner Sandstein-Lagen sind ebenflächig und werden durch tonige Lagen begrenzt, deren Anteile wohl zum Hangenden hin zunehmen. Gebietsweise herrscht sogar eine

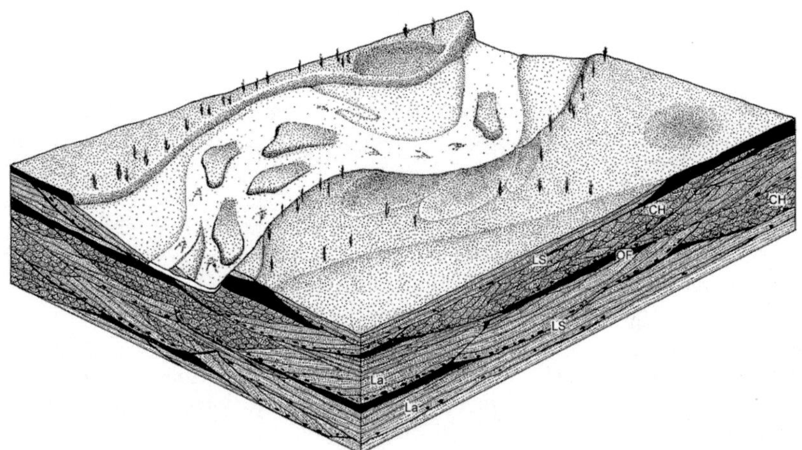

Abb. 33.: Schematisches Blockbild der Sedimentationsbedingungen und Faziesverhältnisse zur Ablagerungszeit des Plattensandsteins im N-Odenwald und S-Spessart. Fazieselemente: *CH* – Rinnenablagerungen mit unregelmäßigem Erosionshorizont an der Basis; *La* – Lateral akkretionäre Sandsteine, tafelig-schräggeschichtet, Gleithangablagerungen von Flüssen; *LS* – laminierte Sandstein-Körper als Bildungen des oberen Fließregimes; *OF* – rotviolettbraune oder grüngraue laminierte Ton- und Schluffsteine als Ablagerungen von Überflutungsebenen. Breite des stark überhöhten Blocks etwa 5 km. In Anlehnung an Backhaus & Heim (1995, Abb. 23).

ebene Feinschichtung vor. Dickere Bänke zeigen dagegen meist eine deutliche Schrägschichtung, die für eine Ablagerung in Flussrinnen von nicht allzu großer Breite spricht. Innerhalb der Bänke ändern sich die Korngrößen nur wenig. Dies und das relativ hohe Quarz/Feldspat-Verhältnis von etwa 8 zu 1 (Degens et al. 1960) belegen eine mehrfache Umlagerung des Materials. Häufig finden sich mächtige rinnenförmige Körper mit konkaven Sohlflächen, die in Tonschluffsteine eingeschnitten sind (Abb. 33). Die Oberflächen von Sandsteinbänken und größere Schichtflächen sind – infolge von Sedimentationspausen – häufig von Rippelmarken bedeckt, deren Kämme meist Abstände von 5–8 cm haben. Es kommen auch größere Areale mit Interferenzrippeln vor. Die Kontaktbereiche zwischen Sandsteinbänken und feinklastischem Material im Liegenden überliefern häufig verschiedenartige Sedimentmarken, wie Strömungswülste oder Schleifmarken. Auf wasserreichem Substrat konnten Belastungsmarken entstehen. Sackungserscheinungen können als skurrile Formen ausgebildet sein und an Fährten oder Organismenreste erinnern. Dazwischen können auch echte „Wurmspuren" ausgebildet sein.

Die Schichtflächen und die Schrägschichtungsblätter der mächtigen Sandsteinkörper sind mit Massen von Hellglimmer-Schüppchen bedeckt. In den Schrägschichtungskörpern kommen auch Tongallen vor. Netzleisten im Plattensandstein zeigen Areale an, die zeitweise ohne Wasserbedeckung waren. Dazu finden sich hin und wieder Steinsalz-Kristallmarken als Zeugnisse von erhöhtem Salzgehalt im feuchten Sediment. Diese früher irrtümlich als „Steinsalz-Pseudomorphosen" bezeichneten Erscheinungen gehen auf Steinsalz-Würfel zurück, die im Sediment gebildet wurden und beim Wachstum zahlreiche Sandkörner einschlossen. Heute, nach Auflösung des Salzes, wird die Gestalt von den Sandkörnern nachgezeichnet.

Der Plattensandstein repräsentiert in Unterfranken letztmals im Buntsandstein ein ausgedehntes Flusssystem, das allerdings durch mäandrierende Rinnen in einem weiten Ablagerungsraum ohne bedeutendes Relief gekennzeichnet war und nicht durch verflochtene Rinnen, wie sie im westlichen Franken während des Unteren und Mittleren Buntsandsteins bestanden. Bei Hochwasser kam es aber auch zu zeitweiligen Überschwemmungen, die sich über weite Bereiche erstreckten.

Erstaunlich ist der insgesamt relativ geringe Gehalt an Pflanzenfossilien, obwohl sogar Wurzelböden vorkommen (Trusheim 1937, Siebenhüner 1964, Mader 1995). Immerhin gibt es Hinweise auf körperlich erhaltene Pflanzenreste aus dem Plattensandstein der Spessart-Region, doch sind diese Fossilien selten identifizierbar, wie die Reste von Koniferen aus dem Raum Wertheim (Frentzen 1920, Hildebrand 1924), Holzreste bei Oberndorf (Berger 1964) und Karbach (Siebenhüner 1964), Reste des Schachtelhalms *Equisetites mougeoti* aus Höhefeld und Lokalitäten zwischen Karlstadt und Gemünden und *Thamnopteris vogesiaca* aus Sachsenheim (Sandberger 1890). Der größte „Farnwedel", der aus dem unterfränkischen Buntsandstein bekannt ist, wurde erst vor kurzem im Plattensandstein bei Wüstenzell gefunden und ist bei Aufschluss **248** dargestellt.

Daneben kommen auch Spurenfossilien im Plattensandstein vor: So ist am Parkplatz bei Külsheim im Taubertal eine große Platte mit *Chirotherium*-Fährten aufgestellt. Arthropodenspuren wurden u. a. auf einer Schichtfläche des Plattensandsteins von Lohr gefunden (Geyer 2002: Abb. 61). Sie könnten von einem pfeilschwanzähnlichen Gliederfüßler stammen. Einen Ablagerungsbereich, der offenbar nur episodisch ausgebildet war, charakterisieren Conchostraken (zu den Branchiopoden gehörige Krebstiere), die ruhige Süß- oder Brackwasseransammlungen bewohnten. Deren Gehäuse wurden unter anderem im Plattensandstein des nördlichen Odenwaldes (Umpfenbach, Hardheim und Dornheim) gefunden.

Der Plattensandstein war in seinem Verbreitungsgebiet früher einer der wichtigsten Bausteine. Eine Unzahl von kleinen, aufgelassenen, leider meist völlig verstürzten und überwachsenen Steinbrüchen kündet von der immensen

Bedeutung, die die Gesteine früher hatten. Heute sind im östlichen Odenwald und im SO-Spessart Steinbrüche bei Eichenbühl, Ebenheid, Dietenhan, Niklashausen und Remlingen zumindest noch zeitweilig im Abbau, wobei besonders die oberen Schichten genutzt werden. Der bekannte Stbr. bei Wüstenzell wurde erst vor kurzem aufgegeben. Grund für die bevorzugte Gewinnung und Nutzung war neben der feinen Körnung und dem tonigen Bindemittel, die eine sehr feine Bearbeitung zuließen, vor allem die satt burgunderrote Farbe, die sehr wirkungsvoll mit den anderen Bausteinen Unterfrankens kontrastierte, nämlich dem Hellgrau des Muschelkalkes und dem Grünlichgelb des Werksandsteins, wie sie in den herrschaftlichen „Trias-Häusern“ z. B. in Würzburg kombiniert wurden. Das tonige Bindemittel und der hohe Glimmergehalt setzen aber der Verwendung enge Grenzen. Der Stein ist nicht besonders frostresistent und reibt sich leicht ab.

Grenzquarzit

Der Grenzquarzit ist ein graugrünlicher oder grauweißer, eingekieselter Sandstein von ca. 0,2–0,3 m Mächtigkeit, der die vorwiegend tonig-schluffigen Gesteine im oberen Teil des Plattensandsteins überlagert. Örtlich aggregiert der eigentliche Grenzquarzit mit darüber lagernden Sandsteinen, so dass eine bis etwa 3 m mächtige Sandstein-Abfolge entstehen kann. Vermutlich ist die Einkieselung der primären Sandsteine eine Silcrete-Bildung (Geyer 2002): Durch kapillares Aufsteigen und Verdunstung von Wasser im nassen Sedimentprofil einer schlecht drainierten Ebene kam es während der Trockenzeiten eines tropisch- oder subtropisch wechselfeuchten Klimas zur Anreicherung von Kieselsäure im Boden/Sediment-Bereich.

Die Dachfläche des Grenzquarzits zeigt oft Rippelmarken. Selten finden sich auch Steinsalz-Kristallmarken. Interessant sind seltene vertikale Spuren. Demgegenüber entdeckte bereits von Sandberger (1867) im Grenzquarzit am Bahnhof Gambach Fährten von *Chirotherium barthi*; er hielt deshalb die Schichten irrtümlich für ein Äquivalent des Thüringischen Chirotheriensandsteins, was in der Folge zu einiger Verwirrung führte. Bei Kembach fanden sich Schleifmarken von Schachtelhalmen, die offenbar in flachem, rasch fließendem Wasser transportiert wurden (Freudenberger 1990, dort jedoch als Scharrspuren von Arthropoden interpretiert).

Nach Süden hin wird der Grenzquarzit zunehmend von einem bedeutenden Bodenhorizont unterlagert (dem „Violetthorizont 4“ bzw. „VH4“ der Baden-Württembergischen Terminologie; Aufschluss **242**). Parallel dazu nimmt der Gehalt an Spurenfossilien als Zeugnis grabender Organismen-Aktivität im weichen Sediment zu („*Corophioides*-Bank“ im Schwarzwald).

Untere Röttonsteine

Die Unteren Röttonsteine sind eine eintönige Abfolge von rotviolettbraunen bis rotbraunen blättrig bis kleinstückig zerfallenden Ton- und Schluffsteinen. Einige Lagen sind bläulichgrün oder gelbgrün gefärbt. Rhythmisch zeigen sich mm-dicke grünlichgraue oder gelbliche, sandig erscheinende Lagen mit wechselnden Gehalten an Dolomitkristallen. Diese Lagen sind Reduktionshorizonte, in denen durch zirkulierende Wässer der ursprüngliche Gesteinschemismus verändert und die Fe^{3+}-Ionen reduziert wurden. Dadurch änderten sich die ursprünglich rotbraunen Farbtöne zu Grünlichgrau. Die horizontalen Entfärbungslinien markieren die höchsten Positionen der ehemaligen Grundwasserkörper. In verschiedenen Lagen finden sich Gipsschnüre und -linsen; allerdings treten im S-Spessart, d. h. weit entfernt vom Beckentiefsten, größere Gipslagen kaum mehr auf.

Lokal kommen dünne Sandsteinbänke vor, deren Zahl und Umfang nach Süden hin zunehmen. Sie können im südlichsten Unterfranken und im Odenwald Dimensionen erreichen, die einen Abbau lohnen. Es handelt sich um distale Ausläufer von Sandschüttungen, die südwärts den oberen Plattensandstein verursachten. Eingestreute Glaukonitkörner zeigen bereits einen marinen Einfluss an und dokumentieren einen Meeresvorstoß (Backhaus 1981). In der Spessart-Region sind solche Sandsteine – mit Übergang zum Plattensandstein – am besten in den Stbr. am Rauenberg bei Dietenhan und bei Wüstenzell aufgeschlossen (Aufschlüsse **242**, **243**, **248**). Noch höher scheint der Anteil an Sandsteinen in den Röttonsteinen dagegen westwärts im Bereich von Blatt Stadtprozelten zu sein (Bendig 1985, Heissman 1986: Unveröff. Dipl. Arbeiten Univ. Würzburg), wo auch lagig eingestreute Glaukonit-Körner ein Vorrücken des Meeres anzeigen.

Die Unteren und Oberen Röttonsteine entstanden in einem Ablagerungsbereich, der mit heutigen Sebkhas verglichen wird. In ausgedehnten Schlammebenen wurden sehr feinkörnige Ablagerungen zusammengeschwemmt. Dünne Sandsteinlagen oder sandige Linsen repräsentieren zeitweiligen Eintrag durch Ausläufer von Flusssystemen.

Während die Unteren Röttonsteine am östl. Spessartrand und in der Südrhön etwa 18 bis 25 m mächtig sind, nimmt ihre Mächtigkeit nach NO hin beträchtlich zu. Dagegen reduziert sich ihre Mächtigkeit nach SW, besonders zwischen Wertheim und Amorbach, auf etwa 8 m.

Rötquarzit

Der Rötquarzit setzt sich typischerweise aus zwei dicken Bänken von meist kieselig gebundenen Sandsteinen und einem zwischengeschalteten, geringmächtigen Bereich aus Schluffsteinen und dünnen Sandsteinlagen zusammen. Lokal können die beiden quarzitischen Bänke zusammenwachsen, was sich durch die paläogeographische Situation erklären lässt: Der Rötquarzit ist ein beckenwärts vorrückender Ausläufer des viel mächtigeren oberen Plattensandsteins der Pfalz oder des zentralen Baden-Württembergs, der sich in zwei übereinander liegende Sandzungen aufspalten kann.

Die kieseligen Sandsteine sind weißlich bis grünlich, zum Teil auch etwas rötlich gefärbt. Die Rötquarzit-Unterbank besteht in Unterfranken aus teilweise kreuzgeschichteten Sandsteinen, die im Gezeitenbereich durch die wechselnden Strömungsrichtungen bei Ebbe und Flut entstanden. Die Dachfläche dieser Bank zeigt deutliche, weitständige Rippelmarken. Auch diese Bank ist eingekieselt, mutmaßlich als Folge von Silcrete-Bildung im Bodenprofil einer schlecht drainierten Ebene (Geyer 2002). Der höhere Bereich kann aber auch zu gewöhnlichen Paläoböden oder zumindest pedogenen Bildungen („Violetthorizonte“, „Dolomithorizonte“) verändert sein, die beispielsweise bei Wertheim innerhalb des Rötquarzits, aber auch in seinem Liegenden und Hangenden identifiziert werden konnten (Freudenberger 1990).

Die Oberbank des Rötquarzits enthält an einigen Lokalitäten eine individuenreiche, aber artenarme Spurenassoziation aus nahezu senkrechten Bauten. Diese merkwürdigen Strukturen, die durch Verwitterung der obersten Schichten entstehen können, sind seit langem bekannt (Zelger 1867, Platz 1869, Hildebrand 1924). Sie wurden aber oft falsch interpretiert, z. B. als „Trappenspuren“, „Rankenspuren“ oder „Vogelfährten“ (Zelger 1867, Bräuhäuser 1910) und sind bis heute nicht exakt untersucht. Es handelt sich aber zumeist um senkrechte Spreitenbauten, die zu *Diplocraterion luniforme* beziehungsweise zu *Fuersichnus* gehören (Geyer 2002).

Im Odenwald und in Mainfranken ist der untere Bereich des Rötquarzits noch aus Rinnensedimenten eines Flusssystems aufgebaut, während der obere Teil ein Zeugnis von Sandbereichen eines küstennahen Streifens ist (Bindig & Backhaus 1995). Bemerkenswert ist in diesem faziellen Zusammenhang das Vorkommen von Chirotherienfährten im Rötquarzit, wie sie in der Spessartregion aus Karbach (Reis 1928), Michelrieth (Berger 1964), vom Hölzlesgraben (Aufschluss **221**; Schuster 1935a) oder Bettingen (J. Keller, unveröff.) bekannt geworden sind. Die angeblichen Fährten vom Wartberg bei Wertheim (Hildebrand 1924) sind aber „Wurmgänge“ (Kirchner 1934). Siebenhüner (1964) zeigte zudem eine in situ überlieferte Koniferenwurzel im Hölzlesgraben. Alle genannten Organismenreste belegen die enge Verknüpfung von verschiedenen, terrestrischen und randmarinen Lebensräumen.

Die Mächtigkeit des Rötquarzits liegt im zentralen Unterfranken bei 5–8 m und nimmt nach SW moderat zu (bei Wertheim ca. 11 m; J. Keller, unveröff.).

In der älteren Literatur wird der Rötquarzit als „Fränkischer Chirotheriensandstein“ bezeichnet. Dieser Begriff geht auf Frantzen (1884) zurück, der bei seinen Neuuntersuchungen des Profils bei Gambach Sandbergers (1867) Fehlinterpretation des (Thüringischen) Chirotheriensandsteins erneut falsch interpretierte und annahm, Sandberger habe den Rötquarzit (den „Fränkischen Chirotherien-Sandstein“) als „Chirotherienbank“ bezeichnet.

Obere Röttonsteine

Auch die Oberen Röttonsteine sind eine eintönige Abfolge von rotbraunen bis rotviolett-braunen Ton- und Schluffsteinen, die bei der Verwitterung bröckelig zerfallen. Darin zeigen sich ebenfalls Lagen, die bläulichgraugrün oder gelbgrün gefärbt sind und in rhythmische, mm-dicke, sandig erscheinende Horizonte gegliedert sind und Dolomit- oder Calcit-Kristalle führen. Diese Reduktionshorizonte repräsentieren zumeist ehemalige, heute ausgelaugte Vorkommen von Gipsschnüren und -linsen. Die Schichten enthalten daneben dünne, helle Dolomitbänkchen („Steinmergelbänke“). Das Bildungsmilieu ist demjenigen der Unteren Röttonsteine äquivalent.

Fossilreste sind durchweg selten. Ab und an wurden allerdings Massenvorkommen von gut erhaltenen Conchostraken (*Cyzicus (E.) minutus minutus*) gefunden (Reible 1962). Örtlich relativ fossilreich sind Mergelbänkchen im tieferen Bereich der Schichten. In den besseren Aufschlüssen zu Beginn des 20. Jahrhunderts konnten dort Faunen mit *Cyzicus (E.) minutus minutus*, den Muscheln *„Panopaea“ althausii*, *Myophoria vulgaris*, *Costatoria costata* und *Modiolus hirudiniformis*, dem hornschaligen Brachiopoden *Sinoglottidia tenuissima* und Knochenreste gesammelt werden (Schuster 1936).

Die Oberen Röttonsteine sind im zentralen Unterfranken relativ konstant etwa 30 bis 35 m mächtig und nehmen nach Nordosten an Mächtigkeit ab. Aufschlüsse sind heute selten. Einen Eindruck bietet z. B. die Ziegelei-Tongrube am Rauhen Berg bei Wiesenfeld (Aufschluss **214**).

Myophorienschichten

Als Myophorienschichten (nicht zu verwechseln mit den Myophorienschichten des Keupers!) wird in Unterfranken ein Komplex aus verschiedenartigen Schichten zusammengefasst, der den ablagerungsgeschichtlichen Wechsel von kontinentalen zu marinen Sedimentationsräumen an der Grenze Buntsandstein/Muschelkalk dokumentiert. Dünne Bänkchen von Feinsandsteinen wechseln mit Ton- und Schluffsteinen sowie hellen, karbonatischen Lagen. Charakteristisch sind dolomitische Bänke, die zu einer etwas dickeren *Myophorienbank* vereinigt sein können, benannt nach *Myophoria vulgaris* und *Costatoria costata* (früher *Myophoria costata*), den charakteristischen Muscheln in diesen Schichten (Mahler & Sell 1993).

Im derzeit am besten aufgeschlossenen Profil im ehemaligen Stbr. am Heroldsberg bei Hammelburg erreichen die Myophorienschichten eine Mächtigkeit von insgesamt 12,5 m. Die dort relativ reiche Fauna mit linguliden Brachiopoden, verschiedenen Muschelarten, Schnecken, Conchostraken, Resten von höheren Krebsen, Knochenfischresten und Knochenfragmenten von Tetrapoden ist andernorts kaum zu finden. Aus dem zentralen Unterfranken und dem angrenzenden Thüringen ist ein Horizont mit einer reichen fossilen Fauna von Insektenresten bekannt geworden (Brauckmann & Schlüter 1993), der aber bisher in der Spessart-Region nicht gefunden wurde.

2.4.4. Muschelkalk

Das Meer, das bereits in der späten Buntsandstein-Zeit allmählich das Germanische Becken überflutete, erreichte zu Beginn der Muschelkalk-Epoche das Süddeutsche Teilbecken. Das Germanische Muschelkalkbecken war allerdings ein relativ flaches Binnenmeer, das durch das Hochgebiet des Vindelizisch-Böhmischen Massivs vom eigentlichen Weltmeer im Süden, der Tethys, getrennt blieb, zeitweise auch ein epikontinentales Randmeer. So entstanden hier keine vollmarinen Ablagerungen. Das Klima war – entsprechend der paläogeographischen Lage auf rund 20° nördl. Breite – heiß und vergleichsweise trocken. In dem flachen Meeresbecken wurden deshalb überwiegend karbonatische Sedimente mit wechselnden Anteilen von Ton und Evaporiten abgesetzt. Die maximale Mächtigkeit des Muschelkalks erreicht nahe der Spessart-Region bis zu 270 m. Dieser Bereich lag damals im tiefsten Teil des Muschelkalk-Meeres.

Die geographische Lage mit meist sehr begrenzter Verbindung zu anderen Meeren sorgte dafür, dass auch die Lebewelt im Germanischen Muschelkalkmeer einen eigenständigen Charakter behielt. Sie ist eine regionale Sonderentwicklung mit vielen endemischen Gattungen und Arten, deren Entfaltung vermutlich auf hohe Temperaturen und schwankende, zeitweise hohe Salzkonzentration zurückzuführen ist. Die bekannten Fossilien beschränken sich vor allem auf hartschalige Reste von Seelilien, Brachiopoden, Muscheln, Schnecken, Ceratiten, Scaphopoden, Krebsen, Ostracoden, Conodonten und Foraminiferen. Unter den relativ häufigen Wirbeltier-Resten dominieren Zähne und

Schuppen von Haien und Knochenfischen sowie marinen Sauriern. Bestimmte Fossilreste sind oft so stark auf Bankoberseiten angereichert („Muschelpflaster") oder so häufig im Gestein, dass sie namengebend für einzelne Horizonte wurden (Spiriferinabank, Cycloidesbank).

Die Gliederung des Muschelkalks erfolgt traditionell nach lithologischen und paläontologischen Gesichtspunkten in die Abteilungen Unterer Muschelkalk („Wellenkalk"), Mittlerer Muschelkalk („Anhydrit-Gruppe") und Oberer Muschelkalk („Hauptmuschelkalk"). Diese Dreigliederung zeigt sich auch in der geomorphologischen Landschaftsprägung: Über den flachen Hängen der tonsteinreichen Röt-Formation bildet der Untere Muschelkalk eine prägnante Geländestufe. Auf die Verflachung im Bereich der Schichten des Mittleren Muschelkalks folgt der charakteristische Steilanstieg des Oberen Muschelkalks.

Für den hier betrachteten Spessartraum ist nur der Untere Muschelkalk von Belang, so dass auf eine detaillierte Darstellung der übrigen Abteilungen verzichtet wird.

Unterer Muschelkalk (Jena-Formation, Wellenkalk)

Der Untere Muschelkalk besteht vorwiegend aus karbonatischen Sedimentgesteinen mit einer charakteristischen welligen Textur, die für den gebräuchlichen Namen „Wellenkalk" sorgte. Diese dient einerseits als summarische Bezeichnung der gesamten Abfolge, andererseits als Bezeichnung für die typisch mikritischen, d. h. zu > 90 % aus submikroskopischen Partikeln bestehenden, mergeligen Kalksteine, deren Auftreten präziser durch den Begriff *Wellenkalk-Fazies* umschrieben werden sollte. Diese Fazies bildet tatsächlich den Löwenanteil der Abfolge und besteht aus grauem, linsig-flaserigem Kalkmergelstein mit einer charakteristischen welligen Textur, in die plattige, relativ ebenflächige Mergelkalksteine eingeschaltet sind. Die Abfolge wird rhythmisch durch Kalksteinbänke aus Bio-, Intra- und Oospariten (Kalksteine mit Matrix aus spätigem Calcit und Partikeln von Fossilschalen, Intraklasten bzw. Ooiden) gegliedert (Abb. 34). Intraklasten sind aufgearbeitete Sedimentpartikel, die zur Zeit ihrer Erosion nicht vollständig verhärtet waren. Ooide sind dagegen kugelige, bis mehrere Millimeter große Kalkkörperchen, die sich aus konzentrischen Anwachsschalen um einen Kristallisationskeim bilden. Das Auftreten der verschiedenen Mikrofazies-Typen erklärt sich durch die wechselnden Verhältnisse infolge von Änderungen der Meerestiefe und der Hydrodynamik. Auf Beschluss der Stratigraphischen Kommission Perm-Trias wurde der Muschelkalk in Formationen untergliedert. Der gesamte Untere Muschelkalk gehört danach zu einer einzigen Formation, der *Jena-Formation* (Typuslokalität bei Steudnitz nahe Jena).

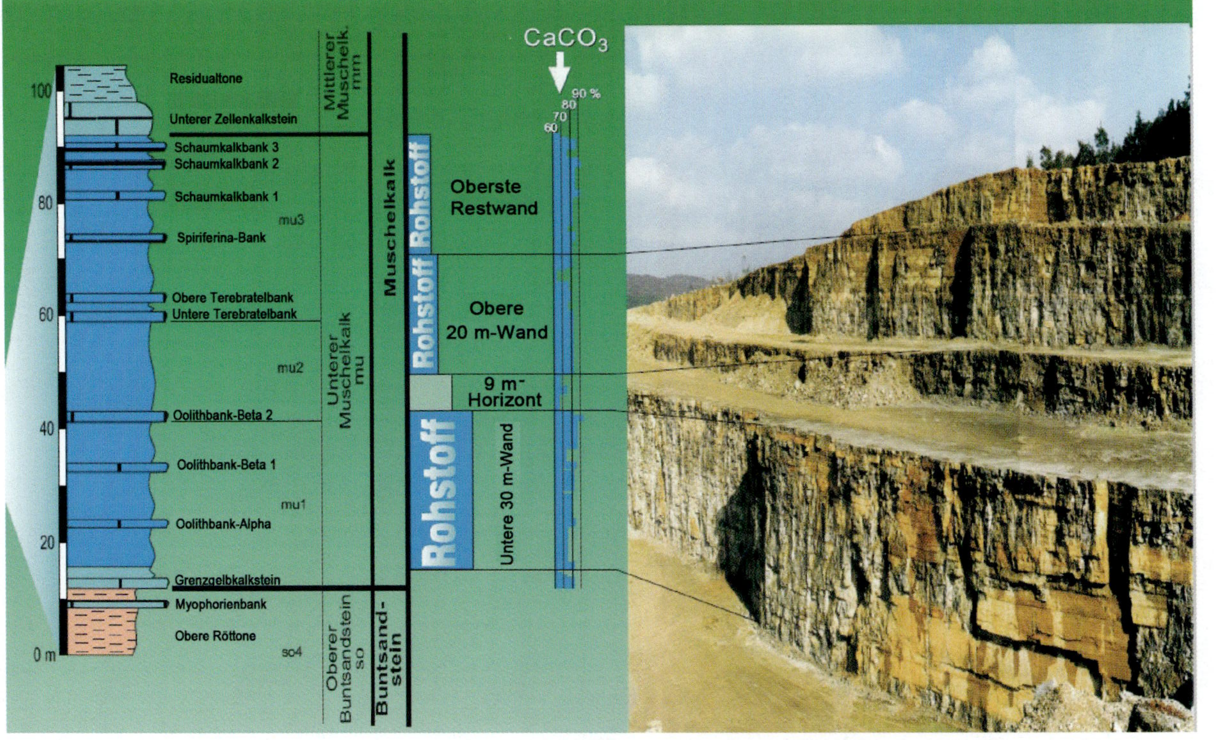

Abb. 34. Generalisiertes Profil des Unteren Muschelkalks in Unterfranken, am Beispiel der Schichtenfolge im Stbr. des Zementwerks Lengfurt. (Grafik HeidelbergCement AG, Werk Lengfurt).

Die Buntsandstein/Muschelkalk-Grenze und damit die Basis der Jena-Formation ist eine heterochrone, nach Süden jünger werdende Faziesgrenze, die durch den augenfälligen ***Grenzgelbkalkstein*** markiert wird. Dieser dolomitische Kalkstein, der W Würzburg bis zu 2,3 m mächtig wird, lässt sich als Leithorizont weithin verfolgen. Die Dolomitisierung, die bei der Verwitterung für die spektakuläre ockergelbe Färbung sorgt, ist eindeutig sekundär, wie durch überraschende Foraminiferen-Funde gezeigt werden konnte (Geyer 2002). Tatsächlich bleibt der Mg-Gehalt, der durch Anlieferung von Material vom Festland vergrößert wird, in der basalen Karbonat-Abfolge von knapp 10 m über der Basis der Jena-Formation in Unterfranken relativ hoch (Haltenhof 1962).

Erst darüber folgen die typischen Gesteine in Wellenkalk-Fazies, die im westlichen Franken insgesamt 90 % des Profils einnehmen (Hoffmann 1967). Sie haben zwar die charakteristische wellig-flaserige Textur, aber meist keine stratigraphisch brauchbaren Kriterien, so dass eine präzise Einstufung schwierig ist. Die Wellenkalke sind Ergebnis einer unterhalb des Gezeitenbereichs entstandenen Karbonatschlamm-Sedimentation mit meist in situ eingebetteten Körperfossilien und einer oft individuenreichen, aber artenarmen Spurenfossil-Assoziation. Wellenkalk-typische Sedimentationsmerkmale sind Priele, Strömungsmarken, Schrägschichtungskörper, Rippelmarken, Fest- und Hartgründe. Als Besonderheit sind regional verfolgbare, an bestimmte stratigraphische Bereiche gebundene subaquatische Rutschungen (auch als „Gleittreppen“ und „Sigmoidalklüftung“ bezeichnet) zu beobachten, die als chaotische Schichtung deutlich in Erscheinung treten (Abb. 35). Sie werden als Resultate von tektonisch hervorgerufenen Erschütterungen gedeutet (so genannte *Seismite*): In der Zeit, in der der obere Teil des Unteren Muschelkalks gebildet wurde, erschütterten zahlreiche Erdbeben das Germanische Becken, die teilweise in der Gesteinsabfolge ablesbar sind.

Die Abschnitte der Wellenkalk-Fazies werden durch augenfällige Kalksteinbänke in insgesamt 9 Abfolgen getrennt. Dabei wechselt die mikrofazielle Ausbildung oft stark: es gibt bioklastische, intraklastenreiche („intraformationelle Konglomerate“, „Konglomeratbänke“) und oolithische Kalksteinbänke (Oolithbänke) sowie bioturbate, teilweise bebohrte Kalkmergelhorizonte („Bohrwürmerbänke“). Anhand dieser Ausbildung lassen sich die Bänke oft gut erkennen, wodurch eine stratigraphische Untergliederung des Unteren Mu-

→

Abb. 35. Seismite im Unteren Muschelkalk. In der Abbildung sind zwischen mehr oder weniger deutlich geschichteten Kalk- und Kalkmergelstein-Partien Bereiche zu erkennen, in denen die Schichtung durch subaquatische Umlagerung weitgehend zerstört wurde. Weitere Erläuterungen im Text. Wellenkalksteinfolge 6 im Stbr. am Weinberg bei Hohenzell (**247**).

schelkalks möglich ist. Außerdem beinhalten diese Bänke mitunter Leitfossilien von paläo-ökologischer Relevanz.

Im Gegensatz zu den Wellenkalkfolgen zeigen einige der Leitbänke (die Spiriferinabank, die Terebratel- und Schaumkalkbänke) deutliche Anreicherungen von Schalenschill, die durch zyklische Meeresspiegelschwankungen mit einzelnen Sturmereignissen verursacht wurden und in ihren spezifischen Ausprägungen auf Veränderungen des Salzgehaltes und der Meeresboden-Konsistenz schließen lassen. Grundsätzlich dokumentieren die Leitbänke meist kurzzeitige Ereignisse biogener Karbonatanreicherung in einem subtidalen, stenohalinen (mit einem spezifisch hohem Salzgehalt) Ablagerungsmilieu (Klotz 1993). Die enthaltenen Fossilschalen dokumentieren das Artenspektrum, das zu dem betreffenden Zeitpunkt landwärts anzutreffen war, sind also nicht unbedingt ein Abbild von Lebensgemeinschaften. Dazu kommen Reste von Organismen, die sich nach dem Sturmereignis auf den entstandenen festen Meeresboden ansiedelten, bevor die Sedimentation von Schlamm wieder einsetzte.

Der ***Untere Muschelkalk 1*** reicht vom Grenzgelbkalkstein bis zum Top der Wellenkalkfolge 3 (Abb. 34) und beinhaltet in den untersten Wellenkalk-faziell geprägten Schichten Lagen mit Massenansammlungen von Scaphopoden, die als „Dentalienbänke" bezeichnet wurden. Solche Bänke halten nicht weit durch, da sie nur durch lokale Zusammenschwemmungen spitzkonischer Gehäuse dieser Weichtiere gebildet werden.

Die Oolithbank Alpha ist dagegen eine weit verbreitete Schicht von sparitischem Kalkstein mit sehr variabler Ausbildung: Auf kurze Distanz wechseln oolithische Partien, mergelige Schillkalke und Bereiche mit hohem Anteil an mikritischen Intraklasten (daher missverständlich „Konglomeratbank Alpha" genannt).

Der ***Untere Muschelkalk 2*** umfasst den Abschnitt von der Basis der Oolithbank Beta 2 bis zum Top der Wellenkalkfolge 4. Die wenigen Leitbänke und deren lateraler Fazieswechsel machen eine Unterteilung dieses Abschnittes im Gelände schwierig. Auch die Oolithbank Beta 2 wechselt ihr Erscheinungsbild auf kurze Distanz.

Der ***Untere Muschelkalk 3*** reicht von der Basis der Unteren Terebratelbank bis zum Top der Orbicularisschichten (und damit bereits in die Karlstadt-Formation und an die Basis des Mittleren Muschelkalks). Die Terebratelbänke haben ihren Namen nach dem häufigen, allerdings nicht durchgängigen Anteil an doppelklappigen, glattschaligen Gehäusen des Brachiopoden *Coenothyris vulgaris* (früher *Terebratula vulgaris*). Spektakulärstes Schichtglied sind die oolithischen und teilweise auch bioklastisch ausgebildeten Schaumkalkbänke, von denen die ***Untere und Obere Schaumkalkbank*** (Schaumkalkbank 1 und 2) als verwitterungsresistente Leitbänke häufig vertikale Felswände und markante Felskanzeln über dem Maintal verursachen. Da für die Bildung von Ooiden eine kräftige Wellenbewegung nötig ist, dokumentieren diese Bänke eine Verflachung des Meeresbeckens. Die unspektakuläre Oberste Schaumkalkbank (Schaumkalkbank 3) kann auch als Stromatolithen-Rasen entwickelt sein. Sedimentäre Gefüge und Fauna lassen auf zeitweise sehr flache Meeresbedeckung schließen, wobei aber die damaligen Wassertiefen des frühen Muschelkalk-Meeres oftmals unterschätzt wurden (vgl. Vossmerbäumer 1970, 1971, Schwarz 1975).

Die ***Orbicularisschichten*** (früher Orbicularismergel) sind meist ebenschichtig und oft schwach dolomitisch. Der Name verweist auf die Muschel *Neoschizodus orbicularis* (einst *Myophoria orbicularis*), die lagenweise in großer Anzahl meist als einzige Art vorkommt. Sie dokumentieren bereits ein zeitweise brackisches Milieu, sind also typische „Übergangsschichten" und repräsentieren das Zurückweichen des Meeres. Diese regressive Entwicklung einer Ablagerungs-Sequenz endet am Top einer geringmächtigen konglomeratischen Grenzbank, die im Idealfall als konglomeratische Lage aus abgeflachten Geröllen (Flat-Pebble-Konglomerat) mit Dachziegellagerung ausgebildet ist (Geyer 2002).

Damit war die marine Überflutung des Germanischen Beckens in Süddeutschland wiederum für kurze Zeit unterbrochen. Der Mittlere Muschelkalk ist ein zwar marin beeinflusster, aber terrestrisch geprägter Abschnitt mit Evaporiten, der durch die abermalige Überflutung des Beckens zu Beginn des Oberen Muschelkalks beendet wird.

2.4.5 Tertiär

Jürgen Jung (Aschaffenburg)

Verwitterungsbildungen des Tertiärs

Während des Tertiärs herrschten im Gebiet des heutigen Spessarts vorwiegend festländische Bedingungen; nur die westl. Randlagen (*Hanau-Seligenstädter Senke*) wurden vor allem im jüngeren Tertiär von marinen Bedingungen geprägt. Während im marinen Milieu zum Teil mächtige Sedimente abgesetzt wurden, waren die Festlandsbereiche des heutigen Spessarts von Verwitterung und Abtragung unter dem Einfluss der Atmosphärilien bestimmt. Aus dem triassischen, gegebenenfalls jurassischen Gesteinsuntergrund wird mit der Aufwölbung der *Spessart-Rhön-Schwelle* seit dem ausgehenden Jura das heutige Relief heraus modelliert. Die klimatischen Verhältnisse während der Kreide- und Tertiär-Zeit waren – mit Ausnahme der jungtertiären Klimafluktuationen – über einen langen, Jahrmillionen andauernden Zeitraum von *tropoiden Klima-*

bedingungen geprägt, wie wir sie heute in den wechselfeuchten Randtropen finden (z. B. Büdel 1981). Das *terminale eozäne Event* vor etwa 34 Ma (Mai 1995) beschreibt den deutlichsten Klimaumschwung im Tertiär, der eine allmähliche Abkühlung bis ins ausgehende Neogen einleitete. Mit der mittelmiozänen Erwärmung (Mai 1995) kommt es noch einmal zu einem thermischen Maximum innerhalb des Neogens. Im Obermiozän und speziell im Pliozän sind Klimafluktuationen bekannt, die letztlich in einen tendenziellen Temperaturrückgang im Quartär münden.

Aufgrund hoher (Boden-)Temperaturen und eines hohen (Boden-)Wasserangebotes bedingt das tropoide Klima eine intensive und tiefgründige Verwitterung des Gesteinsuntergrundes. Dabei treten mechanische Vorgänge wie Temperatur-Verwitterung, Frostsprengung und Salzsprengung weitgehend zurück, während chemische Prozesse eine überragende Rolle spielen. Als wichtigstes Agens bei der Zersetzung der Minerale und Gesteine wirkt das Oberflächenwasser, verstärkt durch die darin gelösten Ionen und Gase. Je nach chemischer Zusammensetzung der zirkulierenden Lösungen bilden sich Verwitterungsprofile mit unterschiedlichen, oft lagenweise wechselnden Fe_2O_3/Al_2O_3/SiO_2-Verhältnissen (z. B. McFarlane 1976, Nahon 1991). Allerdings sind uns in der heutigen Mittelgebirgs-Landschaft keine vollständigen Verwitterungsprofile aus der Tertiär-Zeit mehr überliefert, sondern nur noch Erosionsreste der ehemaligen Verwitterungsdecke. Diesen tiefgründigen Gesteinszersatz, im Volksmund als „fauler Fels“, wissenschaftlich als *Saprolit* bezeichnet, gibt es in den metamorphen Gesteinsserien des Vorspessarts gleichermaßen wie in den triassischen Sandsteinen des Hochspessarts.

Bei der Verwitterung von *Gneisen* und *Glimmerschiefern* des *Vorspessarts* kommt es zu einer intensiven Rotfärbung, bedingt durch die Anreicherung von Hämatit auf Klüften und Korngrenzen der Minerale. Aus den Feldspäten werden zunächst die Na^+- und K^+-Ionen heraus gelöst, während Al^{3+} und Si^{4+} viel langsamer in Lösung gehen. Aus ihnen entstehen im sauren Milieu als Verwitterungs-Neubildungen Tonminerale, insbesondere Kaolinit und Illit, z. B. nach der vereinfachten Reaktionsgleichung:

$$\underset{\text{Kalifeldspat}}{4K[AlSi_3O_8]} + \underset{\text{in Lösung}}{4H^+ + 4HCO_3^- + 2H_2O} \rightarrow \underset{\text{Kaolinit}}{Al_4[(OH)_8/Si_4O_{10}]} + \underset{\text{in Lösung}}{8SiO_2 + 4K^+ + 4HCO_3^-}$$

Die Glimmer werden zu Hydroglimmern abgebaut, wobei die großen Kationen in den Zwischenschichten der Struktur, insbesondere K^+, zunehmend heraus gelöst und durch H_2O ersetzt werden. Dabei erfolgt der Übergang von Biotit in Hydrobiotit rascher als die Muscovit → Hydromuscovit-Umwandlung. Granat wird zu Gemengen aus Goethit + Hämatit + Illit zersetzt.

Bereits Weidmann (1929) hatte darauf hingewiesen, dass im Vorspessart rote Verwitterungslehme weit verbreitet sind, wie sie von Niemz (1964, Abb.

Abb. 36. Ehemalige Ziegeleigrube Hösbach: Rotlehme als Relikte der tertiären Verwitterungsdecke bilden den Untergrund der quartären Deckschichten, hier eine durch Paläoböden gegliederte Lössauflage, Höhe ca. 6 m. Foto J. Jung.

3) in einer Karte der *Rotverwitterung im Aschaffgebiet* eindrucksvoll dokumentiert wurden. Zu diesen Vorkommen gehörten auch die Rotlehme der *Ziegeleigrube Hösbach*, die unter einer mächtigen Auflage von quartärem Löss und Lösslehm freigelegt waren (Abb. 36). Die Niemz'sche Kartierung ist durch weitere Vorkommen zu ergänzen, die nachträglich – meist im Zuge von Baumaßnahmen – erschlossen wurden.

Ein bedeutender Nachweis saprolitisierter Glimmerschiefer konnte bei Untersuchungen im *Quarzit-Bruch Hemsbach* (**8**) erbracht werden (Jung 2006, 2008). Bei der Erweiterung des Stbr. nach Nordosten wurde unter einer mehrgliedrigen quartären Deckschicht tiefgründig zersetzter Glimmerschiefer angetroffen. Beeindruckend sind die schlierenartigen Verfärbungen des Gesteinszersatzes, die von gelben Tönen über rot-violette bis hin zu schwarzen Farbtönen reichen. Bemerkenswert ist, dass die Quarz-Glimmerschiefer, die – zusammen mit Quarziten – den sogenannten Härtling des Hahnenkamm-Höhenzuges aufbauen (**9**), hier als lockere, grabbare Varietät vorliegen (Lorenz 2002a; Jung 2008; Abb. 37).

Weitere Vorkommen von tiefgründig verwitterten Metamorphiten wurden z. B. an einer Wegböschung am Eichelsberg, N der Rückersbacher Schlucht erschlossen (Jung 2006). An einer Straßenböschung zwischen Mömbris und

Abb. 37. Quarzit-Bruch Hemsbach (**8**): Lockerer, grabbarer, Glimmerschiefer-Saprolit mit bunten Verfärbungen und deutlich erkennbarem Gesteinsgefüge. Foto J. Jung.

Mömbris-Heimbach ließen sich Rotlehme unter einer mehrgliedrigen Deckschicht aus pleistozänem Löss nachweisen (Jung 2006). Auch bei Böschungsarbeiten bei der Erschließung des Gewerbegebietes Beetacker zwischen Hösbach-Bahnhof und Unterbessenbach konnte ein grusartiger Gneiszersatz unter mächtiger Lössauflage beobachtet werden.

Besonders auffällig sind Vergrusungen in den Gesteinen des *Quarzdiorit-Granodiorit-Komplexes*, wobei der Zerfallsprozess durch die Korngrenzen der Mineralkörner vorgegeben ist, wie sich z. B. im Stahl'schen Stbr. bei *Dörrmorsbach* (**83**) und in den Hohlwegen in der Umgebung des Meisberges und des Heinrichsberges zwischen Dörrmorsbach und Oberbessenbach beobachten lässt. In massigen Kristallin-Gesteinen wie den Diorit-Varietäten wirkt die chemische Verwitterung selektiv, weil die Verwitterungslösungen entlang des Kluftnetzes eindringen. Bei dieser *Wollsack-Verwitterung* bleiben *Kernsteine* mit mehr oder weniger abgerundeten Formen erhalten (Wilhelmy 1981), die häufig in Kernstein-Ansammlungen als Felsburgen freigestellt wurden, wie dies am Meisberg bei Dörrmorsbach erfolgte (Abb. 38). Eine umfassende Darstellung der Felsburgen und Blockansammlungen lieferte jüngst Malkmus (2007).

Regionale Bekanntheit erlangte ein 60 t schwerer Kernstein bzw. Wollsack als sogenannter „*Dicker Stein*" (Lorenz 2004). Er wurde bei den Ausbauarbeiten der Autobahn A3 im Jahr 2002 am Pfaffen-Berg N Aschaffenburg im selektiv saprolitisierten Staurolith-Granat-Plagioklas-Gneis gefunden (**43**).

Es sei darauf hingewiesen, dass die Produkte der (kreide- bis) tertiärzeitlichen Intensiv-Verwitterung nicht mit dem *präoberpermischen Grundgebirgs-Zersatz* verwechselt werden sollten. Eine sichere Unterscheidung ist dann

Abb. 38. Felsburg aus Quarzdiorit-Kernsteinen. W Stahl'scher Stbr. bei Dörrmorsbach (nahe **85**). Aus Jung (2006, Abb. 33).

möglich, wenn das zersetzte Grundgebirge von Deckgebirgs-Schichten diskordant überlagert wird, wie dies z. B. im Dolomit-Stbr. auf der Feldkahler Höhe (**113**) und im Rhyolith-Bruch auf der Hart-Koppe bei Sailauf (**95**) beobachtet werden kann (Lorenz 1999, Jung 2006). Weitere Beispiele gab es in den mittlerweile aufgegebenen Bergwerken Grube Wilhelmine bei Sommerkahl (**48**), Grube Marga bei Eichenberg und in der Schwerspatgrube Neuhütten (Weinelt 1965).

Saprolite als Relikte der tropoiden Verwitterung sind keineswegs auf das Grundgebirge des Vorspessarts beschränkt. In den Sandsteinen des Deckgebirges hinterließ die tertiäre Intensiv-Verwitterung häufig eine flächenhafte und tiefgründige Gesteinsbleichung; diese Weißfärbung geht auf die Bildung von Kaolinit zurück. Kaolinisierter Buntsandstein bzw. ein *Sandstein-Saprolit* wurde z. B. beim Bau der Schleuse Kleinostheim nachgewiesen (Schottler 1922).

Die kleinen Schollen des Unteren Buntsandsteins an der Spessart-Randverwerfung zwischen Hörstein und Kleinostheim zeigen ebenfalls intensive Gesteinsbleichung (Okrusch et al. 1967, Jung 2006). Beim Bau der Bahnlinie Aschaffenburg-Würzburg wurde der Höhenzug der Sandsteinstufe im Jahre 1854 mit dem 927 m langen *Schwarzkopftunnel* überwunden (Hain 1977). Der zersetzte Heigenbrückener Sandstein wird hier als „Leberstein" bezeichnet und ist in einer Profildarstellung beachtlicherweise nicht stratiform eingezeichnet (Hain 1977). Zu vergleichbaren Ergebnissen kamen jüngste Bohrungen und Kartierungen im Zuge des Tunnelneubaus am Schwarzkopf (Biehr, in Vorb.). Darüber hinaus wurde ein tiefgründiger Sandstein-Saprolit am Plattenberg bei Kleinwallstadt a. Main (275 m) und weiter westlich am Eichels-

Abb. 39. Auflässiger Sandsteinbruch Kuppe bei Eichenberg. Lockerer, grabbarer Sandstein-Saprolit mit Rotlehm (Paläobodenrelikt) als Kluftfüllung. Foto J. Jung.

berg (407 m) bei Elsenfeld-Eichelsbach nachgewiesen (Jung 1996, 2004). Auf der noch nicht veröffentlichten Geologischen Karte von Bayern, Blatt 6121 Heimbuchenthal, wurden die Verwitterungsbildungen auskartiert (Schwarzmeier, in Vorb.).

Besonders intensive Bleichungen treten im Bereich der *Sandsteinstufe* auf, so im auflässigen Sandsteinbruch an der *Kuppe bei Eichenberg* (423 m; **122**), wo Saprolite im *Heigenbrückener Sandstein* freigelegt wurden. In Klüften sind hier Rotlehme konserviert, die ursprünglich die tertiäre Bodenauflage auf dem Sandstein darstellten (Abb. 39). Ein Aufschluss im Sattel der Zeugenberge Gräfenberg (364 m) und Klosterberg (408 m) bei Rottenberg zeigt den Heigenbrückener Sandstein als sehr mürben und grabbaren Saprolit, der nur wenige Meter über der Verwitterungsbasis des Bröckelschiefers liegt.

Gekappte Verwitterungsdecken in Form gebleichter Sandsteine sind im Bereich des *Intramontanen Beckens Baßberg-Sailhöhe* im Einzugsgebiet der Lohr verbreitet (Jung 2006). Die Vorkommen leiten zu den nordöstl. anschließenden Sandstein-Saproliten um Wiesen, Bieber und Bad Orb über. Weitere Saprolite liegen im Untergrund der Verebnung am Hanauer Berg zwischen Mernes und Jossa. Nördl. der Jossa gibt es flächig saprolitisierte, konglomeratische Sandsteine der Solling-Formation, z. B. am *Bellingser Kreuz* (413 m) bei Steinau a.d. Straße (**194**). Auch aus den angrenzenden Mittelgebirgen gibt es zahlreiche Nachweise von Sandstein-Saprolit. Im Büdinger Wald sind die Lokalitäten der *Kaolingruben Ortenberg* und *Bergheim*, sowie die *Sandgrube am Bleichthalhof* O Bergheim zu nennen (Ehrenberg & Hickethier 1978). Zeugen einer ausgedehnten und tiefgründigen Verwitterung im *Mittleren Bunt-*

sandstein finden sich im Bereich der Vier Fichten (406 m) und der östl. angrenzenden Höhe 410,8 m sowie am Riedel (333 m) westlich Wächtersbach, daneben in der Umgebung von Birstein und Brachttal (Ehrenberg & Hickethier 1982).

Sedimentgesteine des Tertiärs

Neben den autochthonen Verwitterungsprodukten der anstehenden metamorphen oder sedimentären Ausgangsgesteine gibt es im heutigen Spessart auch Sedimente des Tertiärs. Die *Tonlagerstätte bei Klingenberg* und ihr etwas unbekannteres Pendant bei *Schippach* im südwestlichen Sandstein-Spessart wurden nach aktuellen palynologischen Untersuchungen bereits im Oligozän, d. h. vor ca. 25–35 Ma abgelagert (Heine 2004). Die Tone stellen Stillwasser-Sedimente dar, die in einem etwa N-S streichenden Halbgraben liegen. Sie bieten hervorragende Möglichkeiten, den morphologischen Werdegang des Gebietes um den *Großwallstadt-Obernburger Graben* zu rekonstruieren (Jung 2006, Abb. 40). Die sehr reinen, kaolinitischen Tone können letztlich als Umlagerungsprodukte des Sandstein-Saprolits interpretiert werden, die wenige Kilometer nördl. am Plattenberg bei Kleinwallstadt und am Eichelsberg bei Elsenfeld/Eichelsbach heute noch anstehen. Die Spezialtone, deren Abbau untertägig erfolgte, wurden für spezielle Anwendungen in der Keramik-Industrie eingesetzt, etwa bei der Herstellung von Isolatoren. Vor allem aber dient der Ton als Fließmittel-Zuschlagsstoff bei der Produktion hochwertiger Bleistiftminen (vgl. Abschnitt 3.3.1). Während der Tonabbau in Schippach aus wirtschaftlichen Gründen bereits 1967 eingestellt wurde, scheint dieses Schicksal nun auch die weltweit bedeutende Lagerstätte von Klingenberg zu ereilen. Mit den mitteleozänen „Ölschiefern“ von *Messel* bei Darmstadt, die als Fossillagerstätte heute zum UNESCO-Welterbe zählt, und den mitteloligozänen Rupeltonen bei Bad Soden-Salmünster/Eckardroth im S-Vogelsberg sind weitere alttertiäre Sedimente in der näheren Umgebung des Spessarts bekannt.

Nachweislich jungtertiäre Ablagerungen gibt es am westlichen Spessartrand im Tertiärbecken der Hanau-Seligenstädter-Senke. Auch im *Schlüchterner Becken*, das über den *Landrücken* zum *Vogelsberg* überleitet, gibt es zahlreiche Relikte aus dem jüngeren Tertiär. Durch die kleinräumige bruch- und verwerfungstektonische Gliederung dieses Gebietes entstanden zahlreiche Positionen, die eine Konservierung des tertiären Inventars ermöglichten. Diese tektonischen Aktivitäten sind größtenteils ins Miozän zu stellen, als mächtige Sedimente z. T. synchron abgelagert und/oder Vulkanite gefördert wurden (Ehrenberg & Hickethier 1971, 1978, 1982, Diederich & Ehrenberg 1977, Diederich et al. 1988). Häufig gibt es im Schlüchterner Becken die Konstellation, dass über einem meist saprolitisiertem Gesteinsuntergrund (in der Regel Bunt-

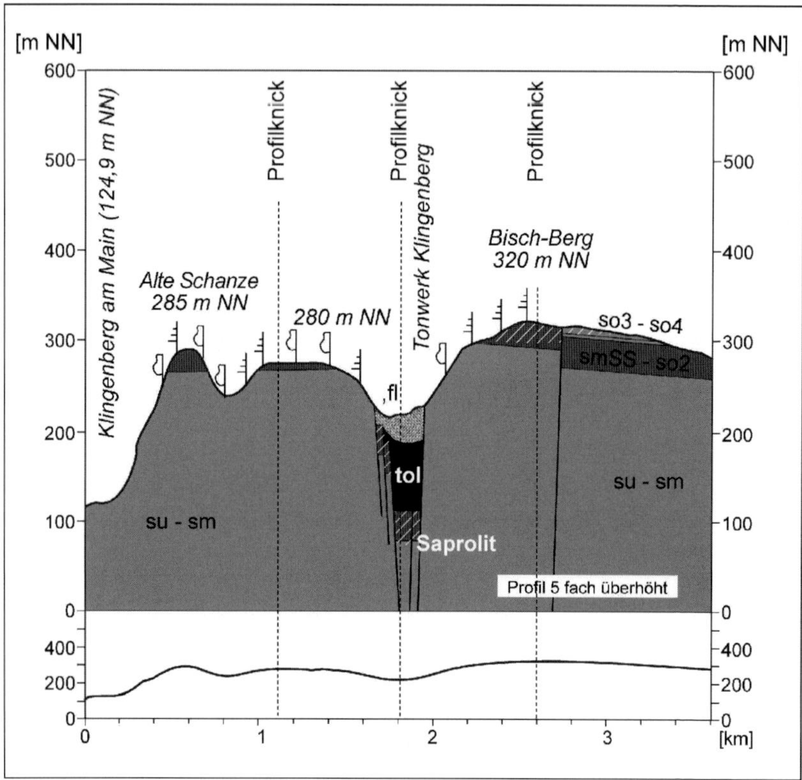

Abb. 40. Schematische Darstellung der Tonlagerstätte Klingenberg. Aus Jung (2006, Abb. 51).

sandstein) bis zu 95 m mächtige Tertiärsedimente liegen, die wiederum von Basaltlagen überdeckt und dementsprechend konserviert wurden. Die hier abgelagerten Sedimente können allgemein in basale sandig-kiesige und hangende tonige Schichten untergliedert werden (Bücking 1878, Ehrenberg & Hickethier 1971).

Im *Schlüchterner Becken* treten in der Umgebung von Weiperz in Höhenlagen um 460 m NN Gerölle, die sogenannten Weiperz-Schotter (Steinhäuser 1936) als Füllmaterial prämiozäner Dolinen des Wellenkalks auf. Sie sind den *sandig-kiesigen Schichten* zuzuordnen. Besonders eindrucksvoll sind die primär grobkörnigen Tertiär-Ablagerungen in der ehemaligen Sandgrube Hellstein im südlichen Vogelsberg erschlossen. N der Siedlung befindet sich am

Abb. 41. Ehemalige Grube Bellingser Kreuz, S Steinau a. d. Str. Miozäne Sande und Lehme mit Eisenoxid-Konkretionen, die auf wechsende Redox-Bedingungen hinweisen, Höhe des freigelegten Profils ca. 5 m. Foto J. Jung.

Unterhang des Sandkopfes (313,2 m) die offengelassene Sandgrube Hellstein. Kieselhölzer treten bevorzugt in diesen Schichten auf, wie z. B. am Stiftes (568 m) bei Weichersbach oder am Escheberg (452 m) bei Elm (Ehrenberg & Hickethier 1971). Weitere Nachweise von verkieselten Hölzern wurden von Jahn (1996) und Selmaier (1996) erbracht. Häufig sind auch quarzitische Lagen, wie z. B. am Katzenstein und in der Sandgrube Hellstein eingeschaltet.

Die *tonigen Schichten* bilden den höheren, primär feinklastischen Sedimentationszyklus der Tertiär-Ablagerungen im *südlichen Vogelsberg* und *Schlüchterner Becken* (Ehrenberg & Hickethier 1971), für die helle, graue, grünliche und bräunliche Tonlagen charakteristisch sind. Abschnittsweise treten Braunkohle-Einschaltungen auf. Die offengelassene *Tongrube Bellingser Kreuz* zwischen Steinau a. d. Str. und Marjoß war noch bis Ende der 1990er Jahre in Betrieb und diente zuletzt den Töpferbetrieben in Marjoß als sporadische Rohstoffquelle. Die abbauwürdigen Tone liegen hier einige Meter tief und sind nicht erschlossen. Im Grubenbereich stehen vorwiegend weißfarbene sandige Sedimente an, welche die Tone überlagern. Im mittleren Profilabschnitt sind Schlieren von Eisenoxid-Ausfällungen mit markanten orange-roten Färbungen eingeschaltet, die wechselnde Redox-Bedingungen während des jüngeren Tertiärs andeuten (Jung 2006, Abb. 41).

Die tertiären **Vulkanite** des Spessarts werden in Abschnitt 2.3.3 behandelt.

Die geomorphologische Entwicklung des Spessarts im Tertiär

Die Relikte der tertiären Verwitterung, insbesondere die saprolitisierten Gesteine, daneben die Sedimentgesteine und Vulkanite des Tertiärs bieten hervorragende Möglichkeiten, den geomorphologischen Werdegang des Spessarts zu rekonstruieren. Die tiefgründige chemische Verwitterung des Gesteinsuntergrundes und die flächenhaften Abtragungsprozesse an der Oberfläche unter tropoiden Klimabedingungen hatten zunächst eine flache und undifferenzierte Rumpfflächen-Landschaft hinterlassen. Sie befand sich im Stile eines *Primärrumpfes* nach Penck (1924) etwa im Niveau des damaligen Meeresspiegels im Bereich der *Hanau-Seligenstädter Senke*. In Folge der stetigen Aufwölbung der *Spessart-Rhön-Schwelle* konnten die Verwitterungs- und Abtragungsprozesse immer tiefere, also ältere Gesteinsschichten erfassen, ohne dass die lithologischen Unterschiede großen Einfluss auf die Landschaftsformen hatten.

Anhand der *Klingenberger Tone* und der Rekonstruktion ihrer Lagerstättengenese kann nun nachempfunden werden, dass die alttertiäre Landschaft grundsätzlich als Rumpfflächen-Landschaft ausgeprägt war. Die ebene, undifferenzierte Landschaft lag im Niveau des damaligen Meeresspiegels. Die im Alttertiär beginnende Aufwölbung des Oberrheingebietes wirkte sich auch in den Spessart aus und es entstanden sanfte Mulden und Sättel. Begünstigt wurde diese erste Landschaftsdifferenzierung auch durch die sich ändernden Klimabedingungen. Die Verwitterungs- und Abtragungsprozesse passten sich dahingehend an, dass Unterschiede im Gesteinsuntergrund allmählich herausgearbeitet wurden. Somit entstanden kleinräumig auch Abtragungs- und Ablagerungsgebiete, im Falle der Klingenberger Tonlagerstätte eine flache, wassererfüllte Mulde, in der feinste Partikel, die Tone, abgesetzt wurden. Sie rutschten später in eine grabenartige Eintiefung, deren tektonische Entstehung ebenfalls mit dem Oberrheingraben in Verbindung steht (Jung 2006).

Für die Rekonstruktion der Stufenentwicklung im Bereich *Vorspessart–Hochspessart* liefern die Tertiär-Sedimente der *Hanau-Seligenstädter Senke* als bedeutende regionale Denudationsbasis wichtige Informationen. Das durch die Verwitterung freigesetzte Material aus den umliegenden Gebieten wurde über größere Fließgewässer oder kleinere Gerinne in die Senke transportiert und hier abgelagert (Schottler 1922). Wichtige Hinweise auf die tertiäre Landschaftsgeschichte lieferten Untersuchungen an Staurolith-Gehalten im Schwermineral-Spektrum in einer Bohrung bei Großkrotzenburg. In oligozänen Sedimenten wurde ein Staurolith-Gehalt von 0,26–0,27 % ermittelt, während dieser in den hangenden Schichten des Untermiozäns sehr viel höhere Werte von maximal 49,4 % erreicht. In unterpliozänen und pleistozänen Schichten ist wiederum eine geringere Staurolith-Führung von 9,7 und 6,3 % festzustellen (Golwer 1968). Dies lässt sich dadurch erklären, dass die Sandstein-Auflage im Vorderen Spessart im Untermiozän soweit aufgearbeitet war, dass die Staurolith-führenden Paragneise und Glimmerschiefer der Mömbris-Formation flächig angeschnitten wurden.

Daraus geht hervor, dass mindestens seit dem Untermiozän eine differenzierte Entwicklung des Reliefs stattfand. Als Ergebnis von weiteren Klimaverschlechterungen wirkte die Flächenbildung nur noch in besonderen Lagen, also selektiv. Boldt (1998, 2001) hat dies am Beispiel der Haßberge als *restriktive Flächenbildung* bezeichnet. Mit diesem Modell ist auch die Entstehung der Sandsteinstufe im Spessart zu erklären. Durch selektive Flächenbildung im heutigen Vorspessart und flächenhafte Erniedrigung der Landoberfläche bis auf das Niveau des kristallinen Grundgebirges sind ein Stufenvorland im Stile eines *randmontanen Beckens* (Niemz 1964) und eine markante Landstufe entstanden. Die Sandstein-Saprolite im Bereich der heutigen Stufenfront belegen die chemischen Verwitterungs-Einflüsse bei der Entstehung der Landstufe. Die Akzentuierung der Landstufe und die intensive Zertalung des Vorspessarts erfolgten erst im Pliozän bzw. in den pleistozänen Kaltzeiten (Jung 2006; Abb 42). Relikte der tertiären Verwitterungsdynamik sind im Spessart, wie in der gesamten Mittelgebirgslandschaft, auch im heutigen Formeninventar erhalten (vgl. Dietz 1981). Eine umfassende Analyse des Inventars an Flachformen und

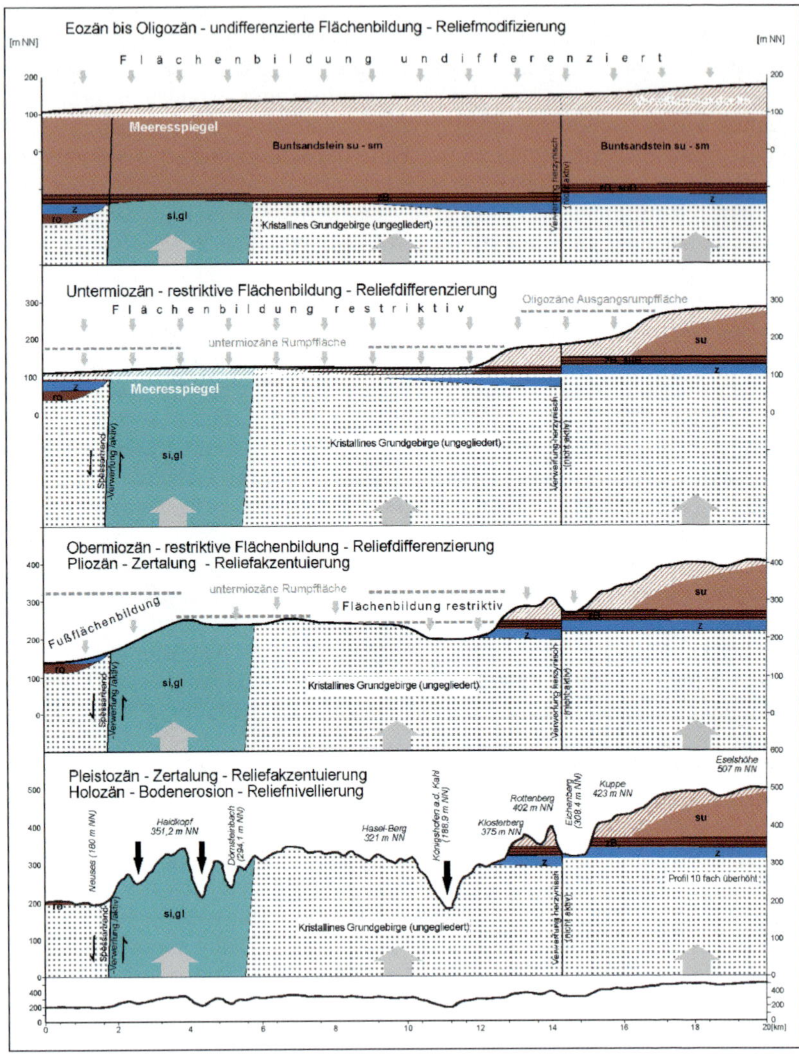

Abb. 42. Entwicklung der Landstufe des Buntsandsteins des sogenannten Erbinselberges (Büdel 1981) Hahnenkamm-Haidkopf durch restriktive Flächenbildung. Aus Jung (2006, Abb. 68).

des geologischen Untergrundes wurde zuletzt mit Unterstützung eines *Geographischen Informationssystems* (GIS) durchgeführt (Jung 2006).

2.4.6 Quartär

Jürgen Jung (Aschaffenburg)

Während der pleistozänen Kaltzeiten lag der Spessart im Periglazial-Gebiet und zeigt somit ausschließlich den periglazialen Formenschatz. Unter den physikalischen Verwitterungs-Prozessen war im Wesentlichen die Frostverwitterung aktiv, die den Gesteinsuntergrund mechanisch aufbereitete. Die morphodynamischen Aktivitätsphasen im Sinne Rhodenburgs (1968) fallen klimatisch mit den Kaltzeiten zusammen, während die Warmzeiten weitestgehend durch geomorphologische Ruhe gekennzeichnet waren.

Für das heutige Erscheinungsbild des Spessarts sowie der Mittelgebirge insgesamt sind die Prozesse der Talbildung und des linienhaften Einschneidens der Gewässer in das präquartäre Ausgangsrelief bedeutend. Durch systematische Erfassung und sedimentologische Analyse der fluvialen Aufschüttungen lassen sich für die Täler im Spessart wichtige Entwicklungsstadien rekonstruieren. Der Mainlauf wurde während einer Breittal-Phase im Jungtertiär fixiert, welche die Terrassenniveaus der unteren und oberen Übergangsterrasse zwischen 100 und 120 m über dem heutigen Mainniveau hinterließ. Weitere Niveaus werden als Hauptterassen im Niveau von 65 m und 90 m über dem Main kartiert. Noch im Altpleistozän erfolgte eine bedeutende Einschneidung des Mains und seiner Tributäre bis teilweise unter das heutige Niveau (Körber 1962). Im Anschluss daran wurde die Hälfte der ausgeräumten Talgefäße wieder mit Sedimenten ausgefüllt. Im Bereich der Umlaufberge Romberg bei Lohr, Achtelsberg bei Hafenlohr und Grohberg bei Faulbach wurden die Sedimente der sogenannten Aufschüttungsterrasse (A-Terrasse) konserviert. In den zahlreichen Kies- und Sandgruben im Maintal sind in der Regel die Schotterkörper der rißzeitlichen Mittelterrassenfolge aufgeschlossen. Die Mittelterrassen liegen etwa 10–20 m über dem heutigen Mainniveau und bieten im Maintal ein hochwasserfreies Gelände, das für Siedlungen und Verkehrswege geeignet ist. Die Niederterrasse kann episodisch überschwemmt werden, da sie nur etwa 3–4 m über das Mainniveau reicht, das in Folge der Gewässerregulierung zusätzlich erhöht ist. Dieses Terrassenniveau wird als würmzeitliche, also letztkaltzeitliche Bildung eingestuft. Die Auenterrassen korrelieren mit dem Hochflutbett des Mains, das periodisch von Hochwässern erreicht wird. Diese jüngeren, nacheiszeitlichen Terrassen werden häufig von Auelehmen überlagert. Diese entstanden durch Bodenerosion im Einzugsgebiet der Gewässer, ausgelöst durch nutzungsbedingte Destabilisierung der Landschaft.

Zeitgleich mit der fluvialen Landschaftsformung während der pleistozänen Kaltzeiten im Bereich der Täler wirkt der Prozess des Bodenfließens an der Gestaltung der Talhänge mit. Während der Kaltzeiten kommt der sommerliche Auftauhorizont bereits bei geringen Hangneigungen in Bewegung und verlagert sich der Schwerkraft folgend talwärts. Die einzelnen Solifluktionslagen sind Bestandteil der quartären Deckschichten, die flächenhaft den Gesteinsuntergrund überlagern. Durch die Beimischung charakteristischer äolischer Komponenten können sie in Hauptlage, Mittellage und Basislage gegliedert werden (vgl. Semmel 1968). Bemerkenswert ist, dass die Deckschichten meist nur den jungpleistozänen Abschnitt des Quartärs repräsentieren (vgl. Völkel 1995). Am Plattenberg bei Kleinwallstadt a. Main (Jung 1996, 2004) wurde durch Solifluktion der saprolitisierte Sandstein im Untergrund, also die ehemalige tertiäre Verwitterungsdecke, direkt aufgearbeitet. Dieses tonreiche und daher abdichtende Ausgangssubstrat bewirkte, dass Niederschlagswasser nicht ungehindert in den Boden eindringen und versickern konnte. Es bildeten sich Stauhorizonte in denen der noch verbliebene Sauerstoff bald durch Bodenorganismen verbraucht wurde. Dadurch kam es zu Reduktions-Prozessen unter Bildung des leichter löslichen und daher mobilen Fe^{2+}. Dieses reichert sich in einzelnen Flecken an und wird bei Zufuhr von Sauerstoff wieder oxidiert. Charakteristisch ist die gelb-braune Fleckung des Bodens, der verbreitet in Plateaulagen entwickelt ist. Dieser Bodentyp wird als Pseudogley bezeichnet.

Die schüttere, nahezu baumlose Vegetation während des Pleistozäns begünstigte auch *äolische Prozesse*. Gebiete mit *Flugsand*-Anhäufungen, auch als Binnendünen anzusprechen, liegen in der Umgebung von Stockstadt (Streit & Weinelt 1971) und Alzenau (Streit in Okrusch et al. 1967) sowie am nördlichen Spessartrand im Rodenbacher Hügelland (Bücking 1891a, b). Mächtigere *Löss-Abfolgen* sind im Großwallstadt-Obernburger Graben, im Schlüchterner Becken und im Vorspessart verbreitet und ließen sich z. B. in den Ziegeleigruben von Alzenau (Seidenschwann 1989) und Hösbach (Schirmer 1967) stratigraphisch gliedern. In der Ziegeleigrube bei Marktheidenfeld erlauben eingeschaltete Paläoböden eine stratigraphische Gliederung des Pleistozäns (Schirmer 1988).

Die Solifluktionslagen im Mittelgebirgsbereich und die fluvialen oder äolischen Sedimente des Pleistozäns bilden das Ausgangssubstrat für die *nacheiszeitliche Bodenbildung*. Hervorzuheben ist, dass in den Solifluktionslagen zwar das anstehende Gestein aufgearbeitet wurde, diese Lagen aber darüber hinaus durch äolische Beimischungen in ihren Substrateigenschaften verändert wurden. Die Gliederung der Deckschichten in Haupt, Mittel- und Basislage wird oftmals durch die nacheiszeitliche Bodenbildung nachgezeichnet.

Die Phäno-Parabraunerde im Sinne Semmels (1976) ist ein Beispiel für die typischen zweischichtigen Böden im Spessart. Podsolierungen in den verbreiteten Braunerden sind häufig das Ergebnis der Bodenversauerung, wie z. B. durch den Eintrag von saurem Regen oder durch Standort-untypischen Bewuchs. Ergänzende Maßnahmen zur landwirtschaftlichen Nutzung, wie z. B. das Laubrechen oder Laubäschern in den vergangenen Jahrhunderten, führte vielerorts zu einer Störung des natürlichen Nährstoffkreislaufs und letztlich zur Verarmung vieler Böden. Durch die schleichende Bodenerosion, daneben durch außergewöhnliche Erosionsereignisse, kam es häufig zur Verkürzung der Bodenprofile. Die Bodenerosion erfasste zunächst die relativ fruchtbare Hauptlage, so dass eine Bodendegradation einsetzte.

2.5. Hydrothermale Aktivität

Im Spessart sind zahlreiche hydrothermale Erz- und Mineral-Gänge bekannt, die in den metamorphen und magmatischen Gesteinen des kristallinen Grundgebirges aufsitzen, aber auch in die Schichten des permischen und triassischen Deckgebirges hineinreichen (Abb. 43). Sie wurden aus heißen, wässerigen (hydrothermalen) Lösungen auf NW–SO und SW–NO streichenden Störungen ausgeschieden. Zusammen mit den schichtgebundenen Buntmetall-Konzentrationen im Kupferschiefer und benachbarten Schichtgliedern des Zechsteins (Abschnitt 2.4.2, S. 62f) sowie den Fe-Mn-Vererzungen im Zechstein-Dolomit (Seite 63f) und in der Calvörde-Formation des Unteren Buntsandsteins (Abschnitt 2.4.3.1, S. 75ff) wurden sie vom 16. bis 20. Jh. mit wechselndem Erfolg bergbaulich gewonnen (Amrhein 1895, Backhaus & Weinelt 1967, Freymann 1991; siehe Kapitel 3).

Während dieser tektonisch kontrollierten Hydrothermal-Aktivität wurden die *Buntmetall-Gehalte des Kupferschiefers mobilisiert* (z. B. Schmidt & Friedrich 1988). Hydrothermale Fluide wanderten durch SW–NO streichende Störungszonen und mischten sich mit kälteren Grundwasserströmen, die in den durchlässigen Deckgebirgs-Schichten zirkulierten (Wagner et al. 2010). Dieser Vorgang führte zur Ausfällung äußerst Mineral-reicher Vererzungen (**48**, **271**, **272**; Abb. 43). So wurden im Raum *Huckelheim–Großkahl* das Basal-Konglomerat des Zechsteins, der Kupferschiefer selbst und die unteren Bereiche des Werra-Dolomits von einer *Cu-As-Ag-Pb-Zn-Mineralisation* mit Tennantit, Enargit, Löllingit, Siderit, Chalkopyrit, Galenit und Sphalerit imprägniert (Schmitt 1992, 1993a, 2001; Wagner et al. 2010). Zusätzlich nahmen bei Huckelheim *hydrothermale Ba-Co-Ni-Gänge* mit Tennantit, Skutterudit, Nickelin, Arsenopyrit, Chalkopyrit, Baryt und Siderit auf NW-SO-streichenden Störungen Platz (Schmitt 1993a). Alle diese Erze wurden mit Unterbrechungen zwischen 1703 und 1837 in den Gruben „Segen Gottes“ bei Huckelheim (**271**) und „Hilfe Gottes“ bei Kleinkahl/Großkahl (**272**) abgebaut, während erneute Abbau-Versuche in den Jahren 1872 bis 1918 ergebnislos blieben (z. B. Frey-

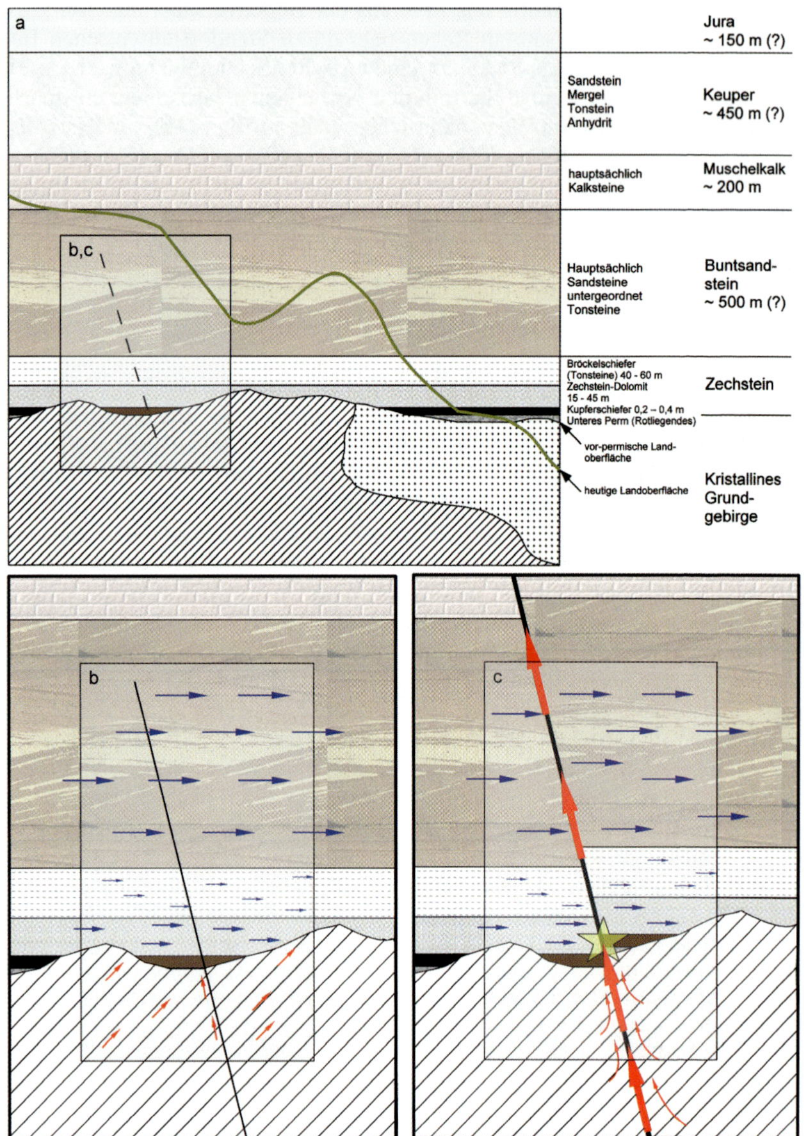
a
Jura
~ 150 m (?)
Sandstein
Mergel
Tonstein
Anhydrit
Keuper
~ 450 m (?)
hauptsächlich
Kalksteine
Muschelkalk
~ 200 m
b,c
Hauptsächlich
Sandsteine
untergeordnet
Tonsteine
Buntsand-
stein
~ 500 m (?)
Bröckelschiefer
(Tonsteine) 40 - 60 m
Zechstein-Dolomit
15 - 45 m
Kupferschiefer 0,2 – 0,4 m
Unteres Perm (Rotliegendes)
Zechstein
vor-permische Land-
oberfläche
heutige Landoberfläche
Kristallines
Grund-
gebirge
b
c

mann 1991). Auch die im Abschnitt 2.4.2 erwähnten, schichtgebundenen *Fe-Mn-Vererzungen* im *Zechstein-Dolomit* sind hydrothermaler Entstehung.

Im Bergbau-Revier von *Bieber* (Abb. 43; **263-270**) wurden von 1731 bis 1869 hydrothermale *Co-Ni-Bi-Gänge*, die sog. Kobaltrücken, intensiv abgebaut (z. B. Freymann 1991). Sie sind ebenfalls an ein NW-SO-streichendes Störungs-System gebunden (Bücking 1892, Diederich & Laemmlen 1964) und enthalten als Haupt-Erzminerale die Fahlerze Tennantit und Tetraedrit, Skutterudit sowie Mischkristalle zwischen Safflorit, Rammelsbergit und Löllingit, zwischen Arsenopyrit und Cobaltin und zwischen Cobaltin und Gersdorffit, ferner Emplektit und ged. Bismut (Wagner & Lorenz 2002, Wagner et al. 2010).

Geringmächtige, NNW-SSO-streichende *Adern* und *Imprägnationen* von *Kupfererzen* treten bei *Sommerkahl* (**48**) im Schöllkrippener Gneis auf. Sie wurden im 18. Jh. sowie von 1871 bis 1892 und von 1916 bis 1922 in der Grube „Wilhelmine" (Abb. 58) abgebaut, wenn auch mit geringem wirtschaftlichen Erfolg (Freymann 1991, siehe Kapitel 3). Haupt-Erzminerale sind Pyrit, Tennantit, Chalkopyrit, Bornit, Digenit und Enargit (Okrusch et al. 2007; Abb. 57).

Hydrothermaler Entstehung sind auch zahlreiche *Baryt-Gänge*, die im Spessart auf NW-SO-Störungen im kristallinen Grundgebirge und im permotriassischen Deckgebirge Platz genommen haben. Während Baryt in den kompetenten Gesteinen des Kristallins und in den festen Sandstein-Paketen des Unteren und Mittleren Buntsandsteins gangförmig auftritt, zerfasern im Bereich der Zechstein-Dolomite die Gänge in einzelne „Schwerspatbäume". Hier

Abb. 43. Schemazeichnung zur Entstehung der hydrothermalen Gangmineralisationen im Spessart durch Mischung von zwei unterschiedlichen Fluid-Systemen. **a** Die Gangmineralisationen sind an steil stehende Störungen gebunden, die das kristalline Grundgebirge und das darüber liegende Deckgebirge durchsetzen. Die Schichten des Jura, des Keupers und des größten Teils des Muschelkalks sind inzwischen abgetragen. **b** Im kristallinen Grundgebirge steigen lokal heiße Lösungen (hydrothermale Fluide) auf, die sich auf den Schieferungsflächen in Gneisen und Glimmerschiefern und entlang von inaktiven Störungen bewegen. Dagegen fließen in den durchlässigen Deckgebirgs-Schichten, insbesondere im Buntsandstein und im Zechstein-Dolomit, umfangreiche, relativ kalte Grundwasserströme in nahezu horizontaler Richtung, wobei die tonigen Sedimente des Bröckelschiefers und des Kupferschiefers als wasserstauende Horizonte wirken. **c** Bei der episodischen Aktivierung größerer Störungszonen entstehen starke Druckgradienten, wodurch große Mengen von heißen Fluiden nach oben gepumpt werden, die sich mit den kälteren, chemisch anders zusammengesetzten Grundwässern im Deckgebirge mischen. Dabei werden Schwermetall-Sulfide ausgefällt und es entstehen nutzbare Lagerstätten (gelber Stern). Modifiziert nach Wagner et al. (2010).

und in den tonig-schluffigen Bereichen des Zechsteintons und des Bröckelschiefers tritt Baryt häufig nesterförmig oder in diffuser Verteilung, also eher schichtgebunden auf (z. B. Murawski 1954, Weinelt 1962, 1965, Backhaus & Weinelt 1967, Hess 1973, Hofmann 1979). Gelegentlich enthalten die Baryt-Gänge etwas Fluorit (Weinelt 1965) oder Konzentrationen von Chalkopyrit, Tennantit, Pyrit, Enargit sowie Bismut-Mineralen wie Emplektit und ged. Bismut (Teuscher & Weinelt 1972, Schmid & Weinelt 1978, Schmitt 1993b, Wagner et al. 2010). Der Baryt des Spessarts war zeitweise von erheblicher wirtschaftlicher Bedeutung und wurde bis ins 20. Jh. hinein abgebaut (z. B. Backhaus & Weinelt 1967, Schmid & Weinelt 1978, Lorenz & Schönmann 2006; vgl. Kapitel 3).

Aus mineralogischer Sicht besonders interessant ist eine hydrothermale Mn-As-Vererzung aus *Mn-Oxiden, Mn-Karbonaten, ged. Arsen, ged. Bismut* und einer Fülle seltener Minerale, darunter das neu gefundene Arsenat-Karbonat Sailaufit (Lorenz 1991, 1994, 2004, Wildner et al. 2003; Abschnitt 2.3.2, **95**). Die Erzadern durchsetzen den Rhyolith der Hartkoppe bei Sailauf auf einem NW–SO streichenden Störungsbündel und enthalten neben Karbonaten auch Baryt. Diese Mineralisation ist für die *Alterseinstufung* der hydrothermalen Aktivität im Spessart wichtig, weil sie die isotopische Datierung unterschiedlicher Mineral-Generationen gestattete. Bis dahin wusste man lediglich, dass die Mineral- und Erzgänge jünger als der Buntsandstein sind und stellte sie übereinstimmend ins Tertiär. Isotopen-Analysen mit der – nur selten angewendeten – (U,Th)/He-Methode erbrachten jedoch durchgehend mesozoische Alter (Hautmann et al. 1999, Okrusch et al. 2007). (U,Th)/He-Alter von drei prä-barytisch gewachsenen Brauniten lagen bei 158–157 (± 5) Ma, konventionelle K-Ar-Alter von hydrothermal gebildeten Illiten bei161–156 (± 3) Ma. Dagegen wurden an vier post-barytischen Hämatiten jüngere (U,Th)/He-Alter von 148–136 (± 5) Ma gefunden; ein Hausmannit ergab ungefähr130 Ma. Obwohl diese Alterswerte streng genommen nur für das Vorkommen in Sailauf gelten, lassen sie doch den Schluss zu, dass die Erz- und Mineral-Gänge des Spessarts während einer langdauernden Periode hydrothermaler Aktivität gebildet wurden, die von der mittleren Jura- bis in die frühe Kreide-Zeit reichte und wohl in mehreren Pulsen ablief. Ihre Existenz wurde bereits für andere mitteleuropäische Ganglagerstätten nachgewiesen, so im Harz und im Schwarzwald (z. B. Wernicke & Lippolt 1997).

3. Die Gewinnung von Erzen, Steinen und Erden im Spessart

Die Beschreibung umfasst alle Steine und Erden gewinnenden Aktivitäten der Menschen in der Region, da die Trennung in Bergbau und Nichtbergbau auf sich ändernden, gesetzlichen Vorgaben beruht. Auch fingen manche Gewinnungsstellen als Tagebau an und zu einem späteren Zeitpunkt baute man untertägig ab. Mehr Details zu den angeführten Orten und Tätigkeiten sind bei Lorenz (2010:713ff) aufgeführt.

3.1 Erz- und Mineral-Lagerstätten

3.1.1 Eisenerze

Die Gewinnung von Eisenerzen ist sicher wesentlich älter als die schriftlichen Zeugnisse der Archive. Als Eisenerze kommen im Spessart besonders die metasomatisch umgewandelten Zechstein-Dolomite in Betracht. Dabei handelt es sich hauptsächlich um Siderit mit einem deutlichen Mn-Gehalt und daraus entstandenem Goethit mit Manganoxiden. Bemerkenswerte Eisenerzabbaue gab es an folgenden Orten:

- *Bieber*. Hier bestand wohl bereits vor dem urkundlich belegten Zeitraum ein lokaler Abbau von Mn-haltigem Eisenerz, das neben Siderit auch sekundär gebildeten Goethit und Manganoxide enthielt. Bis 1875 bestand neben der Kupferschiefer-Verhüttung auch ein mit Holzkohle betriebener Hochofen (**270**) zur Erzeugung von Eisen. Der Abbau erfolgte in Tagebauen, aber auch im Tiefbau (**264, 266**). Die Erze wurden über eine Schmalspurbahn zunächst nach Gelnhausen und dann zu ca. 2/3 in rheinische Hütten und zu 1/3 ins Siegerland transportiert. 1907 pachtete die Fa. Friedrich Krupp AG aus Essen die Gruben und baute diese planmäßig aus. Zusammen mit den vorher gewonnenen Massen dürften aus dem Raum Bieber fast 1 Million t Eisenerze gewonnen worden sein. 1925 wurde der Abbau von Eisenerzen wegen der schlechten Erzqualität und der hohen Gewinnungs- und Transportkosten eingestellt (Emmrich 1997a). Insbesondere die As-Gehalte im Siderit (bis zu 3.000 g/t) und in den oxidischen Eisenerzen (über 2.000 g/t) führten zum Sprödbruch des daraus erzeugten Eisens.

- *Großostheim*. Neben einem kleinen Vorkommen von vulkanischem Tuff finden sich noch heute die Halden und Schachtpingen eines Abbauversuches aus dem 19. Jh. auf die hier anstehenden oxidischen Eisenerze (Streit & Weinelt 1971). Es handelt sich um Imprägnationen von Goethit und Manganoxiden im Buntsandstein wie auch im Tuff (**106**).
- Am *Kalmus bei Schöllkrippen* (**18**) bestand im 19. Jh. die Grube „Beschertglück“, die zur Gewinnung von Mn-reichen Eisenerzen des Zechsteins als Tagebau angelegt wurde.
- Östl. *Sommerkahl* versuchte man ebenfalls im 1. Weltkrieg in der Grube „Hoffnungsglück“ den Abbau von Mn- und Baryt-reichen Siderit-Erzen, die zum größten Teil zu Goethit und Manganmineralen verwittert sind.
- Bei *Wasserlos* baute man ebenfalls im 19. Jh. versuchsweise einen mit Goethit vererzten bzw. imprägnierten Glimmerschiefer ab. Das verstürzte Mundloch der Grube „Johannes“ und Pingen sind als Zeugen dieses Bergbaus gegenwärtig noch zu erahnen (**273**).

Hämatit als Eisenerz hatte nur ganz lokal eine Bedeutung, z. B bei Hain, wobei diese kleinen und kleinsten Abbaue die Grenze zwischen Versuch und Bergwerk kaum erkennen lassen.

3.1.2 Manganoxide

Manganerze waren seit Ende des 19. Jahrhunderts als Stahlveredler sehr begehrt und wurden an vielen Orten, wenn auch in kleinen Mengen gewonnen, meist zusammen mit vergesellschafteten Eisenerzen. Nachstehend werden die Abbaustätten aufgeführt, bei denen der Mn-Gehalt ausschlaggebend für die Gewinnung war:

- In *Hailer* bestanden mehrere Bergbaue auf Mn-Erze, deren Beginn mit ersten Versuchen aus der Zeit um 1876 belegt ist. In den Gruben „Weilburg“ und der Braunsteingrube Rosenkranz & Schmidt erfolgte die Förderung von 1916 bis 1924, wobei man mit 15 bis 72 Beschäftigten jährlich zwischen 70 und 2.100 t Mn-Erze abbaute (Engel 1993).
- In *Eichenberg* bestand mit der Grube „Heinrich“ ein umfangreicher Bergbau auf Manganoxide, wobei die Verleihung 1870 erfolgte. Die metasomatisch entstandenen Mn- und Fe-Vererzungen im Dolomit erreichten eine Mächtigkeit von ca. 1,40–3,30 m. Die kleine Lagerstätte wurde dann im Zuge der kriegsbedingten Rohstoffknappheit 1915/16 erschlossen und mit dem Ende des Ersten Weltkrieges eingestellt (Schmid & Weinelt 1978, Weinelt 1965). 1933 wurde an nahezu gleicher Stelle ein Schwerspatbergwerk, die Grube „Marga“, errichtet.

- Der *Bieberer* Eisenerzbergbau war eigentlich auch ein Mn-Bergbau, da in der Krupp'schen Betriebsperiode (siehe Eisenerze) der Mangangehalt von ca. 8 % entscheidend für den Abbau der Erze war.

3.1.3 Kupferschiefer mit Kupfer, Blei und Silber

Der Kupferschiefer streicht am Rande der Buntsandsteinstufe weit aus; er ist im Spessart meist tonig ausgebildet und hieß deshalb Kupferletten. Das unscheinbare Sedimentgestein war wohl das erste Erz, auf das man Urkunden verlieh (Amrhein 1896); es wurde an zahlreichen Stellen zuerst über- und dann untertage gewonnen. Der Abbau des wenige cm bis 0,5 m mächtigen Kupferletten war schwierig, weil man flächig möglichst wenig Nebengestein mitgewinnen wollte. Die Gewinnung der Wertmetalle Kupfer und Blei, in Bieber auch von Silber erfolgte in Bieber durch den Saigerprozess, einem komplexen Schmelzaufschluss (Freymann 1991).

- Der bedeutendste Bergbau auf Kupferschiefer im Spessart ging in *Bieber* in der Zeit von ca. 1494 bis 1807 mit Unterbrechungen während und nach dem Dreißigjährigen Krieg um (Freymann 1991: 44ff). Besonders unter Führung der Familie Cancrin erlebte der Bergbau eine nie da gewesene Blüte und war in Bergbaukreisen weithin bekannt (Einzelheiten bei Freymann 1991). An die Silbererzeugung in den Bieberer Gruben erinnern die mehr als 40.000 Taler und Halbtaler (sowie eine Ausbeutemedaille), die zwischen 1754 und 1802 in ca. 40 Varianten in der Münze zu Hanau geschlagen wurden (Spruth 1979).
- Für *Huckelheim* gibt es einen urkundlichen Beleg für das Jahr 1454 (Freymann 1991). Ob und in welchem Umfang damals tatsächlich Kupferschiefer abgebaut wurde, ist nicht bekannt. Im 18. Jh. wurden in geringem Umfang Erze abgebaut und verhüttet: In den Jahren 1784–1786 gewann man 10,5 t Kupfer, 10,3 t Blei und 17 kg Silber. Wegen erheblicher Zubuße musste der Bergbau hier 1791 aufgelassen werden.
- In *Großkahl* (früher Kahl!) wurde von 1818 bis 1837 ebenfalls Kupferschiefer gewonnen und dazu der Maximiliansstollen aufgefahren. Freymann (1991) deutet die Einrichtung dieser Anlage durch die bayerische Staatsregierung nach heutiger Terminologie als Arbeitsbeschaffungs-Maßnahme. Die Aufbereitung der Erze erfolgte am nahen Wesemichshof.
- Um die Orte *Sailauf* und *Laufach* bestand ebenfalls ein ausgedehnter Bergbau auf Kupferschiefer, wie zahlreiche Schachtpingen über dem ausstreichenden Kupferschiefer in den Wäldern anzeigen. Es handelte sich um einen sog. Duckelbergbau, dessen Prinzip bei **274** ausführlich dargelegt wird.
- *Hailer:* Wie Urkunden belegen, begann man ca. 1400 und ca. 1490 mit einem – sicher nicht sehr umfangreichen – Abbau oder auch nur der Pros-

pektion auf Kupferschiefer (Engel 1993). Das heute noch sichtbare Stollenmundloch im Zechstein-Dolomit – hier „Bergmannsloch" genannt (**111**) – ist allerdings sehr wahrscheinlich viel jünger als von Engel beschrieben. Nach dem Befund auf der vorgelagerten Halde handelt es sich um einen Stollen auf Eisenerze des Zechsteins, wofür auch die Flurbezeichnung „Auf der Eisenkaute" spricht.

- Für *Sommerkahl* bzw. *Vormwald* ist ebenfalls ein Kupferschiefer-Bergbau belegt. Die erste urkundliche Erwähnung von 1542 fällt auf einen Schurf am Schabernack (Amrhein 1896). Der Bergbau mit Pochwerk und Hütte wurde um 1720 eingestellt. Leider gibt es vom einstigen Kupferschieferbergbau um Sommerkahl keine sachlichen Überreste, wie Stollen oder Verhüttungsplätze mehr.

Heute stellt der Kupferschiefer für ökologisch orientierte Menschen stellenweise ein Problem dar, da sie eine geogene Konzentration von Buntmetallen als potentielle Gefahr ansehen.

3.1.4 Hydrothermale Kobalt-, Nickel- und Bismuterze

Die im Raum Bieber und Huckelheim vorkommenden Kobalterze bildeten die Grundlage für einen umfangreichen Bergbau. Es handelt sich um hydrothermale Gangmineralisationen, die hauptsächlich aus Siderit und Baryt bestehen und Kobaltsulfide und -arsenide sowie Nickel- und Bismutminerale enthalten (Wagner & Lorenz 2002). Die hydrothermalen Gänge sind an Verwerfungen gebunden, deren Sprunghöhen nach Untertage-Beobachtungen bis zu 30 m betragen. Daher wurden die Mineralisationen als „Kobaltrücken" bezeichnet.

- In *Bieber* bestand der Bergbau auf die Kobaltgänge von 1731 bis 1867 (Freymann 1991). Die hauptsächlich gewonnenen Erzkonzentrate („Kobaltschliech") wurden in dem Blaufarbenwerk in Schwarzenfels (heute Mottgers) zu Smalte verarbeitet, die dann als Farbe in den Porzellan-, Steingut-, Keramikbetrieben verwandt wurde. Die Mengen an gewonnenen Kobalterzen muten nach heutigen Vorstellungen recht bescheiden an; so sind für 1802 gerade 25 t Jahresförderung überliefert; 1823–1868 förderte man zwischen 32,5 und 2,3 t/Jahr.
- In *Huckelheim* standen ähnliche Gänge an – sie waren nur weit weniger umfangreich als in Bieber. Infolge der gleichzeitigen Kupferschiefer-Förderung gibt es kaum gesonderte Angaben für den Kobalt-Bergbau. Im Jahr 1783 wurden ca. 5 t Kobaltschliech erzeugt (Freymann 1991).

Infolge der leichten Verwitterung der primären Kobalt-, Nickel- und Bismuterze sind heute kaum mehr Haldenfunde möglich.

3.1.5 Hydrothermale Kupfererze

Neben dem Kupferschiefer existierte im Raum *Sommerkahl* eine hydrothermale Kupfervererzung, deren Gewinnung in der Grube Wilhelmine (**43**) seit dem 18. Jahrhundert wiederholt dokumentiert ist. Die letzten beiden Abbau-Perioden erfolgten in den Jahren 1880–1890 und 1916–1922. Diese letzten Grubenbaue bestanden aus 9 Stollen auf der 23-, 42- und 60-Meter-Sohle sowie einem Schacht. Für die nassmechanische Aufbereitung der Kupfererze wurden 1919/20 ein Aufstrom-Klassierer der Bauart Humboldt sowie zwei Linkenbach-Rundherde installiert. Archivstudien von Freymann (1991) ergaben, dass diese damals hochmoderne Aufbereitungsanlage falsch konzipiert war; wegen Wassermangels konnte sie nur 6–7 Stunden am Tag arbeiten und war wegen des hohen Anteils an taubem Gestein bald völlig überlastet. Trotz erneuter Aufschlussversuche musste die Grube 1922 wegen mangelnder Rentabilität geschlossen werden: Bei einer täglichen Förderung von 70 t Gangerz – mit einem hohen Anteil an taubem Nebengestein – wurde ein viel zu geringes Erzausbringen erzielt, da die Kupfergehalte nur bei 0,6–0,85 % lagen; davon gingen noch bis zu 40 % bei der Aufbereitung verloren.

3.1.6 Baryt (Schwerspat)

Der Schwerspat-Bergbau im Spessart bestand aus etwa 75 Gruben, Abbaue bzw. Abbauversuche und Mutungen sind für die Zeit zwischen ca. 1850 und 1970 nachgewiesen (Lorenz & Schönmann 2006, Lorenz 2010:721ff). Abgebaut wurden ausschließlich die meist NW–SO streichenden Gänge mit Mächtigkeiten von 1 bis 3 m, in Ausnahmefällen auch bis zu 9 m. Meist erfolgte der Betrieb der älteren Gruben des 19. Jh. im Winter, wie die wenigen fotografischen Dokumente aus dieser Zeit zeigen. In Abschnitt 5.2 sind bedeutendere Bergwerke, die länger in Betrieb waren, aufgeführt (**277–287**). Wegen der großen Schwerspatmengen und der zahlreichen Gruben wurde der Baryt auch als das „weiße Gold“ des Spessarts bezeichnet. Die Förderung lag für alle Spessarter Gruben zwischen 6.000 und über 40.000 t/Jahr. Der Schwerspat wurde nach der Förderung von Hand sortiert, gewaschen und in den Spatmühlen zu Pulver vermahlen. Der größte Teil der Förderung aus dem Raum Lohr ging in die chemische Industrie zur Herstellung von Pigmenten und als Zuschlagstoff für Bauprodukte. Entgegen lokalen Berichten wurde in den Glashütten des Spessarts für die Glaserzeugung kein Baryt als Rohstoff verwandt (Lorenz & Schönmann 2006).

Als Nachfolger der Schwerspat-Industrie im Spessart baut die Fa. Seitz + Kerler GmbH & Co. (Seilo) in Lohr radiologische Abteilungen von Kliniken aus dem Baustein „Röbalith“, der hauptsächlich aus Baryt besteht. Dabei werden auch die Mauermörtel, Verputzmassen und Betone aus Baryt hergestellt.

3.1.7 Quarz und Feldspat

Im kristallinen Grundgebirge finden sich neben Pegmatiten auch mehr oder minder reine Quarzgänge, Quarzadern und Quarzknauern. Diese verhalten sich gegenüber der oft tiefgründigen Verwitterung resistent, so dass größere Quarzstücke, die bis zu 1 m^3 Volumen erreich(t)en, an der Oberfläche angereichert werden. Wegen der hellen Farbe werden und wurden größere Mengen dieser Quarze aus Wald und Flur geräumt und zur Gartengestaltung verwandt, wie man in vielen Vorgärten der Spessartgemeinden sehen kann. Somit stellt der heute sichtbare Bestand an Quarz nur einen winzigen Teil der einstmals vorhandenen Mengen dar.

- Dass dies nichts Neues ist, belegen die bis 1 m großen, weißen Quarze im *Landschaftspark Schönbusch* bei Aschaffenburg. Schätzungsweise 10 t Quarz wurden Ende des 18. Jh. mit einfachen Mitteln aus den Wäldern der Gemeinde Dettingen, untergeordnet auch der Gemeinden Kleinostheim und Mainaschaff, in den Park geschafft (Albert & Helmberger 1999).
- Nahe der Orte Strötzbach, Dörrmorsbach, Glattbach, Bessenbach und sicher weiterer Orte befanden sich meist kleine Abbaue für Quarz, der oft gemeinsam mit Feldspat aus den Pegmatiten gewonnen wurde.

Die zahlreichen mittelalterlichen bis neuzeitlichen Glashütten im Spessart verwandten als Rohstoff für die Glasherstellung sicher keinen Gangquarz aus den metamorphen Gesteinen des Vorspessarts, sondern Sand aus den Bächen und Flüssen des Buntsandstein-Spessarts. Die geringen Eisengehalte der Gangquarze hätten nämlich seit Verwendung der Pottasche die Fertigung eines farblosen Glases gestattet, was aber nicht genutzt wurde. Stattdessen wusch man die Sande der Sandsteine aus und trug damit nicht auswaschbare Eisenoxid-Häutchen um die Quarzkörner ein. Das führte bei reduzierender Feuerung zu der charakteristischen grünen Färbung der Spessartgläser, einer Mischfarbe aus den Oxidationstufen Fe^{2+} und Fe^{3+}.

3.2 Festgesteine

3.2.1 Kalkstein und Dolomit

Echter *Kalkstein* ist im Spessart vor 1975 durch das Zementwerk in Lengfurt bei Unterwittbach (Schwarzmeier 1979) gewonnen worden. Der nur sehr flache, aber sehr großflächige Muschelkalk-Abbau (**254**) ist inzwischen wegen seiner botanischen Besonderheiten als Naturdenkmal unter Schutz gestellt.

Permische *Dolomite* mit einem mehr oder weniger großen Kalkanteil streichen an der Grenze zur Buntsandsteinstufe weitflächig aus. Weiter finden sich Erosionsreste und durch Störungen freigelegte, oft isolierte Vorkommen an vielen Stellen des westlichen Spessarts. Die Dolomite wurden mindestens seit dem Mittelalter abgebaut und zu „Kalk“ gebrannt (Rückert 1994), der gelöscht und zur Bereitung von Mauermörtel verwandt wurde. Man brannte zunächst den lokal abgebauten Dolomit für bestimmte Bauvorhaben in Feldbrandöfen, deren Reste besonders im Kahlgrund archäologisch nachgewiesen wurden. Später kam es mit der industriellen Kalkbrennerei zur Konzentration auf wenige Standorte, an denen auch Ziegel gefertigt wurden. Heute stellt nur noch die Fa. Hufgard in Rottenberg Branntkalk her (Pfahler 1978, Lorenz 1999).

- Seit dem 17. Jahrhundert wird in und um *Rottenberg* „Kalk" gebrannt. Die Fa. Hufgard betreibt seit 1795 in Hösbach-Rottenberg ein weithin sichtbares Kalkwerk mit einem Kalkofen (**113**). Seit 1926 wurde ein Zehner-Reformofen verwandt, der 1962 und 1973 durch energiesparende Mischfeuer-Schachtöfen ersetzt wurde. Man stellt gebrannte und ungebrannte Kalkerzeugnisse für die Land-, Forst-, und Bauwirtschaft sowie für den Umweltschutz her. Die Dolomite stammen seit Jahren aus einem langsam fortschreitenden Stbr. auf der Feldkahler Höhe. Unterhalb der Zufahrtsstr. zum Golfplatz steht eine langgezogene Felswand, die dauerhaft erhalten bleiben soll (**113**).
  Nach einer Lockerungssprengung wird das Gestein so weit zerkleinert, dass es in einem Backenbrecher auf einen Körnung von <150 mm gebrochen wird. Anschließend erfolgt der Transport mittels LKW zum Kalkwerk nach Rottenberg. Hier wird der Feinanteil abgesiebt und das Grobkorn mit Koks in den dauerhaft brennenden, schachtförmigen Kalkofen eingefüllt. Nach dem Brand bei ca. 1.000 °C wird der Magnesium-Branntkalk abgezogen und gemahlen. Dann erfolgt das Abfüllen in Säcke, Silos oder die Abfuhr über Silozüge. Die mengenmäßig größten Anteile gehen in die Landwirtschaft, die Bauindustrie und in die Produktion von Gesteinswolle zu Isolationszwecken.
- Überregional bedeutende Kalkwerke mit weithin sichtbaren Schornsteinen gab es auch in Langenborn bei Schöllkrippen, in Hösbach und in Blankenbach (neben dem heutigen Landgasthof Behl). Das für den Betrieb in Blankenbach benötigte Gestein wurde mit einer Seilbahn von Eichenberg und Sommerkahl nach Blankenbach transportiert. Das Kalkwerk wurde bereits vor dem 2. Weltkrieg abgetragen und heute erinnern nur noch die Fundamente der Materialseilbahn von dessen Existenz (**50**; Tafel Winkelstation, Nr. 6 des Kulturrundweges Blankenbach–Eichenberg).
- Normalerweise ist der Dolomit als Baustein ungeeignet und wurde aus diesem Grund auch nicht verwandt. Eine Ausnahme ist jedoch der leicht quarzhaltige Dolomit von Rodenbach. Hier wurde aus einem sehr kleinen Vorkommen in der Bulau fast der ganze alte Ortskern daraus errichtet. Das Gestein ist stark geklüftet und weist auf den Klüften wie auch in den wenigen Hohlräumen kleine Quarzkristalle auf (**109**).

3.2.2 Sandstein

Der im Spessart so weit verbreitete Buntsandstein war über lange Zeit der Werkstein für repräsentative Bauten schlechthin. In seinem Verbreitungsgebiet gab es in jedem Ort mindestens einen Steinbruch für den lokalen Bedarf. Entlang der Transportwege – Main und Bahnlinien – waren es auch überregional bedeutende Betriebe, in denen der Sandstein gebrochen, verarbeitet und verlastet wurde, sogar als Export ins Ausland. Zahllose Bauten wie Kirchen, Burgen und Schlösser, Forstämter, Schulen, Bahnhöfe, Villen, Brücken, Brunnen, aber auch Viehtränken, Einfassungen für Fenster, Türen und Torbögen, Grenz- und Pflastersteine, Setzpacklagen, aber auch Kunstwerke wie Skulpturen, Bildstöcke und Grabsteine wurden und werden aus diesem schönen Werkstein hergestellt.

Bevorzugt für Bauzwecke wurden die Sandsteine des Unteren Buntsandsteins, nämlich der Heigenbrückener und Miltenberger Sandstein. Dieser sog. Rote Mainsandstein fand z. B. beim Bau des Aschaffenburger Schlosses und der Fassade des Würzburger Neumünsters Verwendung. Infolge des Ausbaus der Transportwege und wegen der regen Bautätigkeit während der „Gründerzeit" nach dem Krieg 1870/71 nahm die Steinbruch-Industrie im letzten Viertel des 19. Jahrhunderts einen ungeahnten Aufschwung (Söller 1925, S. 63). Auch der Plattensandstein des Oberen Buntsandsteins (so2) wurde zu Bauzwecken genutzt. So lieferten Steinbrüche bei Rothenfels in den Jahren 1729/30 und 1737/38 „rothe sandtplatten" bzw. „gevierte sandtblatt" für die Fußböden der Würzburger Residenz (Okrusch et al. 2006). Demgegenüber war der Felssandstein des Mittleren Buntsandsteins trotz seiner Verwitterungs-Beständigkeit als Baustein nicht beliebt, da er zu Recht als „Werkzeugfresser" galt.

Die mittelalterlichen Glashütten bedienten sich der aus dem Sandstein entstandenen Sande als Rohstoff für die Glasherstellung. Dort wo der Sandstein leicht verwittert und reich an weißlichem Ton ist, baute man ihn als Reibsand für die Dielen der Fußböden ab. Die Steinbrüche des Buntsandsteins sind meist auflässig und stark verwachsen. Nur noch ganz wenige befinden sich heute im regelmäßigen Abbau:

- Die Fa. Wassum am nördl. Ortsrand von Miltenberg betreibt seit mehr als 100 Jahren die Gewinnung des „Mainsandsteines" (Lepper 2004, Bock et al. 2005). Es handelt sich um den dickbankigen Miltenberger Sandstein, der in einem ca. 30 m hohen Steinbruch gewonnen wird (**162**). Dieser Sandstein ist durch eine warmleuchtende, braunrote Farbe mit weißgrauer Streifung und lagenweise Pigmentflecken gekennzeichnet. Referenzobjekte sind die Obermainbrücke und der Eiserne Steg in Frankfurt, der Bahnhof in Schöllkrippen, die Fa. Nukem in Alzenau und zahlreiche kirchliche Restaurierungsarbeiten.

Die meisten Steinbrüche sind inzwischen so weit zugewachsen, dass man frei liegende Felsen nur noch bei sehr großen und entsprechend hohen Steinbrüchen vorfinden kann.

3.2.3 Quarzit und Quarz-Glimmerschiefer

Die Quarzite und Quarz-Glimmerschiefer der Geiselbach-Formation bildeten im Verbreitungsgebiet die Grundlage für zahlreiche, meist sehr kleine Steinbrüche (Gunzenbach, Geiselbach, Wasserlos, Hörstein, Niedersteinbach, Michelbach, Omersbach und an anderen Orten).

Nur noch in einem Steinbruch der MHI bei Hemsbach (**8**) wurde noch bis 2007, wenn auch nicht kontinuierlich, abgebaut. Der große Steinbruch wurde von der Tiefbaufirma August Amberg aus Dörrnsteinbach seit 1973 betrieben und 1985 von der MHI AG übernommen. Die Produktion im Jahr 1995 lag bei ca. 1.200 t/Tag, wovon 150–200 t/Tag als Feinfraktion zurück auf Halde (Berge) in den Bruch verkippt wurden (Lorenz 1996, 2002). 2007 wurde der Abbau eingestellt.

3.2.4 Gneis

Im Verbreitungsgebiet der Gneise gab es in jedem Ort mindestens einen Steinbruch zur lokalen Gesteinsgewinnung. Damit baute man die Kirchen (z. B. Wenighösbach), Backöfen (z. B. Niedersteinbach), landwirtschaftliche Gebäude und schlug Pflastersteine und Schrotten für den Straßenbau.

Insbesondere die festen Orthogneise lieferten das Material für ausreichend viele Bausteine. So wurden die Rotgneise vom Typ des Goldbacher und Schöllkrippener Gneises aus den Steinbrüchen in Hösbach, Goldbach, Unterafferbach, Sailauf, Wenighösbach, Blankenbach, Schöllkrippen, Sommerkahl, Stockstadt, Eichenberg, Rottenberg und anderen Orten gewonnen.

Der wohl größte Steinbruch in einem Orthogneis vom Haibacher Typ bestand am Wendelberg zwischen Aschaffenburg und Haibach (**68**, heute Naturdenkmal). Der Abbau diente jahrzehntelang der Gewinnung eines lokal bedeutsamen Natursteins, dem so genannten „Haibacher Blauen", einem gut spaltbaren Biotitgneis. Um 1960 wurden mit 15–18 Personen 3.000 m^3/Jahr gewonnen. Die Lieferung der Produkte erfolgte in die nähere Umgebung, in den gesamten heutigen Kreis Aschaffenburg, aber auch bis nach Frankfurt und Würzburg. Die Produktion stieg trotz schrumpfender Belegschaft auf 12.000–14.000 m^3/Jahr. Gründe für die 1981 erfolgte Schließung waren die hohen Kosten für den nur schwer mechanisierbaren Abbau und die Konkurrenz billiger Natursteine aus dem Ausland. Ein weiterer Steinbruch im Haibacher Gneis am Forsthaus Schmerlenbach (**71**) steht noch zeitweise im Abbau.

3.2.5 Amphibolit

Die im Spessart-Kristallin weit verbreiteten Amphibolite wurden bereits in prähistorischer Zeit genutzt – sie waren der „Stahl“ der Steinzeit. Das Gestein ist hart und zäh und eignet sich somit zur Herstellung von dauerhaft nutzbaren Beilen und Dechseln. Mit dem noch härteren Quarzsand konnte es leicht geschliffen und durchbohrt werden. Da Amphibolite in Mitteleuropa eher zu den seltenen oberflächennah anstehenden Gesteinen gehören, wurden Rohlinge und Beile bereits in der Steinzeit weit gehandelt (Christensen et al. 2006).

Die infolge ihrer Schieferung, wie auch der meist senkrecht dazu verlaufenden Klüftung, gut spaltbaren Amphibolite baute man in kleinen Steinbrüchen ab und nutzte sie lokal als Baustein. So wurden die markante Burg, die Kirchen, Häuser und landwirtschaftliche Gebäude in Alzenau sowie die alte Stadtmauer und weitere Gebäude in Hörstein zu einem erheblichen Teil aus Amphiboliten errichtet.

3.2.6 Hösbachit

Am Sternberg bei Wenighösbach (**47**) steht ein unscheinbares, aber petrographisch sehr merkwürdiges Gestein an, ein Talk-Chlorit-Amphibol-Fels, der unter dem Lokalnamen Hösbachit bekannt geworden ist. Es handelt sich bis heute um das einzige bekannte Vorkommen im Spessart. Das sehr temperaturbeständige, aber weiche und daher gut zu bearbeitende Gestein wurde bereits in der jüngeren Bronzezeit als Material zur Herstellung von Gussformen für den Bronzeguss verwendet. Man fand solche Formen bei Hüttenheim und am Bullenheimer Berg am Steigerwald in Franken und bei Dippach im Landkreis Eisenach in Thüringen! Der sichere Nachweis, dass das verwendete Material aus Wenighösbach stammt, wurde mittels Analysen an Dünnschliffen erbracht (Okrusch & Schubert 2006). Gussversuche mit Bronze, die an Hösbachit-Proben durchgeführt wurden, bestätigten seine gute Eignung als Rohstoff für Gussformen.

3.2.7 Marmor

Marmore kommen als untergeordnete Bestandteile in der Elterhof-Formation vor. Sie wurden im 19. und 20. Jh. im Raum Bessenbach (am Klingerhof) und zwischen Schweinheim und Gailbach abgebaut und als „Säurespat" in der Aschaffenburger Papierindustrie eingesetzt.

Eine Besonderheit ist der untertägige Abbau im Gertrudstollen und im Schacht Heinrich bei Gailbach (**76**). Hier begann man um 1870 zunächst mit dem übertägigen Abbau für die Zellstoff-Fabrik in Aschaffenburg-Damm, wobei nur nach Bedarf Marmor gewonnen wurde. Erst 1928 übernahm die Fa. Spessart-Industrie Aschaffenburg den Abbau im Tagebau und gegen Ende des Jahres im Untertagebau. Man teufte einen Schacht ab, wobei Bergleute aus dem Schwerspat-Bergbau von Bessenbach und Partenstein zum Einsatz kamen. 1942 stellte man die Gewinnung auch wegen der starken Wasserzuflüsse ein. 2005 wurde der Steinbruch im Rahmen der Einrichtung eines Kulturrundweges in Gailbach von Büschen und Bäumen freigeschnitten, die gefährliche Schachtpinge verfüllt, ein sicherer Zugang geschaffen und eine Erläuterungstafel aufgestellt.

3.2.8 Diorit

Das sehr widerstandsfähige Gestein wurde erst ab dem späten 19. Jh. genutzt, da es für einen Abbau von Hand zu hart war. Es gab nur wenige Steinbrüche im Verbreitungsgebiet; denn als Mauerstein wurde der Diorit nur selten verwandt (z. B. in Gailbach), da genügend andere Gesteinssorten vorhanden waren, die sich besser bearbeiten ließen. Heute gibt es noch zwei bemerkenswerte Steinbrüche:

- Der Höllein'sche Stbr. am Stengerts bei Schweinheim (**81**), bis 1969 durch die Baufirma A. Höllein zur Schottergewinnung abgebaut, ist seither aufgelassen. Er wurde 1974 vom Aschaffenburger Schützenverein „St. Sebastianus" in eine Schießanlage umgewandelt und ist derzeit nach Voranmeldung zugänglich. 2010 wurde der Steinbruch im Rahmen einer Sanierungsmaßnahme vergrößert.
- Der heute dreisohlige Stahl'sche Stbr. bei Dörrmorsbach wurde 1958 begonnen und steht seither im Abbau. Heute fördern 6 Mitarbeiter ca. 350 t/Tag. Die Liefergebiete sind bis heute wassernahe Baustellen im gesamten Mainviereck, z. B. die Staustufe Kleinostheim oder das Pumpspeicherwerk Langenprozelten, aber auch Bundesbahn-Baustellen. Wegen der hier vorkommenden Mineralisationen ist der nach heutigen Maßstäben kleine Steinbruch weithin bekannt (Lorenz 1998, 2001).

3.2.9 Vulkanite: Basalt, Phonolith, Nephelinit, Rhyolith

Praktisch alle größeren Basalt-Vorkommen wurden durch Steinbrüche erschlossen und meist weitgehend abgebaut, so dass heute nur noch Relikte der einstigen Vorkommen vorhanden sind.

- Das Basaltvorkommen zwischen Kahl und Alzenau (**103**) ist nahezu vollständig dem Abbau zum Opfer gefallen. Das deckenförmige Vorkommen, früher als „Untermain-Trapp" bezeichnet, ist der Erosionsrest eines sehr großen Basaltstromes aus dem Vogelsberg, der vor ca. 17 Ma hier erkaltete. Er wurde in zwei Steinbrüchen am Hotel „Forellenhof" abgebaut, die 1838–1901 von der Gemeinde Alzenau betrieben wurden (Rücker 1963, 1985). Heute ist nur noch der östl. Stbr. erhalten, der mit einem kleinen See gefüllt ist.
- Demgegenüber waren die übrigen Vorkommen von Basalt, Limburgit und Phonolith im Spessart nur von lokaler Bedeutung. Sie wurden in kleinen Steinbrüchen abgebaut, die meist nur über kurze Zeiträume aktiv waren. Daher gibt es kaum Archivalien zur Abbaugeschichte. Inzwischen sind **97**, **98**, und **99** am Hohen Berg, Madstein und Beilstein bei Lettgenbrunn als Denkmal geschützt und werden so der Nachwelt erhalten.
- Die Rhyolithe der Hartkoppe und des Rehberges von Sailauf werden in zwei großen Steinbrüchen abgebaut. Der regelmäßige Abbau an der Hartkoppe wurde 1957 durch die Fa. Fuchs begonnen. Im Frühjahr 1994 wurde mit dem Abbau des zweiten Rhyolith-Vorkommens am Rehberg begonnen. Aufgrund der guten Qualität und der geschätzten Färbung ist das Gestein des Bruches weit bekannt. Der Abbau erfolgt zur Zeit auf der 7. Sohle, die bis zu 15 m hoch ist. Neun Mitarbeiter produzieren pro Tag ca. 900 t Schotter und Edelsplitt in unterschiedlichen Körnungen. Da derzeit aus kurzsichtigen kommunalpolitischen Erwägungen keine weiteren Genehmigungen mehr erteilt werden, muss der Abbau in der Hartkoppe 2012 eingestellt werden, während der Stbr. Rehberg weiter betrieben werden kann.

3.3. Lockergesteine

3.3.1. Tongesteine

Die Verwendung von Tongesteinen ist seit der Steinzeit für den Spessart nachgewiesen, wie die Exponate von Geschirr und anderen Gegenständen des täglichen Gebrauchs in den vorgeschichtlichen Abteilungen der Museen in der Region belegen. Tongesteine sind als Produkte tiefgründiger Verwitterung oder als sedimentäre Ablagerungen weit verbreitet. Traditionell werden auch der Löss und seine umgelagerten Massen aus der Sicht der Verwendung dazu gezählt. Solche tonigen Gesteine wurden an sehr vielen Orten gewonnen und werden auch heute noch abgebaut, in Klingenberg sogar unter Tage:

- Löss, Lösslehm und der Ton des Bröckelschiefers wurden für die zahlreichen Ziegeleien in Aschaffenburg (Straßenname „Am Ziegelberg"!), Goldbach, Hösbach, Alzenau, Meerholz, Hailer, Schöllkrippen, Rottenberg und an anderen Orten gewonnen.
  Beispielhaft sei hier die Ziegelei der Fa. Adolf Zeller GmbH & Co. Poroton-Ziegelwerk KG in Alzenau (**259**) erwähnt (Zeller Poroton 2006). Der Name Zeller ist in Alzenau bereits aus der Zeit vor dem 30jährigen Krieg bekannt. Philip Zeller kaufte 1808 Gelände zur Ziegelherstellung. In der 5. Generation führt Adolf Zeller III den heutigen familiären Industriebetrieb zur Produktion von innovativen Baustoffen. Seit 1970 brennt man Poroton-Ziegel (Marke Zeller Poroton©), die vom schwedischen Ingenieur Sven Fernhoff erfunden wurden. Dabei werden dem Ton Polystyrol-Kügelchen beigemischt, die beim Brennen zahlreiche Hohlräume erzeugen, die zu den isolierenden Eigenschaften des Ziegels führen. Die heute zahlreichen Ziegelprodukte (MZ8) haben extrem wärmedämmende Eigenschaften; sie werden in einen Umkreis von ungefähr 150 km verkauft. In der Ziegelei arbeiten etwa 50 Mitarbeiter und Mitarbeiterinnen.
- Tone aus Schwcinheim und Aschaffenburg fanden Verwendung in der Steingutfabrik in Damm, die in der Zeit von 1827 bis 1884 besonders durch figürliche Produkte bekannt wurde (Stenger 1948). Die schön gestalteten Gefäße und Figuren aus Dämmer Steingut können z. B. im Schloss Aschaffenburg bewundert werden.
- Pliozäne Tone in Mainflingen, zwischen Dettingen und Kleinostheim dienten in den Bong'schen Mahlwerken zur Herstellung von Schamotte und Feuerfestprodukten (Koch 2004). Die Förderung wurde 2007 eingestellt.
- Die Tone von Klingenberg, für die durch Pollenanalysen ein Oligozän-Alter bestimmt wurde (mündl. Mitteilung Bergingenieur Eckhard Ehrt), werden im Tonwerk Klingenberg noch heute in einem kleinen Bergwerk untertägig abgebaut (**105**). Gefördert wird der sehr feinkörnige Ton in einer kleinräumigen Lagerstätte (ca. 200 × 400 m bei bis zu 60 m Mächtigkeit) im Buntsandstein (Dobner 1987). Der Ton ist durch organische Bestandteile dunkelgrau gefärbt und weist keine erkennbare Schichtung auf, so dass seine Genese immer noch umstritten ist.
  Der städtische Abbau in den „Erdengruben" ist seit 1685 belegt (Pfister 1976, Franke et al. 1992). Die Tongewinnung erfolgte zunächst in mehreren Tagebauen; jedoch ging man wegen Problemen bei der Entwässerung bereits 1740 zum Tiefbau über. Erst seit 1855 erfolgte der Abbau unter städtischer Führung. Zwischen 1860 und dem 1. Weltkrieg führte der Tonabbau zur wirtschaftlichen Blüte von Klingenberg. So konnte die wohlhabende Gemeinde in der Zeit von 1891 bis 1916 von dem erwirtschafteten Gewinn

an jeden Bürger jährlich zwischen 150 und 400 Mark als Bürgergeld ausschütten! Das kleine Bergwerk, das derzeit von Bergingenieur Eckhard Ehrt geführt wird, kämpft infolge der ausländischen Konkurrenz ums Überleben.
Das Tonvorkommen ist über einen Blindschacht im Buntsandstein erschlossen (Melzer & Ehrt 2002). Es werden die Sorten Bleistiftton, Spezial und Sorte II unterschieden. Die Verwendung reicht von den bekannten Bleistiftminen, Graphitschmelztiegeln, Isolatoren, Glashäfen bis zum Zuschlag für keramische Produkte. Die Jahresförderung beträgt z. Zt. ca. 3.000 t.

- Sehr kleinräumige Tonvorkommen für die örtliche Produktion von Irdenware treten an manchen Orten im Spessart auf. So ist in *Hafenlohr* die Herstellung von Tonwaren, die dem Ort seinen Namen gegeben haben (Hafen = Tonkrug), seit mindestens 400 Jahren belegt; schöne Beispiele können im Spessart-Museum in Lohr besichtigt werden. Auch einige der zahlreichen Glashütten im Spessart nutzten lokale Tonvorkommen unterschiedlichen Alters und Entstehung zur Herstellung der Glashäfen wie auch der Öfen.

3.3.2. Sand und Kies

Die den Spessart einrahmenden Flüsse Main, Kinzig und Sinn werden von mächtigen Sand- und Kiesmassen unterlagert, die zur Deckung des Bedarfes an Baustoffen gewonnen wurden und werden. Mit dem Aufschwung der Bauindustrie nach dem 2. Weltkrieg hat der Abbau industrielle Ausmaße angenommen. Zahllose kleine und große Betriebe mit sehr unterschiedlich langen Betriebszeiten können insbesondere im Maintal ausgemacht werden. Im Zuge des Wirtschaftswunders in den 1950er Jahren wurden die meisten dadurch erzeugten Gruben und Seen mit Müll verfüllt. Ein Teil wird heute als Freizeiteinrichtungen zum Baden, Schwimmen und Surfen, als Fischteiche zum Angeln, als Campingplätze und Standorte für Wochenendhäuser, aber auch für Industrie- oder Gewerbegebiete und als Gelände für Recycling-Betriebe genutzt. Einige Kies- und Sandgruben wurden renaturiert und sind heute Feuchtbiotope.

- Pleistozäne bis fast rezente Dünensande werden derzeit insbesondere in der städtischen Sandgrube am westlichen Stadtrand von Alzenau gewonnen (**262**). Die Vorräte reichen dort noch für die nächsten Jahrhunderte. Die Fa. Xella (früher Hebel) fertigt in Alzenau aus dem Sand einen leichten, weißen Porenbeton, aus dem Konstruktionselemente für den Industriebau in Teilen vorgefertigt werden.
- Pleistozäne Kiese werden derzeit im Maintal in vielen Orten abgebaut, so in Großwelzheim, Hörstein (**261**), Niedernberg, Großwallstadt und Bürgstadt. Der Abbau ist heute weitgehend mechanisiert. Beispielhaft wird hier die Kiesgrube der Fa. Weiss in Großwelzheim beschrieben (**260**). Auf

Alzenauer Gemarkung fördert ein Schwimmbagger neben pleistozänen Sanden und Kiesen auch pliozäne Sande aus Tiefen bis zu 20 m. In Großwelzheim steht eine komplexe Aufbereitungsanlage, in der die meist grauen Tone und die darin eingelagerten Lignite abgeschieden werden. Größere Steine werden gebrochen, die Kiese und Sande gewaschen, nach Körnungen ausgesiebt und in Siloanlagen gelagert.

Bemerkenswert ist der Mainparksee in Mainaschaff mit der markanten Reihe von Hochhäusern. Der See entstand durch Auskiesen für den Bau der A3 Frankfurt–Würzburg. Damals wurde der Kies mit einer eigens errichteten Feldbahn über die entstehende Autobahntrasse bis nach Hösbach verfahren.

3.4. Brennbare organische Gesteine (Kaustobiolithe)

3.4.1. Braunkohle

Die in der Hanau-Seligenstädter Senke anstehende pliozäne Braunkohle war die Grundlage für einen Bergbau, der von 1878 bis 1932 umging.

- Die ersten Belege für eine Entdeckung der Braunkohlen stammen aus Seligenstadt (Gewerkschaft Gustav & Geschichtsverein Karlstein a. Main 2004). Hier wurde wahrscheinlich bereits im 18. Jh. Braunkohle in einfachen Gruben abgebaut. Weitere Versuche gab es im 19. Jh. mit der Grube „Amalie“, in der seit 1878 Braunkohle gewonnen wurde. Probebohrungen auf der bayerischen Seite ergaben eine Fortsetzung der Lagerstätte. 1902 begannen dann die Aufschlussarbeiten für den Tagebau „Gustav I“, dessen Kohle 1904–1932 in der Brikettfabrik in Großwelzheim zu den Main-Briketts verarbeitet wurde. Die Erkundungen ergaben weitere Braunkohle-Vorkommen in Kahl und im preußischen Großkrotzenburg, die in der Folgezeit in großflächigen Tagebauen („Friedrich“, „Emma“, „Freigericht“) ausgebeutet wurden. Die Braunkohle erreichte bis zu 18 m Mächtigkeit und die Tagebaue Tiefen bis zu 40 Meter. 1908 wurde im Kraftwerk Großwelzheim Strom erzeugt und an umliegende Betriebe geliefert, seit 1913 auch an die Stadt Aschaffenburg. Einbrüche des nahen Maines in die Tagebaue und das Fehlen weiterer Vorräte führten 1932 zur Einstellung des Abbaus. Die Tagebaue „Gustav II“ und „Gustav III“ (nicht zugänglich), „Emma Süd“ (**288**) und „Emma Nord“ (Badesee Waldschwimmbad in Kahl) sowie „Freigericht Ost“ (Strandbad Spessartblick in Großkrotzenburg, **289**) und „Freigericht West“ (Campingsee in Kahl) sind als Seen noch vorhanden.

3.4.2. Torf

In den früheren Mainaltläufen bildeten sich im Holozän Sümpfe, deren Torfe als Brennstoff bis ins 19. Jh. gewonnen wurden. Dies ist für die Orte Großwelzheim (**290**) und Kahl sicher belegt (Rücker 1980).

3.5. Wasser, Mineralwasser, Sole, Salz

Der Spessart ist als Mittelgebirge reich an Niederschlagswasser, insbesondere seine westlichen und nordwestlichen Anteile.

- Sehr reich an gewinnbarem Trinkwasser sind die Sande und Kiese im Maintal. Hier konkurrieren allerdings die Wassergewinnung mit dem Abbau von Lockergesteinen in den Kies- und Sandgruben. Die große Mächtigkeit der porösen Sedimente und die leichte Gewinnbarkeit ermöglichen es z. B. der Spessart-Gruppe bei Hörstein ca. 45.000 Menschen zu versorgen. So wurden 2005 ca. 2,25 Millionen m^3 Wasser mit Spitzen von 11.000 m^3/Tag gefördert.
- Die klüftigen und porösen Sandsteine des Buntsandsteins stellen großräumige Wasserspeicher von überregionaler Bedeutung dar; eine Wassergewinnung ist hier leicht zu bewerkstelligen. Zahlreiche wasserreiche Quellen entspringen an der Grenze zwischen Unterem Buntsandstein und Bröckelschiefer, z. B. die Kahlquelle. Seit langem wird das Wasser in den Quellen gefasst und zur örtlichen wie überörtlichen Versorgung verwandt, teilweise auch weit weg geleitet. Ein eindrucksvolles Beispiel ist die 1875 erbaute Fernwasserleitung von Bieber nach Frankfurt a. M., die noch heute von der Fa. Hessenwasser genutzt wird und 7.000–15.000 m^3 Wasser pro Tag liefert. Ähnlich fördert der Zweckverband Mittelmain von Erlach auf die Fränkische Platte bis nach Würzburg.
- Die Kristallingebiete des Vorspessarts sind dagegen arm an Trinkwasser-Quellen, da das weitgehend geschlossene Kluftnetz der Wassergewinnung durch Bohrungen nicht förderlich ist. Stellenweise sind auch hohe Gehalte an Schwermetallen wie Arsen festzustellen, die dann in komplexen Anlagen gefällt werden müssen, so z. B. in Schöllkrippen.
- Einige wenige Quellen im Spessart führen so große Gehalte an Fremdionen („Mineralien"), dass der Geschmack eine Abfüllung als Mineralwasser zulässt. Solche Fabriken wurden nahe der Quellen errichtet, so in Soden (Sodenthaler Mineral- und Heilbrunnen), Sailauf (Sailaufer Mineralbrunnen), Biebergemünd-Roßbach (Spessart-Quelle) und Waldaschaff (Heerbach Mineralbrunnen).

- Bereits im Jahre 1064 werden in einer Schenkung von Heinrich IV. an den Mainzer Erzbischof Siegfried von Eppstein die Salzbrunnen in Bad Orb erwähnt. Seit Jahrhunderten wurden hier die deutlich salzhaltigen Wässer als Sole erbohrt, in Gradierwerken aufkonzentriert und dann in einer Saline versotten (Schulze-Seeger 1992, 1994). Das daraus gewonnene Kochsalz war der Motor für eine florierende Wirtschaft mit dem Salzhandel in den kurmainzisch-hessischen Raum; so diente der Eselsweg dem Salztransport von Bad Orb nach Miltenberg. Mit der industriellen Gewinnung des Kochsalzes in Bergwerken kam es zur Krise. 1837 eröffnete der Apotheker F. L. Koch eine „Soolbadanstalt", wodurch die Wandlung zur Kurstadt einsetzte und Bad Orb sich erneut einen Namen machte. Heute wird das Wasser der immer noch sprudelnden Orber Quellen zu Trinkkuren und für das örtliche Thermalbad verwendet. Das letzte noch erhaltene Gradierwerk im Kurpark wird von einem Förderverein restauriert und dient den Kurgästen zum Wandeln in einer salzfeuchten Atmosphäre. In der Stadt weisen Schilder auf die lange Geschichte der Salzgewinnung hin. Die Orber *Saline* erreichte Ende des 18. Jh. mit einer Jahresproduktion von 40.000 Zentnern (= 2.000 t) ihren Höhepunkt, ging aber in bayerischer (ab 1814) und preußischer Zeit (ab 1867) ständig zurück und wurde 1899 endgültig eingestellt. Die Sohle wird durch Pump- und Hebekraftwerke über bis zu 12 m hohe Holzgestelle („Kunsttürme") geleitet, die zur Vergrößerung der Oberfläche mit Schwarzdorn-Reisig belegt waren. Durch die Salzanreicherung bei Verdunstung der Sohle entsteht eine künstliche „Seeluft", die im Kurbetrieb zur Inhalation genutzt wird (Quentin 1970; Kulturwege 2, 2005).

4. Aufschlüsse

Derzeit gibt es im Spessart nur wenige aktive Steinbrüche. Von diesen Ausnahmen abgesehen, genügen die derzeitigen Aufschlussverhältnisse meist nur bescheidenen Ansprüchen. Viele der alten Steinbrüche sind verfallen und verwachsen; sie bieten oft nur im Winterhalbjahr befriedigende Einblicke, während im Sommer die Bruchwände oft durch Vegetation verdeckt sind. Häufig muss man sich den Zugang durch Brennnesseln, Brombeergestrüpp und Altholz bahnen.

Die Aufschlüsse werden nach den in Kapitel 2 besprochenen geologischen Einheiten geordnet; sie sind in den geologischen Karten des gesamten Spessarts (Karte 1) und des Vorspessarts (Karte 2) eingetragen. Zusätzlich sind jeweils die Hoch- und Rechtswerte der topographischen bzw. der geologischen Karte 1:25.000 aufgeführt. Auf Parkmöglichkeiten (P) am Aufschluss wird hingewiesen. Die Nummern der von uns beschriebenen Aufschlüsse erscheinen auch in den neuen Wanderkarten (TF25-1 bis 13), die der Spessartbund e.V. und der Naturpark Spessart e.V. im Laufe der kommenden Jahre herausgeben werden. Soweit Aufschlüsse an Wanderwegen des Spessartbundes liegen, wird deren Nummer und Symbol angegeben. Auch auf die Kulturwege des Archäologischen Spessart-Projektes weisen wir an geeigneten Stellen hin.

Von jeder geologischen Einheit werden besonders instruktive Aufschlüsse ausführlicher beschrieben, wobei auch Beobachtungen unter dem Mikroskop (u. d. M.) einbezogen werden; die übrigen Aufschlüsse sind kürzer dargestellt. Chemische Gesamtgesteins- und Mineral-Analysen sind jeweils der angegebenen Literatur bzw. Lorenz (2010), die Mineralformeln z. B. Strunz & Nickel (2001) zu entnehmen.

In vielen Fällen werden die von unterschiedlichen Autoren gemessenen quantitativen Mineralbestände (Modalbestände) der Gesteine in Volumen-% aufgeführt, z. T. auch die Anorthit-Gehalte der Plagioklase (z. B. An_{25}). Dabei werden folgende Abkürzungen verwendet: Ab Albit, Akz Akzessorien, Alkfs Alkalifeldspat, All Allanit, Alm Almandin, Amph Amphibol, An Anorthit, Ap Apatit, Bt Biotit, Chl Chlorit, Cn Celsian, Cpx Klinopyroxen, Ep Epidot, Goe Goethit, Grs Grossular, Grt Granat, Häm Hämatit, Hbl Hornblende, Ilm Ilmenit, Karb Karbonat, Kfs Kalifeldspat, Mag Magnetit, Ms Muscovit, Opak Opakminerale, Or Orthoklas, Pl Plagioklas, Prp Pyrop, Qz Quarz, Rut Rutil, Ser Sericit, Sps Spessartin, St Staurolith, Tit Titanit, Tur Turmalin, Uv Uvarovit, Zrn Zirkon.

Von den flächenhaften Parallelgefügen (z. B. Schieferung) und linearen Parallelgefügen (z. B. Lineare, Faltenachsen) werden Fallwinkel und Fallrichtung angegeben, z. B. 45° NW.

Wichtige Sicherheitshinweise: Grundsätzlich sind feste Schuhe und ein Schutzhelm bei höheren Gesteinswänden eine Selbstverständlichkeit. Die noch im Abbau stehenden Aufschlüsse sollten nur nach vorheriger Anmeldung beim Besitzer – die in der Regel gewährt wird – und außerhalb der Arbeitszeiten besucht werden. Das saubere Hinterlassen der Aufschlüsse ist eine gute Visitenkarte für zukünftige Besucher. Bitte nehmen Sie Ihr Werkzeug wieder mit – ein Fäustel in der Prallmühle wäre das Aus für alle Besucher! Weitere Hinweise zur Sicherheit beim Besuch von Steinbrüchen finden Sie unter http://www.spessartit.de.

4.1. Aufschlüsse im kristallinen Grundgebirge

4.1.1. Aufschlüsse in der Alzenau-Formation

1 Burgfelsen von Alzenau: Amphibolit und Orthogneis

Blatt 5920 Alzenau, $R^{35}0543$ $H^{55}5015$
Der Schurf am Osthang des Burgfelsens, erreichbar auf dem Weg vom (P) unterhalb der Burg zum Haltepunkt der Kahlgrundbahn, zeigt eine Wechsellagerung von grünlichschwarzen, stängelig absondernden Amphiboliten und heller gefärbten Lagengneisen. Die Schieferungsflächen fallen mit 80° nach NW ein, ein darauf befindliches Linear taucht mit 20° nach SW ein. Wie man u. d. M. erkennt, bestehen die feinkörnigen Amphibolit-Lagen hauptsächlich aus Plagioklas und grüner Hornblende, deren Mengenanteil lagenweise stark variiert, was zu einer feinstreifigen Bänderung im mm-Bereich führt. Untergeordnet sind Quarz, Biotit (teilweise durch sekundären Chlorit verdrängt), Titanit, Opakminerale und Apatit beteiligt. Die gröberkörnigen Lagengneise bestehen vorwiegend aus fettiggrauem Quarz, weißlichem oder hellrosa Plagioklas und schwarzglänzendem Biotit.

> *Modalbestand Amphibolit*: Pl 32–59, Qz 0–4, Hbl 31–64, Bt/Chl bis 4, Tit bis 2,5, Ap bis 0,5, Opak 0,5–3,5.

Direkt am (P) unterhalb der Burg steht granitischer Orthogneis an, der ein undeutliches Parallelgefüge und extreme Korngrößen-Unterschiede zeigt. So bilden die Feldspäte bis 1 cm große Porphyroblasten, d. h. Großkristalle, die in einem feinerkörnigen Grundgewebe gewachsen sind. Wie man u. d. M. erkennt, sind alle Minerale stark deformiert. Kalifeldspat zeigt fast immer Entmischungslamellen von Albit (Perthit) und teilweise Mikroklin-Gitterung und kann mit Quarz orientiert verwachsen sein (sog. Schriftgranit-Gefüge). Plagioklas zeigt Zwillings-Lamellierung und ist meist stark serizitisiert. Biotit ist weitgehend in Chlorit und Hämatit umgewandelt. Akzessorien: Muscovit, Zirkon, Apatit.

Einen guten Eindruck vom Gesteinsbestand der Alzenau-Formation vermittelt die Bruchsteinmauer am Fuß des Burgfelsens am Parkplatz, wo insbesondere Amphibolit, aber z. B. auch Quarzite der Geiselbach-Formation verbaut sind.

Der spätgotische Palas der Burg Alzenau wurde 1395–1399 durch die Kurfürsten von Mainz erbaut. Erweiterungsbauten stammen aus dem 18. und dem 19. Jh. Kulturweg Alzenau 1, Punkt 1 (Kulturwege 1, 2003).

2 Bahneinschnitt der Kahlgrundbahn in Alzenau: Amphibolit, Kalksilikat-Gneis und Biotitgneis

Blatt 5920 Alzenau, $R^{35}0525$ $H^{55}5015$
Einen guten Einblick gewinnt man vom Bahnübergang nördl. **1**.
Sicherheitshinweis: Wegen des lebhaften Bahnverkehrs auf der Strecke wird vor einem Betreten des Aufschlusses vom Bahnübergang aus gewarnt. Am Nordhang des 1898 angelegten Bahneinschnitts steht eine Wechselfolge aus grünlich-schwarzem, lagigem, stängelig absonderndem, z. T. Klinopyroxen-führendem (1) Amphibolit (Abb. 44) und blaugrauem bis graugrünem, in verwittertem Zustand hellgrau bis hellbraun gefärbtem (2) Kalksilikat-Gneis sowie (3) Granat-führendem Biotit-Plagioklas-Gneis und -Schiefer an. Die Gesteinsfolge wird durch eine hellrötliche Aplitgneis-Lage konkordant oder diskordant durchsetzt.

Abb. 44. Klinopyroxen-Amphibolit-Lage in einem Kalksilikat-Gneis der Alzenau-Formation. Bahneinschnitt Alzenau **(2)**, Probe Sp06-54. Mikrofoto, ein Polarisator (1 Nic). Man erkennt ein Kornpflaster aus Hornblende (stark pleochroitisch, je nach Orientierung olivgrün in unterschiedlichen Tönen), Klinopyroxen (blass grünlichgrau mit hohem Relief) und Plagioklas (farblos, z. T. durch Sericitisierung getrübt). Bildbreite 3 mm.

Modalbestände:
(1) Pl (An_{30-43}, Kerne z. T. An_{61}) 38–39, Qz 0–2, Hbl 52–58, Bt +, Ep 0–3,5, Tit 0–3, Opak 1–2,5, Akz +;
(2) *Kalksilikat-Gneis*: mit Lagen von Klinopyroxen-Amphibolit (Abb. 44), Mineralbestand: Pl (meist stark serizitisiert, seltener frisch mit Zwillings-Lamellen) + Cpx (z. T. sekundär zersetzt) ± Hbl ± Ep ± Kfs + Opak + Tit +Ap.
(3) *Biotit-Plagioklas-Gneis*: Pl 36, Qz 35, Ms +, Bt/Chl 29, Grt +, Tur +, Akz +.

3 Profil hinter der Sparkasse Alzenau: Amphibolit und Gneise

Blatt 5920 Alzenau, $R^{35}0522$ $H^{55}5010$
Der Aufschluss direkt gegenüber der Sparkasse bot früher ein typisches Profil durch Amphibolite und Gneise der Alzenau-Formation, ist jedoch heute weitgehend überwachsen (Näheres in Okrusch & Weber 1996). Beim Aushub für den Neubau der Sparkasse Alzenau (ab Sommer 1972) wurde ein stark alterierter Amphibolit aufgeschlossen. Dieser enthält bis zu 5 cm breite Spaltenfüllungen aus farblosem, weißem und braunem Opal(T), der von Nontronit (Var. 15Å) durchsetzt ist (Abb. 45; Lorenz 1992).

4 Alter Steinbruch am Haltepunkt Kälberau: Granitgneis

Blatt 5920 Alzenau, $R^{35}0651$ $H^{55}5058$
Der oberste Teil des Stbr. N des Haltepunktes an der Bahnhofstr. liegt auf dem Grundstück von Richard Teichmann, der den Zugang ohne vorherige Anfrage gestattet. *Sicherheitshinweis*: Steinschlaggefahr: Schutzhelm! Im Aufschluss steht ein grobkörniger, hellfarbiger *Granitgneis* an, der stellenweise ein nahezu richtungslos-körniges Gefüge, teilweise eine Schieferung erkennen lässt. Die Minerale sind häufig postkristallin deformiert.

Abb. 45. Opal, ausgeschieden aus einem Kieselsäure-Gel. Aushub beim Bau der Sparkasse Alzenau (**3**), Probe JL 247-0489, Bildbreite 25 mm.

Modalbestand: Qz 35, Pl ($An_{28\text{-}37}$) 32, Kfs 27, Ms 2, Bt (+ sek. Chl) 3, Grt 1, Akz (Ap, Zrn, Opak) +.

Daneben gibt es Gneispartien, die fast nur aus Quarz und Plagioklas mit wenig Muscovit bestehen. Die Gneise werden von mehreren cm mächtigen *Pegmatit*-Gängen durchsetzt, die bis 2 cm große Muscovit-Blättchen führen.

Eine Urkunde von 1603 beschreibt die – bereits 1372 erwähnte – gotische „Kirchenburg mit festem Ringgemäuer" in Kälberau als Wallfahrtsort, in dem das Gnadenbild „Maria zum rauen Wind" (um 1380) verehrt wird. Der elegante Neubau von Hans Schädel entstand 1955/56. Kulturweg Alzenau 2, Punkt 4 (Kulturwege 2, 2005).

5 Hohlweg zum Rothen Berg W Kälberau: Gneis, Amphibolit und Quarzit

Blatt 5920 Alzenau, $R^{35}0645$ $H^{55}5080$
Von **4** auf dem Talweg nach N bis zu einem kleinen Bolzplatz; kurz vorher zweigt der Hohlweg links nach NW ab. Lediglich im oberen Teil des Hohlweges steht ein heller *Granodiorit-Gneis* an, in dem sich dunklere, glimmerreiche und hellere Quarz-Feldspat-reiche Lagen im mm- bis cm-Bereich abwechseln. *Amphibolite* und ±*Graphitführende Muscovit-Quarzite* sind meist nur in Wasserrissen und als Lesesteine erkennbar.

6 Alter Steinbruch an der Streumühle bei Alzenau: Paragneis

Blatt 5920 Alzenau, $R^{35}0620$ $H^{55}5130$
(P), nur für PKW, nahe dem Gasthof „St. Georgsstuben" des Reit- und Fahrvereins Kahlgrund. Der Stbr. an der Höhe 175 zeigt kein Anstehendes mehr: Geschützter Froschlaichplatz. Auf der oberen Bruchsohle liegen einige Blöcke von fein- bis mittelkörnigem Paragneis, bestehend aus Quarz, Plagioklas, Biotit, Granat (bis 3 mm), wenig Muscovit sowie akzessorischem Apatit, Zirkon und Opakmineralen, der von hellen, gröberkörnigen Adern und Schlieren durchsetzt wird. Zahlreiche Quarz-Einschlüsse im Granat bilden ein Interngefüge, das während des syntektonischen Granat-Wachstums rotiert wurde.

4.1.2 *Aufschlüsse in der Geiselbach-Formation sowie in Quarziten der Mömbris-Formation*

7 Straßenanschnitt im Kahltal nahe der Herrnmühle bei Michelbach: Phyllonit und Quarzit, Michelbacher Störungszone

Blatt 5820 Langenselbold, $R^{35}0885$ $H^{55}5155$
Auf der Straße Michelbach–Mömbris bis zur Herrnmühle; ca 200 m östl. liegt der Aufschluss mit (P) auch für Busse.

Von Alzenau an verläuft die Straße auf 2,5 km vorwiegend in der Michelbacher Störungszone, die selbst nicht aufgeschlossen ist, aber durch ein SW–NO verlaufendes Tal nachgezeichnet wird. Wir queren die Störung im Ort Michelbach und folgen dann dem NW–SO verlaufenden Kahltal.

Der Aufschluss erschließt Quarzite und Glimmerschiefer, die hier – nahe der Störung – stark deformiert und retrograd überprägt sind. Durch die Kombination von duktiler Deformation (Mylonitisierung) und retrograder Metamorphose entstehen Phyllit-ähnliche Gesteine, sog. *Phyllonite* (aus Phyllit + Mylonit). Die Hauptschieferung S_2 fällt 45° nach NW, ein ausgeprägtes Minerallinear L_2 30° nach WSW ein. Die Durchkreuzung von S_2 mit einer extensionalen Runzelschieferung (ecc) S_3, die mit 63° nach SW einfällt, führt zu einer weiteren Lineation L_3. Die ecc-Flächen sind engständig in den Phylloniten, weitständig in den Quarziten. Eine letzte Spröddeformation führte zur Bildung von Kataklasiten, die ein brekziöses Gefüge aus eckigen Gesteins- und Mineral-Bruchstücken aufweisen. Ein auflässiger Stbr. ca. 100 m S **7** schließt vorwiegend *Quarzite* auf, die zuerst duktil, später spröd deformiert wurden. Asymmetrische Falten in Quarzadern belegen die duktile, NW-gerichtete Hauptdeformation des Spessart-Kristallins.

Im Schlösschen Michelbach, Ende des 18. Jh. an der Stelle einer Wasserburg erbaut, befindet sich das Museum der Stadt Alzenau mit einer Sammlung von Gesteinsproben aus dem Stadtgebiet. Kulturweg Alzenau 3, Punkt 1 und 2.

8 Auflässiger. MHI-Steinbruch im Nieder-Wald bei Hemsbach: Quarzit und Quarz-Glimmerschiefer (3. Quarzitzug)

Blatt 5920 Alzenau, $R^{35}0920$ $H^{55}4970$
Die Straße von Brücken-Niedersteinbach nach Hemsbach (gleichzeitig Wanderweg 29, rotes +) trifft nach ca. 2 km auf eine Wendeschleife mit (P) für Busse; hier zweigt der Steinbruchsweg scharf rechts in NNO-Richtung ab.

Sicherheitshinweis: Steinschlag-Gefahr: Schutzhelm!

Der jetzt auflässige, fast 700 m lange Gemeinde-Stbr. von Mömbris, durch die Mitteldeutsche Hartsteinindustrie (MHI) bis 2004 kontinuierlich, bis 2007 noch sporadisch abgebaut, erschließt auf zwei Sohlen den 100–120 m mächtigen 3. Quarzitzug (nach der Zählung von Süden; Abb. 46). Harte Muscovit-Quarzite wechsellagern mit weicheren Granat-führenden Quarz-Glimmerschiefern. Die Gesteine fallen mit 45–75°

Abb. 46. Stbr. im Nieder-Wald bei Hemsbach (**8**): Quarzit und Quarz-Glimmerschiefer der Geiselbach-Formation (3. Quarzitzug). Zustand am 18. Juni 2006.

nach NW ein; auf den flach gewellten Schieferungs-Flächen erkennt man häufig eine Lineation L_2. Sie taucht mit 35° nach W ein; eine ältere, schwächer ausgeprägte Lineation L_1 fällt dagegen mit 35° nach SW. Boudinagen (Abschnürungen und Verdickungen) in Quarzadern belegen eine Streckung parallel dieser Lineation. Lokal ist eine Runzelschieferung ausgebildet. Der Quarzit spaltet in Platten von wenigen dm Dicke, während die Quarzglimmerschiefer eher scheitförmig parallel der Lineation L_2 brechen.

Der *Muscovit-Quarzit* besteht überwiegend aus Quarz (82–90 Vol.-%) sowie etwas Muscovit (7–15 Vol.-%), ferner vermutlich Plagioklas (total serizitisiert), ehemaligem Granat (1–2 Vol.-%, völlig zersetzt), Biotit (bis 1 Vol.-%, z. T. chloritisiert), Opakmineralen (1 Vol.-%), Turmalin, Apatit und Zirkon. Der auf den Schieferungsflächen angereicherte Muscovit ist stellenweise durch einen geringen Cr-Gehalt grünlich gefärbt (Fuchsit). Einzelne, bis zu 3 cm mächtige Lagen im Quarzit sind reich an Hämatit und fallen durch ihre dunkle Farbe auf.

Die *Granat-führenden Quarzglimmerschiefer* bestehen überwiegend aus Quarz und Muscovit und enthalten – neben akzessorischem Turmalin und Opakphasen – bis 5 mm große Porphyroblasten von ehemaligem Granat (jetzt vollständig zu Illit-1M + Goethit + Hämatit umgewandelt), die lagenweise bis zu ca. 20 Vol.-% angereichert sind. Sie enthalten zahlreiche Quarzeinschlüsse, deren spiralenförmige Anordnung zeigt, dass der Granat während der Deformation, also syntektonisch gewachsen ist. Das Grundgewebe zeigt Relikte einer frühen Fältelung, die auf dem prograden P-T-Pfad erfolgt ist, aber durch posttektonische Rekristallisation der Hellglimmer beim Höhepunkt der Metamorphose verwischt wurde. Die Glimmerblättchen sind ihrerseits postkristallin deformiert, d. h. verbogen oder geknickt (Abb. 47). Nicht selten treten bis zu 1 m große Quarzknauern auf, die nur kleine Muscovit-Blättchen und stellenweise bis zu 5 cm lange Turmalin-Aggregate führen.

Überlegungen zum Ausgangsmaterial: Die Wechsellagerung von Muscovit-Quarzit und Granat-führendem Quarz-Glimmerschiefer spiegelt eine ehemalige sedimentäre

Abb. 47. Granatglimmerschiefer der Geiselbach-Formation. Stbr. im Nieder-Wald bei Hemsbach (**8**), Probe SM2012a. Mikrofoto bei gekreuzten Polarisatoren (+ Nic). Muscovit-Blättchen (mit lebhaften Interferenzfarben) sind durch postkristalline Deformation z. T. stark verbogen. Quarz (mit weißlich- bis dunkelgrauen Interferenzfarben) bildet verzahnte Kornpflaster. Bildbreite ca. 3 mm.

Schichtung mit mehrfachem Wechsel von relativ reifen, sandigen und tonigen Sedimentlagen wider. Sie wurden in einer küstennahen Flachsee, vermutlich auf dem baltischen Schelf, oder auf dem nahe gelegenen Festland sedimentiert (Abschnitt 2.2.4). Die Quarzknauern entstanden bei der aufsteigenden Metamorphose durch Drucklösung von feinkörniger Quarzsubstanz im tonigen Gestein und Wiederausfällung im Druckschatten.

Von Lorenz (1996, 2002) wurden zahlreiche *Sekundärminerale* gefunden. Die Phosphate Crandallit und Strunzit sind wahrscheinlich aus ehemaligem Apatit entstanden. Die Manganoxide Lithiophorit $(Al,Li)(Mn^{4+},Mn^{3+})O_2(OH)_2$ (Abb. 48), deren Bildung

Abb. 48. Lithiophorit. Stbr. im Nieder-Wald bei Hemsbach (**8**), Probe JL138-6309. Bildbreite 25 mm.

im Vorspessart offensichtlich mit dem Verbreitungsgebiet der Quarzite zusammenhängt, Romanèchit und Manganomelan sowie reichlich Hämatit treten als verbreitete Kluft- und Spaltenfüllungen auf. Da auch Negative ehemaliger Baryt- und Karbonat-Kristalle vorkommen, ist hier eine späthydrothermale Bildung anzunehmen. Als Verwitterungsprodukte der Feldspäte und Glimmer wurden Kaolinit und Illit ($1M$ und $2M_1$) nachgewiesen. Die Rotfärbung der Gesteine ist durch feinverteilten Hämatit bedingt, der sich wohl teilweise von oben her auf Spalten und Klüften ausgebreitet hat. Er wurde vermutlich durch die tropische Verwitterung auf der präpermischen Landoberfläche gebildet, als der Spessart durch Abtragung weitgehend freigelegt war und sich paläogeographisch in der Nähe des Äquators befand (Abschnitt 2.2.4).

Achtung: Im Stbr. wird derzeit zur Verfüllung fremdes Gesteinsmaterial aus zahlreichen Baugruben und Steinbrüchen abgeladen.

9 Gipfel des Hahnenkamms: 4. Quarzitzug und Rundblick

Blatt 5920 Alzenau, $R^{35}0795$ $H^{55}4930$ (Aufschluss)
Von Hemsbach (P) und weiter auf der Fahrstr. (Wanderweg 8, rotes +) zum Gipfel des Hahnenkamms; (P), auch für Busse. Kulturweg Alzenau 2, Punkt 3.

Die höchste Erhebung des Vorspessarts, der Hahnenkamm (436 m) wird durch den 4. Quarzitzug, den größten des Spessart-Kristallins gebildet, der sich in einer Mächtigkeit von 300–400 m auf eine Länge von etwa 13 km in SW–NO-Richtung verfolgen lässt (z. B. **13**) und geomorphologisch als Härtling hervortritt. Der Quarzit, der im Gipfelbereich (z. B. ca. 100 m NO des Parkplatzes) kleinere Felsmassen bildet, sondert bankig-plattig ab; das Gestein ist feinkörnig und bricht splitterig; es enthält nur wenig Muscovit, der lagenweise angereichert, straff eingeregelt und postkristallin deformiert ist.

Vom 1880 eingeweihten, 2004 renovierten und erhöhten *Ludwigsturm* aus gewinnt man einen guten Überblick über die hügelige, parkähnliche Landschaft des kristallinen Vorspessarts. Die bewaldete Landstufe im NO, O und S wird von den flach auflagernden Zechstein- und Buntsandstein-Schichten gebildet. Markante Zeugenberge und Auslieger sind der Gräfenberg (363 m) und der Klosterberg (408 m) bei Rottenberg, der Reuschberg (414 m) bei Schöllkrippen sowie der Rauenberg (280 m) und die Heiligenköpfe (259 und 262 m) bei Meerholz. Die Landschaft zwischen Kinzig und Kahl im NW wird von metamorphen Gesteinen der Alzenau-Formation und von Rotliegend- und Zechstein-Schichten gebildet, die jedoch z. T. durch pleistozäne und holozäne Sedimente verhüllt sind. Diese dominieren im Kinzigtal und der Untermainebene im NW und W. Das Tertiär ist lediglich in den Tongruben S Mainflingen aufgeschlossen, während die Kahler Seen durch die Flutung von ehemaligen Tagebauen auf tertiäre Braunkohle entstanden sind. Bei guter Sicht erblickt man in der Ferne den Odenwald und den Taunus.

10 Alter Stbr. am Kreuzwasen S Hahnenkammgipfel: 3. Quarzitzug

Blatt 5920 Alzenau, $R^{35}0807$ $H^{55}4870$
Wie bei **9** auf der Fahrstr. von Hemsbach zum Hahnenkamm; vom (P) beim Waldeintritt etwa 300 m bis zur Gemarkungsgrenze Wasserloser Kriegelsberg/Steinhöhle (Schilder), von wo eine Fahrspur zum auflässigen Stbr. im Wald führt. Der hier anstehende, z. T. relativ glimmerreiche Quarzit sondert stängelig ab und ist mit Quarz-Glimmerschiefer verfaltet.

11 Burgstall am NW-Hang des Hahnenkamms: Quarzitischer Glimmerschiefer

Blatt 5920 Alzenau, $R^{35}0660$ $H^{55}4910$
Von Alzenau auf dem Wanderweg rotes +, vorbei an der Ziegelei (**259**) in Richtung Hahnenkammgipfel; (P) kurz vor dem Waldrand; am gelben Grenzstein Nr. 20 nach S zu den Erdwällen und Gräben des spätmittelalterlichen Burgstalls der geschleiften Rannenburg (Tafeln Nr. 2 des Kulturrundweges „Alzenau 1"). Eine kleine Felsgruppe an einem steil hinunter ins Krebsbachtal führenden Fußweg zeigt eine feinstreifige Wechsellagerung von Quarziten und Quarz-Glimmerschiefern.

12 Alter Steinbruch im Neben-Wald S Sportplatz Kälberau: Quarzit und Quarz-Glimmerschiefer

Blatt 5920 Alzenau, $R^{35}0750$ $H^{55}5000$
Vom Sportplatz Kälberau (P) führt ein Forstweg hinauf zum Hahnenkamm-Gipfel; an einer größeren Wegkurve trifft man auf den Stbr., der eine Wechsellagerung zwischen dickbankigem Quarzit und dünnplattigem Quarz-Glimmerschiefer zeigt.

13 Alte Steinbrüche am Kreuzberg bei Geiselbach: 4. Quarzitzug

Blatt 5821 Bieber, Unterer Bruch, Südhang des Kreuzberges: $R^{35}1450$ $H^{55}5475$, Oberer Bruch, NO-Hang des Kreuzberges: $R^{35}1467$ $H^{55}5510$.
Von der Straße Geiselbach–Gelnhausen zweigt ca. 100 m O des (P) Kreuzweg der Wanderweg „Birkenhainer Straße" (schwarzes B, rotes +) ab, der in NO-Richtung auf die Höhe führt. Der *untere Bruch* liegt knapp 100 m N der Abzweigung und wird pfadlos durch den Wald erreicht. Der *obere Bruch*, aus dem das Material für die St. Magdalenen-Kirche in Geiselbach gewonnen wurde, liegt an einem hangparallelen Weg, der den Kreuzberg im O und N umrundet. Naturdenkmal, nicht an der Bruchwand hämmern! Lose Blöcke sind reichlich vorhanden.

In beiden Stbr. steht feinkörniger Muscovit-Quarzit an, der untergeordnet leicht grün gefärbten Fuchsit, Hydrobiotit und rundliche Aggregate von Opakmineralen enthält. Lokale Anreicherungen von rundlichen Zirkon-Körnern stellen Einschwemmungen von Schwermineralen in das sedimentäre Ausgangsgestein des Quarzits dar. In den zwischengeschalteten *Quarz-Glimmerschiefern* bildet Muscovit durchhaltende Strähnen, die oft feingefältelt und postkristallin deformiert sind. Opake Kornaggregate entstanden vermutlich aus Granat.

14 Alter Steinbruch am Festplatz von Omersbach: 2. Quarzitzug

Blatt 5821 Bieber, R^{35}1368 H^{55}5213
Die teilweise verfüllten Bruchanlagen S des Anglerheims beim Festplatz – (P), auch für Busse – zeigen plattig absondernde Quarzitbänke mit glimmerreicheren Zwischenlagen.

15 Alte Steinbrüche im Hombach-Grund bei Huckelheim: 2. Quarzitzug

Blatt 5821 Bieber, R^{35}1703, H^{55}5430
Der alte Bruch liegt in einem privaten Wiesengrundstück im Hombachgrund hinter den letzten Häusern von Huckelheim. Der Quarzit wird von zahlreichen Kluftflächen durchsetzt, die durch Hämatit rot gefärbt sind. Mehrere Schürfe im Quarzit findet man in einem Waldstück jenseits der Straße.

16 Alter Steinbruch am „Steinchen“ SO Oberwestern: 1. Quarzitzug

Blatt 5821 Bieber, R^{35}1766 H^{55}5285
Auf dem Steinchenweg zum Festplatz Oberwestern (P). Die gut erhaltenen Bruchwände sind meist durch Holzunterstände zugestellt und daher nur teilweise zugänglich.

17 Alte Steinbrüche am „Buchwäldchen“ bei Hofstädten: 1. Quarzitzug

Blatt 5821 Bieber, R^{35}1590 H^{55}5200
Von der Straße Hofstädten–Schneppenbach zweigt ca. 400 m nach dem Ortsausgang ein Fahrweg nach rechts (S) ab, der zu zwei kleinen auflässigen Stbr. führt. (P), auch für Busse. Der 1. Quarzitzug ist in Staurolith-Glimmerschiefer der Mömbris-Formation eingeschaltet. Er lässt sich, allerdings durch mehrere NW–SO streichende Störungen zerlegt, fast durch das gesamte Spessart-Kristallin verfolgen (Karte 2) und tritt geomorphologisch meist als bewaldeter Höhenrücken hervor. Im Stbr. steht plattig absondernder Muscovit-Quarzit an, der mit Quarz-Glimmerschiefer wechsellagert. Die 20–40 cm mächtigen Quarzitlagen sind teilweise wellig verbogen. Der Glimmerschiefer enthält bis zu 5 mm große Granat-Porphyroblasten, die in ein feinkörniges Gemenge von Sericit und Hämatit zersetzt sind, ferner Turmalin und Rutil. Zusätzlich zum sedimentär angelegten Lagenbau führt eine S-vergente Isoklinalfaltung im dm-Bereich zu tektonischen Wiederholungen (Gabert 1957, Abb. 12, 13). Der mit etwa 60° nach NW einfallende Gesteinsverband ist durch mehrere Querstörungen zerteilt.

18 Alte Steinbrüche und ehem. Grube „Beschertglück" auf dem Kalmus bei Schöllkrippen: Quarzit

Blatt 5921 Schöllkrippen, $R^{35}1650$ $H^{55}4945$
Von der Straße Schöllkrippen – Krombach zweigt nach ca. 1,5 km ein Fußweg in SO-Richtung ab (P), der am Waldrand entlang zu den ausgedehnten Bruchanlagen führt (ca. 300 m). Diese sind sehr verwachsen, z. T. mit Müll verfüllt oder stehen unter Wasser; ein geschützter Landschaftsteil dient als Biotop für Pflanzen und Tiere.

Den besten Aufschluss im Kalmus-Quarzit, einer isolierten Einschaltung im Staurolith-Glimmerschiefer, bietet ein Schurf bei einer abgezäunten Schonung, den man auf einem nach SW führenden Waldweg erreicht. Man erkennt eine Wechsellagerung von mittelkörnigem, Granat- und Plagioklas-führendem Muscovit-Quarzit mit Lamellen von Quarz-Glimmerschiefer, die bis zu 30 cm mächtig werden.

Man kann heute kaum noch vermuten, dass auf dem Kalmus das kristalline Grundgebirge teilweise von Zechstein-Schichten (Abschnitt 2.4.2) überdeckt ist. Diese beginnen mit einem Konglomerat aus Bruchstücken des Kalmus-Quarzits, das durch ein Hämatit-reiches Zement mit ca. 20 % Fe_2O_3 vererzt wurde. Darüber folgte ein Lager von massivem Brauneisenerz mit ca. 65 % Fe_2O_3, 2 Gew.-% MnO_2, 2,4 % As, 1,5 % Cu, 0,24 % Zn und 0,31 % Ba (Schmitt in Lorenz 2003) und schließlich stark verkieselter Zechstein-Dolomit. Ähnlicher Entstehung ist wohl das Eisenerz-Vorkommen vom Lochborn bei Bieber (**264**, **266**). Der Tagebau vom Kalmus ist altberühmt wegen seines Vorkommens an schönen Ba-Pharmakosiderit-Kristallen (früher Würfelerz), die zahlreiche historische Sammlungen und Museen schmücken, so auch das Naturwissenschaftliche Museum in Aschaffenburg (vgl. Lorenz 2010: 425 ff).

Das Brauneisenerz vom Kalmus wurde 1830–1850 in der Grube „Beschertglück" abgebaut und in der Eisenhütte Laufach verhüttet. Jedoch erzeugte der hohe As-Gehalt im Roheisen bzw. im Stahl den gefürchteten Sprödbruch, was zur Einstellung des Bergbaus führte. Die Tradition der Laufacher Eisenhütte wird noch heute durch die Eisenwerke Düker aufrecht erhalten.

19 Alter Gemeindesteinbruch in Angelsberg: 1. Quarzitzug

Blatt 5920 Alzenau, $R^{35}0900$ $H^{55}4730$
Der auflässige Stbr. am O-Ortseingang von Angelsberg an der großen Straßenkurve nach N – (P), auch für Busse – ist nur teilweise frei zugänglich, da der andere Teil auf dem Grundstück von Peter Hofmann liegt, der aber den Zugang auf Anfrage gestattet. Im Aufschlussbereich ist der Quarzitkörper, dessen Schieferungsflächen mit 50° nach NW einfallen, nur knapp 100 m mächtig. Begünstigt durch mm- bis dm-dicke Zwischenlagen von Quarz-Glimmerschiefer sondert der harte, splittrig brechende Quarzit plattig ab. Eine unregelmäßige Querklüftung zerlegt ihn in prismatische Bruchstücke, was den früheren Abbau für den örtlichen Bedarf beim Wegebau sehr erleichterte. Mit dem bloßen Auge erkennt man im feinkörnigen *Quarzit* einzelne oder zusammenhängende Muscovit-Schüppchen, die auf den Schieferungsflächen angereichert sind, und

dadurch ein Lagengefüge erzeugen. Selten erkennt man Fuchsit oder dünne, bis 1 cm lange Turmalin-Säulchen. Die Lagen von Quarz-Glimmerschiefer neigen zu stängeliger Absonderung. Im oberen Teil der hinteren Bruchwand fügt sich eine bis zu 30 cm dicke Einschaltung von Quarz in das Lagengefüge des Quarzits ein; sie füllt einen tektonischen Stauchraum aus. Die Gesteine sind durch fein verteilten Hämatit rot gefärbt; auf den Kluftflächen tritt auch hier glaskopfartiger Lithiophorit auf.

20 Alter Steinbruch am Südende von Molkenberg: 1. Quarzitzug

Blatt 5920 Alzenau, $R^{35}0910$, $H^{55}4745$
In dem ehemaligen Stbr. steht jetzt ein Haus, hinter dem die Bruchwand im Quarzit noch gut erkennbar ist. Der Besitzer gestattet den Zutritt zu seinem Grundstück auf Anfrage.

4.1.3. Aufschlüsse im Metabasitzug Hörstein-Huckelheim

21 Alter Steinbruch am Abtsberg bei Hörstein: Granat- und Epidot-Amphibolit

Blatt 5920 Alzenau, $R^{35}0601$ $H^{55}4624$
Der Stbr., der kürzlich durch die Stadt Alzenau von Bäumen und Büschen freigeschnitten wurde, liegt ca. 400 m SO Hotel-Restaurant „Käfernberg“ am Ortsausgang von Hörstein an der Straße nach Hohl (Wanderweg roter o); (P) auch für Busse. Im größten Metabasit-Aufschluss des Spessart-Kristallins stehen Epidot-, Biotit- und Granat-Amphibolite in wechselnden Anteilen an, wobei Epidot lagenweise stark angereichert ist. Die Metabasite wechsellagern mit Granat-führenden Glimmerschiefern, glimmerreichen Paragneisen und Quarziten, die teilweise tektonisch eingeschuppt sind. Die Schieferungs-Flächen fallen mit 50–60° nach NW ein; zusätzlich ist noch eine Lineation vorhanden, die durch die bevorzugte Orientierung der Amphibolprismen gebildet wird und mit 30–60° nach SW eintaucht.

> *Modalbestand* : Pl 16–48, Qz 0–10, Hbl 30–73, Ep bis 8, Grt bis 10, Bt (+ sek. Chl) 0–17, Opak (Ilm, Mag) 0–5, Akz (Tit, Ap, Zrn, Rut) 2–7.

Der An-Gehalt von Plagioklas beträgt 23–37 Mol.-%; Ca-reichere Kerne mit $An_{45\text{-}55}$ gehen wahrscheinlich auf die magmatischen Ausgangsgesteine der Metabasite zurück. Als Kluftfüllungen treten verbreitet Sericit, rosettenförmiger Chlorit, zeisiggrüner Epidot und Calcit, gelegentlich auch Albit auf.

> Der Hörsteiner Abtsberg gehört zu den ganz wenigen Weinlagen in Franken, die auf Kristallingesteinen stehen. Der hier gekelterte Wein hat einen eigenartigen, unverkennbaren Geschmack. Kulturweg Alzenau 1 Punkt 5 (Kulturwege 1, 2003).

22 Straßenanschnitt am Stütz bei Hörstein: Biotit-Amphibolit

Blatt 5920 Alzenau, etwa $R^{35}0650$ $H^{55}4590$
An der sehr verkehrsreichen Straße Hörstein–Hohl (*Vorsicht*!), nahe der scharfen, nach O zeigenden Straßenkehre sind u. a. massige *Biotit-Amphibolite* aufgeschlossen. In einem nahe gelegenen Schurf ($R^{35}0646$ $H^{55}4599$) fand Lorenz (1993) in Blöcken von Epidot-Amphibolit eine reiche Kluftmineralisation in der zeitlichen Abfolge Magnetit → Albit, Epidot, Quarz → Chalkopyrit, Bornit, Pyrrhotin → Hämatit, Titanit, Chlorit → Calcit → Azurit, Malachit → Goethit, Aragonit.

4.1.4. Aufschlüsse in der Mömbris-Formation

23 Alter Steinbruch und Felsen am Kalbsbuckel bei Kleinostheim: Staurolith- Glimmerschiefer und -Paragneis

Blatt 5920 Alzenau, $R^{35}0505$ $H^{55}4145$
Der Aufschluss liegt am Wanderweg 12 (rotes, quergeteiltes Rechteck), 150 m N Gaststätte „Schützenhaus". Von Kleinostheim kann er von der Bushaltestelle „Maingauhalle" – (P), auch für Busse – durch einen Bahndurchlass erreicht werden.

Die Aufschlüsse am Kalbsbuckel liegen an einer weit nach N und S hin zu verfolgenden Geländekante, die die Spessart-Randverwerfung markiert. Das System N–S bis NNW–SSO streichender Staffelbrüche hat bei Kleinostheim eine Gesamt-Sprunghöhe von 200–250 m, bei Wasserlos–Alzenau sogar über 500 m. Das eindrucksvolle Bild des Spessartrandes wird durch mehrere Hochspannungsleitungen brutal beeinträchtigt! Zwischen beiden Verwerfungen sind am Spessartrand Schollen von Zechstein-Dolomit und überlagerndem Buntsandstein hängen geblieben (Karte 1). Die Dolomite sind stark verkieselt und daher sehr verwitterungsresistent. Ein solcher Block liegt am Wasserbehälter nahe der Gaststätte; weitere Vorkommen finden sich weiter nördl. (z. B. **112**).

Der unter alten Eichen gelegene Stbr. ist noch gut zugänglich und bietet einigermaßen frisches Material. Der hier anstehende Staurolith-Glimmerschiefer ist intensiv deformiert und zeigt eine unregelmäßige Kleinfältelung. Stumpf dunkelbraun gefärbter Staurolith kann 1–2 cm groß werden und ist teilweise in Form von Durchkreuzungs-Zwillingen ausgebildet, nach denen das Mineral seinen Namen hat (grch. σταυρις = Kreuz, λιθος = Stein). Allerdings wird er meist durch Glimmerlagen verhüllt und ist daher nicht leicht zu erkennen. Erst am verwitterten Gestein kommt Staurolith deutlicher zum Vorschein, wenn die Biotit-Blättchen ausgebleicht sind und die Glimmerhüllen abbröckeln. Im Unterschied zu Staurolith spießen die schwarz glänzenden Turmalin-Säulchen aus den schuppigen Glimmerlagen hervor. Vereinzelt beobachtet man in Muscovit-reichen (d. h. Al-reichen) Lagen auch etwas Kyanit.

Schon mit freiem Auge, besser noch unter dem Mikroskop sieht man, dass Deformation und metamorphe Umkristallisation Hand in Hand gehen, wobei die Glimmerlagen Quarz-Plagioklas-reiche Partien umflasern. In deren Druckschatten oder in Scheiteln von Kleinfalten sind Muscovit und Biotit sperrig rekristallisiert, die Glimmerblättchen in den Faltenschenkeln dagegen oft postkristallin verbogen. Die Granatkörner sind häufig ausgelängt oder sogar birnenförmig rotiert, was auf syntektonisches Wachstum hinweist. Die Kristallisation der Plagioklas- und Staurolith-Porphyroblasten erfolgte dage-

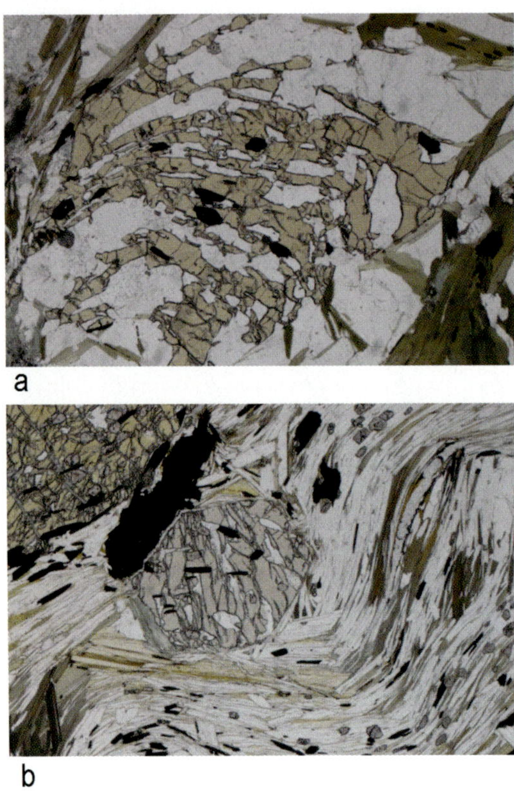

Abb. 49. Staurolith-Glimmerschiefer der Mömbris-Formation. Kalbsbuckel bei Kleinostheim (**23**), Mikrofotos, 1 Nic. **a** Probe SM82-Sp100: Extrem xenomorpher Staurolith (rötlich-gelb) mit zahlreichen Einschlüssen von Opakmineralen (schwarz) und Quarz (farblos) bildet eine Kleinfalte ab. Biotit ist olivbraun in unterschiedlichen Tönen gefärbt (Pleochroismus) und wird stellenweise durch sekundären Chlorit (grün, unten rechts) verdrängt. Bildbreite ca. 5 mm. **b** Probe SM62-Sp12b: Staurolith (oben links, rötlich-gelb) enthält zahlreiche Einschlüsse von Quarz (farblos) und Opakmineralen (schwarz). Idiomorpher Granat (Mitte, rosa) mit Einschlüssen von Quarz und Opakmineralen wird von verfalteten Strähnen aus Biotit (gelb bis olivbraun) und Muscovit (farblos) umhüllt und ist randlich in grünen Biotit umgewandelt. Bildbreite ca. 5 mm.

gen relativ spät und hat teilweise die Deformation überdauert. Sie enthalten zahlreiche Einschlüsse von Quarz, Granat, Muscovit, Biotit, Opakmineralen und Akzessorien (Abb. 49a, b), die gelegentlich gefältelte Einschlussreihen bilden. Andererseits werden Porphyroblasten von Staurolith und Granat noch von deformierten Glimmerhüllen umschmiegt (Abb. 49b).

Modalbestand: Qz 15–28, Pl (An_{25-34}) 23–28, Ms 18–38, Bt (+ sek. Chl.) 14–19, Grt 1–6, St 2 –7, Opak 1–2, Tur +, Ap +, Zrn +.

Die Scheitel der Spezialfalten sind häufig mit verdickten Quarz-Ausscheidungen gefüllt; sie entstanden bei der prograden Metamorphose durch Drucklösung des feinkörnigen Quarzanteils im pelitischen Ausgangsgestein und wurden im Druckschatten wieder ausgefällt. Häufig sind diese Quarzadern und -knauern postkristallin deformiert. Der mit freiem Auge einheitlich grobkörnig erscheinende Quarz erweist sich u. d. M. als feinkörnig verzahnt, da es im Zuge der Deformation zur Subkorn-Bildung kam. Ein äußerst feinkörniges Pigment von Hämatit führt häufig zur Rotfärbung des Quarzes.

Überlegungen zur Genese: Der Staurolith-führende Glimmerschiefer wurde aus einem tonigen (pelitischen) Meeressediment, glimmerärmere Lagen aus einer Grauwacke gebildet. Die Ablagerung dieser Trübstrom-Sedimente (Turbidite) erfolgte – wahrscheinlich während des Kambriums und Ordoviziums – in einem Flachmeer-Bereich, der wohl auf dem baltischen Schelf lag (vgl. Abschnitt 2.2.4). Die Paragenese Staurolith ± Kyanit + Granat + Biotit + Muscovit + Plagioklas + Quarz ist charakteristisch für die niedrig gradierte Amphibolit-Fazies, in deren Mitteldruck-Bereich wir uns befinden. In Abschnitt 2.2.2 hatten wir für den Höhepunkt der Metamorphose Temperaturen von 600–650 °C bei Drucken um 6 kbar abgeleitet.

In der Nähe des auflässigen Stbr. am Kalbsbuckel steht auf der Höhe im Wald eine weithin sichtbare, kreuzgeschmückte Felsgruppe, der *Ketteler-Gedenkstein* (R^{35}0509 H^{55}4125). Man erreicht ihn – mühsam – vom Parkplatz der Gaststätte „Schützenhaus" auf einem sehr steilen Fußpfad, wobei man bei der ersten Wegverzweigung scharf nach rechts (S) abbiegt. Der Punkt vermittelt eine schöne Aussicht über die Untermainebene bis zum Odenwald. Der Felsen (*Vorsicht*: Absturzgefahr!) zeigt Staurolith-Glimmerschiefer mit Quarzadern. An exponierten Felskanten kann man Staurolith-Kristalle erkennen.

Der Felsen ist als Naturdenkmal ausgewiesen: nicht hämmern!

24 Alter Steinbruch am „Hexenhäuschen" in der Rückersbacher Schlucht: Granat-Plagioklas-Gneis und Staurolith-Glimmerschiefer

Blatt 5920 Alzenau, R^{35}0628 H^{55}4322
Von der Gaststätte „Schluchthof" – (P), auch für Busse – führt der Wanderweg 12 (rotes, schräg geteiltes Rechteck) durch die Rückersbacher Schlucht hinauf nach Sternberg. Nach etwa 1,5 km (vorher Abzweigung zum Phonolith-Aufschluss **104**) erreicht man den Stbr. am „Hexenhäuschen". Dieser erschließt eine Wechsellagerung von bankig-plattig absonderndem *Granat-Plagioklas-Gneis* mit Plagioklas-ärmeren *Glimmer-*

schiefern, in denen u. d. M. Staurolith, seltener auch Kyanit nachzuweisen ist. Dieser Materialwechsel spiegelt die Grauwacken- und Tonstein-Lagen im ehemaligen Turbidit wider. Die Mobilisate von derbem Quarz (± Plagioklas), die tektonische Stauchräume füllen, enthalten gelegentlich Turmalin. Als Kluftminerale wurden bisweilen angelöste Quarz-Kristalle, Turmalin-Nadeln, Chlorit, Muscovit, Hämatit und Rutil gefunden.

25 Felsmassen in der Rückersbacher Schlucht: Staurolithgneis und -Glimmerschiefer

Blatt 5920 Alzenau, $R^{35}0655$ $H^{55}4340$ bis $R^{35}0710$ $H^{55}4375$ sowie $R^{35}0740$ $H^{55}4410$
In der Rückersbacher Schlucht (Wanderweg 12) sind Staurolith-Glimmerschiefer und -Paragneise eindrucksvoll aufgeschlossen. Ausgedehnte Felsmassen stehen von der Brücke 300 m oberhalb des „Hexenhäuschens" bis zur Brücke und Wegspinne bei Punkt 212 sowie unterhalb der Walsplatte nahe der Kläranlage Sternberg an.

26 Alter Steinbruch am Pfahlloch: Staurolithgneis und -Glimmerschiefer, retrograd überprägt

Blatt 5920 Alzenau, $R^{35}0707$ $H^{55}4544$
Straße Hörstein–Hohl, Gemarkung „Pfahlloch", ca. 300 m W der Kreuzung mit der Straße von Rückersbach (Wanderweg 8, rotes +), dort (P), auch für Busse. In dem verwachsenen, aber immer noch relativ gut zugänglichen Stbr. steht eine Wechsellagerung von Staurolith-führendem Glimmerschiefer und Granat-Plagioklas-Gneis an, die auf dem retrograden *P-T*-Pfad der Metamorphose überprägt wurden. Dabei wurden Biotit und Granat chloritisiert, Staurolith durch feinkörnige Aggregate von Chlorit und Muscovit (Sericit) verdrängt und Plagioklas verstärkt sericitisiert, teilweise auch in Albit umgewandelt. Es hat also H_2O-Zufuhr stattgefunden, die zur Kristallisation (OH)-haltiger Minerale führte; außerdem kam es zur Oxidation von Fe_2+ zu Fe_3+ unter Abscheidung von Hämatit. Die Mineralparagenese Chlorit + Muscovit + Albit + Quarz, die der Grünschiefer-Fazies entspricht, wurde jedoch nur lokal und annäherungsweise erreicht. Diese retrograden Mineralbildungen sind mit einer intensiven postkristallinen Deformation verbunden und werden durch diese kinetisch begünstigt. Dabei machen sich die Materialunterschiede zwischen ursprünglich eher sandigen und eher tonigen Partien des Meta-Turbidits in Art und Grad der Deformation bemerkbar: Glimmer-reichere Lagen sind intensiver deformiert und häufig feingefältelt (Abb. 13c, S. 39). In Extremfällen entstanden Phyllit-ähnliche Gesteine, die man als Phyllonite bezeichnet. Sie weisen bisweilen eine feine Runzelschieferung auf und sind meist stärker verwittert.

Modalbestände:
Paragneis: Qz 37, Pl (An_{15-25}) 42, Ms +, Bt (+ Chl) 16, Grt 2, St (weitgehend zu Chl + Ser abgebaut) 1, Opak (Ilm, Mag, Häm, Goe) u. Akz (Ap, Zrn, Tur, Rut) 2
Glimmerschiefer: Qz 29–32, Pl (An_{22}) 19–29, Ms 19–29, Bt (+ Chl) 15–20, Grt 1,5–2, St (weitgehend zu Chl + Ser abgebaut) 0–3, Opak u. Akz 2–2,5.

Im Glimmerschiefer fallen gelegentlich bis zu 10 cm große und 3 cm dicke Linsen aus massivem Ilmenit mit Hämatit-Lamellen auf. Dabei kann angemerkt werden, dass viele als Ilmenit angesprochene Erzproben des Spessarts in Wirklichkeit aus Hämatit bestehen.

27 Alter Steinbruch an der Hart im Kirchgrund N Johannesberg: Granat-Plagioklas-Gneis

Blatt 5920 Alzenau, $R^{35}1012$ $H^{55}4464$
Auf der Straße Johannesberg–Reichenbach bis zu einem (P), auch für Busse, bei km-Stein 8; weiter zu Fuß bis zum Straßenschild „Kurvenreiche Strecke“: Dort führt der stark verwachsene Weg im spitzen Winkel nach N in den Wald. *Achtung:* Der Anfang des Weges ist schwer erkennbar, da er im Zuge der Straßenverbreiterung teilweise abgetragen wurde.

Der Stbr. ist stark verwachsen, aber noch einigermaßen zugänglich. Der hier anstehende Staurolith-freie Granat-Plagioklas-Gneis gehört zu einer SW–NO streichenden Einlagerung im Staurolith-Glimmerschiefer, die sich in wechselnder Mächtigkeit und mit Unterbrechungen auf mehrere Kilometer verfolgen lässt und die auf eine sandige Grauwacke in der ehemaligen Meta-Turbidit-Folge zurückgeht. Eine flachliegende Faltung im Meterbereich ist heute nur noch schwer erkennbar, während eine Querklüftung senkrecht zur Faltenachse augenfällig hervortritt. Die Faltenachse und die Lineation im Gneis verlaufen nahezu waagerecht in O-W-Richtung.

Das gleichkörnige Gestein ist reich an Quarz und Plagioklas, die – wie u. d. M. erkennbar – schwach verzahnte Kornaggregate bilden und häufig postkristallin deformiert sind. Der Gehalt an Biotit reicht meist nicht aus, um durchhaltende Glimmerlagen zu bilden; Muscovit ist nur untergeordnet vorhanden. Das Gestein führt keinen Staurolith, aber säulenförmige Kriställchen von schwarz glänzendem Turmalin (Schörl). Quarz ist durch feine Hämatit-Einschlüsse rötlich gefärbt und sollte nicht mit Granat verwechseln werden, der nur spärlich beteiligt ist.

Modalbestand: Qz 39, Pl (An_{26-28}) 45, Ms 2, Bt 11, Grt 1, Opak (Mag, Ilm) und Akz (Tur, Ap, Zrn, Rut) 2.

Einzelne Lagen führen etwas Epidot; diese Ca-reicheren Einschaltungen könnten auf ehemalige Mergel- oder Tufflagen zurück gehen. Adern und Knauern von Quarz füllen tektonische Stauchräume, z. B. in den Faltenscheiteln; sie können etwas Muscovit oder Turmalin, seltener auch Plagioklas führen.

An der Straße zwischen dem Stbr. und dem Friedhof Reichenbach finden sich im Wald große Felsen von Staurolith-Glimmerschiefer der Mömbris-Formation, besonders eindrucksvoll knapp vor der großen S-Kurve ($R^{35}1005$ $H^{55}4494$).

28 Alter Steinbruch am NW-Hang des Glasberges bei Schimborn: Staurolith-Glimmerschiefer und Paragneis

Blatt 5921 Schöllkrippen, $R^{35}1200$ $H^{55}4686$
Von der Straße Schimborn–Mömbris zweigt bei Höhenpunkt 193,5 m ein Weg nach SW ab. Nach ca. 800 m erreicht man den stark verwachsenen, aber noch gut zugänglichen

Stbr., der einen Lagenwechsel von sandigen und tonigen Lagen des ehemaligen Turbidits erschließt, die jetzt als Granat-Plagioklas-Gneis bzw. (Staurolith-)Glimmerschiefer vorliegen. Wie man u. d. M. erkennt, sind Plagioklas, Granat, Staurolith (teilweise verzwillingt) und Turmalin reich an Einschlüssen, besonders von Quarz, wobei manche Granatkörner nur aus dünnen Ringen um mono- oder polymineralische Einschlüsse bestehen (sog. Atoll-Granat). Turmalin zeigt in Schnitten senkrecht zur c-Achse die typische Kombination aus trigonalen und hexagonalen Prismenflächen. Das Gestein enthält die typischen Quarz-Mobilisate, außerdem grobkörnige Knauern, die aus rötlichem bis weißlichem Plagioklas und fettig-grauem Quarz, untergeordnet aus schwarz glänzendem Biotit, grünlichem Chlorit sowie wenig Granat und Muscovit bestehen. In unmittelbarer Nachbarschaft sind Biotit, Chlorit, Granat, Staurolith und Turmalin stark angereichert.

29 Alte Steinbrüche am Gretenberg zwischen Niedersteinbach und Mömbris: Staurolith-Glimmerschiefer und Paragneis

Blatt 5920 Alzenau, $R^{35}1150$ $H^{55}4875$ bis $R^{35}1165$ $H^{55}4870$
Am Gretenberg existieren mehrere auflässige und stark verwachsene Stbr., die direkt an der Kahlgrund-Straße nahe dem Kahltal-Zentrum liegen (Busparkplatz Strötzbach-Giesberth). Besser zugänglich ist ein kleinerer, neuer Stbr. (nahe der Bushaltestelle Mensengesäß „Am Breitbach“), oberhalb des Parkplatzes eines Gebrauchtwagenhändlers; (P), auch für Busse. Die Stbr. erschließen (1) *Staurolith-führende Paragneise* bis *Glimmerschiefer*, die intensiv verfaltet und zerschert sind. Sie führen z. T. Plagioklas-Porphyroblasten, die zahlreiche winzige Granat-Einschlüsse enthalten. Stellenweise ist der Staurolithgneis stärker retrograd überprägt. Daneben sind auch (2) *Staurolith-freie Lagen* eingeschaltet, die weniger intensiv verfaltet sind. Außerdem treten dünne (3) *Hornblende-* und *Epidot-reiche Lagen* auf. Sie könnten auf Einwehungen oder Einschwemmungen von basaltischer Asche zurück gehen, die während des Inselbogen-Vulkanismus gefördert wurden (Metabasitzug Aschaffenburg–Feldkahl–Rottenberg).

Modalbestände:
(1) Qz 16–20, Pl ($An_{20\text{-}26}$) 33–40, Ms 9–20, Bt 22–26, Grt 3–6, St 0,5, Opak u. Akz 0,5–2,5.
(2) Qz 25, Pl (An_{29}) 60, Ms +, Bt (+ sek. Chl) 12, Grt 0,5, Opak 3, Akz 0,5.
(3) Qz 29–40, Pl (stark sericitisiert) 20–26, Ep 17–31, Hbl 11–14, Opak (Ilm, Mag, Pyrrhotin) u. Akz (Ap, Rut) 7.

Grobkörnige Quarzadern und Quarzknauern, die im neuen Stbr. bis 70 cm dick werden, sind häufig deformiert und verfaltet. In ihrer Nachbarschaft erkennt man nicht selten retrograd gebildeten, schuppigen Chlorit, etwas seltener Stängel von schwarzem Turmalin. Als Kluftminerale wurden Kristalle von Quarz und Chlorit gefunden.

30 Felsen am Kalten-Berg bei Schimborn: Staurolith-Glimmerschiefer und Paragneis

Blatt 5921 Schöllkrippen, R^{35}1385, H^{55}4645.
Einmündung der Straße Hösbach–Schimborn in die Straße Schimborn–Schöllkrippen. (P), auch für Busse, ca. 400 m SO. *Vorsicht*: Straße mit lebhaftem Verkehr! Wechsellagerung von dickbankigem, Quarz-Feldspat-reichem Paragneis und schiefrig absonderndem Staurolith-Glimmerschiefer mit Quarzknauern. Im Grenzbereich zu diesen sind Blättchen von Biotit kreuz und quer gesprosst; seltener ist auch Staurolith erkennbar. Während des Straßenbaus 1983 fand Schmitt (pers. Mitt.) im Staurolith-Glimmerschiefer Andalusit und Kyanit sowie auf Klüften Kristalle von Quarz, Adular, Chlorit, Rutil und Hämatit, außerdem derben Chalkopyrit und Malachit.

31 Blockmeer im Wald zwischen Kaltenberg und Erlenbach: Staurolithgneis

Blatt 5921 Schöllkrippen, ca. R^{35}1520 H^{55}4670 bis R^{35}1540 H^{55}4680
Die Straße von Kaltenberg nach Erlenbach tritt auf ca. 300 m in ein Waldstück ein, in dem direkt oberhalb der Straße Felsmassen und Blöcke von Staurolithgneis anstehen – (P) begrenzt! – Das Gestein führt rundliche Plagioklas-Porphyroblasten mit vielen winzigen Einschlüssen von Granat. Auf den wenigen moosfreien Gesteinsoberflächen erkennt man bis 0,5 mm große, bräunlich glänzende Prismen von Staurolith.

32 Alter Steinbruch NW Groß-Blankenbach: Staurolith-Glimmerschiefer

Blatt 5921 Schöllkrippen, R^{35}1613 H^{55}4822
S der Brücke über den Krombach an der Straße Groß-Blankenbach–Krombach; (P), auch für Busse. Der Bruch erschließt Staurolith-Glimmerschiefer, in dem man bis 5 mm große Staurolith-Prismen erkennen kann. *Vorsicht*: Wegen überhängender Wände Steinschlag-Gefahr, daher Schutzhelm!

33 Katholische Kirche Sommerkahl: Staurolith-Glimmerschiefer

Blatt 5921 Schöllkrippen, R^{35}1865 H^{55}4830
Die Kirche liegt zwischen den Ortsteilen Unter- und Ober-Sommerkahl an der Abzweigung der Straße nach Vormwald; (P), auch für Busse. Im Hang hinter der Kirche steht unfrischer Staurolith-Glimmerschiefer an, in dem man makroskopisch bräunlich glänzende, mehrere mm-große idiomorphe Staurolith-Kriställchen erkennt.

34 Anschnitt der Straße Schimborn–Hösbach im Hühnergrund bei Feldkahl: Staurolithgneis und -Glimmerschiefer, Quarz-Plagioklas-Fels

Blatt 5921 Schöllkrippen, $R^{35}1430$ $H^{55}4450$
Der Straßenanschnitt ca 500 m SW Feldkahl ist jetzt weitgehend durch Buschwerk verdeckt und liegt nur noch teilweise frei. Einstieg am besten von der Höhe zwischen Feldkahl und Wenighösbach (Bushaltestelle), (P) notfalls auch für Busse. Wanderweg 79 (roter ○) zum Fuchsgraben (35), nach ca. 200 m einem Weg nach rechts (NO) folgen und über eine Wiese durch Gestrüpp zum Aufschluss.

Sicherheitshinweis: Eine Begehung längs der Straße sollte wegen des starken Verkehrs mit großer Vorsicht erfolgen.

Der Aufschluss in *Staurolith-führende Metapeliten* liefert immer noch relativ frisches Material. Wir befinden uns in der Mobilisationszone Aschaffenburg–Feldkahl, die durch starke blastische Rekristallisation des (1) *Staurolithgneises*, stellenweise verbunden mit einer Gefüge-Entregelung gekennzeichnet ist. Besonders Plagioklas, Staurolith und Biotit bilden lagenweise mm-große Porphyroblasten, die zahlreiche Einschlüsse enthalten, meist von Granat in Plagioklas sowie von Quarz in Biotit und Staurolith. Daneben gibt es (2) *Staurolith-freie Paragneis-Lagen*. Im schlierigen Verband mit dem Staurolithgneis, teilweise mit diesem verfaltet, tritt (3) *Quarz-Plagioklas-Fels* auf, der sich wahrscheinlich ebenfalls von einem sedimentären Ausgangsmaterial, wahrscheinlich Feldspat-reichen Sandsteinen (Arkosen) ableiten lässt.

Modalbestände:
(1) Qz 18-40, Pl ($An_{24\text{-}31}$) 12–26, Ms 13–33, Bt 15–25 (Chl bis 2,6), Grt ($Alm_{61\text{-}70}Sps_{16\text{-}20}Prp_{9\text{-}15}Grs_{5\text{-}8}$) 1–2, St 3–14, Opak 1–3, Akz (Tur, Ap, Zrn, Rut) bis 1. Opakphasen: Ti-Häm und Ti-Mag (jeweils mit Ilm-Entmischungen).
(2) Qz 35–71, Pl ($An_{24\text{-}27}$) 8–21, Ms 2–31, Bt 9–24 (Chl +), Grt 0,5–1, Opak bis 1, Akz +
(3) Qz 16–46, 40, Pl ($An_{18\text{-}32}$) 42–67, Ms 3–11, Bt (+ sek. Chl) 2–8, Grt 0–1, Opak 0–6,5, Akz (Ep, Zrn, Ap, Rut) 0–3. Opakphasen: Hauptsächlich Ti-Magnetit, seltener spindelförmige Verwachsungen von Ti-Hämatit und Hämoilmenit.
Beim Neubau entdeckten Hock et al. (1986) eine alpinotype Kluftzone mit Kristal-

Abb. 50. Kristall von Rauchquarz, gefunden an der Straßenbaustelle zwischen Schimborn und Hösbach 1983 (**34**). Sammlung Albrecht Vorbeck (Goldbach).

len von Quarz (Bergkristall, z. T. Doppelender, Rauchquarz, Abb. 50), Adular, Plagioklas, Epidot, Chlorit, Muscovit, Biotit, Aktinolith, Beryll (sehr selten), Titanit, Apatit, Hämatit, Rutil; im unmittelbaren Nebengestein Turmalin, Granat-Rhombendodekaeder und Magnetit-Oktaeder. Schmitt (pers. Mitt.) fand derben Chalkopyrit sowie Kristalle von Malachit und von fraglichem Aragonit (vgl. Lorenz 2010: 333 f.).

35 Felspartien im Fuchsgraben W Feldkahl: Staurolithgneis und -Glimmerschiefer

Blatt 5921 Schöllkrippen, R^{35}1390 bis ^{35}1410 H^{55}4500 bis ^{55}4535
Von der Feldkahler Höhe (**34**) erreicht der markierte Wanderweg 79 (roter ○) nach ca. 1 km den Waldrand. Hier liegen bei einer Wegverzweigung Felsblöcke von rekristallisiertem Staurolith-Paragneis mit den typischen Quarzknauern. Man erkennt neben schwarz glänzendem Biotit auch bis 5 mm große Staurolith-Prismen.

Der Versuch, Staurolith-Kristalle aus dem Gestein heraus zu hämmern, ist sinnlos und sollte unterlassen werden.

36 Felsen „Groostoa“ in Wenighösbach: Granat-Plagioklas-Gneis

Blatt 5921 Schöllkrippen, R^{35}1384 H^{55}4373
An der Kahlgrundstr. bei Haus Nr. 8 ragt ein Felsen in die Straße (Abb. 51), der einen flach gewellten Lagenbau aus Biotit-Muscovit- und Quarz-Plagioklas-reicheren Lagen zeigt; Staurolith ist nicht erkennbar. Privatgrundbesitz, nicht hämmern!

An der Bushaltestelle „Kirchplatz“ hat die Gemeinde einen Block von *Hösbachit* (**47**) ausgestellt, der die typische knollig-narbige Verwitterungs-Oberfläche zeigt. (Die Altersangabe auf der Erläuterungstafel aus Bronze ist leider falsch: Es muss ca. 400 Mill. Jahre heißen!)

Abb. 51. Granat-Plagioklas-Gneis der Mömbris-Formation. „Groostoa“ (Grauer Stein) an der Kahlgrundstr. in Wenighösbach (**36**).

37 „Akazienbruch“ NW Wenighösbach: Staurolith-Glimmerschiefer und -Paragneis

Blatt 5921 Schöllkrippen, $R^{35}1350$ $H^{55}4396$
Beim Haus Karl-Seitz-Str. 26 am NW-Ortsausgang zweigt ein Fahrweg nach N zum Waldstück „Buch“ ab, wo man nach 200 m den mit Robinien („Akazien“) bestandenen Stbr. erreicht, (P). Die SO- und O-Bruchwand zeigt vorwiegend grob- bis mittelkörnigen, flaserigen *Staurolith-Glimmerschiefer*, in den ein ca. 2 m mächtiges Paket von quaderförmig brechendem, feinkörnigem *Paragneis* mit dünnen Glimmer- oder Staurolith-reichen Lagen eingeschaltet ist. In einer quergreifenden Kluftzone hat sich Fe-reicher Chlorit in gekrümmten, Geldrollen-artigen Aggregaten sowie Titanit gebildet. An der östl. Bruchwand steht mittelkörniger Quarz-Plagioklas-Fels an, ähnlich **34** und **38–42**).

38 Alter Steinbruch am Hohen Bühl bei Unterafferbach: Gesteine der Mömbris-Formation

Blatt 5920 Alzenau, $R^{35}1180$ $H^{55}4288$
Fußweg von Unterafferbach nach Oberafferbach bis zum Sportplatz; dort nach S auf dem Hohenbühlweg zum verwachsenen Bruch. Dieser erschließt (1) *Staurolith-führende Glimmerschiefer* und *Paragneise* unterschiedlicher Korngröße, die teils Glimmerreich, teils sehr reich an Plagioklas sind und vereinzelt bis 7 mm große, verzwillingte Staurolithe führen, (2) plattigen *glimmerarmen Paragneis* und (3) massigen, stark verwitterten *Quarz-Plagioklas-Fels*.

Modalbestände:
(1) Qz 12–18, Pl 51–54, Ms 3,5–4,5, Bt 21–26, Grt 0,5–1, St 1,5–4, Opak u. Akz 1,5.
(2) Qz 39–41, Pl ($An_{20\text{-}30}$) 42–52, Ms 1,5–14, Bt (+ sek. Chl) 1–4, Grt bis 0,5, St 0–+, Opak (Häm mit Ilm-Lamellen, Mag)1–1,5, Akz (Tur, Zrn, Ap, Rut) +.
(3) Qz 59, Pl ($An_{20\text{-}30}$) 28, Ms 12, Bt +, Opak (Mag, Ilm mit Häm-Lamellen) +, Akz (Ap, Zrn) 2.

39 Felsen SO Grauenstein-Gipfel bei Glattbach: Staurolithgneis

Blatt 5920 Alzenau, $R^{35}1158$ $H^{55}4199$
Von der Bushaltestelle „Pflanzenbeet“ am höchsten Punkt der Straße Goldbach – Unterafferbach – (P), auch für Busse – führt ein Forstweg (Lokalwanderweg 1, 3, 4) nach O; trifft nach ca. 600 m auf eine Wegspinne (hierher auch von **38**), von wo man auf dem Wanderweg 13 (rotes ×, sowie schwarzes W) nach ca. 250 m den Felsen erreicht.

Der ca. 5 m hohe übermooste Felsen ist ein Naturdenkmal: Nicht hämmern! Lesesteine in der näheren Umgebung.

Wie auch sonst in der Mobilisationszone Aschaffenburg–Feldkahl (z. B. **34**) ist der hier anstehende Staurolithgneis stark rekristallisiert und dadurch teilweise entregelt. Die Minerale sind schlierig verteilt, wobei dunkle Partien reich an Biotit und Staurolith, helle reich an Plagioklas und Quarz sind. Ein undeutlicher Lagenbau spiegelt die ehemalige Schichtung des Turbidits wider. Plagioklas, Biotit und Staurolith bilden Porphyroblasten, die zahlreiche Quarzkörner siebartig einschließen; Plagioklas-Porphyroblasten enthalten auch viele Granat-Einschlüsse. Schwarz-glänzender Biotit (bis 1 cm) ist gut erkennbar, während stumpf bräunlicher Staurolith (bis zu 2 cm) weniger auffällt. Wie u. d. M. erkennbar, bilden Girlanden-ähnliche Muscovit-Züge ein älteres Gefüge ab. Der Gipfel des Felsens (Vorsicht!) zeigt Lagen und Schlieren von *glimmerarmem Paragneis* und ungeregeltem *Quarz-Plagioklas-Fels*.

Modalbestände:
Staurolith-Glimmerschiefer: Qz 20, Pl (An_{28}) 33, Ms 20, Bt 25 (Chl 0,5), St +, Opak 1, Akz 1.
Staurolith-Granat-Plagioklas-Gneis: Qz 33, Pl (An_{24}) 41, Ms 7, Bt 14 (Chl 0,5), Grt 0,5 ($Alm_{78}Sps_{7,5}Prp_{10,5}Grs_4$), St 2, Opak 1,5, Akz 0,5.
Granat-Plagioklas-Gneis: Qz 32, Pl 43, Ms 6,5, Bt 12 (Chl 0,5), Grt 1, Opak 4,5, Akz 0,5.
Steigt man nach O pfadlos zum Grauenstein-Gipfel auf, so kommt man zu **41**.

40 Schurf zwischen Grauenstein-Felsen und Bildeiche: Quarz-Plagioklas-Fels

Blatt 5920 Alzenau, $R^{35}1155$ $H^{55}4190$
Von **39** auf dem Wanderweg 13 (rotes ×, sowie schwarzes W) ca. 150 m nach S. Das Gestein ist meist stark vergrust; einige Blöcke liefern noch frische Proben.

41 Gipfel des Grauensteins: Quarz-Plagioklas-Fels, Goldbacher Orthogneis und Pegmatit

Blatt 5920 Alzenau, etwa $R^{35}1140$ $H^{55}4200$
Von der Bildeiche auf dem Wanderweg schwarzes W ca. 120 m nach NW; dort zweigt nach N ein Fußweg ab, auf dem man nach 150 m den Grauenstein-Gipfel erreicht (308 m über NN).

Am Grauenstein-Gipfel ist im Bereich der Mobilisationszone Aschaffenburg–Feldkahl der Grenzbereich zwischen Staurolith-Glimmerschiefer, Quarz-Plagioklas-Fels und Goldbacher Orthogneis in Blöcken und Felsmassen aufgeschlossen. Bereits beim Aufstieg zum Gipfel findet man im Wald zahlreiche Felsblöcke von massigem *Quarz-Plagioklas-Fels*.

Modalbestand: Qz 27–39, Pl ($An_{20\text{-}30}$) 46–55, Ms 8–10, Bt (+sek.Chl) 3,5–7, Opak (Mag, Ilm) 1–2, Akz (Zrn, Ap) +.

Goldbacher Orthogneis bildet Blöcke und Felsmassen, z. B. ca. 150 m O des Gipfels ($R^{35}1155$ H $^{55}4200$); er zeigt deformierte Augen von Quarz und Kalifeldspat, die als Gefügerelikte eines ehemaligen porphyrischen Granits gedeutet werden. Andererseits ist das Gestein durch starke posttektonische Rekristallisation weitgehend entregelt und nähert sich in seinem Gefüge einem richtungslos-körnigen Granit an. Wie im Staurolithgneis des Grauenstein-Felsens sind besonders die Biotite grob hervorgesprosst.

Zwei alte Schürfe erschließen einen SW–NO streichenden, wenige Meter mächtigen, teilweise bereits vergrusten *Pegmatit-Gang*, aus dem man im 19. Jh. Feldspat für die Steingutfabrik Aschaffenburg-Damm gewonnen hatte. Das helle, sehr grobkörnige Ganggestein besteht vorwiegend aus grauem, fettig glänzendem Quarz und fleischfarbenem Kalifeldspat, die sich teilweise durchdringen und orientiert miteinander verwachsen sind (*Schriftgranit*). Untergeordnet sind gelblicher Plagioklas, silberglänzender Muscovit und etwas Biotit beteiligt; früher wurden selten Turmalin, Spessartin (Mn-Granat), Ilmenit, Magnetit und Rutil gefunden. Der Pegmatit-Gang kristallisierte aus einer wasserreichen Restschmelze granitischer Zusammensetzung, die gegen Ende der Regionalmetamorphose in die metamorphen Gesteine intrudierte; er wurde nach seiner Erstarrung noch von ausklingender Deformation erfasst. In der Mobilisationszone Aschaffenburg–Feldkahl treten im Raum Glattbach–Goldbach–Unterafferbach und N Aschaffenburg gehäuft Pegmatit-Gänge auf; der größte Gang ist etwa 600 m lang und 4–6 m mächtig.

Geht man vom Grauenstein-Gipfel auf dem Lokalwanderweg (1; auch roter Milan) ca. 200 m nach NW, so erreicht man den Amphibolit-Aufschluss **45**.

42 Felsmassen am Schwarzenberg (Steinrücken) bei Glattbach: Quarz-Plagioklas-Fels und Staurolith-Glimmerschiefer

Blatt 5920 Alzenau, etwa $R^{35}1125$ $H^{55}4145$
Vom Brunnen nahe der Kirche Glattbach führt ein lokaler Wanderweg (roter Milan) entlang einem alten Hohlweg nach O ins Gebiet des Schwarzenberges oder Steinrückens. Bald nach Erreichen des Waldes zweigen mehrere Wege nach N zum Grauenstein ab (z. B. der Wanderweg 13, rotes ×).

Am S-Hang des Schwarzenbergs finden sich gehäuft Gesteinsblöcke von (1) massigem *Quarz-Plagioklas-Fels* mit Wollsack-artigen Verwitterungsformen. Ähnlich wie bei Tiefengesteinen ist das Gefüge meist richtungslos-mittelkörnig, seltener schwach geregelt. Homogene Gesteinsbereiche gehen in schlierige Bereiche über, die Einschaltungen von (2) *Paragneis* enthalten, bestehend aus weißlichem Plagioklas, bräunlich- bis violettrot gefärbtem Quarz (bedingt durch Hämatit-Häutchen, nicht zu verwechseln mit Granat!), Biotit und Muscovit. Ein Plutonit-ähnlicher Gesteinstyp mit höheren Kalifeldspat-Gehalten, entspricht modal einem (3) *Granodiorit*; er wurde jedoch wahrscheinlich durch starke Rekristallisation des Goldbacher Orthogneises, also metamorph gebildet. Ein Muscovit-Konzentrat aus diesem Gestein ergab ein K-Ar-Abkühlungsalter von 326 ± 2 Ma (Nasir et al. 1991).

Modalbestände:
(1) Qz 38–44, Pl ($An_{20\text{-}30}$) 37–50, Ms +–14, Bt (+ sek. Chl) 3,5–21, Grt 0–3, St 0–0,5, Opak (Mag, Ilm, weitgehend zersetzt) bis 1, Akz (Zrn, Ap) bis 0,5.
(2) Qz 4–67, Pl 3,5–49, Ms 0–32, Bt (+ sek. Chl) 5–45, Grt bis 1,5, Opak bis 2, Akz bis 0,5.
(3) Qz 32–40, Pl ($An_{12\text{-}24}$) 32–40, Kfs 15–21, Ms 3–4, Bt (+ sek. Chl) 6,5–8,5, Grt +, Opak (Mag, Häm mit Ilm-Lamellen) 0,5, Akz (Rut, Xenotim) +.

An einem schmalen Fußweg (Wanderweg 1), der am steilen Westhang des Schwarzenbergs entlang führt, stehen große Blöcke von deutlich geschiefertem *Staurolith-Glimmerschiefer*. Rekristallisierter Biotit wächst z. T. schräg zur Schieferung; rundliche Plagioklas-Porphyroblasten enthalten zahlreiche winzige Granat-Einschlüsse. Staurolith (bis 1 cm) wittert an Felskanten heraus.

43 „Dicker Stein" am Pfaffenberg bei Aschaffenburg-Damm: Staurolithgneis

Blatt 6020 Aschaffenburg, $R^{35}1145$ $H^{55}3960$
Von Aschaffenburg-Damm zum Autobahn-Durchlass auf dem Fahrweg nach Goldbach; von dort führt ein Weg nach NW auf die Höhe und nach S zum Felsblock mit Erläuterungstafel Nr. 6 des Kulturweges Aschaffenburg 1 (Abb. 52).

Der Pfaffenberg NO Aschaffenburg-Damm gehört seit mehr als 200 Jahren zu den wichtigen geologischen Exkursionszielen im Spessart-Kristallin und ist als Mineral-Fundort, insbesondere für Kyanit und Sillimanit (von Leonhard 1810 und Kittel 1840 als „faseriger Cyanit" beschrieben), berühmt. Beim Bau der Autobahn A3 in den 1960er Jahren und neuerdings durch den sechsspurigen Ausbau entstand ein ca. 700 m langes Profil durch den Staurolith-Paragneis in der Mobilisationszone Aschaffenburg–Feldkahl, das leider wegen fehlender Parkmöglichkeiten nicht besucht werden kann.

Im Jahr 2004 konnten – angeregt durch J. L. – die Autobahndirektion Nordbayern und die beteiligten Baufirmen einen ca. 50 t schweren, kantengerundeten Felsblock aus einer mit Lösslehm und Hangschutt gefüllten Rinne bergen und oberhalb der Autobahnböschung deponieren. Der Block zeigt Plagioklas-reichen Staurolithgneis (Abb. 52), in dem man mit freiem Auge Quarz, Plagioklas, Muscovit und Biotit, mit Mühe auch Staurolith, Granat, Kyanit und Sillimanit beobachten kann. Wie man u. d. M. erkennt, sind die Plagioklas- und Staurolith-Porphyroblasten siebartig von Quarz-, Muscovit-, Biotit-, Granat- und Opak-Einschlüssen durchsetzt. Muscovit ist sperrig rekristallisiert, Biotit oft weitgehend in Chlorit umgewandelt. Kyanit tritt häufig zusammen mit Staurolith und/oder Biotit auf (Abb. 53). Faseriger bis nadeliger Sillimanit (*Fibrolith*) bildet meist verbogene, büschelförmige Aggregate, an denen auch etwas Muscovit beteiligt ist; gröbere Sillimanit-Prismen sind selten. Nirgends konnte Kalifeldspat neben Kyanit oder Sillimanit beobachtet werden; Muscovit koexistiert nach wie vor mit Quarz: Die wichtige Reaktion

Muscovit + Quarz = Kyanit/Sillimanit + Kalifeldspat + H_2O,

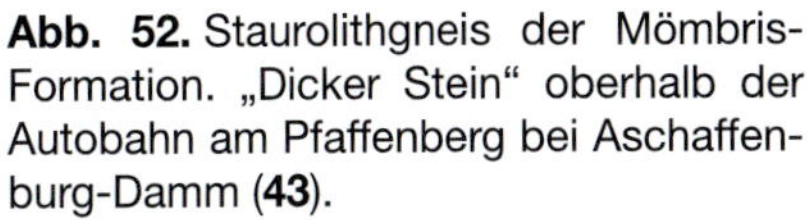

Abb. 52. Staurolithgneis der Mömbris-Formation. „Dicker Stein" oberhalb der Autobahn am Pfaffenberg bei Aschaffenburg-Damm (**43**).

Abb. 53. Kyanit im Staurolithgneis der Mömbris-Formation. „Dicker Stein" am Pfaffenberg bei Aschaffenburg-Damm (**43**), Probe JL260-22. Mikrofoto, 1 Nic. Der farblose Kyanit (Mitte und unten links) zeigt deutliche Spaltbarkeit; regellos gewachsener Biotit ist stark pleochroitisch mit gelblicher bis dunkelbrauner Eigenfarbe. Bildbreite 8 mm.

die den Übergang von der niedrig-gradierten in die höher gradierte Amphibolit-Fazies markiert, ist auch in der Mobilisationszone Aschaffenburg–Feldkahl noch nicht abgelaufen.

Beim Abgraben der Böschung wurden ca. 200 m W des heutigen Standplatzes zahlreiche, bis 20 kg schwere Linsen und Knauern von weißlich, braun, rot oder grünlich gefärbtem Fibrolith freigelegt. Er ist teilweise zu einer spröden, sich fettig anfühlenden Masse aus Illit-2M_1, Illit-2M_2, Quarz und Kaolinit verwittert („Steinmark").

4.1.5. Aufschlüsse im Metabasitzug Aschaffenburg–Feldkahl–Rottenberg

44 Tal des Fahrbaches am ehemaligen Rauenthaler Hof, W Glattbach: Amphibolite und Hornblendegneise

Blatt 5920 Alzenau, R^{35}0938 H^{55}4130

Etwa 100 m N Punkt 278 nahe des Neubaugebietes „Enzlinger Berg" in Glattbach zweigt von der Straße Aschaffenburg–Johannesberg – (P), notfalls auch für Busse – ein Privatweg nach O zum ehemaligen Rauenthaler Hof ab. Nach ca. 150 m führt links ein Weg hinunter zum Fahrbach-Tal. Kurz vor dem Fahrbach überquert man einen kleinen

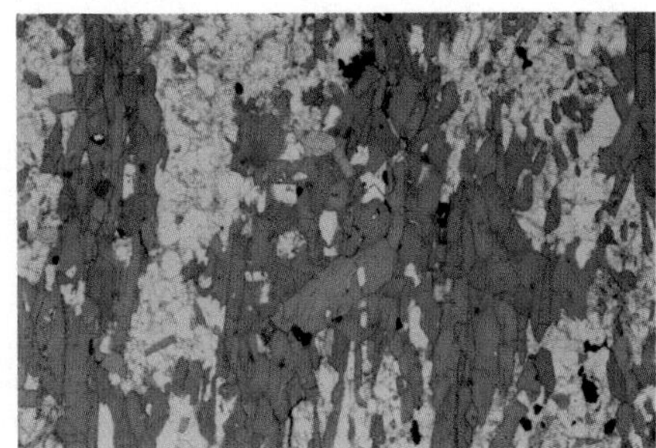

Abb. 54. Amphibolit des Metabasitzuges Aschaffenburg–Feldkahl–Rottenberg. Talhang des Fahrbaches am ehemaligen Rauenthaler Hof bei Glattbach (**44**), Probe SM62-511/2. Mikrofoto, 1 Nic. Das Gestein zeigt einen deutlichen Lagenbau parallel der Schieferung. In den hellen Lagen dominiert farbloser Plagioklas, der z. T. durch Sericitisierung getrübt ist, in den dunklen Lagen herrscht pleochroitische Hornblende mit gelblichgrüner bis bläulichgrüner Eigenfarbe vor. Bildbreite 5 mm.

Seitenbach und benutzt eine Trittspur im Wald, die auf halber Höhe zu den Felsen oberhalb des Fahrbaches führt.

Das nicht klar begrenzte Gebiet ist z. T. Privatbesitz.

Alternative Zugangsmöglichkeit: Von Aschaffenburg auf dem Wanderweg W7 nach N zum Rosenberg; nach ca. 2 km zweigt ein Weg nach O hinunter zum Fahrbach-Tal ab, wo man auf den o. g. Weg trifft.

Am Felshang im Wäldchen stehen – eingeschaltet in Orthogneis – kleinere Körper von gebändertem Amphibolit und Hornblendegneis an, die entlang steiler, mit 45° nach NO tauchender Achsen verfaltet sind und scheitförmig absondern. Die Anteile an hellen und dunklen Gemengteilen wechseln lagenweise, was stoffliche Unterschiede in einem wohl überwiegend pyroklastischen Ausgangsmaterial widerspiegelt.

Modalbestände:
Epidot-führender Quarz-Amphibolit (Abb. 54): Pl (An_{20-50}) 45, Qz 12, Hbl 32, Ep 3, Tit 5, Opak 3,
Epidot-Amphibolit: Pl 31, Hbl 34, Ep 23, Qz 8, Opak +, Akz 4,
Biotit-Amphibolit: Pl (An_{27-39}) 31, Qz 1, Hbl 58, Bt 5, Tit 4,5, Akz +,
Hornblende-Plagioklas-Gneis: Qz 15–36, Pl (An_{27-40}) 30–40, Hbl 24–36, Ep 0–12, Bt 0–8, Opak 0–2, Akz 1–3,
Epidot-reiche Gneislage: Qz 29, Pl (An_{27}) 12, Hbl 15, Ep 41, Akz 3,
Biotit-reiche Gneislage: Qz 12, Pl (An_{27-37}) 32, Hbl 30, Bt 23, Ep +, Opak +, Akz 3.
Kalifeldspat-führende Gneislage: Qz 8, Kfs 10, Pl (An_{25-32}) 78, Ep 2, Bt 0,5, Akz 2.

Plagioklas zeigt häufig inversen Zonarbau, d. h. der Anorthit-Gehalt nimmt vom Kern zum Rand hin zu. Stark glänzender, hellbraun gefärbter Titanit kann z. T. mit freiem Auge erkannt werden; weitere Akzessorien sind Zirkon, Apatit (selten bis 3,5 cm lang: Okrusch et al. 1967, Abb. 13), Ilmenit (stellenweise mit Hämatit-Entmischungen) und Magnetit (teilweise in Hämatit umgewandelt: „Martit“). K-Ar-Datierungen von sechs

Hornblende-Konzentraten erbrachten Abkühlungsalter von 322–328 (± 4) Ma, ein Biotit-Konzentrat 322 ± 4 Ma (Nasir et al. 1991).

45 Alte Steinbrüche NW Grauenstein-Gipfel: Massiger Chlorit-Amphibolit

Blatt 5920 Alzenau, $R^{35}1140$ $H^{55}4205$
Vom Grauenstein-Gipfel (**40**) auf dem Rundwanderweg (1; roter Milan) ca. 150 m nach NW; links die Reste zweier Stbr. Der obere bietet nur noch Lesesteine; der untere enthält Anstehendes und große Blöcke. Durch sein massiges Gefüge und seine knolligen Verwitterungsformen erinnert der Chlorit-Amphibolit – besonders im oberen Vorkommen – an den Talk-Chlorit-Amphibol-Fels (Hösbachit) von Wenighösbach (**47**), zu dem auch genetische Beziehungen bestehen. Mit bloßem Auge erkennt man dunkelgrüne, z. T. mosaikartige Großkristalle von Magnesio-Hornblende, die aus einem schuppigen Aggregat von Chlorit hervortreten; Plagioklas ist nur u. d. M. sichtbar. Dagegen erkennt man im Chlorit-Amphibolit des unteren Bruches schon makroskopisch Plagioklas, der in einem Grundgewebe aus Chlorit, zurücktretend aus Talk, Quarz und wenig Biotit wächst. Hornblende ist z. T. körnig bis stängelig rekristallisiert. Ältere, deformierte Kerne in Hornblende – mit zahlreichen Einwachsungen von Hämatit und Rutil – gehen wahrscheinlich auf ehemaligen Klinopyroxen (Augit) oder Orthopyroxen (z. B. Bronzit) zurück. Auch die Plagioklase enthalten stark serizitisierte ältere Kerne, die von jüngerem Plagioklas spättektonisch überwachsen und verdrängt werden. Das Ausgangsgestein dieser Amphibolite war wahrscheinlich ein Gabbro.

Modalbestand: Pl ($An_{30\text{-}45}$) 14–37, Hbl 35–65, Chl 7–34, Bt bis 1, Talk 0,5–7, Qz bis 1, Opak (Häm) u. Akz (Ap, Rut, Zrn) 0,5–5.

46 Flurbereinigungs-Denkmal am Buch NO Wenighösbach: Diabas-Amphibolit und Staurolith-Paragneis

Blatt 5921 Schöllkrippen, $R^{35}1340$ $H^{55}4426$
Dem Fahrweg von **37** folgend erreicht man den Waldrand am Buch, Forstabteilung „Hirtenberg“. (P), auch für Busse (Wendemöglichkeit). Dort steht ein großer Felsblock aus Amphibolit, der an die 1970–1985 durchgeführte Flurbereinigung erinnert. Er wurde nach Auskunft von Herrn Ferdinand Sauer in einem Graben nahe der Gemarkungsgrenze zwischen Wenighösbach und Breunsberg gefunden. Es ist selbstverständlich, dass dieses Denkmal nicht durch Hämmern beschädigt wird!

In der hiesigen Gegend fanden Matthes & Krämer (1955) Amphibolit-Einschaltungen, die Relikte eines *ophitischen Gefüges* zeigen, wie es z. B. für die grobkörnigen (doleritischen) Basalt-Lagergänge („Diabase“) im Rheinischen Schiefergebirge typisch ist: Leistenförmige Plagioklase liegen ohne jede Regelung in einem Aggregat aus Hornblende, das wahrscheinlich bei der Metamorphose aus einem ehemaligen Klinopyroxen (Augit) gebildet wurde. Opake Körnchen von Magnetit sind regellos verteilt. Die Erhaltung dieses *ophitischen Gefüges* ist ein wichtiges Indiz, dass sich die Amphibolite im Raum Wenighösbach – und auch sonst im Spessart-Kristallin – in der Tat von basischen

(Sub-)Vulkaniten ableiten. Der hier stehende Felsblock ist ein solcher Diabas-Amphibolit; allerdings ist der ehemalige Basalt bei der Metamorphose etwas mehr umkristallisiert, so dass das ehemalige ophitische Gefüge stärker aufgelockert und daher weniger gut sichtbar ist. Trotzdem ist es noch nicht zu einer metamorphen Gefügeregelung gekommen.

Modalbestand: Pl 26–30, Hbl 67–71, Qz +–0,5, Opak u. Akz 1,5–2,5.

Am Parkplatz in der Nähe liegen zwei kleinere Blöcke von Staurolith-Paragneis mit makroskopisch sichtbarem Staurolith. Hämmern ist sinnlos!

47 Sternberg NO Wenighösbach: Talk-Chlorit-Amphibol-Fels („Hösbachit“)

Blatt 5921 Schöllkrippen, $R^{35}1450$ bis $^{35}1470$ $H^{35}4380$ bis $^{55}4420$
Vom Gelände des Golfplatzes an der Straße Hösbach–Schimborn (P) führt ein Fußweg nach SW zu dem kleinen Wäldchen am Sternberg. Wenn das Feld N des Waldrandes frisch gepflügt ist, findet man reichlich Handstücke von „Hösbachit“ (bis zu 2 kg) neben gewöhnlichem Amphibolit. Ein Haufen aus Leseblöcken (bis zu 50 kg) liegt direkt am Waldrand, ist aber meist mit Brennnesseln überwachsen. Weitere Blöcke finden sich – zusammen mit Goldbacher Orthogneis und Quarz-Plagioklas-Fels – im östl. Seitenast des Löchelchesgrabens. Ein weiterer Block wurde von der Gemeinde Wenighösbach an der Bushaltestelle Kirchplatz deponiert (**36**).

Dieses ultramafische, d. h. Quarz-Feldspat-freie, nur aus dunklen (mafischen) Mineralen bestehende Gestein wurde bereits von Kittel (1840) als „Gabbro“ beschrieben. Es ist mit Amphiboliten und Hornblendegneisen des Metabasitzuges Aschaffenburg–Feldkahl–Rottenberg vergesellschaftet und fällt im Gelände durch seine knollig-narbige Oberfläche auf. Wegen seines charakteristischen Gefüges und des ungewöhnlichen Mineralbestandes erhielt es die Lokalbezeichnung „Hösbachit“ nach seinem Originalfundort bei Wenighösbach (Matthes & Okrusch 1965b). Mit freiem Auge erkennt man bis 1 cm große Amphibol-Prismen, die ohne Regelung in einem feinkörnigen, erst mikroskopisch auflösbaren Grundgewebe aus Amphibol, Chlorit und Talk liegen. Einzelne, braunrot gefärbte Schüppchen erweisen sich u. d. M. als Hämatit.

Modalbestand: Amph 44–82, Chl 14–52, Talk 0.5–10, Opak 0.5–9, Akz (Ap, Rut) 0.5–2

Das Gestein enthält zwei unterschiedliche Amphibole, die intensiv miteinander verwachsen sind: den Mg-Fe-Amphibol (I) Cummingtonit und den Ca-Amphibol (II) Aktinolith (bis Magnesio-Hornblende). Auch bei den Chloriten lassen sich zwei Typen unterscheiden: ein blassgrüner, Fe-ärmerer und ein hellgrüner, etwas Fe-reicherer Klinochlor. Opakminerale sind Magnetit, der weitgehend in Hämatit umgewandelt („martitisiert“) ist, sowie sekundär gebildeter Hämatit.

U. d. M. erkennt man, dass die großen Prismen von Amphibol (I) durch die Deformation während der Metamorphose in Teil-Individuen zerlegt und an den Rändern als Amphibol (II) bartartig weitergewachsen sind (Abb. 55). Darüber hinaus bildet Amphi-

Abb. 55. Talk-Chlorit-Amphibol-Fels („Hösbachit"). Sternberg bei Wenighösbach (**47**), Probe JL 24/3. Mikrofoto bei + Nic. Hauptminerale sind die Amphibole Aktinolith und Cummingtonit (lebhafte Interferenzfarben) sowie Chlorit und Talk, die ein verfilztes Gewebe bilden. Die dunklen Felder sind Anhäufungen von feinkörnigen Opakmineralen. Bildbreite 3 mm.

bol (II) zusammen mit Chlorit, Talk und Opakmineralen das unruhig verfilzte Grundgewebe. Die Amphibol(I)-Prismen enthalten scharf begrenzte, nahezu opake Felder, die dicht von feinkörnigem Hämatit durchstäubt sind. Sie gehen wahrscheinlich auf magmatische Pyroxene zurück, die bei der Metamorphose in Cummingtonit umgewandelt wurden.

Überlegungen zur Genese: Im Kernmaterial der kontinentalen Tiefbohrung der Bundesrepublik Deutschland (KTB) bei Windischeschenbach (Oberpfalz) konnte man die geologischen Verbandsverhältnisse der dort auftretenden Hösbachit-Partien mit grobkörnigen Amphiboliten gut studieren. Letztere gehen auf ehemalige Gabbros oder grobkörnige Basalte (*Dolerite*) zurück, während die Hösbachite ursprünglich Anhäufungen (*Kumulate*) von dunklen Mineralen, insbesondere von Pyroxen und Olivin bildeten. Diese saigerten in dem basaltischen Magma ab und reicherten sich am Boden eines basaltischen Lagerganges an. Während der Gebirgsbildung wurden diese Gesteine gemeinsam unter Bedingungen der Amphibolit-Fazies metamorph umgeprägt (Matthes et al. 1995). Die gleiche Entstehungsgeschichte kann man für den Spessart-Hösbachit annehmen, wenn auch die begrenzten Aufschlüsse kein Studium der Verbandsverhältnisse zulassen. Immerhin sind im Metabasitzug Aschaffenburg–Feldkahl–Rottenberg Amphibolite bekannt, die sich aus ehemaligen Gabbros (**45**) und doleritischen Basalten (**46**) herleiten lassen.

Archäologische Bedeutung: Wie bereits in Abschnitt 3.2.6 erwähnt wurde, diente das Gestein Hösbachit während der jüngeren Bronzezeit (Urnenfelder-Kultur) zur Herstel-

Abb. 56. Bronzegussform-Hälfte aus der Urnenfelderzeit. Sie wurde aus dem Gestein Hösbachit von Wenighösbach (**47**) hergestellt und diente zum Guss von Lappenbeilen. Das Stück wurde 1958 von W. Meerbach in der Werra-Aue zwischen Dippach und Dankmarshausen (Wartburgkreis) gefunden und befindet sich im Werratalmuseum der Gemeinde Gerstungen (Thüringen).

lung von Bronze-Gussformen, die bis in das Gebiet des Steigerwaldes und des Werratals vertrieben wurden. Die technischen Eigenschaften dieses leicht zu bearbeitenden Gesteins, wie hohe Zähigkeit und Temperatur-Wechselbeständigkeit, erlaubte den mehrfachen Guss von anspruchsvollen Bronze-Werkstücken, insbesondere von Lappenbeilen (Abb. 56) und Messern sowie von Metall-Barren. Das Hösbachit-Vorkommen zwischen Feldkahl und Wenighösbach hat eine beachtliche Größe und liefert große Blöcke. Es lag in einem leicht zugänglichen, Hochwasser-freien Gebiet, das bereits in prähistorischer Zeit besiedelt war, wie einschlägige Funde – insbesondere aus der Urnenfelderzeit – und Hügelgräber aus der Hallstattzeit belegen (Endrich 1961, Wilbertz 1982). Die günstige Nähe zu den Talfurchen von Aschaff und Lohr, die noch heute einen wichtigen Verkehrsweg durch den Spessart bilden, erleichterten den Vertrieb des Hösbachits in den fränkischen und thüringischen Raum. Dies geschah vermutlich in Form von grob behauenen oder gesägten Rohlingen, die dann an Ort und Stelle von einheimischen Bronzegießern weiterverarbeitet wurden (Schubert et al. 1996, Okrusch & Schubert 2006).

4.1.6. Aufschlüsse im Rotgneis: Schöllkrippener und Goldbacher Orthogneis

48 Schaubergwerk Kupfergrube „Wilhelmine“ Sommerkahl: Schöllkrippener Gneis und Kupfervererzung

Blatt 5921 Schöllkrippen, $R^{35}1955$ $H^{55}4818$
Die ehemalige Grube liegt am östl. Ortsende von Sommerkahl an der Wilhelminenstr. 67, nahe dem Platz des Hundevereins (Schilder im Ort).

Wegen seiner farbigen Tapeten aus grünem Malachit und blauem Azurit (Abb. 57) gehört die Grube „Wilhelmine“ seit jeher zu den beliebtesten Aufschlüssen für Exkursionen ins Spessart-Kristallin. Durch den Verein Kupferbergwerk Grube Wilhelmine e. V. (Tel. 06024-3785 oder -2204, http://www.bergwerk-im-spessart.de) wurde die 23m-Sohle des ehemaligen Tiefbaus wieder geöffnet und kann von interessierten Gruppen gegen eine Eintrittsgebühr besucht werden. Allerdings ist jetzt auch der Übertageaufschluss nur nach Voranmeldung – kostenfrei – zugänglich.

Die Wand des ehemaligen Tagebaus, der nach dem 2. Weltkrieg zur Gewinnung von Wegschotter diente und der die Stollen-Mundlöcher des Tiefbaus enthält, erschließt den Schöllkrippener Orthogneis. Der gleichkörnige Muscovit-Biotit-Gneis weist eine ausgeprägte Schieferung auf und sondert daher plattig ab. Die meist straff eingeregelten Glimmer sind z. T. in schwach gewellten Lagen angereichert, die Quarz-Feldspat-reiche Lagen und Linsen umschmiegen, bis hin zur Ausbildung eines „Augengneises“. Feinverteilter Hämatit imprägniert das Gestein entlang von Korngrenzen und Mikrorissen.

Modalbestand: Qz 28–30, Pl (An_{15-25}) 34-44, Kfs (Mikroklin-Mikroperthit) 17–18, Ms 7–12, Bt (infolge hydrothermaler Alteration vollständig zu Ser und Häm abgebaut) 1–3, Opak 2– 2,5, Karb bis 0,5, Akz bis 0,5.

Abb. 57. Schöllkrippener Orthogneis. Ehemalige Grube „Wilhelmine" in Sommerkahl (**48**). Der Gneis zeigt eine deutliche Schieferung und Querklüftung. Im Zusammenhang mit der Kupfersulfid-Vererzung wurde er hydrothermal überprägt. Durch Verwitterung der Kupfersulfide entstanden die Cu-Karbonate Malachit (grün) und Azurit (blau), die sich auf Klüften als Tapeten ausgeschieden haben. Bildbreite ca. 2 m.

Überlegungen zur Genese der Rotgneise: Modalbestand (Abb. 6a), chemische Zusammensetzung (Abb. 7a) und Gefügerelikte (z. B. **50, 55, 56, 61, 62**) sprechen dafür, dass sich die Rotgneise des Spessarts von ehemaligen Graniten und Granodioriten ableiten, die – wie isotopische Altersdatierungen zeigen – vor ca. 420 Ma, d. h. während des Silurs, intrudiert sind. Sie wurden während der Variscischen Gebirgsbildung zusammen mit ihrem Nebengestein metamorph überprägt. Dabei unterlagen die Minerale des granitischen Ausgangsmaterials starker Deformation und Rekristallisation: Es entstand ein *blastomylonitisches Gefüge* (grch. βλάστη = Spross, μύλη = Mühle); das Gestein wurde geschiefert, teilweise auch gefaltet. Im Gegensatz zu den benachbarten Metasedimenten kam es jedoch kaum zur Neubildung von Mineralen, da der granitische Mineralbestand unter den Bedingungen der Amphibolit-Fazies stabil blieb.

Der Orthogneis im vorliegenden Aufschluss wurde nach der Deformation und Metamorphose noch stark zerschert. Zahlreiche, teilweise listrische (konkav verbogene, nach unten flacher werdende) bis rampenförmige Verschiebungsflächen fallen überwiegend in SO-Richtung ein. Harnischlineare (Rutschstreifen) auf diesen Verschiebungsflächen lassen erkennen, dass die jeweils hangende Scholle meist nach NO bewegt wurde. Darüber hinaus ist im oberen Teil des Stbr. eine nach NW einfallende Überschiebung aufgeschlossen.

Ausdruck der *Kupfermineralisation* sind Tapeten aus *sekundären Kupfermineralen*, insbesondere die Karbonate Malachit und Azurit, welche die Bruchwände überziehen; sie sind allerdings heute, nach Entfernung der Abraumhalde oberhalb des Aufschlusses, wesentlich weniger spektakulär, als das früher der Fall war. Als weitere Sekundärminerale wurden Arsenate wie Olivenit, Bariopharmakosiderit, Conichalcit und Klinotirolit sowie die Sulfate Brochantit, Langit und der temporäre (weil wasserlösliche) Chalkanthit gefunden. Untertage dominieren Sulfate wie Gips, Serpierit und Orthoserpierit, Brochantit und Natrojarosit (vgl. Lorenz 2010).

Die *primäre Kupfervererzung* war in drei, O-W streichenden Gangspalten konzentriert, die 20–30 cm mächtig waren, aber auch in den Untertage-Aufschlüssen kaum noch auszumachen sind. Als Primärerze treten die Sulfid-Minerale Chalkopyrit, Bornit, Ag-haltiger Tennantit, Enargit, Digenit und Pyrit auf. Die Gangarten (Nichterze) schieden sich teils vor, teils nach der Erzbildung aus, und zwar in der Reihenfolge Quarz → Karbonate (Calcit, Dolomit, Ankerit, Siderit) → sulfidische Erzminerale → Baryt. Wie die erzmikroskopische Untersuchung im Auflicht zeigt, kristallisierten die sulfidischen Erzminerale in drei Stadien. Ein *erstes Stadium* ist durch *kolloforme* Gefüge gekennzeichnet (Abb. 58), in denen sich rundliche, Kokarden- oder Girlanden-förmige Erzaggregate bildeten. Das weist auf eine Kristallisation unter relativ geringen Temperaturen hin. In einem *zweiten Stadium* kam es zur *Rekristallisation* der Erzminerale, bei der die kolloformen Gefüge überwachsen und teilweise ausgelöscht wurden, wahrscheinlich bei steigenden Temperaturen, die vermutlich über 175 °C, aber kaum höher als 300 °C lagen. Während eines *dritten, späten Alterations-Stadiums* wurden die primären Sulfidminerale entlang von Mikrorissen und Korngrenzen durch die „blaubleibenden" Covellin-Minerale Yarrowit und Spionkopit, seltener durch Covellin (Kupferindig) sowie durch die Verwitterungsprodukte Goethit, Malachit oder Natrojarosit verdrängt. Daneben treten auch Anilith und Djurleit auf (Okrusch et al. 2007).

Für die *genetische Deutung der Kupfervererzung* von Sommerkahl ist von Bedeutung, dass das Vorkommen nur etwa 20 m unter dem Kupferschiefer des Unteren Zechsteins liegt. Deswegen wurde bereits von Thürach (1893) – im Gegensatz zu Bücking (1892), der von einer hydrothermalen Erzgenese ausging – eine *deszendente* Bildung, d. h. eine Ausfällung der Erze aus absteigenden Lösungen favorisiert. Zu diesem Modell würde auch die dramatische Abnahme der Kupfergehalte mit der Teufe passen: bei den letzten Bergbauversuchen im Jahre 1922 wurde auf der 60-Meter-Sohle praktisch kein Erz mehr gefunden. Auch die Schwefel-Isotopendaten der Sulfide mit negativen δ^{34}S-Werten von -12,8 bis -24,6 ‰ machen zumindestens eine Beteiligung des Kupferschiefers wahrscheinlich, für den ähnlich niedrige Werte bekannt sind. Wie in Abschnitt 2.5 (S. 116 f., Abb. 43) dargelegt, nimmt man heute eine Erzbildung durch Mischung von heißen *hydrothermalen* Lösungen aus der Tiefe mit kälteren Formationswässern an, die in den sedimentären Deckschichten zirkulierten (Wagner et al. 2010).

Die *Bergbaugeschichte* der Grube Wilhelmine, die bis ins 18. Jahrhundert zurück reicht, ist in Abschnitt 3.1.5 ausführlicher dargestellt (Freymann 1991). Bis Anfang 2006 waren in einem Gehölz im O der Grube die gemauerten Sockel der Aufbereitungsanlage aus der letzten Abbauphase 1919/20 sichtbar, die damals hochmodern, aber falsch konzipiert war, ebenso die überwucherte Trasse des Schrägaufzuges, die beiden Linkenbach-Rundherde, die mächtigen Fundamente der Kugel- und Rohrmühle, der Pumpensumpf und eine Reihe gemauerter Stützpfeiler. Diese technikgeschichtlichen Dokumente wurden im Frühjahr 2006 sinnlos zerstört.

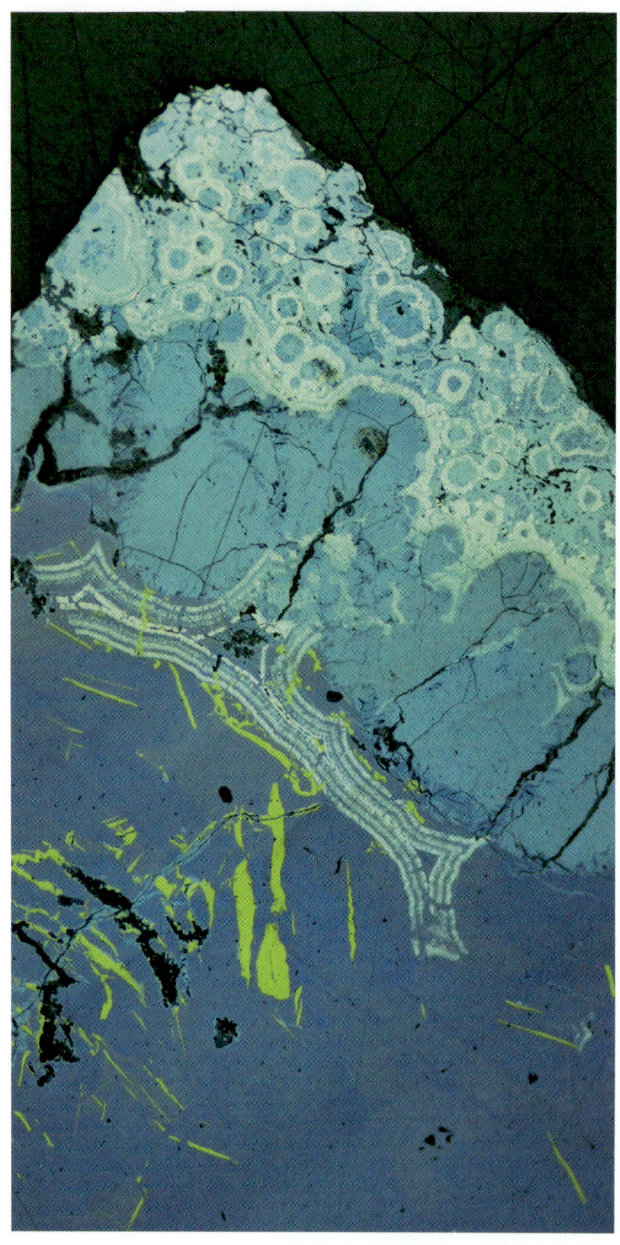

49 Grünbusch bei Blankenbach: Schöllkrippener Gneis

Blatt 5921 Schöllkrippen, $R^{35}1750$ $H^{55}4715$
Auf der Waldstr. in Blankenbach zum Sportplatz und nach S über die Brücke des Blankenbaches: große Blöcke im Bachbett und Felsen oberhalb des Waldweges nahebei: Körnig-plattiger Normaltyp des Schöllkrippener Gneises, z. T. mit Kalifeldspat-Augen.

Modalbestand: Qz 37, Pl 36, Kfs 21, Ms 0,5, Bt (+ sek. Chl) 4, Opak 1, Akz (Zrn, Ap) 0,5.

50 Alter Steinbruch Dickbusch bei Blankenbach: Staurolith-Glimmerschiefer und Schöllkrippener Gneis

Blatt 5921 Schöllkrippen, $R^{35}1675$ $H^{55}4695$
Nahe der Kirche von Blankenbach zweigt die Eichenberger Str. nach S ab. Der einst vollständig verwachsene, aber 2009 durch die Gemeinde Blankenbach wieder frei geschnittene Stbr. liegt an einer großen, nach W gerichteten Straßenkehre im Waldstück Dickbusch. (P), Wendemöglichkeit für Busse.

Am Eingang des Bruches direkt neben der Straße steht stark verwitterter Staurolith-Glimmerschiefer an, der eine kleine Einschaltung im Rotgneis bildet. Das Gestein ist intensiv feingefältelt; die Faltenachsen tauchen mit ca. 10° nach O ein. Im Querbruch erkennt man 5 mm große Porphyroblasten von Plagioklas, die massenhaft Einschlüsse von Biotit enthalten und von Biotit-Muscovit-Lagen umhüllt werden. Gelegentlich erkennt man schon mit freiem Auge bis 5 mm große Staurolith-Kristalle.

Die noch frischen, wenn auch vermoosten Bruchwände erschließen Orthogneis, der in seinem Gefüge hier eher dem körnig-flaserigen Goldbacher Typ entspricht. Bis 2 cm große Augen von Kalifeldspat, seltener von Quarz sind stellenweise noch fast idiomorph ausgebildet, häufig aber flaserig ausgeschwänzt und sigmoidal verbogen (Abb. 59). In Zonen besonders starker Durchbewegung werden die Kalifeldspat- und Quarz-Augen extrem ausgewalzt bis hin zum völligen Verschwinden. In solchen Bereichen wird Kalifeldspat durch jüngeren Albit verdrängt.

Im Südteil des Bruches enthält der Orthogneis feinkörnige, biotitreiche Schollen von 12–20 cm Länge und 1–2,5 cm Dicke, die auf ehemalige Fremdeinschlüsse im granitischen Ausganggestein zurückgehen. Außerdem treten dort Gänge von feinkörnigem, hell gefärbtem und Biotit-armem Aplitgneis auf, die teils konkordant zur Schieferung

←

Abb. 58. Kupfer-Sulfiderz. Ehemalige Grube „Wilhelmine" in Sommerkahl (**48**), Probe JL-W23-92. Mikrofoto eines polierten Anschliffs, 1 Nic. In einem ersten Stadium der hydrothermalen Kristallisation entstand ein kolloformes Gefüge, gebildet aus kokarden- und girlandenartigen Aggregaten von Pyrit (hellgelb), untergeordnet auch von Chalkopyrit I (sattgelb). Diese Aggregate wurden in einem zweiten Stadium durch gröberkörnigen Bornit (hier dunkelviolett angelaufen) und Digenit (hellblau) überwachsen; etwas später entmischten sich aus dem Bornit Lamellen von Chalkopyrit IIa (links unten). Bildbreite 3 mm.

Abb. 59. Schöllkrippener Orthogneis. Ehemaliger Stbr. Dickbusch bei Blankenbach (**50**), Probe JL22-1. Der Gneis zeigt ein flaseriges Parallelgefüge mit langgezogenen Großkristallen oder Kornaggregaten von Kalifeldspat (weißlich) und Quarz (grau), die als Gefügerelikte eines ehemaligen Granits gedeutet werden. Breite des Handstücks 14 cm.

liegen, teils von dieser diskordant durchsetzt werden. Die Schieferungsflächen im Orthogneis fallen mit 60–75° nach S ein, die Lineare und Faltenachsen tauchen mit 5–10° nach O.

Folgt man dem Kulturrundweg etwa 500 m nach O, so erreicht man die ehemalige Winkelstation der Materialseilbahn, die den Stbr. mit dem Kalkwerk in Blankenbach verband (s. S. 125).

51 Alter Steinbruch am Waldschwimmbad Goldbach: Goldbacher Gneis

Blatt 5921 Schöllkrippen, $R^{35}1236$ $H^{55}4122$
Etwa 1 km NW Ortsmitte Goldbach an der Straße nach Unterafferbach. Stadtbus von Aschaffenburg, Haltestelle „Waldschwimmbad“. Wanderweg 26 (roter -). (P), auch für Busse. Der Bruch ist stark verwachsen, so dass ein Besuch nur außerhalb der Vegetationsperiode lohnt.

Der Orthogneis zeigt bankartige Absonderung, die der leicht gewellten Schieferung folgt; diese fällt mit 60–80° nach SO ein, während ein deutliches Linear mit 35° nach NO eintaucht. Auf den Schieferungsflächen sind Glimmer (bzw. deren Abbauprodukte) angereichert, die ausgeschmierte Gleitbahnen bilden und so die Bankung erzeugen. Diese wird durch ein etwa senkrecht dazu stehendes Kluftsystem zerlegt, das mit 50–70° nach SW einfällt.

Der grobkörnige (1) *Orthogneis* lässt mit freiem Auge im Querbruch scheiben- bis linsenförmige Bereiche aus Quarz, Plagioklas und Kalifeldspat erkennen, die von gegeneinander absetzenden, Biotit-Muscovit-Bögen umflasert werden (Flasergefüge). Daher wurde dieser Gneistyp traditionell als körnig-flasriger Muscovit-Biotit-Gneis bezeichnet. Auf den gewellten Schieferungsflächen sind die Glimmer zwar angereichert, doch reicht ihre Menge zur Bildung einer geschlossenen Haut nicht aus. Im Gegensatz zu anderen Vorkommen (**50, 55, 56, 61, 62**) fehlen hier Augen von Quarz und/ oder Kalifeldspat, die als Gefügerelikte des granitischen Ausgangsgesteins gedeutet werden.

U. d. M. erkennt man, dass Deformation und metamorphe Umkristallisation der Mineralgemengteile Hand in Hand gehen, wodurch ein typisch blastomylonitisches Gefügebild entsteht. Dabei überdauert die Deformation häufig noch die Kristallisation: Plagioklas ist verbogen oder zerschert, Quarz und Kalifeldspat löschen bei gekreuzten Polarisatoren undulös aus, die Glimmer sind verbogen oder geknickt. Andererseits kommt es immer wieder zu späten Rekristallisations-Erscheinungen mit Subkorn-Bildung. Kalifeldspat zeigt verbreitet Mikroklin-Gitterung, eine kombinierte Verzwilligung nach dem Albit- und dem Periklin-Gesetz, die andeutet, dass bei der Abkühlung unter ca. 500 °C ein Übergang von der monoklinen in die trikline Symmetrie stattgefunden hat.

Etwa parallel zur Schieferung ist in den Orthogneis eine ca. 30 cm mächtige Bank von (2) *Aplitgneis* eingeschaltet, die über die gesamte Aufschlusswand aushält. Sie hebt sich durch ihre hellere Färbung und ihr feineres Korn vom umgebenden Orthogneis ab und unterscheidet sich von diesem durch das höhere Kalifeldspat/Plagioklas-Verhältnis und durch das fast vollständige Fehlen von Biotit. Das Gestein geht auf einen ehemaligen Aplit-Gang im Granit zurück, der zusammen mit diesem deformiert und metamorph überprägt wurde. *Aplite* sind helle, feinkörnige Ganggesteine, meist von granitischer Zusammensetzung, die aus einer Restschmelze auskristallisiert sind. Sie intrudierten, oft in Form von Gängen, in ein oberflächennahes (subvulkanisches) Niveau.

Im linken Teil des Bruches findet sich eine Einschaltung von *Pegmatit*. Das sehr grobkörnige Gestein besteht aus fettig-grauem Quarz, rosa Kalifeldspat, gelblichweißem Plagioklas, silbergrauem Muscovit und schwarz glänzendem Biotit. Gelegentlich wurde auch schwarzer Turmalin (Schörl) gefunden.

Modalbestände:
(1) Qz 21–39, Pl ($An_{15\text{-}17}$) 27–39, Kfs (Mikroklin-Mikroperthit) 20–41, Ms 3–4,5, Bt (+ sek. Chl) 0,5–4,5, Grt ±, Opak (Mag, Ilm, Häm) u. Akz (Ap, Zrn) bis 1
(2) Qz 33–36, Pl 18–22, Kfs (Mikroklin) 34–40, Ms 5–9, Bt bis 0,5, Grt bis 0,5, Opak u. Akz +.

52 Käsrain N Goldbach: Alter Stollen im Goldbacher Gneis

Blatt 5921 Schöllkrippen, $R^{35}1280$ $H^{55}4196$
Von Goldbach führt ein Fahrweg nach N zur Edelweißkapelle im Waldstück Käsrein (Dormeswald; hierhin auch vom Sattel der Straße Goldbach–Unterafferbach). Von der Kapelle führt der „Kirchenweg“ (Wegtafel) nach NO hinunter ins Afferbachtal. An der ersten Wegverzweigung hält man sich rechts und erblickt bald im Wald das gemauerte Mundloch des Stollens, der während des 2. Weltkrieges als Schutzbunker für Bürger aus Unterafferbach diente. Der etwa O–W verlaufende, weitgehend von Hand ausgehauene Stollen erschließt den Goldbacher Orthogneis, der allerdings ziemlich stark verwittert ist und bei Berührung absandet. Über dem Stollen erkennt man im Wald eine

Pinge. In der Umgebung des Stollens findet man Lesesteine von Pegmatit.Vermutlich handelt es sich um einen Versuchsstollen zur Feldspat-Gewinnung.

53 Felswand am Hauptfriedhof Goldbach: Goldbacher Gneis

Blatt 5921 Schöllkrippen, R^{35}1315 H^{55}4054
Beim Haus Hauptstr. 76a zweigt ein beschilderter Fahrweg nach rechts (SO) zum (P) des Hauptfriedhofs unmittelbar N der Goldbacher Kirche ab. Eine Felswand zeigt Goldbacher Gneis mit einzelnen Kalifeldspat-Augen.

54 Alter Steinbruch am ehemaligen Rauenthaler Hof: Goldbacher Gneis

Blatt 5920 Alzenau, R^{35}0938 H^{55}4178
Der bei **44** beschriebene Weg führt über ein nicht klar begrenztes Privatgelände zu den Grundmauern des Rauenthaler Hofes; von dort folgt man einem Fußweg nach N und erreicht nach ca.100 m den Stbr.

Alternativer Zugang: Vom Ortsteil Rauenthal auf dem Wanderweg W7 nach O bis zur Wegspinne bei Punkt 283,3; von dort auf einem kurvigen Fußweg nach SO zum Aufschluss. Der gut zugängliche Bruch erschließt den verbreiteten Normaltyp des Goldbacher Orthogneises mit Einschaltungen von Aplitgneis (ähnlich **51**) Die Schieferung fällt mit 60° nach S.

Ein klarer, langprismatischer Zirkon von einer Gneisprobe aus diesem Stbr. erbrachte ein ^{207}Pb-^{206}Pb-Alter von 416 ± 18 Ma (Abb. 9c), das als Intrusionsalter des granitischen Ausgangsgesteins interpretiert wird (Dombrowski et al. 1995). Es ist wesentlich älter als die Metamorphose im Spessart-Kristallin, die vor ca. 320 Ma ablief. Noch höhere, paläoproterozoische Alter von 2.278 ± 12 und 2.490 ± 13 Ma wurden an zwei abgerundeten Zirkonen aus der gleichen Probe ermittelt. Das Herkunftsgebiet dieser Fremdkristalle lag vermutlich im Superkontinent Gondwana (Gerdes & Zeh 2006, Zeh & Gerdes 2010).

55 Alter Steinbruch und Felsen im Ketterntal in Steinbach hinter der Sonne: Goldbacher Gneis

Blatt 5920 Alzenau, R^{35}0855 H^{55}4210
Beim Brunnen am Steckfeldweg in Steinbach zweigt ein Weg nach Oberafferbach ab (Wanderweg 12, rotes, schräg geteiltes Rechteck), an dem sich – noch im Ortsgebiet – der verwachsene, aber zugängliche Stbr. befindet.

Hier steht der reliktische Typ des Goldbacher Gneises an. Er ist durch ausgeschwänzte Augen von fettig-grauem Quarz und fleischfarbenem Kalifeldspat gekennzeichnet, die durch gewellte, oft absetzende Lagen von Muscovit und Biotit umflasert werden.

Modalbestand: Qz 26–37, Pl (An_{10-20}) 29–47, Kfs 12–41, Ms 1–5,5, Bt 1,5–11, Grt ±, Opak u. Akz bis 1,5.

U. d. M. erkennt man das typisch blastomylonitische Gefüge, bei dem sich Deformation und metamorphe Umkristallisation vielfach überschneiden. Die Augen von Quarz und Kalifeldspat erweisen sich als Störköper, deren Kristallisation vor der Hauptdeformation erfolgte. Die Quarzaugen bestehen aus monomineralischen Aggregaten von Quarzkörnern, die undulös auslöschen und durch Rekristallisation miteinander verzahnt sind. Die Kalifeldspat-Großkristalle enthalten zahlreiche Einschlüsse von Plagioklas, Quarz, Muscovit, Biotit und Akzessorien. Sie stellen also keine ursprünglichen Einsprenglinge in einer Schmelze dar, sondern sind relativ spät, vermutlich gegen Ende der Erstarrung des Granits, kristallisiert („Endoblastese") und später, während der Metamorphose, nochmals rekristallisiert. Kalifeldspat zeigt Mikroklin-Gitterung und Entmischung von Albit-Lamellen: Mikroklin-Mikroperthit. Das Grundgewebe besteht – wie im verbreiteten Haupttyp des Goldbacher Gneises – aus Kornpflastern von Quarz, Plagioklas und Mikroklin, zwischen denen zopfartige Lagen von Biotit und Muscovit durchhaltende Gleitbahnen bilden. Akzessorien: Granat, oft Atoll-förmig gewachsen, Apatit, Zirkon, Xenotim, Monazit.

Altersdatierung: Zwei langprismatisch ausgebildete Zirkone eindeutig magmatischer Entstehung erbrachten genau übereinstimmende Alterswerte mit von 419 ± 20 Ma und 420 ± 16 Ma (Abb. 9c), die als Intrusionsalter zu deuten sind. Ein weiterer Zirkon mit abgerundeten Ecken ergab dagegen ein archaisches Alter von 2.734 ± 10 Ma, dem ältesten Wert, der bis jetzt im Spessart gefunden wurde (Dombrowski et al. 1995). Auch dieser Fremdkristall dürfte aus dem ehemaligen Superkontinent Gondwana stammen (Gerdes & Zeh 2006, Zeh & Gerdes 2010).

56 Felsen im Steinbachtal: Goldbacher Orthogneis

Blatt 5920 Alzenau, $R^{35}0606$ $H^{55}4044$ bis $R^{35}0853$ $H^{55}4274$
Schöne Wanderung von Kleinostheim auf dem Wanderweg 12 (rotes, schräg geteiltes Rechteck) durch das Steinbachtal nach Steinbach hinter der Sonne. Am Eingang des Tales steht Goldbacher Gneis in zwei kleinen, weitgehend verwachsenen Stbr. an.

Modalbestand: Qz 30, Pl 35, Kfs 29, Ms 3, Bt 3, Grt +, Opak u. Akz +.

Beim Weiterwandern findet man an den Talhängen immer wieder Blöcke und Felsen von Goldbacher Gneis, z. T. mit Quarz- und Kalifeldspat-Augen. Ca. 1,5 km O des Waldrandes, kurz hinter der Einmündung eines von N kommenden Tales, trifft man auf eine große, glatte Felswand, auf der eine Gedenkplakette für den „Turnvater" Ernst Ludwig Jahn (1778–1852), den Initiator der deutschen Turnbewegung, angebracht ist ($R^{35}0725$ $H^{55}4070$). Dieser Plattenschuss folgt einer riesigen Schieferungsfläche, die mit 50° nach SO einfällt. Ein Linear taucht mit 25° nach O. Wenig talaufwärts zeigt ein Orthogneis-Block intensive Feinfältelung. Man ahnt die gewaltigen Gebirgskräfte, denen dieses – an sich sehr kompetente, d. h. schwer verformbare – Gestein über einen langen Zeitraum während der variscischen Regionalmetamorphose ausgesetzt war. Etwa 1 km talaufwärts, an der Einmündung des von N kommenden Rossbaches ($R^{35}0780$ $H^{55}4110$), treten besonders viele große Orthogneis-Blöcke am Talhang und im Bachbett des Steinbaches auf.

57 Alter Steinbruch und Felsenkeller am Mainaschaffer Weinberg (Kapellenberg): Goldbacher Gneis

Blatt 6020 Aschaffenburg, R^{35}0635 H^{55}3935
Durch die Goethestr. zum ausgeschilderten Aufstieg zur 1860–1862 als Bierkeller angelegte, seit 1899 als Andachtsraum genutzte Felsengrotte (P), die einen frischen Aufschluss im Goldbacher Gneis bietet. Dagegen ist im Eingangsbereich meist Haibacher Gneis verbaut. Die Grotte ist durch ein Gitter abgesperrt; jedoch ermöglicht das katholische Pfarrbüro (Hauptstr. 30, 63814 Mainaschaff, Tel. 06021-73320) den Zugang auf Anfrage. Die Bruchanlagen hinter der modernen Kapelle sind stark verwachsen. Sicherheitshinweis: Man vermeide ein Einsteigen über die steile, Steinschlag-gefährdete Bruchwand, Absturzgefahr!

Die Margarethenkirche im 1184 erstmals urkundlich belegten Dorf Mainaschaff beherbergt eine schöne spätgotische Madonna.

58 Grillplatz der Gemeinde Stockstadt an der Alten Chaussee: Goldbacher Gneis

Blatt 6020 Aschaffenburg, R^{35}0390 H^{55}3910
Vom nördl. Ortsausgang über die Alte Chaussee und den Friedhof zum Grillplatz. Felsmassen direkt S der Autobahnauffahrt Stockstadt erschließen den Normaltyp des Goldbacher Gneises, der nur selten Kalifeldspat-Augen zeigt. Die Schieferung fällt mit 80° nach NNW ein, die Lineation taucht 25° nach O. Die Gesteinsblöcke am Grillplatz bestehen z. T. aus Goldbacher Gneis, aber auch aus Quarzdiorit (wohl aus Dörrmorsbach **83**) und aus Quarzit (**8**).

Ein säulenförmiger Kilometerstein aus Buntsandstein zeigt die Aufschriften „10 Kilometer“, „10,0 nach Aschaffenburg“ und „1,6 km bis zur Landesgränze“. Er kann erst nach 1871 entstanden sein, nachdem das metrische Maßsystem in Bayern eingeführt wurde.

59 Felsen unterhalb des Pompejanums in Aschaffenburg: Goldbacher Gneis

Blatt 6020 Aschaffenburg, R^{35}0985 H^{55}3762
Felsengruppe unterhalb des Pompejanums, Radfahrweg am Mainufer: Normaltyp des Goldbacher Gneises; die Schieferung fällt mit 30° nach NNW ein. Die Felsen bildeten hier Untiefen im Flussbett und stellten einst ein Hindernis für die Schifffahrt dar.

Das *Pompejanum* wurde 1832–1849 von Friedrich Gärtner im Auftrag des bayerischen Königs Ludwig I. nach dem Vorbild des Hauses der Castor und Pollux in Pompeji erbaut, nach den Zerstörungen des 2. Weltkrieges restauriert und der Öffentlichkeit zugänglich gemacht. Der darunter liegende Weinberg der Staatlichen Hofkellerei trägt den Namen „Aschaffenburger Pompejaner“.

Vom Aufschluss genießt man auch einen eindrucksvollen Blick auf das aus Miltenberger Sandstein erbaute Aschaffenburger *Schloss St. Johannesburg*. Es steht an der Stelle einer mittelalterlichen Burg, die 1552 zerstört wurde, und von der nur noch der gotische Bergfried erhalten blieb. Im Auftrag des Mainzer Erzbischofs baute der Straßburger Meister Georg Ridinger 1605–1614 die gewaltige Vierflügelanlage im Stil der Renaissance, die nach schweren Kriegszerstörungen in alter Pracht entstand. Das in die Stadt führende Theoderichstor (15. Jh.) aus Buntsandstein zeigt zahlreiche Hochwassermarken. Das katastrophale Mainhochwasser von 1342 müsste noch über den Torbogen und die Marke für 1689 gereicht haben.
Die *Stiftskirche St. Peter und Alexander* wurde im 12./13. Jh. in Formen der Spätromanik und Frühgotik errichtet: originelle Vorhalle, schöner Kreuzgang, spätgotische Maria-Schnee-Kapelle (1516) mit neugotischem Giebel; wertvolle Ausstattung, besonders die Beweinung von Matthias Grünewald (1525). Das *Naturwissenschaftliche Museum* im *Schönborner Hof* zeigt eine umfangreiche Kollektion von Gesteinen und Mineralen des Spessarts.

60 Teufelskanzel am Godelsberg bei Aschaffenburg: Goldbacher Gneis

Blatt 6021 Haibach, R^{35}1270 R^{55}3784
Vom Zeughaus an der Bismarckallee – (P), auch für Busse – zur Kirchnerstr. 17, von wo eine Treppe und Fußwege zum Aussichtspunkt Teufelskanzel nahe der Kippenburg führen. *Alternativer Zugang* auf dem Wanderweg „Spessartweg 1". Umfangreiche Felsfreistellungen im Normaltyp des Goldbacher Gneises, die Schieferung fällt mit 55–65° nach SO ein, das Linear taucht mit 5° nach NO. Hübscher Blick auf Aschaffenburg, bei klarer Sicht bis zum Feldberg im Taunus.

61 Felsmassen auf dem Kugelberg: Goldbacher Gneis

Blatt 6021 Haibach, R^{35}1387 R^{55}3936
Von Aschaffenburg, Goldbach oder Haibach auf den Wanderwegen 14 oder 26 (roter –) oder mit PKW zu den Gartenhöfen. (P) nur für PKW. Vom Untergartenhof führt ein Weg nach O zum Sattel zwischen Gartenberg und Kugelberg, von dort pfadlos nach NW zu den Felsen am Gipfel, die den Goldbacher Gneis, z. T. mit Kalifeldspat-Augen, und Lagen von Aplitgneis zeigen.

62 Alter Steinbruch und Felsmassen am Gartenberg: Goldbacher Gneis

Blatt 6021 Haibach, R^{35}1394 R^{55}3888 und R^{35}1338 H^{55}3870
Wie bei **61** zum Obergartenhof und nach NO zum Wald, wo man einem Weg aufwärts nach SO bis in die Nähe der Felsgruppe folgt; von dort nach N zum Stbr. im Goldbacher Gneis, der stellenweise Kalifeldspat-Augen zeigt. Die Schieferung fällt mit 60–65°SO ein; die Lineation taucht mit 30°NO.

63 Alter Steinbruch an der Kaupe S Hösbach: Goldbacher Gneis

Blatt 6021 Haibach, R^{35}1481 H^{55}3948
Von der Seibelstr. in Hösbach-Bahnhof auf einem Fahrweg am Waldrand nach WSW bis zum Waldeck bei P 242; im Wald zunächst in gleicher Richtung, bis nach ca. 150 m ein Weg nach rechts (NW) abzweigt, der nach etwa 500 m zum Stbr. führt, in dem in den 1950/1960er Jahren Goldbacher Gneis für den Autobahnbau abgebaut wurde (Erläuterungstafel). Die eindrucksvollen, allerdings kaum direkt zugänglichen Steilwände folgen einer ausgeprägten Klüftung, die etwa senkrecht zu der 45°SO fallenden Schieferung steht. *Sicherheitshinweis*: Der Einstieg in den Bruch von oben her ist gefährlich: Absturzgefahr!

64 Alter Steinbruch am Leitweg bei den Weiberhöfen: Goldbacher Gneis

Blatt 5921 Schöllkrippen, R^{35}1710 H^{55}4145
Nach der Holzbrücke über die Sailauf, 250 m W der großen Straßenkreuzung beim Schlosshotel „Weyberhöfe", zweigt ein Weg nach N ab – (P) für PKW, weiter W auch für Busse –, der nach 200 m zum stark verwachsenen Stbr. führt. Hier wurde in den 1950/1960er Jahren der Normaltyp des Goldbacher Gneises für den Autobahnbau abgebaut. Die nördliche Bruchwand stellt eine riesige Kluftfläche im Zehner-Meter-Bereich dar, die der 50–60° nach SO einfallenden Schieferung folgt; die Lineation taucht mit 30° nach O ein.

Der alte *Weiberhof* wurde um 1265 gegründet, um 1552 zerstört und 1580 neu erbaut; er wurde 1904 im Stil des Historismus umgestaltet und ist seit 2002 das Schlosshotel „Weyberhöfe" (Kulturweg Kurfürstenweg, Punkt 1).

65 Blöcke beim Weingut Holler am Gräfenberg bei Rottenberg: Goldbacher Gneis mit Paragneis-Einschlüssen

Blatt 5921 Schöllkrippen, R^{35}1640 H^{55}4345
Von der Straße Hösbach–Rottenberg zweigt hinter dem Golfplatz und dem Dolomit-Stbr. Hufgard (**113**) ein Fahrweg nach S ab, der entlang des Gräfenberg-Südhanges (**114**) zum Weingut Holler führt. Im Eingangsbereich liegen große Blöcke von grobflasrigem, stark rekristallisiertem (1) *Goldbacher Gneis* mit bis 7 cm großen Kalifeldspäten. Die Einschlüsse von (2) feinkörnigem *Paragneis* gehen auf Hornfels-Schollen im ehemaligen Granodiorit zurück.

Modalbestände:
(1) Qz 31, Pl 40, Kfs 14, Msc 7, Bt 8, Grt +, Opak u. Akz +.
(2) Qz 34, Pl 48, Kfs 8, Msc 1, Bt 9, Opak u. Akz +.

Folgt man dem Fahrweg hangabwärts nach S, trifft man auf einen Pegmatit-Block, der aus rötlichem Kalifeldspat, weißlichem Plagioklas (mit Zwillingslamellen), fettig-grauem Quarz und silberglänzenden Muscovit-Blättchen mit sechsseitigen Umrissen besteht.

66 Alter Steinbruch an der Eichenberger Mühle: Goldbacher Gneis

Blatt 5921 Schöllkrippen, $R^{35}1819$ $H^{55}4513$.
Der Stbr. erschließt typischen Goldbacher Gneis, dessen Schieferungsflächen 20° nach NO einfallen.

Modalbestand: Qz 30–34, Pl (An_{10-16}) 33–43, Kfs 20–21, Ms 2–6, Bt (wenig chloritisiert) 2–8, Grt +, Opak (Mag, Häm, Ilm) 0,5–1,5, Akz (Ap, Zrn) bis 1.

In der Nähe befand sich die Schwerspatgrube „Marga" (**278**).

67 Felsen am Rathaus in Sailauf: Goldbacher Gneis

Blatt 5921 Schöllkrippen, $R^{35}1841$ $H^{55}4319$.
Hinter dem Rathaus, einem historischen Fachwerkbau, ist eine ca. 10 m hohe Felswand aus frischem und kaum überwachsenem Goldbacher Gneis zugänglich.

4.1.7 Aufschlüsse im Haibacher Orthogneis

68 Auflässiger Steinbruch am Wendelberg zwischen Aschaffenburg und Haibach: Haibacher Gneis

Blatt 6021 Haibach, $R^{35}1328$ $H^{55}3658$
Von der Würzburger Str. über die Berliner Allee in die Wendelbergstr. und auf einem Fahrweg zum Stbr. nahe Gasthof „Wendelberg". (P), auch für Busse. Erläuterungstafel des Archäologischen Spessartprojekts.

Der auflässige Stbr. (ehemals Firma Sommer) ist teilweise verwachsen oder mit Wasser gefüllt (Feuchtbiotop). Naturdenkmal: nicht hämmern! Für die Probenahme steht genügend loses Gesteinsmaterial zur Verfügung. Von den drei möglichen Zugängen bietet der mittlere den besten Überblick, endet aber an einer Steilwand: *Vorsicht:* Absturzgefahr!

Verwendung: Der lokal als „Haibacher Blauer" bekannte Gneis war bis vor kurzem ein beliebter Werkstein für Gebäudesockel, Einfriedungen und Gartenwege. Er fällt im Stadtbild von Aschaffenburg und Umgebung an vielen Gebäuden auf.

Der gleichkörnige, recht homogene (1) *Haibacher Biotitgneis* zeigt verbreitet ein Lagen- oder Flasergefüge, häufig mit porphyroblastischem Mikroklin. Der feinstreifige Wechsel von Quarz-Feldspat-reichen und Biotit-reichen Lagen sowie die bevorzugte Orientierung von Biotit definieren eine wohlausgebildete Schieferung, die recht konstant mit 80° nach SO einfällt. Dieses und das verbreitete Auftreten von drei Lineationen sind für die Südflanke der Spessart-Antiform typisch. Dabei dominiert das mit

80°/20° nach O eintauchende L_2-Linear. Das ältere und schwächer ausgeprägte L_1-Linear weicht im Gegenuhrzeigersinn von L_2 ab (70°/20°). Ein Streckungslinear L_3, das durch ausgelängte Flecken von Biotit gebildet wird, steht etwa rechtwinklig zu L_1 und L_2 und taucht steil nach S ein.

U. d. M. erkennt man, dass der Haibacher Gneis eine komplexe Gefügeentwicklung durchlaufen hat (Braitsch 1957b). Das älteste Gefügeelement sind Biotit-Einschlüsse im Kalifeldspat, die im Gegensatz zu den Biotiten des Grundgewebes keine Regelung zeigen. Das metamorphe Wachstum der wesentlichen Minerale erfolgte während der Hauptdeformation, also syntektonisch. Nicht nur Biotit, sondern auch Plagioklas, Kalifeldspat und Quarz bilden gestreckte Körner, die subparallel zur Schieferung eingeregelt sind. Bei abnehmendem Strain (Spannung), aber noch bei hohen Temperaturen setzte sich das Mineralwachstum fort und es kam zur Kristallisation neuer Körner, wobei sich sog. Tripelpunkte und Gleichgewichts-Korngrenzen ausbildeten. Besonders in hellen Schlieren wurde dabei die Schieferung weniger straff und es fand Kornvergröberung statt. Auf dem retrograden *P-T*-Pfad, bei Temperaturen unterhalb ca. 350–300 °C wurden die Minerale spröd deformiert: Feldspäte wurden zerbrochen, die Glimmer verbogen.

Der Haibacher Gneis wird von zahlreichen (2) *Aplit*-Gängchen und -Schlieren durchsetzt, die teils subparallel zur Schieferung, teils diskordant dazu verlaufen; sie wurden gemeinsam mit dem Biotitgneis deformiert.

Modalbestände:
(1) Qz 22–33, Pl ($An_{10\text{-}22}$) 36–50, Kfs (Mikroklin-Mikroperthit) 15–28, Bt (+ sek. Chl) 5–11, Ms bis 2, Opak (Ilm-Häm-Verwachsungen) bis 1, Zrn +, Ap +.
(2) Qz 40, Kfs (Mikroklin-Mikroperthit) 22, Pl ($An_{16\text{-}22}$) 36, Bt 2, Opak u. Akz +.

Verbreitet treten *Pegmatite* auf, und zwar entweder als konkordante, prätektonisch gebildete Linsen oder als diskordante Gänge, die jedoch noch von späten tektonischen Bewegungen betroffen wurden. Die sehr grobkörnigen Gesteine, häufig mit Korngrößen bis zu 10 cm, bestehen vorwiegend aus fleischfarbenem Kalifeldspat (Mikroklin), gelblich-weißem Albit und fettig-grauem Quarz; sie enthalten stellenweise reichlich Muscovit, stets auch etwas Biotit (Abb. 60). Daneben kamen weitere Pegmatit-Minerale vor, die heute nicht mehr gefunden werden: 6–8 cm lange Prismen von schwarzem Turmalin (Schörl), die oft zerbrochen und durch Quarz verheilt waren (Abb. 61), Tafeln von „Ilmenit" (meist jedoch Hämatit oder Ilmenit-Hämatit-Verwachsungen), Prismen von grünem Apatit und schöne, 2–3 cm große Ikositetraeder {211} von Spessartin (Abb. 60), z. T. in Kombination mit dem Rhomboeder {110}. Allerdings ist der Stbr. sicher nicht die Typuslokalität für das Mineral Spessartin. Die in den Sammlungen verwahrten „Beryll"-Kristalle erwiesen sich bei der Überprüfung mit Röntgenbeugung fast immer als Apatit (Lorenz 2010).

Eine Rb-Sr-Isochrone von 8 Gesteins-Proben des Haibacher Gneises vom Wendelberg ergab ein Alter von 407±14 Ma, das gut mit einem ^{207}Pb-^{206}Pb-Zirkonalter von 410±18 Ma vom Forsthaus Schmerlenbach (**71**) übereinstimmt. Diese Werte werden als Intrusionsalter des granodioritischen Ausgangsmaterials interpretiert (Dombrowski et al. 1995). Demgegenüber datieren die K-Ar-Alter von Biotit aus dem Gneis von 320,6–

Abb. 60. Haibacher Orthogneis (unten), diskordant durchsetzt von einem Pegmatit-Gang. Ehemaliger Stbr. am Wendelberg bei Haibach (**68**). Der Pegmatit besteht aus einer Verwachsung von grobkörnigem Kalifeldspat (rosa) und Quarz (fettiggrau) und enthält ein Kristallaggregat von idiomorphen Spessartin-Granaten (Mitte rechts). Bildbreite ca. 30 cm. Mineralienkabinett Braunschweig. Foto Dr. Ewald Ockenga (Braunschweig).

323,0 ± 2,2 Ma die Abkühlung des Gesteins nach der Regionalmetamorphose (Dombrowski et al. 1994); ähnliche K-Ar-Daten fand Lippolt (1986) an Biotit und Muscovit.

Am unteren Eingang des Stbr.s sind stark verwitterte, dunkle *Quarz-Glimmerschiefer* der *Schweinheim-Formation* aufgeschlossen, die deutlich biotitreicher als der Biotitgneis sind, aber immer noch merkliche Plagioklas-Gehalte aufweisen. Die Grenzen zwischen beiden Gesteinstypen sind scharf.

Die früher am Wendelberg auftretenden hydrothermal gebildete Kluftfüllungen von reinweißem Baryt sind heute nicht mehr zugänglich. Sie enthielten Hohlräume oder Limonit-Aggregate in Form von Rhombendodekaedern, die wohl auf ehemaligen Pyrit zurückgehen. Die von Mosebach (1935) beschriebene Probe mit „Spessartin" im Baryt konnte in den Universitäts-Instituten in Gießen und Marburg nicht aufgefunden werden und muss als verschollen gelten.

Abb. 61. Verbogener und zerbrochener Turmalin (Schörl) auf Quarz. Die Risse im Turmalin sind durch Quarz verheilt. Stbr. am Wendelberg bei Haibach (**68**). Naturwissenschaftliches Museum Aschaffenburg Nr. 1154. Bildbreite 7 cm.

Eine Erläuterungstafel verweist auf eine kürzlich wieder hergestellte Brunnenstube von 1525.
Am Frau-Holle-Kreisel beim ehemaligen Gasthof „Touristenheim" erinnert eine Erläuterungstafel an den früheren Stbr. „Frau Holle", der nach Ende des 2. Weltkrieges zugeschüttet wurde. Hier war die Überlagerung des Haibacher Orthogneises durch Sedimentgesteine des Zechsteins einschließlich des Bröckelschiefers hervorragend aufgeschlossen (Deml 1931; Kulturweg Aschaffenburg 2, Punkt 7)

69 Hohes Kreuz am Friedhof Haibach: Haibacher Gneis

Blatt 6021 Haibach, $R^{35}1402$ $H^{55}3715$
Das 1844 errichtete Hohe Kreuz – Bushaltestelle Hohe-Kreuz-Str., (P), auch für Busse – steht auf einem Felsen aus gut geklüftetem Haibacher Gneis.

Naturdenkmal, nicht hämmern! Für die Probenahme findet man genügend lose Handstücke.

70 Sportplatz Haibach: Haibacher Gneis

Blatt 6021 Haibach, $R^{35}1418$ $H^{55}3700$
Am Sportplatz des Vereins „Alemannia Haibach" in der Hohe-Kreuz-Str. – Bushaltestelle, (P) auch für Busse – steht typischer Haibacher Gneis an, dessen Schieferung mit 75° nach SO einfällt.

Modalbestand: Qz 33, Kfs 20, Pl 38, Bt 8, Ap +, Zrn +, Opak +.

71 Steinbruch am Forsthaus Schmerlenbach: Haibacher Gneis

Blatt 6021 Haibach, $R^{35}1450$ $H^{55}3840$
Vom ehemal. Forsthaus Schmerlenbach am Wanderweg 14 (roter –) – (P), auch für Busse – führt ein Fahrweg nach NW (Schranke) und erreicht nach ca. 200 m den Stbr. Dieser steht noch zeitweise in Abbau, wird aber auch zur Lagerung von fremdem Gesteinsmaterial verwendet.

Sicherheitshinweis: Das Betreten ist nur nach vorheriger Anmeldung bei der Firma Heinrich Kunkel (Bischbergstr. 30, 63743 Aschaffenburg, Tel. 06021-91047) und mit Schutzhelm gestattet. Die Bruchwände sind z. T. steil und brüchig, Steinschlag-Gefahr!

Der dickplattig absondernde Gneis zeigt einen ausgeprägten Wechsel von Glimmer-reichen und Quarz-Feldspat-reichen Lagen, der am besten im Querbruch sichtbar ist.

Modalbestand: Qz 20–30, Kfs 17–44, Pl 26–55, Bt 6–13, Ms 0–12, Opak 0–2, Apt +, Zrn +.

Gelegentlich treten auch Muscovit-reichere Gneispartien oder *Aplitgneise* auf. *Pegmatite* aus fleischfarbenem Kalifeldspat, fettiggrauem Quarz, weißlichem Albit und schwarz glänzenden Biotit-Blättchen sind recht häufig. Ein maximal 20 cm mächtiger Pegmatit-Gang verläuft teils parallel, teils diskordant zur mit 60° nach SO einfallenden Schieferung.

Einzelkorn-Datierungen an Zirkonen aus dem Haibacher Gneis vom Forsthaus Schmerlenbach erbrachten ein mittleres ^{207}Pb-^{206}Pb-Alter von 410±18 Ma, das gut mit dem Rb-Sr-Gesamtgesteins-Alter vom Wendelberg übereinstimmt und die Intrusion des granodioritischen Ausgangsgesteins datiert (Dombrowski et al. 1995). K-Ar-Datierungen ergaben Abkühlungsalter von 324,6 und 322,7 Ma für Muscovit sowie 317,8 und 314,7 Ma für Biotit (jeweils ± 2,3 Ma) (Dombrowski et al. 1994).

Das ca. 2 km östlich gelegene Kloster Schmerlenbach, 1218 gegründet, 1803 säkularisiert, ist ein beliebter Wallfahrtsort und religiöses Zentrum der Region. Die Wallfahrtskirche enthält das Gnadenbild einer Pietà (Ende 14. Jh.) und eine Marienstatue vom Typus der „Schönen Madonnen" (um 1400).

72 Hinterer Steinbruch am Rehberg bei Ober-Sailauf: Haibacher Gneis

Blatt 5921 Schöllkrippen, R^{35}2042 H^{55}4430
Am NW-Ortsausgang von Ober-Sailauf zweigt von der Straße nach Jakobsthal ein Fahrweg zum Rhyolith-Stbr. an der Hartkoppe (**95**) ab (Schild). Von der großen Rechtskurve führt ein weiterer Fahrweg nach ONO in ein Wiesentälchen und erreicht nach ca. 750 m den vorderen (Rhyolith-)Bruch (**96**) und bald danach den hinteren (Gneis-) Bruch.

Sicherheitshinweis: Der Stbr. darf nur mit Genehmigung der Firma Hartsteinwerke Sailauf GmbH (Hauptstr. 49, 63846 Laufach, Werk: In der Hart, 63846 Sailauf, Tel.: 06093-8044, e-mail: info@hsw-sailauf.de) betreten werden. An der steilen Bruchwand besteht Steinschlaggefahr: Schutzhelm!

Der nicht ganz frische, plattig absondernde Haibacher Gneis zeigt eine deutliche Schieferung, die mit 70° nach SO einfällt; ein ausgeprägtes Linear taucht mit 55° nach NO ein. Im Querbruch zeigen sich fettig-grauer Quarz und rötliche oder weißliche Feldspäte; schwarz glänzender Biotit ist auf den Schieferungsflächen angereichert, bildet aber keine geschlossene Haut. U. d. M. erkennt man, dass Quarz, Kalifeldspat (Mikroklin-Mikroperthit) und Plagioklas verzahnte Kornpflaster bilden; Quarz kann zu gröberkörnigen, fast monomineralischen Linsen angereichert sein und ist postkristallin deformiert. Biotit (teilweise zu Hydrobiotit abgebaut) ist meist subparallel zur Schieferung orientiert, teils quer zur Schieferung gewachsen. Akzessorien: Opakminerale, Apatit und Zirkon. *Pegmatit*-Einschaltungen bestehen überwiegend aus Quarz und Kalifeldspat sowie etwas Biotit.

73 Alter Steinbruch am Schindbuckel bei Aschaffenburg-Schweinheim: Tektonische Brekzie im Haibacher Gneis

Blatt 6020 Aschaffenburg, R^{35}1015 H^{55}3600
Vom Fahrweg Aschaffenburg–Obernau zweigt ca. 100 m S der Brücke über den Hemsbach ein Weg nach W ab, der am S-Hang des Schindbuckels entlang führt. Im Waldstück steht die alte, stark verwachsene Bruchwand im Haibacher Gneis. Dieser enthält eine ca. 1,20 m mächtige, 80°N einfallende, *gangförmige Einschaltung*, die sich ca. 30 m im O–W-Streichen verfolgen lässt. Das rötlich gefärbte Gestein besitzt eine weiß-

liche Verwitterungsrinde und lässt im frischen Anbruch bis 5 mm große Gesteinsbruchstücke von Haibacher Gneis erkennen, die isoliert in einer dichten, rötlich bis braunrot gefärbten Grundmasse liegen. U. d. M. löst sich diese in ein Gemenge von zahlreichen kleinen, eckig geformten Quarz- und Feldspat-Körnern auf. Das Gestein wurde von Deml (1931) als gangförmiger Quarzporphyr (Rhyolith) gedeutet, stellt aber in Wirklichkeit eine tektonische Brekzie dar (Weinelt 1971).

4.1.8. Aufschlüsse in der Elterhof-Formation – Lamprophyr-Gänge

74 Landhotel Klingerhof: Amphibolite und Kalksilikat-Gneise

Blatt 6021 Haibach, $R^{35}1650$ $H^{55}3702$
Von Haibach auf einem Fahrweg (Wanderweg rotes △) zum Landhotel Klingerhof; (P), auch für Busse. Hinter dem Parkplatz stehen nackte, im Nordteil frische Gesteinswände.

Die Anlage sollte keinesfalls durch Hämmern beschädigt werden; für die Probenahme ist genügend loses Gesteinsmaterial vorhanden.

Das Profil vermittelt einen guten Einblick in den N-Teil der Elterhof-Formation, die früher auch als körnig-streifige Paragneis-Serie bezeichnet wurde. Man erkennt eine Wechsellagerung von streifigen Amphiboliten mit Klinopyroxen-reichen Lagen, und gelblich gefärbten Kalksilikat-Gneisen. Helle, Feldspat(-Quarz)-Lagen sind konkordant eingeschaltet, stellenweise durchsetzen sie die Wechsellagerung diskordant (Abb. 62). Die Schieferung fällt mit 45° nach SO ein.

Die plattig spaltenden, dunkelgrün gefärbten *Amphibolite* lassen mit dem bloßen Auge vorwiegend weißlichen Plagioklas und grünlich-schwarze Hornblende erkennen, die auf den Schieferungsflächen manchmal divergentstrahlige Aggregate bildet. In die Amphibolite sind schieferungs-parallele Lagen von *Kalksilikat-Gneis* eingeschaltet, die mit gelblich-grüner Farbe verwittern. U. d. M. erkennt man verzahnte Kornpflaster aus Plagioklas (stark serizitisiert), Kalifeldspat (Mikroklin-Mikroperthit), Hornblende, Klinopyroxen und Epidot, deren jeweiliger Mengenanteil lagenweise stark variiert. Auffallend ist der hohe Anteil von Titanit (ca. 5 Vol.-%), der rauten- bis linsenförmige Kristalle bildet. Akzessorien sind Opakminerale und Apatit. Die hellen *Feldspat(-Quarz)-Lagen* sind teils parallel zur Schieferung eingeschaltet, teils durchgreifen sie diese quer. Sie können bis 2 cm lange Säulchen von Hornblende führen, die allerdings in den Kernpartien in limonitische Substanz zersetzt sind. Im S-Teil des Profils ist der Gesteinsverband stärker verwittert und in seine Bestandteile aufgelöst. Das ist wahrscheinlich eine Folge von Solifluktion (Bodenfließen) im periglazialen Klima des Pleistozäns. Dabei zeigen die einzelnen Gesteinslagen das typische Hakenschlagen, dass nicht mit Faltung verwechselt werden darf.

Ein charakteristischer Anteil der nördl. Elterhof-Formation sind die *Plattengneise*. Sie werden als metamorphe Rhyolithe gedeutet, haben aber eine Mylonitisierung unter hohen Temperaturen erlebt, vielleicht im Zuge des Transportes der Alzenau-Elterhof-Decke. Beim Bau des Hotels Klingerhof waren sie zeitweise gut aufgeschlossen; z. Zt.

Abb. 62. Aufschlussbild mit Gesteinen der Elterhof-Formation. Landhotel Klingerhof bei Haibach (**74**). Man erkennt eine streifige Wechsellagerung von Kalksilikat-Gneis (hell grünlich-grau) und Amphibolit (dunkel). Helle Quarz-Feldspat-reiche Lagen sind konkordant eingeschaltet, teils durchsetzen sie die Wechsellagerung diskordant.

sind sie höchstens noch als Lesesteine auf den umliegenden Feldern zu finden. Das glimmerarme, in ebene Platten spaltende Gestein ist recht variabel zusammengesetzt. U. d. M. erkennt man scheibenförmige Quarze oder Quarz-Aggregate, die in 0,1–0,4 mm dicken Lagen parallel der Schieferung eingeregelt sind. Dazwischen sind kleinkörnige Plagioklas-Mikroklin-Aggregate in Streifen eingeschaltet. Gelegentlich treten auch bis 1 cm große Mikroklin-Augen auf, durch deren Auftreten das Gefüge flaserig wird.

Modalbestände von Gesteinen aus der Umgebung des Klingerhofes
Amphibolit: Qz 2, Pl (An_{35}) 25, Hbl 66, Tit 5, Opak +, Akz 2.
Cpx-führender Amphibolit: Qz 2, Pl (An_{40}) 54, Hbl 29, Cpx 7, Tit 2, Opak 6, Akz +.
Kalksilikat-Gneis: Pl 48, Cpx 42, Hbl 2, Grt 3, Tit 4,5, Ap 0,5, Opak +.
Granat ist zonar gebaut mit $Alm_{51-54}Prp_{0.5-1}Sps_{4-5}Grs_{36,5-38,5}Adr_{4-4,5}Uv_{0.5-1}$
Plattengneis: Qz 25–60, Pl (An_{13-21}) 18–36, Kfs 17–51, Bt 0,5–4,5, Ms bis 4, Opak bis 1,5, Akzessorien +

Im Gebiet S Hotel Klingerhof wurde früher Marmor der Elterhof-Formation in einem Stbr. abgebaut ($R^{35}1686$ $H^{55}3685$), der sich heute in einer eingezäunten Viehweide befindet, stark verfallen ist und kaum noch Anstehendes zeigt. Wir verweisen daher auf **76**.

75 Felsblöcke am Sportplatz Grünmorsbach: Augengneis

Blatt 6021 Haibach, R^{35}1570 H^{55}3535
Von der Straße Haibach–Dörrmorsbach zweigt am Sattel zwischen Findberg und Kaiselsberg ein mit PKW befahrbares Sträßchen zum Sportplatz Grünmorsbach ab (ca. 1 km); von Grünmorsbach ist der Sportplatz auf dem Wanderweg „Büchelsteig" zu erreichen (ca. 1 km). Wenig unterhalb (O) des Zufahrtsweges zum Vereinsheim liegen im Wald Felsblöcke von hellem, granitischen Gneis, der in Augengneis mit bis zu 2 cm großen Kalifeldspäten übergeht (vgl. **77, 80**). Eingeschaltet sind Biotit-reiche Lagen.

76 Ehem. Marmor-Abbau Heinrichs-Stollen im Gailbachtal: Marmor

Blatt 6021 Haibach, R^{35}1346 H ^{55}3529
Bushaltestelle Gailbachtal an der Straße „Am Königsgraben" in A'burg-Schweinheim, ca. 700 m SO des ehemaligen Gasthauses „Dümpelsmühle". Der Aufschluss, ein Punkt am Kulturweg Aschaffenburg 3 – Gailbach (Informationstafel), wurde durch einen Treppenweg zugänglich gemacht, teilweise von Buschwerk gesäubert (Abb. 63), jedoch mit einer Holzschranke abgesperrt. Den besten Einblick vermittelt eine künstliche Höhle im vorderen Teil der NW-Bruchwand.

Die Elterhof-Formation enthält in größerer Zahl konkordante Einschaltungen von Marmor und Silikat-Marmor, die zusammen mit Graphit-Quarziten, Metabasiten und Plattengneisen (Meta-Rhyoliten) eine charakteristische Gesteins-Assoziation bilden. Die WSW–ONO streichenden Marmorlinsen treten oft schwarmartig auf. Das Vorkommen im vorderen Gailbachtal erreicht – unter Einbeziehung einzelner Schieferlagen – eine Mächtigkeit von über 20 m. Die mittlere, besonders reine, d. h. von silikatischen Beimengungen fast freie Marmorlage wurde zunächst im Tagebau, später durch den

Abb. 63. Marmor der Elterhof-Formation. Ehemaliger Marmor-Abbau des Heinrichs-Stollen im Gailbachtal (76). Das ausgeprägte Kluftsystem folgt dem Lagenbau der metamorphen Kalksteine.

Stollen des Heinrichsschachtes abgebaut (vgl. Abschn. 3.2.7.). Der Marmor zeigt einen ausgeprägten Lagenwechsel, der die ursprünglichen Stoffverschiedenheiten im feingeschichteten Ausgangsgestein abbildet. Bänke von annähernd reinem, grobspätigen Marmor gehen auf einen dolomitischen Kalkstein zurück; den Zwischenlagen von Silikat-Marmor liegt dagegen ein mergeliges Sediment zugrunde.

Während die weißlich bis rosa gefärbten, reinen Marmore fast nur aus Calcit mit etwas Dolomit und Rhodochrosit bestehen, enthalten die Silikat-Marmore neben Karbonaten in lagenweiser Anreicherung Mg-Silikate, die typisch für die Amphibolit-Fazies sind. Am häufigsten sind Partien mit ca. 1 mm großen, rundlichen Körnern von gelblich, grünlich oder rötlich gefärbtem Chondrodit, der allerdings weitgehend in Serpentin umgewandelt ist. Andere Partien enthalten bis 5 mm große, gelblich-braune Phlogopit-Blättchen, Tremolit-Aktinolith oder Spinell. Selten kann man, meist nur u. d. M., Humit, Olivin, Grossular, Rhodonit und Anthophyllit oder Cummingtonit identifizieren. Bei einer späteren intensiven Zerscherung, die sich besonders im Grenzbereich zu den benachbarten Paragneisen bemerkbar macht, entstanden Talk, Chlorit, Tremolit und Faser-Calcit als Kluftfüllungen. Die komplexen Verdrängungen der Primärminerale, besonders von Chondrodit, durch Serpentin, Chlorit, Talk und Calcit lässt sich nur u. d. M. studieren.

Der unreine dolomitische Kalkstein, aus dem der Marmor entstanden ist, wurde – wahrscheinlich während des Kambriums – in einem Flachmeer-Bereich abgelagert. Der Sedimentationsraum darf auf keinen Fall tiefer gelegen haben als die *Karbonat-Kompensations-Tiefe* (CCD), unterhalb derer die Auflösungsrate von Karbonaten ihre Ausscheidungsrate übersteigt. Für Calcit liegt die CCD heute in einer Wassertiefe von 4.500 bis 5.000 m.

In die Marmore sind häufig fast Karbonat-freie Biotit-(Chlorit-)-Hornblende-Gneise und -Schiefer eingeschaltet. Eine Auswahl von Gesteinstypen der Elterhof-Formation findet man als Lesesteine am Beginn der Treppe: Augengneis, Biotit-Plagioklas-Gneis (sog. Perlgneis), Plattengneis, Paragneis mit Quarz-Feldspat-reichen Lagen.

In der Nähe gab es früher noch weitere Marmor-Abbaue, die aber heute keine attraktiven Aufschlüsse mehr darstellen, z. B. der Gertrudstollen am Heubuckel bei Gailbach ($R^{35}1415$, $H^{55}3540$).

77 Alter Steinbruch „Zum grünen Baum" in Gailbach: Lamprophyr-Gang in Metamorphiten der Elterhof-Formation und im Quarzdiorit

Blatt 6021 Haibach, $R^{35}1472$ $H^{55}3472$

Der klassische, seit 1959 auflässige Stbr. am früheren Wirtshaus „Zum grünen Baum", nahe der Abzweigung zum Klingertsweg gelegen, ist heute total verwachsen und nur mit äußerster Mühe zugänglich. Er vermittelte früher einen guten Einblick in die Grenzzone zwischen Biotit-Plagioklas-Gneis, massigem Perlgneis, Biotit-Plagioklas-Schiefer und Augengneis der *Elterhof-Formation* und Tiefengesteinen des *Quarzdiorit-Granodiorit-Komplexes*. In diesen Gesteinsverband drang vor ca. 325 Ma ein 8–10 m mächtiger *Lamprophyr-Gang* ein, den man auf eine Länge von etwa 500 m verfolgen kann.

Er setzt mit scharf begrenzter Kontaktfläche (*Salband*) gegen das Nebengestein ab und fällt mit ca. 75° nach W ein. Unterhalb des Findberges gabelt er sich in zwei Teilgänge auf (**78**). Petrographisch liegt ein Kersantit vor, bei dem unter den dunklen Gemengteilen Biotit über Hornblende vorherrscht. Er enthält reichlich 2–3, maximal 6 cm große Fremdkristalle von Kalifeldspat (Abb. 64), die z. T. in Fließrichtung des Lamprophyr-Magmas eingeregelt sind. Diese Na-reichen Orthoklasperthite sind oft nach dem Karlsbader Gesetz verzwillingt und führen selbst Einschlüsse von Plagioklas. Als weitere Fremdlinge treten kleine Quarz-Kristalle (1–5 mm) in Hochquarz-Tracht (sog. Dihexaeder) auf, die teilweise von der Schmelze resorbiert und oft von einem Reaktionssaum aus grünen Hornblende-Nädelchen umgeben sind. Die Fremdkristalle stammen wahrscheinlich aus Gesteinen der Erdkruste und wurden vom Lamprophyr-Magma auf seinem Weg vom Oberen Erdmantel nach oben aufgenommen (Wrobel 2000). Der einschlussreiche Lamprophyrtyp, der auch sonst im Vorspessart autritt, erhielt von Gümbel (1864) den Lokalnamen *Aschaffit*, der heute nicht mehr gebräuchlich ist. Den Lamprophyr durchziehen geringmächtige Adern von Baryt, Calcit, Dolomit und Quarz.

78 Der „tiefe Steinbruch“ in Gailbach: Lamprophyr-Gang

Blatt 6021 Haibach, $R^{35}1470$ $H^{55}3484$

200 m N der Einmündung des Klingertsweges zweigt ein schmaler Weg von der Gailbacher Hauptstr. nach N ab (keine Park- und Wendemöglichkeit!). Man erblickt bald das Mundloch des verschütteten Stollens, durch den das gewonnene Material aus dem Stbr. abtransportiert wurde. Der eindrucksvolle Stbr., auf einem Privatgrundstück gelegen, bildet bis zu 25 m hohe Steilhänge, die ohne alpinistische Ausrüstung nicht zu begehen sind. Vor Experimenten wird dringend gewarnt! Der Bruch erschließt die NW-Abzweigung des Lamprophyr-Ganges von **77** sowie Gneise der Elterhof-Formation. Früher wurden Adern aus drusenreichem Calcit, Dolomit, Hämatit, Baryt und Quarz gefunden.

→

Abb. 64. a. „Aschaffit“, ein Lamprophyr mit Fremdkristallen von Kalifeldspat, die vom aufdringenden Magma aus Gesteinen der Erdkruste aufgenommen wurden. b. 3 cm langer Kalifeldspat-Kristall im Aschaffit, nach dem Karlsbader Gesetz verzwillingt. Bei genauerem Hinsehen erkennt man im Lamprophyr zahlreiche gerundete Quarze. c. Zonar gebauter, 3 cm langer Kalifeldspat-Großkristall im Aschaffit mit Einschlüssen von Quarz (grau), Plagioklas (weißlich) und Biotit (dunkel). Die Pflastersteine wurden vermutlich Ende des 19. Jh. im ehemaligen Stbr. „Grüner Baum“ in Gailbach (**77**), gewonnen und gehören zum Straßenpflaster vor dem Aschaffenburger Schloss.

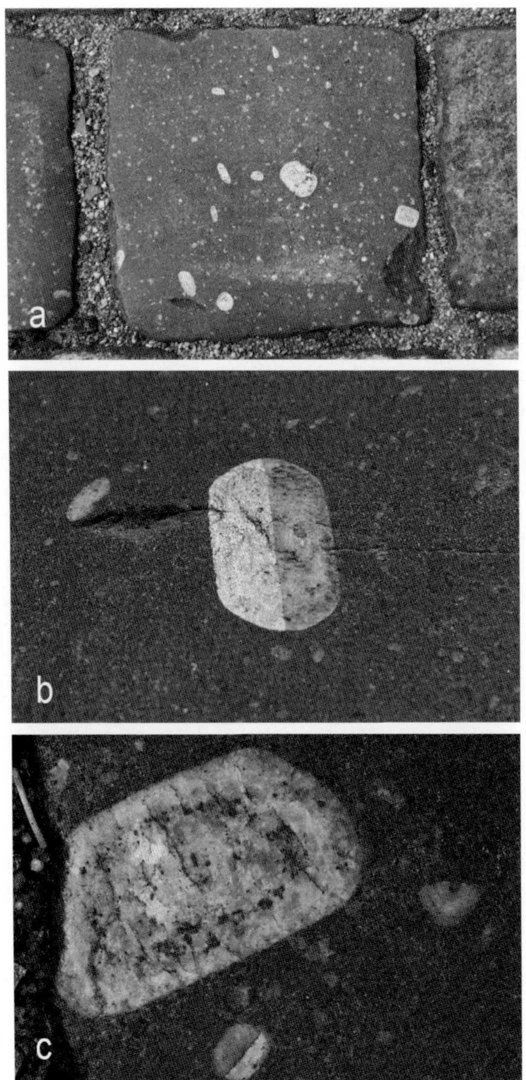
a
b
c

79 Alter Steinbruch „Noriswand“ oberhalb Gailbach: Lamprophyr-Gang in der Elterhof-Formation und im Quarzdiorit

Blatt 6021 Haibach, $R^{35}1375$ $H^{55}3490$ (Eingang)
Zugang: Von der Bushaltestelle „Gailbachtal“ bei (**76**) zweigt nach SW eine Straße ab; hinter der Brücke führt der Wanderweg (roter •) nach SO in den Wald und nach ca. 500 m zum Eingang des Stbr.; dieser kann auch vom Kultur- und Jugendzentrum Grauberg (**82**) erreicht werden.

Der gut zugängliche, über 400 m lange Bruch erschließt einen der zahlreichen Lamprophyr-Gänge im Südteil des Spessart-Kristallins, die bis 1914 abgebaut wurden und seitdem meist stark verwachsen sind. Der Gang durchschneidet die Grenze zwischen Elterhof-Formation und Quarzdiorit; in seinem Südteil verschwindet er unter dem Buntsandstein. Im *Nordteil* des Bruches stehen streifige *Paragneise* an, in denen lagenweise 1–2 cm große Kalifeldspat-Augen sprossen; daneben kommen auch massige Biotit-Plagioklas-Gneise (Perlgneise) vor. An der W-Wand kleben noch Reste von *Lamprophyr*. Im *Südteil* des Bruches ist der Kontakt zwischen dem ca. 8 m mächtigen Lamprophyr-Gang und dem *Quarzdiorit*, der hier ein deutliches Parallelgefüge zeigt, eindrucksvoll aufgeschlossen. Da das Salband mit etwa 330°/60° SW relativ flach einfällt, werden die oberen Teile der hohen SW-Wand von Quarzdiorit eingenommen, während die tieferen Teile aus Lamprophyr bestehen. Der äußerlich dunkelbraun erscheinende *Kersantit* zeigt im frischen Anschlag eine grau gefärbte, feinkristalline Grundmasse, in der braunglänzende Biotit-Einsprenglinge liegen. Als dunkler Gemengteil dominiert neben Biotit Klinopyroxen (Augit), während Olivin und Amphibol (Aktinolith bis Magnesio-Hornblende) zurücktreten. Olivin ist sekundär in Gemenge aus Aktinolith + Talk (*Pilit*) umgewandelt. Zum Salband hin steigt der Hornblende-Gehalt auf 15–17 Vol.-% an, so dass die Randpartien des Ganges als *Spessartit* zu bezeichnen sind. Der Quarzdiorit wird in **81** detailliert beschrieben. Ein 300 m SO gelegener Lamprophyr-Stbr. ($R^{35}1398$ $H^{55}3472$) bietet keine zusätzlichen Informationen.

80 Alter Steinbruch auf dem Exerzierplatz bei Schweinheim: Lamprophyr-Gang in Metamorphiten der Elterhof-Formation und im Quarzdiorit

Blatt 6021 Haibach, $R^{35}1310$ $H^{55}3470$
Von Aschaffenburg-Schweinheim auf dem Aumühlweg (roter •) bis zur Wegkurve 200 m W des Jugend- und Kulturzentrums (früher Gasthof „Almhütte“) am Grauberg; der Aufschluss liegt etwa 100 m W dieser Kurve in einem früheren militärischen Sperrgebiet. Man betritt ihn am besten von der oberen Bruchkante (Vorsicht: Steile Wände). Der untere Zugang ist durch Brombeergebüsch versperrt.

Der Bruch wurde im 19. Jh. zum Abbau eines mehr als 400 m langen Lamprophyr-Ganges angelegt und erschließt den Grenzbereich zwischen dem Quarzdiorit im Süden (vgl. **81**) und Metamorphiten der Elterhof-Formation (Braitsch 1957a), die mit 70° nach N einfallen. *Paragneise* bestehen vorwiegend aus Quarz, Plagioklas (An_{24-29}) und

Biotit sowie Granat und seltener auch Sillimanit. Helle Lagen aus Quarz + Plagioklas (An_{21-23}) ± Kalifeldspat sind schieferungsparallel eingeschaltet.

Einen charakteristischen Bestandteil der Grenzzone stellen die (1) *Augengneise* dar. In einem mittelkörnigen Grundgewebe aus weißlichem Plagioklas, fettiggrauem Quarz, schwarz glänzendem Biotit und (seltener) grünlich-schwarzer Hornblende liegen 2–3 cm große, rötliche Kalifeldspat-Augen (meist Orthoklas, seltener mit Mikroklin-Gitterung), deren Anteil meist bei 10–20 Vol.-%, z. T. wohl noch höher liegt. Sie sind in der Schieferung eingeregelt und teils gedrungen bis nahezu idiomorph ausgebildet, oft aber auch ausgeschwänzt. Schon mit freiem Auge erkennt man Biotit-Einschlüsse; u. d. M. werden massenhaft Einschlüsse von Quarz, seltener von Plagioklas und Hornblende sichtbar. Durch postkristalline Deformation löschen die Kalifeldspäte undulös aus. Die Plagioklase werden meist vollständig von durchlaufenden Biotit-Quarz-Aggregaten umflasert, in denen Quarz feinkörnig rekristallisiert, Biotit oft postkristallin verbogen und zerrissen und teilweise chloritisiert ist. Auch die Plagioklase selbst sind häufig verbogen oder zerbrochen; sie werden auf Korngrenzen und Rissen von Kalifeldspat verdrängt; teilweise sind sie stark sericitisiert.

Im Verband mit den Augengneisen treten (2) *Amphibolite*, (3) *Biotit-Hornblende-Gneise* und (4) *Hornblende-Gneise* auf, in die häufig (5) helle, *Plagioklas-reiche Lagen* parallel eingeschaltet sind.

Modalbestände:
(1) Qz 23–31, Pl (An_{30}) 38–46, Kfs 20–21, Bt (+ sek. Chl) 10–11, Hbl bis 0,5, Ms ±, Opak ±, Akz (Ap, All) +.
(2) Qz 4, Pl (An_{28-37}) 56, Kfs +, Bt 2, Hbl 37, Tit 0,5, Ap 0,5, All +, Opak +.
(3) Qz 10, Pl (An_{37-45}) 53, Kfs +, Bt (+ sek. Chl) 20, Hbl 15, Opak 0,5 Akz (Tit) 0,5.
(4) Qz 40–51, Pl (An_{50-56}) 10–19, Hbl 38–40, Cpx +, Opak u. Akz 0,5.
(5) Qz 4, Pl (An_{47-60}) 83, Hbl 8,5, Grt 4,5 Cpx +, Opak +.

4.1.9. Aufschlüsse im Quarzdiorit-Granodiorit-Komplex – Lamprophyr-Gänge

81 Auflässiger Steinbruch am Stengerts bei Aschaffenburg-Schweinheim: Quarzdiorit

Blatt 6021 Haibach, $R^{35}1360$ $H^{55}3450$
Der ehemalige Höllein'sche Stbr. wird jetzt vom Aschaffenburger Schützenverein St. Sebastianus als Schießstand benutzt; an Wochentagen kann der Schlüssel bei Herrn Werner Schreck, Lorenzstr. 16 (Tel. 06021-335570) entliehen werden, der außerhalb der Schießzeiten das Betreten des Stbr.s genehmigt. Wie bei **80** zum Jugend- und Kulturzentrum am Grauberg und weiter rechts nach S, bei einer Weggabelung links nach SO zum Vereinsheim des Schützenvereins. Der Hauptteil des Bruches ist durch einen Zaun verschlossen, doch bietet schon der Eingangsbereich Aufschlüsse.

Der auflässige Stbr. vermittelt immer noch einen guten Einblick in die Plutonite des Quarzdiorit-Granodiorit-Komplexes, die sich durch ihr massiges Erscheinungsbild

Abb. 65. Idiomorpher Titanit mit typischer „Briefkuvert“-Form in einer Kalifeldspatreichen Schliere im Quarzdiorit. Ehemaliger Stbr. am Stengerts bei A’burg-Schweinheim (**81**), Probe JL49-ohne Nr. Bildbreite 20 mm.

deutlich von den sonst im Spessart-Kristallin verbreiteten Gneisen und Glimmerschiefern unterscheiden. Typisch sind die wollsackförmigen Verwitterungsformen, die in den oberen Partien der Bruchwände und in den Felsmassen oberhalb von Stbr. **82** sichtbar sind. Man erkennt einen lebhaften Wechsel zwischen unterschiedlichen Gesteinstypen:

(1) Der grobkörnige *Quarzdiorit* besteht überwiegend aus bläulich-weißen, rundlichen Plagioklasen (bis 2 cm), die in einem Gemenge aus schwarz glänzendem Biotit und grünlich-schwarzer, rissiger Hornblende wachsen; fettiggrauer Quarz fällt weniger ins Auge. Wichtige Akzessorien sind Titanit, Magnetit, Ilmenit, Apatit und der Seltenerd-Epidot Allanit; Zirkon ist relativ selten. Sericit, Chlorit, Saponit, Epidot, Prehnit, Calcit, Hämatit und Goethit treten als häufige Sekundär-Minerale auf. Rutil scheidet sich bei der sekundären Umwandlung von Biotit in Chlorit in Form von *Sagenit-Gittern* aus. Als Kluftminerale wurden Epidot – bisweilen in cm-langen Nadeln – und Adular gefunden.

(2) Diese etwa gleichartig zusammengesetzten Partien gehen allmählich in diffus begrenzte, *helle Schlieren* über, die neben Plagioklas auch rötlichen Kalifeldspat in stark wechselnder Menge und Korngröße führen. U. d. M. erkennt man, dass der Kalifeldspat den Plagioklas verdrängt, also relativ spät gebildet wurde, vermutlich aus K_2O- und H_2O-reicheren Restschmelzen. Hornblende ist z. T. idiomorph ausgebildet und verdrängt stellenweise Biotit. Außerdem führen diese hellen Schlieren häufig honigbraune, stark glänzende Titanit-Kristalle in der typischen „Briefkuvert“-Form (bis 2 cm groß; Abb. 65). Da im Stbr. keine frisch zerkleinerten Blöcke mehr anfallen, können schöne Exemplare heute leider kaum noch gefunden werden.

(3) In großer Verbreitung enthält der Quarzdiorit linsenförmige, relativ feinkörnige, *basische Schollen* von Biotit-Amphibolit, die erhöhte Gehalte an Biotit und Hornblende und wechselnde Mengen an Quarz führen. Die Grenze gegenüber dem umgebenden Quarzdiorit ist nicht ganz scharf, sondern oft durch randlich einsprossende Plagioklas-Kristalle aufgelockert. Solche dunklen Schollen werden weltweit in I-Typ-Plutoniten gefunden. Sie stellen keine Fragmente des durchschlagenen Nebengesteins, also keine Xenolithe dar, sondern sind *endomagmatische Einschlüsse*, die aus dem Bildungsort des quarzdioritischen Magmas im Oberen Erdmantel oder in der Unterkruste stammen.

Demgegenüber repräsentiert die *große basische Scholle*, die in der SO-Ecke des Stbr. aufgeschlossen ist und sich vertikal über die gesamte Höhe der Bruchwand erstreckt, einen Gesteinsverband der Elterhof-Formation. Wie diese zeigt sie einen Lagenwechsel von (4) *Biotit- Amphibolit*, (5) *Hornblende-Biotit-Plagioklas-Gneis*, (6) *Biotit-Plagioklas-Gneis*, aplitischen *Quarz-Plagioklas-Adern* sowie prä- bis syntektonischen *pegmatoiden Einschaltungen*. Die Scholle stellt also einen riesigen Xenolith dar. Hierzu passt, dass wir uns nahe der Nordgrenze des Quarzdiorit-Granodiorit-Komplexes zur Elterhof-Formation befinden, die zugleich die Südflanke der Spessart-Antiform bildet. In dieser Grenzregion zeigt der Quarzdiorit eine deutliche, mit 75° nach N einfallende Foliation S_1; das L_2- Linear taucht schwach nach O ein.

Modalbestände (Abb. 10):
(1) Qz 4–20, Pl ($An_{30\text{-}40}$) 45–65, Kfs bis 5, Bt 7–33, Hbl 8–24, Akz (Tit, All, Ap, Zrn, Mag, Ilm, selten Pyrit) 1–4.
(2) Qz 4–31, Pl ($An_{25\text{-}45}$) 30–58, Kfs 5–34, Bt 2–18, Hbl 4–19 Opak u. Akz 1–5. Die Grenze zum Normaltyp des Quarzdiorits wurde bei 5 Vol.-% Kfs gelegt.
(3) Qz 1–15, Pl ($An_{30\text{-}45}$) 34–55, Kfs 0–1, Bt 5–42, Hbl 11–50, Cpx 0–2, Opak und Akz 0–4.
(4) Qz 1–5,5, Pl ($An_{32\text{-}52}$) 52–55, Kfs +, Bt (+ sek. Chl) 22–28, Hbl 14–20, Akz 1–3.
(5) Qz +–5, Pl 50–65, (sek. Ab 0–8), Kfs +, Bt (+ sek. Chl) 21–40, Hbl 4,5–9, Akz 1–4,5.
(6) Qz +–25, Pl 45–67 (sek. Ab 0–4,5), Kfs 0–4, Bt (+sek. Chl) 21–46, Hbl. bis 0,5, Akz. 1,5–7,5.

Altersdatierung: Neun rosa gefärbte, klare Zirkon-Kristalle mit gut ausgebildeten Flächen aus dem Quarzdiorit erbrachten einen mittleren $^{207}Pb/^{206}Pb$-Alterswert von 329,6 ± 0,8 Ma, der als Intrusionsalter zu interpretieren ist (Anthes & Reischmann 2001). Innerhalb der Fehlergrenzen gibt es eine Übereinstimmung mit einem K-Ar-Alter von 328 ± 4 Ma, das an einem Hornblende-Konzentrat aus einer Kalifeldspat-reichen Schliere ermittelt wurde (Nasir et al. 1991).

Der Quarzdiorit wird von späten *Pegmatit-Gängen* (siehe **83**) sowie einem *Lamprophyr-Gang* durchschlagen.

82 Wanderung zum Gipfel des Stengerts: Felsenmeer in Perlgneisen und im Quarzdiorit – Unterer Buntsandstein – Fernblick

Blatt 6021 Haibach, $H^{55}3520$ $R^{35}1335$ bis $H^{55}3425$ $R^{35}1410$
Vom Kultur- und Jugendzentrum am Grauberg führt ein Wanderweg (roter •) bis zum Gipfel des Stengerts (347 m). Man durchquert ein eindrucksvolles Felsenmeer, das durch die Wollsack-Verwitterung während der Tertiärzeit und die Felsfreistellungen in den Kaltzeiten des Pleistozäns entstanden ist. Im unteren (N-)Bereich finden sich *Perlgneise* der Elterhof-Formation (etwa $R^{35}1340$ $H^{55}3480$), die teils gut geschiefert und lagig, teils massig ausgebildet sind und dann an den Quarzdiorit erinnern. Stellenweise enthalten sie bis 2 cm große Granat-Porphyroblasten $Alm_{69,5}Prp_{20,5}Sps_{6,5}Grs{+}Adr_{3,5}$ (Abb. 66). Man suche am Hang, der zum Gailbachtal abfällt!

Nach etwa 250 m überschreitet man die Grenze zum *Quarzdiorit* und genießt bald einen aufregenden Tiefblick in den ehemaligen Stbr. (**81**): *Vorsicht*: keine Abzäunung! Beim weiteren Aufstieg wird das Hangprofil steiler und man quert die Grenze zum

Abb. 66. Perlgneis der Elterhof-Formation mit Kristallen von Almandin-reichem Granat. Felsenmeer am Grauberg bei Aschaffenburg-Schweinheim, **82**, Probe JL256-1. Breite des Handstücks 11 cm.

auflagernden Deckgebirge, die nicht aufgeschlossen ist. Der *Bröckelschiefer* (vgl. Abschnitt 2.4.3.1) wird von Hangschutt überdeckt, der zahlreiche Blöcke von *Heigenbrückener Sandstein* enthält. Dieser lieferte das Baumaterial für den *Aussichtsturm* auf dem Gipfel des Stengerts.

Schöner *Fernblick*: Im S, O und NO wird der Horizont durch die bewaldete Landstufe des Buntsandstein mit mehreren Ausliegern und Zeugenbergen begrenzt, wie dem Reuschberg bei Schöllkrippen, dem Klosterberg und Gräfenberg bei Rottenberg, dem Bischlingsberg bei Laufach, dem Steigknückel bei Bessenbach, dem Findberg und Kaiselsberg bei Gailbach sowie dem 432 m hohen Pfaffenberg bei Soden (mit Sendemast). Im SW erkennt man das Maintal und die Ausläufer des Odenwaldes. Im NW blickt man im Vordergrund auf die Stadt Aschaffenburg sowie auf Haibach mit Schellberg und Hasenkopf. Dahinter erstreckt sich das Hügelland des kristallinen Vorspessarts mit dem hoch gelegenen Dorf Ober-Afferbach und der Kirche von Johannesberg, in der Ferne erscheint der Hahnenkamm (386 m).

83 Stahl'scher Steinbruch am Heinrichsberg bei Dörrmorsbach: Quarzdiorit und Pegmatit

Blatt 6020 Haibach, $R^{35}1710$ $H^{55}3451$
Von der Hohe-Warte-Str. am SO-Ortsende von Dörrmorsbach (P) zweigt ein Fahrweg nach links (NO) ab, der zur Waage und den Aufbereitungs-Anlagen des einzigen derzeit im Quarzdiorit betriebenen Stbr. führt (ca. 600 m; (P), auch für Busse). Der Bruch wurde 1994 erweitert, wobei eine tiefere, 3. Sohle aufgefahren wurde. Von der Kirche Oberbessenbach (P) führt ein Rundwanderweg (blaues Eichenblatt) zum Stbr. (ca. 1,5 km).

Nutzung: Der Bruch liefert Steine für Uferbefestigungen sowie groben Schotter.

Achtung: Es wird auch reichlich Gesteinsabfall aus weltweiten Vorkommen aufgearbeitet!

Anmeldung: Fa. Erwin Stahl, Dörrmorsbacher Str. 4, 63808 Haibach-Dörrmorsbach (Tel. 06021-60932 und -458466).

Sicherheitshinweis: Wegen der steilen, Steinschlag-gefährdeten Abbauwände ist ein Schutzhelm zwingend erforderlich!

Der massig, mittel- bis grobkörnig ausgebildete Quarzdiorit ist durch ein ausgeprägtes Kluftsystem gekennzeichnet, das – als Ergebnis tiefgründiger Verwitterung in

Abb. 67. Allanit in einem Pegmatitgang im Quarzdiorit. Stahl'scher Stbr. am Heinrichsberg bei Dörrmorsbach, **83**, Probe JL50-ohne Nr. Durch den radioaktiven Zerfall ist der Allanit in den metamikten Zustand übergegangen und hat an Volumen zugenommen. Dadurch entstehen im umgebenden Pegmatit Sprengrisse. Bildbreite 6 cm.

der Tertiärzeit – zur typischen Wollsack-Verwitterung führt. Wie bei **81** eingehend beschrieben, enthält auch hier der *Quarzdiorit* viele *basische Schollen* und helle, *Kalifeldspat-reiche Schlieren*. In diesen findet man nicht sehr häufig bis 1 cm große Titanit-Kristalle in der typischen „Briefkuvert"-Form.

Daneben gibt es unregelmäßig geformte, rötlich-weiß gefärbte *Aplit-Einschaltungen*.

Durch den laufenden Abbaubetrieb werden immer wieder Granit-Pegmatite freigesprengt, die im Quarzdiorit als diskordante, dm-dicke Adern auftreten. Die sehr grobkörnigen Gesteine bestehen aus fleischfarbenem Kalifeldspat (Mikroklin), weißlichem Albit, fettig-grauem Quarz, langestreckten oder flächig ausgedehnten Blättern von Biotit (bis 20 cm groß), Muscovit und schwarzem Turmalin (Schörl). Nicht selten enthalten die Pegmatite bräunlich gefärbten Allanit-(Ce), dessen Kristallstruktur – bedingt durch einen Th-Gehalt – durch ionisierende Strahlung zerstört wird und in den sog. metamikten Zustand übergeht; dabei entstehen im umgebenden Pegmatit radialstrahlige Sprengrisse (Abb. 67).

Der Quarzdiorit wird häufig von 1–3 mm dünnen, feinkörnigen Epidot-Adern durchzogen, in deren Nachbarschaft das Nebengestein durch hydrothermale Alteration ausgebleicht ist. Seltener bildet Kluft-Epidot gut ausgebildete, pistaziengrüne Kristalle, die bis 15 mm lang werden. Häufige Kluftminerale sind auch Chlorit, Calcit, Skapolith (Mejonit) und Aktinolith. Ein geringmächtiger Baryt-Calcit-Gang streicht – ungewöhnlich! – in O-W-Richtung. Das häufigste Tonmineral alterierter Partien ist hier der Saponit. Neben den bereits erwähnten Mineralen wurden im Stahl'schen Stbr. durch Lorenz (1998a, b, 2001) zahlreiche seltene Minerale gefunden, die z. T. für den Spessart einmalig sind, darunter Uraninit sowie U-haltige Arsenate, Vanadate und Silikate (näheres in Lorenz 2010).

84 Alte Steinbrüche am Heinrichsberg bei Dörrmorsbach: Lamprophyr-Gänge im Quarzdiorit

Blatt 6021 Haibach, $R^{35}1690$ $H^{55}3465$ und $R^{35}1689$ $H^{55}3486$

Von **83** führt ein Fußweg zum Heinrichsberg, an dessen W-Flanke zwei jeweils 10 m mächtige und 150 m lange Lamprophyr-Gänge bis auf geringe Reste abgebaut wurden. Der obere Bruch ist relativ gut zugänglich, aber teilweise mit Wasser gefüllt (Vorsicht!), während der untere Bruch stark verwachsen und nur schwer zugänglich ist; er endet im S in einer nicht begehbaren Steilwand!

85 Beutelstein bei Oberbessenbach: Felsfreistellung im Quarzdiorit

Blatt 6021 Haibach, R^{35}1748 H^{55}3392
Von der Kirche Oberbessenbach (P) oder von (**83**) folgt man einem Rundwanderweg (blaues Eichenblatt) bis zum Schild „Naturdenkmal"; darüber liegt im Wald versteckt die Felsmasse des Beutelsteins. Diese ist hangaufwärts weitgehend überwachsen, zeigt aber hangabwärts eine breite und hohe Felswand, aus der zeitweise auch Quarzdiorit gewonnen wurde. Die Klima-Bedingungen während des Tertiärs führten zur tiefgreifenden Verwitterung des Quarzdiorits entlang der Klüfte, von denen aus der Fels vergrust wurde. Dabei blieben größere, gerundete Kernblöcke übrig („Wollsack-Verwitterung"). In den Kaltzeiten des Pleistozäns wurden die Restfelsen durch Solifluktion (Bodenfließen) freigelegt, z. T. auch umgelagert; es entstanden Blockmeere und frei gestellte Felsen, für die der Beutelstein ein eindrucksvolles Beispiel ist. Blockmeere waren im Spessart früher sehr verbreitet; jedoch wurden die meisten Blöcke abgefahren und für die Gartengestaltung oder zum Anbringen von Gedenktafeln genutzt. Auch heute noch wird die Flur für diese Zwecke weiter ausgeräumt, so dass nur kleine Reste erhalten blieben(z. B. **31, 39, 41, 42, 80, 81, 82, 93, 94**).

Der sog. Wackelstein, der nur wenig oberhalb des Stahl'schen Stbr.es anstand, fiel leider dem Abbau zum Opfer, da er so stark verwittert war, dass man ihn nicht abtransportieren konnte.

Die charakteristische Kirchengruppe von Oberbessenbach besteht aus der kleinen spätgotischen Ottilienkirche mit dem Ottlienbrunnen, die bis ins 12. Jahrhundert zurückgeht, und einer Kirche von 1905. (Kulturweg Oberbessenbach Punkt 1 und 5; Informationstafel).

86 Bensenbruch bei Dörrmorsbach: Leukogranodiorit und Lamprophyr

Blatt 6021 Haibach, R^{35}1658 H^{55}3409
Vom Haus Hohe-Warte-Str. 8a am SO-Ausgang von Dörrmorsbach führt ein Fußweg nach S, der nach 100 m den von der Familie Schwind gestifteten Bildstock erreicht (Kulturweg Aschaffenburg 3–Gailbach Punkt 3, Informationstafel). Wenig unterhalb (W) im Wald liegt der Bensenbruch mit einem Stollen, der am Ende des 2. Weltkrieges als Schutzraum diente. *Achtung*: Das Gebiet ist geschützter Landschaftsteil: Nicht am anstehenden Gestein hämmern!

Der Stbr. erschließt einen über 4 m mächtigen Kersantit-Gang im Leukogranodiorit. Die Kristallingesteine werden diskordant von einer hier bis 1,7 m mächtigen Basalbrekzie aus Gesteinsschutt und Schluffsteinen des *Bröckelschiefers* überlagert. Man schaut hier auf die präpermische Landoberfläche mit dem Verwitterungsschutt des gehobenen und abgetragenen Spessart-Kristallins. Somit dokumentiert dieser Aufschluss einen Zeitunterschied von über 60 Millionen Jahren, zwischen der Erstarrung des Lamprophyr-Magmas vor etwa 320 Ma und dem Eindringen des Zechstein-Meeres vor ca. 258 Ma. Diese marine Episode wurde schließlich durch die Ablagerung des bereits terrigen geprägten Bröckelschiefers abgeschlossen.

87 Alter Steinbruch am Ende des Obersölchgrabens: Leukogranit

Blatt 6021 Haibach, R^{35}1675 H^{55}3375
Vom SO-Ende von Gailbach oder vom Schwind-Bildstock bei (**86**) zum Zeltplatz am Obersölchgraben (P); von dort ca. 300 m nach O zum Stbr. auf der Südseite des Tals. Dort findet man noch lose Blöcke von mittelkörnigem Leukogranit, der eine ca. 250 m große Einschaltung in stark verwittertem bis vergrustem Quarzdiorit bildet.

Modalbestand: Qz 37, Kfs 40, Pl ($An_{22\text{-}24}$) 22, Bt 0,5, Opak +, Akz +.

U. d. M. erkennt man, dass die Minerale ein verzahntes Kornpflaster bilden. Plagioklas zeigt die typischen Zwillingslamellen nach dem Albit- und Karlsbader Gesetz (z. T. in Kombination mit dem Periklin-Gesetz); Kalifeldspat lässt Mikroklin-Gitterung (Kombination von Albit- und Periklin-Gesetz) sowie Entmischung von Albit-Lamellen erkennen (Mikroklin-Mikroperthit). Im Grenzbereich zum Kalifeldspat bilden sich im benachbarten Plagioklas bisweilen kleine, etwa senkrecht zur Korngrenze orientierte Quarzstängel (Myrmekit). Infolge postkristalliner Deformation löschen Kalifeldspat und Quarz undulös aus. Biotit ist häufig durch Verwitterung ausgebleicht, also zu Hydrobiotit abgebaut.

88 Alte Steinbrüche am Ameisenbrunnen bei Soden: Quarzdiorit und Lamprophyr

Blatt 6021 Haibach, R^{35}1408 H^{55}3258 (Westbruch), R^{35}1427 H^{55}3260 (Ostbruch)
Zum Campingplatz Ameisenbrunnen führen Fahrwege (1) von Sulzbach am Main durch das Wachenbachtal und (2) von Gailbach am Westhang des Geiersberges; (3) von Soden auf Wanderweg 17 (roter ○) und 26 (roter –). Durch die Erosion des Wachenbaches ist der Quarzdiorit lokal unter der Buntsandstein-Bedeckung freigelegt worden. Der *Westbruch* erschließt den Kontakt zwischen dem Quarzdiorit und einem NNO streichenden Lamprophyrgang, der bis auf geringe Reste abgebaut ist. Hornblende aus einer basischen Scholle ergab ein K-Ar-Alter von 318 ± 4 Ma (Nasir et al. 1991). Der ca. 400 m entfernte *Ostbruch* ist eher romantisch als informativ. Quarzdiorit ist stark verwittert; ein größerer, frischer Block hat granitischen Modalbestand.

89 Alter Steinbruch am östl. Ortsende von Soden: Leukogranodiorit

Blatt 6021 Haibach, R^{35}1705, H^{55}3205
Der alte, stark verwachsene Stbr. am Ostende der Hohe-Warte-Str. (P) zeigt verwitterten Leukogranodiorit mit einer Einschaltung von Leukogranit.

90 Alter Steinbruch an der Zeckenmühle bei Oberbessenbach: Hydrothermal veränderter Quarzdiorit

Blatt 6021 Haibach, R^{35}1830 H^{55}3405
Im auflässigen Stbr. am Südausgang von Oberbessenbach steht heute das Vereinsheim des Schützenvereins „Hubertus“ (Tel. 06095-3471). Der hier anstehende Quarzdiorit

ist, bedingt durch eine NNW–SSO streichende Störungszone, hydrothermal stark verändert und postkristallin deformiert; er zeigt nicht selten Harnischstreifung. Rot gefärbter Plagioklas ist weitgehend sericitisiert, Biotit chloritisiert, grünlich-schwarze Hornblende vollständig von Chlorit, Calcit und Goethit verdrängt. Auf Klüften beobachtet man gelegentlich Epidot.

91 Kirschlingsgraben S Oberbessenbach: Dunkle Partien im Quarzdiorit, Leukogranit, Pegmatit, Basalt

Blatt 6021 Haibach, R^{35}1875 H^{55}3272 und R^{35}1860 H^{55}3260
Von (**90**) auf dem Weg zum Hohwarthaus bis zum Ausgang des Kirschlingsgrabens (ca. 2 km). Von der Weggabelung geht man zunächst knapp 100 m bergauf nach O zu einem Schurf, wo eine Kalifeldspat- und Hornblende-reiche Varietät des *Quarzdiorits* ansteht, die von Kalifeldspat-reichen Adern und Schlieren durchzogen wird. Eine dunkle, *Gabbro-ähnliche Einschaltung* besteht überwiegend aus Plagioklas (stark serizitisiert), Hornblende und Biotit sowie relativ viel Titanit und Apatit. Etwas oberhalb (R^{35}1883 H^{55}3277) wurde von Weinelt & Lorenz (1983) ein 0,8 m mächtiger stark zersetzter Gang von Magnetit-reichem *Olivin-Basalt* entdeckt, der heute unter dem Waldweg verborgen ist. Nach der chemischen Analyse liegt ein *Nephelin-Basanit* vor (Abb. 21). Es handelt sich um das südlichste Vorkommen von tertiärem Basalt im Spessart.

Folgt man dem Kirschlingsgraben etwa 250 m, so sieht man oberhalb des Weges im Wald einen Schurf, in dem *Pegmatit* abgebaut wurde. Das sehr grobkörnige Gestein besteht überwiegend aus fleischfarbenem Kalifeldspat und weißlichem Quarz (Milchquarz), die gelegentlich schriftgranitische Verwachsungen zeigen, untergeordnet aus weißlichem Albit, Muscovit und Biotit.

In einem weiteren Schurf findet man Blöcke von feinkörnigem *Leukogranit*.

92 Alter Steinbruch an der Kauppenbrücke bei Waldaschaff: Granodiorit

Blatt 6021 Haibach, R^{35}2156 H^{55}3680
Vom Ortszentrum auf der Brückenstr. (Wanderweg rotes +) zur Einkehrhütte „Kauppenblick“. Der auflässige Stbr. und mehrere große Blöcke in der Umgebung der Hütte zeigen typischen Granodiorit mit basischen Schollen und Schlieren, sowie Gängchen von Aplit und Pegmatit. Die guten Granodiorit-Aufschlüsse an der A3 bei Waldaschaff sind wegen des Fehlens von (P) für die Öffentlichkeit unzugänglich.

93 Blockmassen im Mittelgrund bei Waldaschaff: Granodiorit

Blatt 6021 Haibach, R ^{35}2255 H ^{55}3700
Vom Ortszentrum auf der Mittlethalsstr. bis zur Bushaltestelle am Transformatorenhaus. (P), auch für Busse. Von dort auf einem Fußweg in den Mittelgrund, wo man bei einer Raststelle Blockanhäufungen erreicht. Diese zeigen Granodiorit mit bis 4 cm großen, eckigen Großkristallen von fleischfarbenem Kalifeldspat (Mikroklin), der makroskopisch sichtbare Einschlüsse von Biotit enthält. Die mittel- bis grobkörnige

Grundmasse besteht aus Plagioklas, Quarz, Biotit und Hornblende sowie als Akzessorien Titanit, Allanit, Apatit, Zirkon und Opakminerale. Wie man U. d. M. erkennt, enthalten die Kalifeldspäte u. a. Einschlüsse von Plagioklas, in dem sich Quarz-Stängel gebildet haben (*Myrmekit*). Die Kalifeldspat-Großkristalle stellen also keine Einsprenglinge dar, sondern sind in einer späten Phase der magmatischen Entwicklung gewachsen (*Endoblastese*).

94 Sportzentrum Seebachtal bei Hain: Quarzdiorit und Leukogranit

Blatt 5921 Schöllkrippen, $R^{35}2330$ $H^{55}4130$
Von Hain durch das Bahnviadukt zu den Sportplätzen der DJK am Ausgang des Seebachtales. Oberhalb des Grillplatzes liegen im Wald große Blöcke von Quarzdiorit und Leukogranit.

4.2. Aufschlüsse in permischen Vulkaniten

95 Steinbruch der Hartsteinwerke Sailauf an der Hartkoppe bei Ober-Sailauf: Rhyolith und mineralreiche Hydrothermal-Vererzung

Blatt 5921 Schöllkrippen, $R^{35}1960$ $H^{55}4420$
Von der Engländerstr. in Ober-Sailauf (Richtung Bad Orb) zweigt ein ausgeschilderter Fahrweg („Hartsteinwerk") zum aktiven Stbr. ab.

Sicherheitshinweis: Wegen der steilen Bruchwände besteht Steinschlaggefahr. Ein Betreten des Bruches ohne Schutzhelm und ohne vorherige Anmeldung bei den Hartsteinwerken Sailauf GmbH (Postanschrift: Hauptstr. 49, 63846 Laufach, Werk: In der Hart, 63846 Sailauf; Tel.: 06093-8044, e-mail: info@hsw-sailauf.de) ist nicht gestattet.

Produktion: Vorsatz-Edelsplitte, Tennenbelag für Sportplätze, Findlinge, Wasserbausteine, Schotter-Tragschichten, Planum-Schutzschichten.

Die eindrucksvolle Bruchanlage erschließt in mehreren Sohlen den etwa zylinderförmigen Körper von frühpermischem Rhyolith von ca. 600 × ca. 250 m Ø. (Ein kleinerer Körper wird durch Stbr. **96** erschlossen.)

Blickt man vom oberen Rand des Stbr. nach N und O (Abb 68), so erkennt zwei verschiedene Gesteinstypen: *Typus 1* im Nordteil des Bruches zeigt eine deutliche säulige Absonderung mit wechselnder Orientierung der Säulen, z. B. rosettenförmig an der Ostwand. Er wird durch eine NW-SO-streichende Zone von vier parallelen Störungen durchsetzt. Diese sind z. Zt. nur mit Hämatit belegt, erbrachten aber spektakuläre Hydrothermal-Mineralisationen (s. u.). Mit scharfer Grenze folgt nach S der massige *Typus 2*, der nicht säulig absondert.

Die *oberste*, z. Zt. nicht im Abbau stehende Bruchsohle bietet eine gute Übersicht über die Verbandsverhältnisse des Rhyoliths mit seinem Nebengestein (Abb. 68). Am *S-Teil* der *Ostwand* ist der diskordante Kontakt mit stark verwitterten *Glimmerschiefern* der *Mömbris-Formation* aufgeschlossen. In Kontaktnähe ist der Rhyolith hydrothermal verkieselt und sehr hart; nach außen hin ist er weitgehend in tonige Substanz umgewan-

Abb. 68. Panoramabild des Rhyolith-Stbr. Hartkoppe bei Sailauf (**95**). Zustand am 6. August 2009.

delt, die überwiegend aus dem Tonmineral Illit, einem Hydromuscovit, besteht. Weiter N wird der Rhyolith durch die *vor-oberpermische Landoberfläche* gekappt und von *Zechstein- Sedimenten* überdeckt, die mit einem dunklen, extrem Mn-reichen Ton, einer lokalen Ausbildung des Kupferschiefers, beginnen. Es folgen braune Dolomite der Werra-Formation, die vor ca. 258 Ma aus dem eindringenden Zechstein-Meer ausgefällt wurden. Damit ist ein Mindestalter für den Rhyolith gegeben, der leider noch nicht isotopisch datiert ist. Im Rhyolith findet man hier häufig *Lithophysen*, rundliche Gebilde von 1–20 cm Ø, die mikroskopisch kleine Turmaline, Turmalin-Brekzien und z. T. Achat enthalten. Sie konzentrieren sich offenbar in Schwächezonen, in denen das noch nicht vollständig erstarrte Rhyolith-Magma duktil deformiert wurde. Die Kristallisation von Turmalin (Schörl) erfolgte wahrscheinlich spätmagmatisch aus Bor-reichen Restlösungen, während Achat und weitere Drusenminerale wie Hämatit, Baryt, Apatit, Xenotim-(Y), Bariopharmakosiderit und Illit späthydrothermal entstanden. Das Fe-Oxalat Humboldtin ist wohl eine sehr junge, vielleicht rezente Bildung. An der *NO-Wand* zeigt die vor-oberpermische Landoberfläche, die den Gesteinsverband aus Rhyolith und Mömbris-Glimmerschiefer kappt, ein ausgeprägtes Paläorelief: Ein altes Tälchen mit steilem Prallhang und flachem Gleithang ist mit Zechsteinton gefüllt; dieser enthält zahlreiche Bröckchen von Rhyolith, die von höheren Geländeteilen der alten Landoberfläche eingeschwemmt wurden. Im nördlichsten Teil der oberen Bruchsohle steht *Goldbacher Orthogneis* an, der im Bereich der Störungszone spröd deformiert und brekziiert wurde (*Kataklase*). Im Kontaktbereich führt der Rhyolith so viele eckige bis kantengerundete Gesteins-Fragmente von mm- bis cm-Größe, dass er ein brekzienartiges Aussehen erhält. Oft enthält er auch dm- bis m-große Xenolithe von Goldbacher Gneis, Staurolith-Glimmerschiefer, Amphibolit und Pegmatit (z. T. mit Turmalin). Ein großer Rhyolith-Block mit einem Einschluss von Muscovit-Biotit-Gneis liegt am Brucheingang.

Die beiden Rhyolithtypen lassen sich besser in den tieferen Sohlen studieren. *Typus 1*, im N-Bereich anstehend, ist porphyrisch ausgebildet mit Einsprenglingen von Quarz, Alkalifeldspat und Plagioklas in einer rosa, violettgrau oder rötlichbraun gefärbten Grundmasse. Die lagige und schlierige Verteilung der Farbnuancen bildet das ehemalige Fließgefüge in der Rhyolith-Schmelze ab. Unter den Einsprenglingen dominieren dunkelgraue, kaum mehr als 1 mm große Quarz-Kriställchen mit grau fettglänzenden Bruchflächen. Mit der Lupe kann man ihre Dihexaeder-Form mit vorherrschender hexagonaler Dipyramide $\{10\bar{1}1\}$ und schmalen Prismenflächen $\{10\bar{1}0\}$ erkennen. Diese typische Hochquarz-Tracht entsteht bei Temperaturen > 573 °C. Weiß-rosa gefärbte Einsprenglinge von Alkalifeldspat und Plagioklas mit Perlmutt-glänzenden Spaltflächen fallen meist weniger ins Auge. Nur untergeordnet sind Einsprenglinge von Biotit erkennbar.

U. d. M. löst sich die Grundmasse in eine Verwachsung von Alkalifeldspat, Plagioklas und Quarz auf, die wohl z. T. durch Entglasung der glasig erstarrten Schmelze entstanden. Die Quarz-Einsprenglinge zeigen häufig Korrosions-Buchten, die belegen, dass sich Quarz nicht mehr im Gleichgewicht mit der Schmelze befand (Abb. 69; vgl. Abschnitt 2.3.2, Abb. 20). Die Einsprenglinge von Alkalifeldspat sind häufig in Tonminerale, vermutlich Illit zersetzt, die von Plagioklas in Sericit umgewandelt wurden; Biotit ist vollständig mit Hämatit durchsetzt. Winzige Hämatit-Schüppchen sind auch in der Grundmasse fein verteilt und bilden das färbende Pigment. Anhäufungen von Hämatit sind makroskopisch als rote Flecken erkennbar.

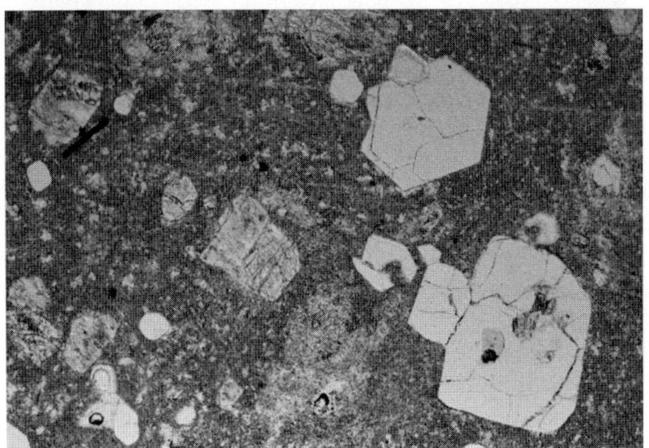

Abb. 69. Rhyolith. Stbr. an der Hartkoppe bei Sailauf (**95**), Probe JL32-490. Mikrofoto, 1 Nic. Das Gestein zeigt ein typisch porphyrisches Gefüge mit Einsprenglingen von Quarz (farblos, z. T. mit erkennbaren Kristallflächen) und Kalifeldspat (durch spätere Umwandlung in Tonminerale getrübt) in einer feinkörnigen Grundmasse. Diese greift z. T. in Form von Korrosionsbuchten in die Quarz-Einsprenglinge ein, und zwar im großen Kristall (unten rechts) von oben oder von unten her. Bildbreite 5 mm.

Der massige *Typus 2* im S-Bereich ist verbreitet stärker alteriert, wahrscheinlich durch spätmagmatische Fluide. Kennzeichnend sind rundliche bis ovale, bis 1 cm große Bleichungshöfe (Reduktionshöfe), die sich zu Gruppen vereinigen und schließlich Flecken von mehreren cm Größe bilden können. In den gebleichten Partien hat die Grundmasse des Rhyoliths ihre violettgraue bis rötlichbraune Farbe verloren, da das Fe^{3+} des feinverteilten Hämatits reduziert und als Fe^{2+}-Ionen in Lösung gebracht wurde. Hierfür sind ein geringes Redoxpotential (Eh) und ein pH-Wert < 6 notwendig, d. h. die Fluide erzeugten ein saures Milieu. Der Silikatanteil der Grundmasse wird in verschieden starkem Maße in Illit umgewandelt, wie Röntgenbeugungs-Untersuchungen zeigen. Bei vollständiger Umwandlung werden die Bleichungshöfe zerreiblich, so dass beim Anschlagen des Gesteins oft nur noch Löcher zurückbleiben. Unterhalb des früheren Grundwasserniveaus wurden in den Zentren der Bleichungshöfe zahlreiche exotische Minerale festgestellt, von denen ged. Arsen in Verwachsung mit etwas Uraninit dominiert (Näheres s. Lorenz 2010).

An die NW–SO streichende *Störungszone* ist eine ungewöhnliche *Vererzung* gebunden, durch die es zur lokalen Anreicherung der chemischen Elemente Ba, Mn, As, Bi und U kam (Lorenz 1991a, b, 1995, 1996, 2002b, 2004, Wildner et al. 2003). Sie ist Folge einer komplexen Hydrothermal-Aktivität, die nach isotopischen Datierungen im Zeitraum zwischen 161 und 98 Ma, d. h. von der mittleren Jura- bis zur frühen Kreide-Zeit ablief, und zwar vermutlich in mehreren Pulsen (Hautmann et al. 1999, Okrusch et al. 2007). Derzeit können am ehesten folgende hydrothermal gebildete Minerale gefunden werden:

- Weiß gefärbter, tafeliger, derber oder brekziöser Baryt (hohe Dichte!) in eigenständigen Gängchen, die sich mit abweichendem SW–NO-Streichen ins Kristallin fortsetzen.
- Weiße bis rosa Gangfüllungen aus Rhodochrosit, Kutnahorit, Manganocalcit, Calcit, seltener Siderit und Dolomit. Meist bilden die Karbonate komplexe Pseudomorphosen nach Calcit. Leicht Mn-haltige Calcite fluoreszieren unter kurzwelligem UV-Licht rot. Gegen das Salband zeigt Calcit dunkelbraune, mikroskopisch feine Säume aus Manganit.
- Drusen mit goldgelbem Arseniosiderit, schwarzem Braunit, farblosem Quarz, fluoreszierendem Chalcedon, violettem Fluorit, farblosem Aragonit, Illit, seltener Montmorillonit.
- Tafelige Hohlräume als Negative ehemaliger Anhydrit-Kristalle; diese sind nur selten erhalten, wenn auch randlich in Bassanit und Gips umgewandelt.
- Unter den seltenen Mineralen ist Brandtit das häufigste (Abb. 70). Die bis 5 mm großen Kristalle und bis 2 cm großen Kristallaggregate waren stellenweise so häufig, dass der Stbr. als die weltbeste Fundstelle für das Mineral gelten kann. Eine große Zahl sehr seltener Minerale ist bei Lorenz (2010) aufgeführt.
- Kleine rotbraune bis schwarze Kristalle erwiesen sich als bisher unbekanntes Mineral, das nach der Typlokalität den Namen Sailaufit $(\square,Na,Ca)_2(Mn_3O_2(AsO_4)_2(CO_3)\cdot 3H_2O$ (Abb. 71) erhielt (Wildner et al. 2003). Daneben gibt es einen visuell kaum unterscheidbaren Doppelgänger mit ähnlichem Beugungspektrum, der statt Mn nur Fe führt!

Abb. 70. Braune Kristallbüschel des in den hydrothermalen Gangfüllungen nicht seltenen Minerals Brandtit, Bildbreite 2 cm. Stbr. Hartkoppe bei Sailauf (**95**).

- Brekziöse, schwarze Rhyolithe sind mit Mn-Mineralen imprägniert: schwarzglänzender Braunit und Braunit II, Hausmannit, Bixbyit, bläulich schimmernder Kryptomelan, im Anbruch grauer, blättriger Todorokit, Romanèchit, Pyrolusit, Birnessit und Hollandit. Baum- oder moosförmige Dendriten auf Kluftflächen im Rhyolith bestehen meist aus Todorokit und Kryptomelan; Powellit und seltener Scheelit fluoreszieren mit der UV-Leuchte gelb bzw. weiß.
- Weit verbreitet ist Hämatit, meist als derber „Eisenrahm“, selten als tafelige Kristalle oder Kristall-Rosetten. Calcit-Adern führen z. T. tafeligen Hämatit, daneben Fluorit und Seladonit. Im abgebauten Bereich fanden sich Pseudo-und Perimorphosen von Hämatit nach Calcit in bis zu 10 cm großen „Kristallen“, die sicher aus m-großen Drusen-Hohlräumen stammen.
- Imprägnationen und Adern von gediegenem Arsen in schwarz gefärbten, verzweigten Aggregaten.
- Regellos im Rhyolith verteilt sind Imprägnationen der fluoreszierenden Uranglimmer Meta-Uranocircit, Meta-Uranospinit, Autunit, Meta-Autunit und weiteren sehr seltenen Vertretern (vgl. Lorenz 2010).

Das ged. Arsen auf den Klüften und in den Bleichungshöfen verwittert zu wasserlöslichem Arsenolith As_2O_3, wobei Uranylionen freigesetzt werden. Dadurch wird das Regenwasser in dem sonst trockenen Stbr. geringfügig belastet. Trotzdem erreichte eine Bürgerinitiative 2007 die Installation einer Anlage zur Wasser-Aufbereitung, mit der die Arsen- und Uranyl-Ionen ausgefällt werden.

Abb. 71. Das neue Mineral Sailaufit in einer hydrothermalen Druse im Rhyolith. Bildbreite 2 cm. Hartkoppe bei Sailauf (**95**).

96 Steinbruch der Hartsteinwerke Sailauf am Rehberg bei Ober-Sailauf: Rhyolith

Blatt 5921 Schöllkrippen, $R^{35}2020$ $H^{55}4430$
Zugang: Von Stbr. **95** führt ein Fahrweg vorbei an der Aushub-Deponie der Gemeinde Sailauf zu den oberen Sohlen des Stbr. am Rehberg (oder Steingeröll) am SO-Hang des Querberges (371 m); der Bruch wurde 1993 in Abbau genommen und ist z. Zt. aktiv. Die untere Bruchsohle erreicht man am besten auf dem Zufahrtsweg zu (**72**).

Im Stbr. steht teils deutlich geklüfteter, teils eher massiger Rhyolith des alterierten *Typs 2* an. Das Gestein ist porphyrisch ausgebildet, mit Einsprenglingen von dunkelgrauem Quarz, weißlich zersetzten Feldspäten und schwarz glänzendem Biotit in einer dichten, violettgrauen, seltener rötlichbraunen Grundmasse.

In einer mehrere Meter mächtigen Kontaktzone zum Nebengestein enthält der Rhyolith zahlreiche, bis m-große *Bruchstücke* von *Haibacher Gneis* und *Schweinheimer Quarz-Glimmerschiefer*. In der obersten Sohle ist ihr Anteil so hoch, dass eine *Brekzie* aus Gesteinbruchstücken entsteht, die von braunem Rhyolith verkittet werden. U. d. M. erkennt man, dass diese Xenolithe deformiert und hydrothermal alteriert sind. Plagioklas ist weitgehend sericitisiert und Biotit vollständig durch Hämatit ersetzt, während Muscovit und Quarz noch vollständig, Kalifeldspat weitgehend erhalten blieben. Auch der umgebende Rhyolith zeigt Deformationsrisse, die mit jüngerem Quarz verheilt sind.

Im Bereich der Kontaktzone ist der Rhyolith oft intensiv *verkieselt*. Wie man u. d. M. erkennen kann, sind in der makroskopisch dichten Grundmasse unregelmäßig geformte Kornaggregate von Quarz kristallisiert, die deutlich gröber entwickelt sind als die Grundmasse, wobei einzelne Körner bis 0,5 mm lang werden können. An die verkieselte Zone schließt sich eine steilstehende, ca. 1 m mächtige *Vertonungszone* an, in der der Rhyolith vollständig in *Illit* umgewandelt ist. Sie umschließt den Rhyolith-Körper wie eine Dichtungswand und verhindert den Wasserzutritt. Im oberen Teil des Stbr. enthält

Abb. 72. Achat-Lithophyse im Rhyolith. Stbr. der Hartsteinwerke Sailauf am Rehberg bei Sailauf (**96**). Die ca. 5 cm breite Lithophyse zeigt eine typische rhythmische Bänderung in zwei Richtungen. Zunächst erfolgte die Achat-Ausscheidung aus der Lösung konzentrisch-schalig an den Rändern der Lithophyse, danach im Drusen-Hohlraum parallel zur Erdoberfläche. Die Lithophyse stellt somit eine geologische Wasserwaage dar.

sie z. Zt. hübsche Achat-Lithophysen mit der typischen rhythmischen Bänderung (Abb. 72). Ihre Entstehung ist vermutlich durch kanalisierten Fluid-Fluss in einer Schwächezone bedingt. Die meist länglich-ovalen, unscheinbaren Knollen sind 1–25 cm groß. In vielen von ihnen fand die Mineralabscheidung aus der Lösung in zwei Schritten statt: zunächst wurden die Ränder konzentrisch-schalig mit Achat ausgekleidet, danach wuchsen die Achatlagen parallel zur Erdoberfläche: geologische Wasserwaage! Im Achat wurden Apatit, selten Xenotim-(Y), Pyrit und Humboltin, neuerdings auch Turmalin gefunden. Selten enthalten die Lithophysen Drusen-Hohlräume mit Quarzkristallen, z. T. auch mit Hämatittafeln. Die farblosen Quarze und ein Teil des Chalcedons fluoreszieren unter kurzwelligem UV-Licht grün – Folge eines geringen Gehaltes an Uranylionen. Lagig angeordnete, rundlich-längliche Hohlraumfüllungen aus Illit, die partienweise den Rhyolith durchsetzen, führen selten Fluorit. Die Mn-Dendriten bestehen aus Romanèchit und Kryptomelan. Im oberen Bereich des Aufschlusses enthält der verkieselte Rhyolith Flecken von blauem Azurit und grünem Malachit mit Spuren von Baryt.

4.3 Aufschlüsse in tertiären Vulkaniten

97 Alter Steinbruch am Hohen Berg (521,0 m) N Lettgenbrunn: Basalt

Blatt 5822 Wiesen, R^{35}2920 H^{55}6080
Von Villbach auf der Str. zur Wegscheide bis zum Parkplatz Stelzengarten: (P), auch für Busse. Von dort auf dem Wanderweg (roter Milan) bis zu einer Wegspinne (ca. 350 m) und nach NW zum Stbr. (ca. 330 m); oder auf dem Fernwanderweg 41 (roter –) zum Jagdhaus „Horst" und auf einem Waldweg nach O zum Stbr. (ca. 500 m).

Naturschutzgebiet, nur an losen Blöcken hämmern!

Der Basalt zeigt die typische Absonderung in mehrseitige, parallel orientierte Säulen, die 50–70° nach SO einfallen (Abb. 73). Daraus lässt sich schließen, dass die – senkrecht dazu stehende –Abkühlungsfläche des Lavakörpers flach nach NW geneigt war. Stellenweise treten im Gestein weiße Flecken auf, in denen mit Röntgenbeugung Analcim nachgewiesen wurde. Diese „*Sonnenbrenner-Basalte*" zerfallen kleinstückig und sind für die technische Nutzung ungeeignet.

Der schwärzliche, dichte Basalt enthält mehrere cm große *Peridotit-Knollen*, die überwiegend aus flaschengrünem Olivin, zurücktretend aus dunkelbraunem Orthopyroxen (Enstatit) und dunkelgrünem Chromdiopsid bestehen. Zahlreiche rundliche Löcher in der Bruchwand gehen auf herausgewitterte Knollen zurück. Es handelt sich um Gesteinsbruchstücke (*Xenolithe*) des Oberen Erdmantels, die mit der Basaltschmelze an die Erdoberfläche gebracht wurden. Der *Basalt* selbst, geochemisch ein Basanit (Abb. 21), zeigt u. d. M. bis 2 mm große *Einsprenglinge* von Olivin, die entlang von Rissen in braunen Iddingsit, einem Gemenge aus Montmorillonit, Chlorit und Goethit, umgewandelt wurden. Sie stellen meist Bruchstücke von Peridotit-Knollen, also *Xenokristen*, seltener *Phänokristen*, d. h. Frühausscheidungen aus der Schmelze dar. Die *Grundmasse* besteht aus leistenförmigem Plagioklas, Augit, Magnetit und Gesteins-

Abb. 73. Säulenbasalt. Alter Stbr. am Hohen Berg bei Lettgenbrunn (**97**).

glas, das teilweise entglast ist. Als weitere *Fremdeinschlüsse* (*Xenolithe*) treten Bruchstücke des kristallinen Grundgebirges, des Buntsandsteins, seltener auch des Muschelkalks auf, die beim Vulkanausbruch aus dem durchschlagenen Nebengestein herausgebrochen wurden und in den Förderkanal zurückfielen. U. d. M. lässt sich gut beobachten, wie die Basaltschmelze auf Rissen und Sprüngen in die Gesteinsbruchstücke eingedrungen und dort erstarrt ist. Im Grenzbereich zwischen Basalt und Fremdeinschluss haben sich 1–2 mm breite Reaktionssäume gebildet, in denen säulenförmige Kriställchen von Augit und Nädelchen des Aluminiumsilikats Mullit auskristallisiert sind. Die Olivin-Einsprenglinge im direkt angrenzenden Basalt sind weitgehend in Iddingsit umgewandelt.

98 Madstein NW Lettgenbrunn: Basalt

Blatt 5822 Wiesen, $R^{35}2933$ $H^{55}6140$
Wie bei **97** zur Wegspinne und dem Wanderweg (roter Milan) folgend, in NO- Richtung hinab zur Verzweigung zweier Forststraßen; die untere von ihnen (Schild) führt zum Madstein, der auch von der Orbquelle im Orbtal auf einer Forststraße und auf Waldwegen nach ca. 1 km erreicht wird. Naturdenkmal, nicht hämmern!

Die Felsgruppe des Madsteins besteht aus nahezu söhlig liegenden, ca. 10° W einfallenden Basaltsäulen, bildet also einen steil stehenden, etwa N–S streichenden Basalt-Gang. Im Gefüge und Mineralbestand ähnelt das Gestein den Basaniten vom Hohen Berg und vom Beilstein (97, 99), ist aber SiO_2-reicher und liegt daher im Grenzbereich zwischen (Alkali-Olivin-)Basalt und Trachybasalt (Abb. 21). Es enthält Peridotit-Knollen und glashaltige Xenolithe (Buchite, s. **99**, **100**).

99 Beilstein (490,5 m) NW Lettgenbrunn: Basalt

Blatt 5822 Wiesen, $R^{35}2880$ $H^{55}5940$
Von der Straße Villbach–Lettgenbrunn zweigt nach ca. 500 m N der Fernwanderweg 41 (roter –) ab, der in 200 m zum Beilstein führt. Am Beginn des Weges (P) für PKW. Der malerische, von den spärlichen Resten einer Burgruine bestandene, 30 m hohe Basaltfelsen des Beilsteins, der im 19. Jh. z. T. abgebaut wurde, gibt einen weiteren instruktiven Einblick in die tertiären Basalt-Durchbrüche des Spessarts. Im Gegensatz zu (**97**) und (**98**) zeigen die bis ½ m dicken Basaltsäulen sehr variable Orientierung, wobei sie im unteren Bereich relativ flach in unterschiedlichen Richtungen einfallen. Offenbar stehen wir hier im Stielbereich des Basaltvulkans. Im oberen Teil des Aufschlusses fallen die Säulen z. T. bis 85° steil ein und sind nur 5–10 cm dick, sind also vermutlich rascher abgekühlt worden. Wir dürften uns daher im Übergangsbereich zum eigentlichen Lavastrom befinden, der jedoch heute weitgehend der Erosion und dem Steinbruchsbetrieb zum Opfer gefallen ist.

Der Basalt des Beilsteins zeigt mikroskopisch und geochemisch eine ähnliche Zusammensetzung wie das Vorkommen am Hohen Berg (**97**); er ist also ebenfalls ein Basanit (Abb. 21). Auch hier lassen sich Peridotit-Knollen, bestehend aus Olivin, Orthopyroxen, Klinopyroxen und Spinell sowie Fremdeinschlüsse von Kristallingesteinen, Buntsandstein und Muschelkalk finden. Quarz-Feldspat-reiche Xenolithe sind

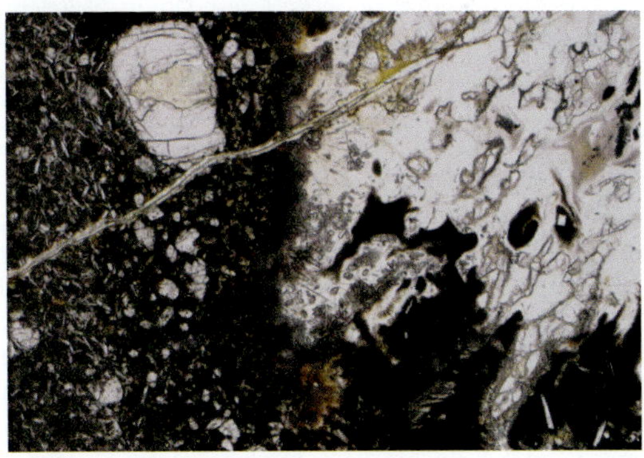

Abb. 74. Basalt mit einem Kristallin-Einschluss (Xenolith). Beilstein bei Lettgenbrunn (**99**), Probe JL99-3. Mikrofoto, 1 Nic. Der Basalt zeigt ein porphyrisches Gefüge mit Einsprenglingen von Olivin (farblos) in einer hypokristallinen Grundmasse aus Olivin, Klinopyroxen, leistenförmigem Plagioklas und vulkanischem Glas (dunkelbraun). Der große Olivin-Einsprengling ist teilweise in gelblichen Serpentin umgewandelt. Der Kristallin-Einschluss ist bis auf geringe Reste von Quarz (farblos mit höherem Relief) zu einem farblosen oder bräunlichen Glas aufgeschmolzen; aus diesem sind im Randbereich Klinopyroxen und Mullit auskristallisiert. Bildbreite ca. 5 mm.

weitgehend zu einem farblosen bis rötlichbraun gefärbtem Glas aufgeschmolzen, das neugebildete Kriställchen von Augit und Mullit enthält (Abb. 74). Solche hochgradig kontaktmetamorphen Gesteine bezeichnet man als Buchit.

100 „Blauer Steinbruch" im Kasseler Grund beim Forsthaus Biebergemünd: Kontakterscheinungen am Basalt

Blatt 5821 Bieber, $R^{35}2172$ $H^{55}6207$
Von Biebergemünd-Kassel auf der Villbacher Str. bis zur Abzweigung zum Forsthaus Kassel; 250 m östl. davon führt ein Weg nach rechts (SW) zum verlassenen Stbr. Dieser liegt am Fernwanderweg 29 (rotes +) und ist Punkt 5 auf dem Kulturwanderweg „Kelten im Kasselgrund". Neben der Hinweistafel wurden zwei große Basaltsäulen aufgestellt, die jedoch nicht aus diesem Aufschluss stammen. Der Stbr. selbst war weitgehend verfallen; jedoch wurde die Bruchwand im Frühjahr 2009 durch den Geschichtsverein Biebergemünd wieder frei gebaggert.

Das gangförmige Basalt-Vorkommen stand etwa zwischen 1825 und 1890 zeitweise im Abbau, wobei Pflastersteine und Straßenschotter für den lokalen Bedarf gewonnen wurden. Nach der Beschreibung von Bücking (1892) erreichte der ONO streichende Gang eine Mächtigkeit von ca. 30 m, teilte sich aber in vier Äste auf, die nach oben hin auskeilen. U. d. M. zeigt der Basalt ein porphyrisches Gefüge mit Einsprenglingen von rundlichem bis unregelmäßig geformtem Olivin (bis 2 mm groß) und hypidiomorphem Augit (bis 2 mm lang), der stellenweise zu Kristallgruppen aggregiert ist. Die Grundmasse besteht aus leistenförmigem Plagioklas, Augit, Olivin, Magnetit und wenig Gesteinsglas. Geochemisch ähnelt das Gestein den Basalten vom Hohen Berg und Beilstein (**97**, **99**), liegt aber bereits an der Grenze zwischen (Alkali-Olivin-)Basalt und Trachybasalt (Abb. 21).

An der SW-Seite des ehemaligen Stbr. ist das unmittelbar angrenzende Nebengestein, der Heigenbrückener Sandstein, aufgeschlossen, der von der aufdringenden, 1.100–1.200 °C heißen Basaltschmelze kontaktmetamorph verändert (gefrittet) wurde. An der hintersten (SW) Bruchwand steht noch fast unveränderter, mittel- bis dickbankiger, feinkörniger, rot gefärbter Sandstein mit Schrägschichtung an. Er zeigt jedoch eine intensive senkrechte Klüftung, die wohl bereits auf die thermische Beeinflussung durch den Basalt zurückgeht. Entlang der Klüfte ist der Sandstein gelblich verfärbt. Rechts unterhalb ist die schmale Kontaktzone aufgeschlossen. Hier hat der Sandstein seine Schichtung verloren und sondert – wie Basalt – in mehrseitigen Säulen ab, die einige m lang werden und in Kontaktnähe 8–15, in größerem Abstand nur noch 2–6 cm dick sind (Abb. 75). Der Sandstein ist hier in kurzer Zeit so stark erhitzt worden, dass sich bei der ebenfalls raschen Abkühlung Schwundrisse bildeten, deren Orientierung nur von der Lage der Kontaktfläche, nicht dagegen von der alten sedimentären Schichtung abhängig ist. Darüber hinaus kam es beim Eindringen des heißen Basalt-Magmas zur stürmischen Verdampfung des Wassers, das im Kluft- und Porenraum des Sandsteins enthalten war. Dabei entstand eine auffallende, chaotische Brekzie, die bei der Abkühlung ebenfalls säulenförmig absonderte. Sie besteht aus eckigen, weißlich bis grünlichgrau, manchmal auch bräunlich gefärbten Bruchstücken von gefrittetem Sand-

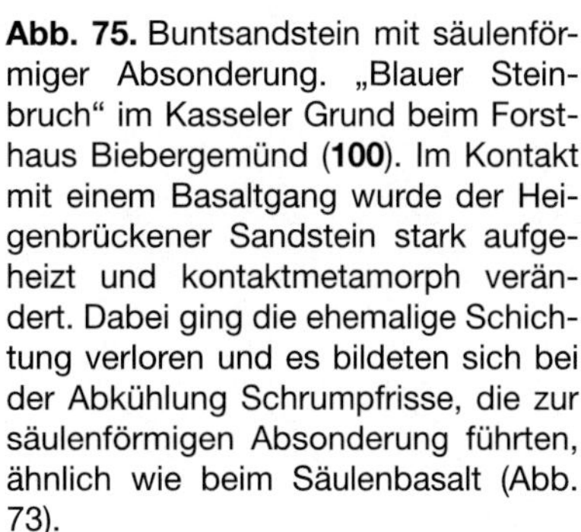

Abb. 75. Buntsandstein mit säulenförmiger Absonderung. „Blauer Steinbruch" im Kasseler Grund beim Forsthaus Biebergemünd (**100**). Im Kontakt mit einem Basaltgang wurde der Heigenbrückener Sandstein stark aufgeheizt und kontaktmetamorph verändert. Dabei ging die ehemalige Schichtung verloren und es bildeten sich bei der Abkühlung Schrumpfrisse, die zur säulenförmigen Absonderung führten, ähnlich wie beim Säulenbasalt (Abb. 73).

stein und Schluffstein, die durch eine dunklere, teilweise aus basaltischem Material bestehende Zwischenmasse verbacken sind.

U. d. M. erkennt man, dass das tonig-eisenschüssige Bindemittel des gefritteten Sandsteins unmittelbar am Kontakt zu einem hellen, seltener zu einem bräunlich durchscheinenden Glas aufgeschmolzen wurde. Demgegenüber sind die Körner von Quarz, gelegentlich auch von Feldspat lediglich angeschmolzen. Die glasige Zwischenmasse enthält reichlich feine Entglasungs-Produkte; außerdem haben sich zahlreiche Cordierit-Säulchen, Mullit-Nädelchen und Magnetit-Körner neugebildet. Durch Röntgenbeugung konnte darüber hinaus die Anwesenheit von Tridymit wahrscheinlich gemacht werden, was bedeutet, dass der Sandstein auf über ca. 850 °C aufgeheizt wurde. Demgegenüber wurden die Schmelz-Temperaturen der Feldspäte (1063 °C oder mehr) und SiO_2 (ca. 1.730 °C) nicht erreicht. Das randliche Anschmelzen der Quarz- und Feldspat-Körner war nur möglich, weil der Tonanteil im Bindemittel des Sandsteins als „Flussmittel" wirkte und zur Schmelzpunkt-Erniedrigung führte.

Die Kontakterscheinungen im Kasseler Grund hatte bereits 1826 von Nau erkannt und im Sinne einer vulkanischen Bildung des Basalts gedeutet. Es sei daran erinnert, dass man bis ins frühe 19. Jahrhundert eine „neptunistische" Genese, d. h. die Abscheidung von Basalt aus einer heißen wässerigen Lösung ernsthaft diskutierte, eine Theorie, die auch von Goethe engagiert verfochten wurde.

101 Alter Steinbruch bei P. 241 m O Alsberg: Basaltischer Andesit der Alsberger Decke

Blatt 5722 Salmünster, $R^{35}3323$ $H^{55}6976$
Auf der Straße Alsberg–Mernes ca. 2 km bis zum P. 480,3 m NW Totenkopf; dort zweigt ein Fahrweg nach links (NO) ab, der nach 500 m auf den Wanderweg 76 (rotes ×) stößt, der nach ca. 500 m den Stbr. erreicht. Dieser erschließt eine der großen Basalt-Decken des Vogelsberges. Der dunkel gefärbte basaltische Andesit (Abb. 21) zeigt u. d. M. ophitisch-intergranulares Gefüge aus sperrig gewachsenen, bis 1 mm langen Plagioklas-Leisten, zwischen denen unregelmäßig geformte, bis 2 mm große Augit-Kristalle und opake Körner liegen. Feinschuppige, z. T. radialstrahlige Umwandlungsprodukte aus gelblichen bis bräunlichen Schichtsilikaten sind wahrscheinlich Seladonit.

102 Alter Steinbruch am Tonkautenkopf SO Bellings: Alkalibasalt

Blatt 5723 Altengronau, $R^{35}3750$ $H^{55}7296$
Auf dem Radwanderweg vom Bellingser Kreuz nach Jossa ca. 2 km zur Waldwiese bei P. 413,7 m, von dort nach N zum Stbr., der kaum noch Anstehendes, sondern meist lose Blöcke von dunklem Alkalibasalt (Abb. 21) zeigt. U. d. M. ähnelt das Gestein dem basaltischen Andesit von Alsberg (**101**).

103 Alte Steinbrüche zwischen Kahl und Alzenau: Basaltischer Andesit

Blatt 5920 Alzenau, $R^{35}0225$ $H^{55}4985$
Die großen Bruchanlagen S der Straße Kahl–Alzenau neben dem Industriepark Giesbert sind seit 1901 auflässig, mit Wasser gefüllt, stark verwachsen und daher schwer erkennbar. Man folgt im Wald dem W-Ufer des Steinbruchsees und sieht gemauerte Fundamente von Derrick-Kränen und anderen Betriebseinrichtungen. Fundmöglichkeiten bieten lediglich die Abraumhalden. Der basaltische Andesit (Abb. 21) wurde mit der K-Ar-Methode auf ca. 17 Ma datiert (Lippolt et al. 1975, Fuhrmann & Lippolt 1987). Er gehört zum sog. Untermain-Trapp, der im Raum Hanau–Frankfurt a. M.–Schlüchtern ausgedehnte, kompakte Lavaströme bildet. Diese erinnern in ihrer Mächtigkeit z. B. an die Flutbasalt-Decken des indischen Dekhan-Trapps, sind aber viel dicker als z. B. die der einzelnen Lavaströme auf Hawaii. Somit stellt diese effusive Vulkantätigkeit alles in den Schatten, was in historischer Zeit stattgefunden hat. U. d. M. erkennt man sperrig kristallisierte, bis 0,5 mm lange Leisten von frischem Plagioklas (An_{42-48}) mit deutlicher Zwillings-Lamellierung, die von lichtgrauem Klinopyroxen (Verwachsungen aus Augit und Pigeonit) umwachsen werden; Mikro-Einsprenglinge von Olivin treten nur selten auf; Nebengemengteile sind Ilmenit und etwas Apatit. Die ehemals glasige Grundmasse bildet Zwickelfüllungen; sie ist bis auf wenige Reste zu Montmorillonit zersetzt. Eine größere Probe von blasiger Stricklava (Pahoehoe-Lava) dürfte aus der Oberfläche des Lavastroms stammen (Lorenz unpubl.).

104 Alte Steinbrüche oberhalb der Rückersbacher Schlucht bei Kleinostheim: Phonolith

Blatt 5920 Alzenau, $R^{35}0612$ $H^{55}4336$ und $R^{35}0620$, $H^{55}4345$.
Vom Haltepunkt „Rückersbacher Schlucht" nach O zum Wanderweg (rotes geteiltes Rechteck), der durch die Rückersbacher Schlucht nach Sternberg und Rückersbach führt (**24**). Etwa 1 km O des Waldrandes zweigt ein Weg in ONO-Richtung ab, auf dem nach ca. 300–400 m die auflässigen Stbr. erreicht werden. Diese wurden seit Ende des 19. Jh. zur Gewinnung von Straßenschotter, bedarfsweise sogar noch bis in die 1960er Jahre abgebaut.

Der Hauptteil des verwachsenen Stbr. erschließt anstehenden *Phonolith*, der stellenweise nach einer 85°S einfallenden Kleinklüftung in 2–10 cm dicke Platten absondert. Phonolith („Klingstein" von grch. φωνη = Klang) erhielt seinen Namen wegen des Tons, der beim Anschlagen des frischen Gesteins entsteht. Daneben tritt im NW-, W- und SW-Bereich tiefgründig verwitterte *Phonolith-Brekzie* auf, wahrscheinlich eine Schlotbrekzie. In einem höher nordöstl. gelegenen Abbau steht neben Phonolith auch *Staurolith-Glimmerschiefer* der *Mömbris-Formation* an, allerdings von Hangschutt überdeckt.

Der *Phonolith* ist von einer gelblichen bis weißlichen, mehrere mm dicken Verwitterungsrinde umgeben, zeigt aber im frischen Anschlag eine bräunlich-graue, dunkel grünlich-graue oder dunkel violett-braune Farbe. Er zeigt porphyrisches Gefüge: In einer makroskopisch dichten Grundmasse liegen Einsprenglinge von bis 5 mm langen *Sanidin*-Leisten oder -Tafeln, die an ihren glänzenden Spaltflächen gut erkennbar sind, sowie Mikroeinsprenglinge von Hauyn (bis 0,4 mm), Ägirinaugit (bis 0,5 mm), Ägirin (bis 0,25 mm), Titanit (bis 1 mm) und Magnetit (bis 4 mm) und seltenen Resten von brauner Hornblende (bis 0,5 mm (Abb. 76).

U. d. M. wird sichtbar, dass *Sanidin* nach dem Karlsbader Gesetz verzwillingt ist. Er enthält häufig Kerne von *Plagioklas* ($An_{32\text{-}33}$) mit der typischen Zwillingslamellierung; dieser muss also vor dem Sanidin auskristallisiert sein. *Hauyn* ist mit feinen Eisenoxiden durchstäubt, die gitterförmig angeordnet und/oder am Rand als opaker Saum angereichert sind, und ist oft sekundär in Karbonat umgewandelt. Lebhaft grün gefärbter *Ägirinaugit*, der Einschlüsse von Magnetit, Titanit, Apatit und Hornblende führt, ist meist zonar gebaut; er enthält oft ältere Kerne von *Titanaugit* oder *gemeinem Augit* (Abb. 76) und geht randlich in *Ägirin* über, der aber auch selbständige Mikro-Einsprenglinge bildet. *Hornblende*-Einsprenglinge werden von Ägirin ummantelt und korrodiert; sie befanden sich also bereits im Ungleichgewicht mit der Schmelze. Die *Grundmasse* besteht überwiegend aus etwa 0,25 mm langen Sanidin-Leistchen, die – ebenso wie die Sanidin-Einsprenglinge – eine ausgeprägte Fließregelung zeigen (Abb. 76). Daneben sind Ägirin, Magnetit sowie äußerst feinkörniger Nephelin und Gesteinsglas vorhanden.

Wie (Abb. 21) zeigt, entspricht auch die chemische Zusammensetzung des Gesteins einem Phonolith. Das gleiche gilt für den nicht mehr auffindbaren Phonolith vom Lindig N Kleinostheim, der schon von Kittel (1840) beschrieben wurde (Gümbel 1881). K-Ar-Gesamtgesteins-Datierungen an einer Phonolith-Probe aus der Rückersbacher Schlucht erbrachten ein Alter von etwa 55 Ma, das dem frühen Tertiär (Paläozän) entspricht (Lippolt et al. 1975).

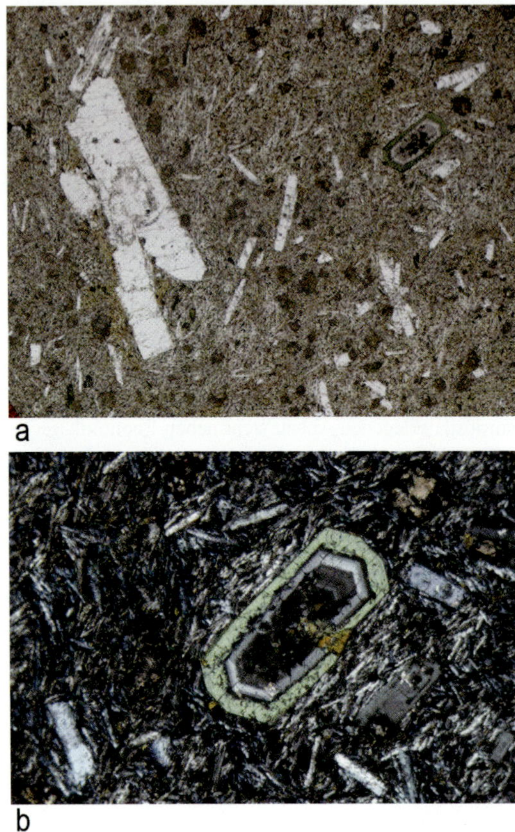

Abb. 76. Phonolith. Rückersbacher Schlucht bei Kleinostheim (**104**), Probe SM-163Sp100. Mikrofotos. **a** 1 Nic, Bildbreite ca. 8 mm. Der Phonolith zeigt typisch porphyrisches Gefüge mit Einsprenglingen von leistenförmigem Sanidin (farblos), teilweise zersetztem Hauyn (braune Flecken) und stark zonar gebautem Klinopyroxen in einer hypokristallinen Grundmasse aus Sanidin, Ägirin, Nephelin, Magnetit und Gesteinsglas. **b** Der Ausschnitt (Bildbreite ca. 2.5 mm) bei + Nic zeigt den zonar gebauten Klinopyroxen mit einem Kern aus Titanaugit und einem Ägirin-Rand.

105 Alter Steinbruch „Teschenhöhle" im Strietwald bei Aschaffenburg: Vulkanischer Schlottuff mit Olivin-Nephelinit

Blatt 6020 Aschaffenburg, R^{35}0640 H^{55}3984
Von Mainaschaff vorbei am Mainaschaffer Weinberg (**57**) (P) nach N bis zu einem alten Wegkreuz aus Buntsandstein; von dort weiter am Waldrand nach NO bis zum Wegweiser „Kulturweg". Der alte Abbau Strietwald (Strütt) wurde über eine Holztreppe wieder zugänglich gemacht (Kulturweg Aschaffenburg 1, Punkt 4; Informationstafel). An der Stelle des Loches in der Mitte des Abbautrichters befand sich früher ein markanter Felsen, der noch in einer topographischen Karte von Aschaffenburg aus dem Jahre 1843 eingezeichnet ist (Nachdruck im Vermessungsamt Aschaffenburg).

Der elliptische Tuffschlot von 200 m × 150 m Ø geht auf einen explosiven Vulkanausbruch zurück. An der relativ gut erhaltenen südl. Bruchwand neben der Treppe steht ein typischer, mittel- bis grobkörniger Aschen- bis Lapilli-Tuff (Lapilli = ital. Steinchen) mit einem hohen Gehalt an Glasasche (s. u.) an. In der bräunlich-gelben Tuffmatrix liegen gerundete, 10–15 cm, maximal 1 m große Bruchstücke von schwarzem Olivin-Nephelinit (Abb. 77), außerdem Schollen von Goldbacher Orthogneis, die – wie bereits Kittel (1840) erkannt hatte – durch Einwirkung der Basalt-Schmelze randlich kontaktmetamorph verändert wurden. Gerundete Brocken und größere Blöcke (bis 1 m ∅) von Unterem Buntsandstein beweisen, dass dieser in der Tertiärzeit das kristalline Grundgebirge bis zum Spessartrand hin überlagerte, während er dort heute bis auf wenige Reste abgetragen ist. Durch die Hitzeeinwirkung wurden die feinkörnigen, ursprünglich rot gefärbten Sandsteinbrocken hellgrau gebleicht und gefrittet; ebenso findet man gefrittete Tonsteine des Bröckelschiefers.

In der *Tuffmatrix* erkennt man kleine, aus dem Erdmantel stammende Peridotit-Knöllchen (bestehend aus Olivin, Augit, Enstatit und dem Chromspinell Picotit, Kris-

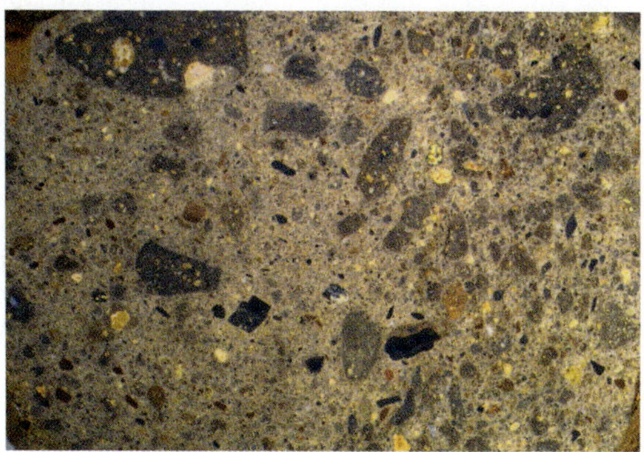

Abb. 77. Schlottuff mit Bruchstücken von Olivin-Nephelinit (schwarz) und unterschiedlichen Xenolithen. Auflässiger Stbr. „Teschenhöhle" im Strietwald bei Aschaffenburg (**105**), Probe JL20-ohne Nr. Bildbreite 9 cm.

tall-Aggregate oder -Fragmente von Augit, cm-große Bruchstücke von schwarzer basaltischer Hornblende mit stark glänzenden Spaltflächen, dunkelbraune bis gelblich-braune Blättchen von Biotit und schlackig aussehende Kornhaufen von Magnetit. Weiter fanden sich früher noch bis zu 10 cm große Bruchstücke eines mittel- bis grobkörnigen ultramafischen Gesteins, das überwiegend aus brauner Hornblende besteht. In Hohlräumen treten als spätvulkanische Bildungen Kriställchen von Calcit, Aragonit und Zeolithen, besonders Natrolith auf, die leider kaum noch gefunden werden. Wie man u. d. M. erkennt, besteht die Tuffmatrix teils aus glasigen Partikeln mit geringem Anteil an kristallinen Entglasungs-Produkten (Mikrolithen), teils aus nahezu vollständig kristallinen Lava-Bröckchen. Zwischen beiden Endgliedern gibt es alle Übergänge. Daneben enthält der Tuff auch Pyroxen-Einsprenglinge. Durch sekundäre Umwandlungen der Asche-Partikel entstand sehr feinkörniger Dolomit, ferner die Tonminerale Saponit und Nontronit, während Zeolithe durch Röntgenbeugung nicht nachgewiesen werden konnten.

Die *Bruchstücke* von *Olivin-Nephelinit* zeigen porphyrisches Gefüge mit Einsprenglingen von Olivin und – zurücktretend – Titanaugit in einer makroskopisch dichten *Grundmasse*. Wie man u. d. M. erkennt, besteht diese vorwiegend aus langleistigen und körnigen Augit-Mikrolithen, von denen eine erste Generation Korngrößen um 0,05 mm aufweist, eine zweite bis hinunter zu submikroskopischen Dimensionen reicht. Dazwischen findet man einen Kitt, der wahrscheinlich aus Nephelin besteht, außerdem feinverteilten Magnetit und Zeolithe. In rundlichen Bereichen, die – selten – bis 8 mm groß werden und wohl ehemalige Tropfen von Restschmelze darstellen, sind die Grundmasse-Minerale gröber kristallisiert: leistenförmiger Augit, nadeliger Ägirin, Nephelin, Karbonat, Zeolithe. Die *Olivin-Einsprenglinge* können bis 5 mm groß werden; doch herrschen Mikro-Einsprenglinge von ca. 0,1 mm Ø vor. Sie zeigen stellenweise Kristallformen, sind aber randlich oder von Rissen ausgehend korrodiert, befanden sich also bei der Abkühlung im Ungleichgewicht mit der Schmelze. An den Rändern oder auf Rissen ist Olivin teilweise in „Iddingsit" umgewandelt. Daneben findet man Aggregate von Olivin-Einsprenglingen, die beim Transport in der Schmelze zusammengedriftet sind. Hiervon zu unterscheiden sind Reste körniger Peridotit-Knollen, von denen häufig einzelne Olivin-Körner abgetrennt wurden. Die *Titanaugit-Einsprenglinge* enthalten oft grünlich gefärbte Kerne aus Ti-ärmerem Augit, selten auch solche von Enstatit.

Auf Grund seines Mineralbestandes aus Olivin + Augit + Nephelin bei Abwesenheit von Plagioklas wird das Gestein als Olivin-Nephelinit bezeichnet, fällt allerdings im Diagramm Na_2O+K_2O vs. SiO_2 bereits ins Basanit-Feld (Abb. 21). K-Ar-Datierungen an einer Gesamtgesteins-Probe von Olivin-Nephelinit aus diesem Aufschluss erbrachten ein Alter von 43 ± 3 Ma (Horn et al. 1971, 1972). Danach fand der explosive Vulkanausbruch, bei dem das basische Magma – unter heftiger Freisetzung von vulkanischem Gas – das kristalline Grundgebirge und das Deckgebirge an einer Schwächezone durchbrach, im Eozän statt.

106 Alter Steinbruch am Farenberg (Büschchen) S Großostheim: Basaltischer Schlottuff

Blatt 6020 Aschaffenburg, $R^{35}0625$ $H^{55}2995$
Von Großostheim auf dem Wanderweg 27 (blaues ×) nach S zum „Reit- und Fahrverein“ (P); zwischen Wald und Pferdekoppel erreicht man den nur wenige m breiten Stbr. Dieser erschließt auf einer Länge von ca. 60 m einen vulkanischen *Schlottuff*, den man am besten an einer ca. 3 m hohen Felsrippe studieren kann. Der Tuff durchschlägt Sandsteine der Bernburg-Formation (Unterer Buntsandstein) und wird selbst von cm- bis m-mächtigen *Olivin-Basalt-Gängen* durchsetzt, die heute jedoch nicht mehr aufgeschlossen sind.

Der hell gelbgrau bis gelbgrün gefärbte, äußerlich bläulich-schwarz verwitterte *Tuff* ist durch eingestreute Vulkanit-Bröckchen (mit 5–25 mm ∅) grau gesprenkelt. Die Matrix besteht überwiegend aus Feinasche und Aschensand (Korngröße 0,1–1, maximal 5 mm) untergeordnet aus Feinstasche (< 0,1 mm). U. d. M. erkennt man vor allem explosiv ausgeblasene, zerspratzte Schmelztröpfchen, die im Flug zu einem graubraunen, z. T. blasenreichen Gesteinsglas erstarrt sind. Sie können Einsprenglinge und Mikro-Einsprenglinge von Olivin und zonar gebautem Titanaugit enthalten, die auch als isolierte Kristall-Bruchstücke im Tuff vorkommen. Die glasige Substanz ist meist in geringem Maß zu Augit-Mikrolithen entglast (Schmeer 1971, 1973).

Größere *Vulkanit-Bruchstücke* zeigen porphyrisches Gefüge mit Einsprenglingen von Olivin (teilweise zu Saponit abgebaut) und zonar gebautem Augit in einer Grundmasse aus Plagioklas, Augit, Erzmineralen, Apatit, wenig Calcit und stellenweise bräunlich zersetztem Gesteinsglas. Wegen der Anwesenheit von Olivin und dem hohen Gehalt an dunklen Gemengteilen bezeichnet man das Gestein als Mela-Olivinbasalt. K-Ar-Datierungen ergaben ein Oberkreide-Alter von ungefähr 74 Ma (Lippolt et al. 1975).

Zu etwa 34–44 Vol.-% besteht der Tuff aus nicht-vulkanischem *Nebengesteins-Material*, von dem man mit freiem Auge überwiegend größere Buntsandstein-Xenolithe erkennt, während sich u. d. M. auch Quarzdiorit des Untergrundes in Form zusammenhängender Bruchstücke oder als Einzelkörner von Plagioklas und grüner Hornblende, zurücktretend von Biotit und Quarz, selten von Titanit und anderen Akzessorien zeigt. Seltener treten Fragmente unterschiedlicher metamorpher Gesteine auf.

Im Kontakt zwischen dem Schlottuff gegen den Buntsandstein tritt eine *Fe-Mn-Vererzung* in Form von *Eisenstein* auf. Goethit, Manganoxide und -hydroxide imprägnieren den Sandstein und den Tuff. Von Abbau-Versuchen Mitte des 19. Jh. zeugen noch Schachtpingen und Halden der Grube Treue, die sich im SW des Stbr. entlang einer Verwerfung anordnen. Die Erze wurden in der Eisenhütte Laufach verhüttet.

4.4. Aufschlüsse im Deckgebirge

4.4.1. Aufschlüsse im Rotliegend und Zechstein

107 Ungeheuerer Grund SW von Geiselbach: Rotliegend

Blatt 5821 Bieber, $R^{35}1368$ $H^{55}5339$
Vom SW-Ortsrand im Tal nach SW; am letzten Teich aufwärts bis zum Waldrand. Dort bietet ein Graben einen begrenzten Einblick in den z. Zt. einzigen Rotliegend-Aufschluss am Spessartrand. Zu sehen sind leuchtend rotbraune, fette Tone, die aus der Verwitterung von tonig-schluffigen Ausgangsgesteinen entstanden sind.

108 Schurf am Burgberg oberhalb von Bieber auf dem Weg zur Mauritius-Kapelle: Zechstein-Dolomit

Blatt 5822 Wiesen, $R^{35}2398$ $H^{55}5789$
Kulturweg Biebergemünd–Bieber, Punkt 2. Von Bieber aus folgt man der Straße „Am Römerberg" und erreicht nach ca. 500 m eine vom Bewuchs freigelegte Böschung.

Hier wurde, wie sonst im Raum Bieber, Zechstein-Dolomit abgebaut und in einem einfachen Ofen zu „Branntkalk", bestehend aus CaO und MgO, verarbeitet, der als Zuschlagstoff bei der Eisenverhüttung in Bieber verwendet wurde. Im sog. Bieberer Fenster tritt der Zechstein unter der Buntsandstein-Bedeckung zutage. Er verwittert zu einem kalkhaltigen Boden, der als Basis für spezielle Pflanzen- und Tierarten dient.

109 Steinbrüche im Staatsforst Wolfgang bei Niederrodenbach: Zechstein-Dolomit

Blatt 5820 Langenselbold, $R^{35}0214$ $H^{55}5455$
Vom Ortszentrum auf der Alzenauer Straße nach S zur Raststelle nahe der Sandbahn-Rennbahn am Niederrodenbacher Wald. Ca. 100 m O liegt ein größerer Stbr. (heute Naturdenkmal) im dickbankigen, relativ gut geschichteten Zechstein-Dolomit (Abb. 78). Der obere Abschnitt zerfällt in plattige Fragmente, aus denen Steinkerne von Muscheln bekannt sind. Zwischen beiden Abschnitten liegen schlecht geschichtete, brockig zerfallende Gesteine. Sie sind auffallend hell und relativ Quarz-reich, so dass man sie als Mauersteine verwenden konnte, was sonst im Spessart meist nicht möglich war.

110 Steinbruch Schmitt bei Altenmittlau: Zechstein

Blatt 5820 Langenselbold, $R^{35}1055$ $H^{55}5625$
Der große Stbr. an der Straße Altenmittlau–Horbach, der bis 1997 vom Schotterwerk F. G. Schmitt ausgebeutet wurde, ist großenteils verfüllt und z. T. rekultiviert (Abb. 78). Er erschloss eine Abfolge des Zechsteins, beginnend mit dem mürben, mehrere m mächtigen *Zechstein-Konglomerat*, überlagert vom wenige dm mächtigen *Kupferschiefer*. Der darüber liegende *Zechstein-Dolomit* bestand zunächst aus dünnen, 3–5 m mächtigen Bänken („Schwellendolomite"). Die folgenden 2–3 m mächtigen, massigen,

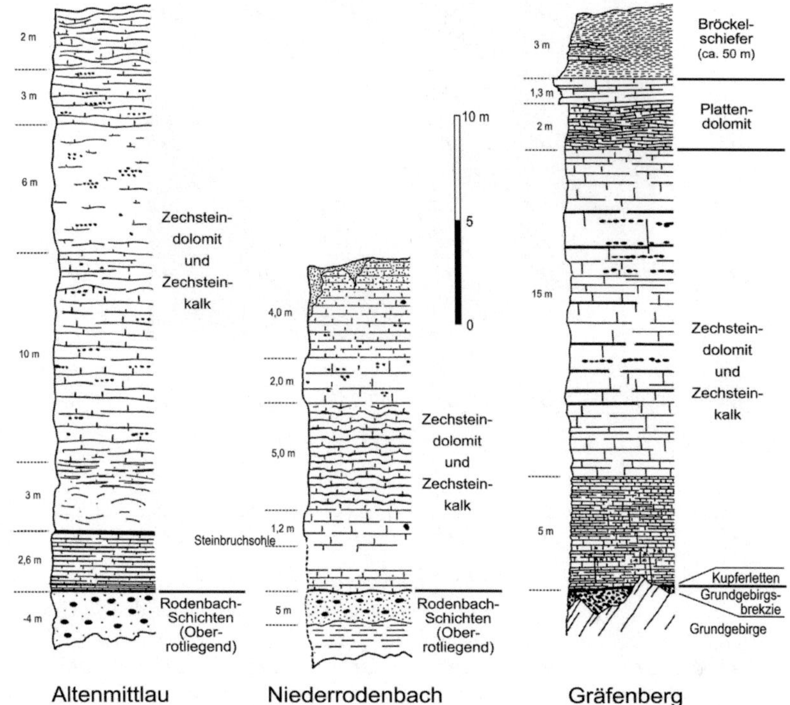

Abb. 78. Profile der Schichtenfolgen in den aufgelassenen Stbr. bei Altenmittlau (**110**), im Staatsforst bei Niederrodenbach und am Gräfenberg bei Rottenberg (**114**). Umgezeichnet und verändert nach Murawski (1967, Abb. 2).

braun verwitternden Dolomite waren reich an Dolomitdrusen und Bändern von rekristallisiertem Dolomit, die wiederum von 15–18 m undeutlich gebanktem, in große Blöcke zerfallendem Dolomit überlagert wurden. Darin fanden sich erstaunlich große Drusen mit Calcit-Kristallen und Lösungshohlräume von Baryt. Die Karbonate werden von Tonsteinen und neogenen Sanden überdeckt. 1986 wurde hier reichlich gut erhaltenes Material der typischen permischen Konifere *Voltzia hexagona* gefunden (Schweitzer 1996; Abb. 79).

Für den Sammler waren vor allem die Drusen und die hydrothermalen Sulfide Chalkopyrit, Tennantit und Galenit sowie Calcit, Ankerit und selten Quarz von Interesse. Der Stbr. gilt als Fundort der schönsten Azurit-Kristalle, die in Deutschland gefunden wurden; auch schöne Kristalle von Cerussit, Mimetesit und Wulfenit kamen vor (Angaben über weitere Sekundärminerale bei Lorenz 2010).

Abb. 79. *Voltzia hexagona*, Wedelrest einer Konifere mit Zapfenschuppe aus dem Zechstein-Dolomit des Stbr. Schmitt in Altenmittlau (**110**). Exemplar in der Sammlung J. Lorenz.

111 „Bergmannsloch" am Grauberg SO Hailer: Zechstein

Blatt 5821 Bieber, R^{35}1187 H^{55}6007
Am Ostrand von Hailer auf dem nach S führenden Feldweg bis zur Mülldeponie. Von dort nach WSW über den Grauberg in Richtung Waldrand und unter den Hochspannungsleitungen hindurch zu einem hangabwärts gelegenen Waldstreifen. Eine größere, vom Weg aus sichtbare Birke markiert die Stelle, wo in zerklüftetem Zechstein-Dolomit das Mundloch eines wohl aus dem 17. Jh. stammenden Bergwerkstollens zu finden ist. Durch ihn wurde der liegende Kupferschiefer zugänglich gemacht, aus dem wertvolle Metalle gewonnen werden sollten. Der Stollen ist auf wenige m zugänglich und war wohl nie sehr lang, wie die geringe Menge an Haldenmaterial aus zersetztem Zechstein-Dolomit zeigt.

112 Verkieselter Zechstein-Dolomit bei Kleinostheim

Blatt 5920 Alzenau, R^{35}0503 H^{55}4206
Von Aufschluss **23** ca. 500 m zum Ausgang des Winterwiesgrabens bei P. 146. Am Wegrand sind Felsen aus gelbbraunem, strukturlosem und sehr hartem Gestein freigelegt, das vollständig aus Quarz besteht. Das u. d. M. erkennbare Gefüge, die Färbung und das sedimentäre Gefüge zeigen, dass es sich um verkieselten Zechstein-Dolomit handelt; dieser ist in Lesesteinen am W-Rand des Spessarts weit verbreitet.

113 Steinbruch Hufgard bei Feldkahl: Zechstein-Dolomit

Blatt 5921 Schöllkrippen, R^{35}1546 H^{55}4415
Der Stbr. liegt O des Golfplatzes auf dem Gelände der ehem. „Feldkahler Brüche" an der Straße Hösbach–Rottenberg. Er liefert Zechstein-Dolomit, der in der Gegend seit

mindestens dem 17. Jh. zum Kalkbrennen abgebaut wird. Heute ist nur noch die Fa. Kalkwerk Hufgard als Erzeuger übrig geblieben, zugleich der einzige Betrieb in Bayern, in dem Dolomit zum Kalkbrennen genutzt wird (vgl. Abschnitt 3.2.1). *Sicherheitshinweis*: Betreten nur nach Genehmigung durch das Kalkwerk Hufgard in Rottenberg (Tel. 06021/67390) auf eigene Gefahr und mit Schutzhelm.

Im z. Zt. aktiven Stbr. ist der Zechstein-Dolomit als gut gebankte Dolomit-Abfolge aufgeschlossen (Abb. 80), die typisch für die flachmarinen Karbonat-Ablagerungen auf den Schwellenbereichen im Zechsteinmeer ist (Schwellenfazies bzw. „Schwellendolomite"). An der Steinbruchkante erahnt man die verwitterten, heute nur noch als ca. 1 m mächtigen Bodenhorizont erkennbaren Tonsteine, die den Zechsteindolomit ehemals überlagerten. Darunter liegen dickbankige, ca. 2 m mächtige, stark verkarstete Dolomite. Die steilwandigen Karstspalten und -trichter sind mit einem dunkelbraunen Residualton gefüllt; dieser weist zumindest randlich eine Schichtung auf, die zum Zentrum des Trichters einfällt.

Im Liegenden der verkarsteten Dolomite folgt eine rund 8 m mächtige Abfolge von körnigem, leicht absandendem, teils grobkristallinem Dolomit. In diesem sind schichtparallel flache Lösungshohlräume angelegt, die mit braunen Dolomit-Kristallen ausgekleidet sind. In einem auffälligen Horizont mit Baryt-Linsen erreichen die Dolomit-Drusen 20–30 cm Ø. Erstaunlicherweise ist eine verkarstete Zone auch innerhalb dieses Zechsteindolomits zu erkennen. Man muss daher annehmen, dass die Karstlösungen in ein tieferes Niveau, vermutlich in den Grundwasserbereich eingesickert sind. Ein markanter lithologischer Wechsel liegt an der Bruchsohle darunter. Ein etwa 2 m mächtiges Paket von feinkörnigem, dichtem, sehr widerstandfähigem Dolomit ist deutlich dunkler und plattig bis mittelbankig (2–20 cm) entwickelt. Es ist zudem reich an bis zu 10 cm großen Drusen mit Calcit-Kristallen. Selten finden sich dünne Gänge aus Calcit und Manganomelan (einem Gemenge aus Mn-Oxiden und -Hydroxiden) und Dendriten aus strahligem Romanèchit. Weiter wurden Goethit, Kaolinit, Malachit, Pyrolusit und Todorokit gefunden. Der Dolomit ist z. T. sekundär durch Mn- und Fe-Oxide in breiten

Abb. 80. Der Zechstein im Stbr. Hufgard bei Feldkahl (**113**). Erläuterungen im Text.

Bändern gefärbt. Bis heute wurden nur wenige, schlecht erhaltene Fossilien (meist Steinkerne von Muscheln) gefunden.

114 Alter Steinbruch am Gräfenberg bei Rottenberg: Zechstein-Dolomit

Blatt 5921 Schöllkrippen, R^{35}9642 H^{55}4701
Von Aufschluss (**113**) in Richtung Rottenberg und wie bei (**65**) nach SO abzweigen; weiter am Waldrand zum Südhang des Gräfenbergs und zum aufgelassenen Abbau, der z. T. mit einem See gefüllt ist (Naturdenkmal). Der ehem. Stbr. erschließt *Zechstein-Dolomit*, der früher in einer Mächtigkeit von > 20 m einzusehen war (Abb. 78). Er ist im unteren Abschnitt reich an organischer Substanz („bituminös") und enthält zahlreiche mit Calcit gefüllte Drusen und Schwerspatgänge, ist also als Rauhwacke ausgebildet. Die plattigen, verkarsteten Dolomite des höheren Zechsteins sind kaum noch zugänglich; die „Flözberge" des Kristallins (Weidmann 1929), die ein bedeutendes Relief am Meeresboden bezeugen, sind nicht mehr sichtbar. Beim Abstieg vom Waldweg zum Weiher fallen im oberen Hangbereich rote, fette Tone auf, die aus der Verwitterung des *Bröckelschiefers* entstanden.

115 Sportplatz des TSV Feldkahl: Zechstein-Dolomit

Blatt 5921 Schöllkrippen, R^{35}1540 H^{55}4400
Vom Ortszentrum nach S zum Sportplatz des TSV Feldkahl. Seine S-Böschung erschließt als Rest des Feldkahler Bruchs dicken, massigen und stark korrodierten Zechstein-Dolomit, der lagenweise braune, idiomorphe Dolomit-Kriställchen sowie Calcit-Drusen und Baryt-Konkretionen enthält.

116 Straßenaufschluss SW Wesemichshof: Zechstein-Dolomit

Blatt 5821 Bieber, R^{35}2052 H^{55}5351
An der Böschung der Staatsstraße Kleinkahl–Wiesen steht ca. 400 m SW des Wesemichshofs (einst Kgl. Bergamt Kahl) massiger, hellgrauer Dolomit an, der den unteren Teil der Zechstein-Abfolge bildet. Er enthält mehr oder weniger schichtkonforme Baryt-Lagergänge, -Drusen und -Nester. Der obere Teil der Abfolge ist nur vom Feldweg aus zugänglich und besteht aus plattig absonderndem Dolomit, der fahlockerig verwittert ist und sandig abgrust (kein Sandstein!) Er wird von steilen Störungen durchschlagen, in deren Bereich er z. T. brekziiert ist. Die Störungsbahnen sind z. T. mit weißgrauem Baryt gefüllt. Naturdenkmal.

117 Tongrube bei Geiselbach: Zechstein

Blatt 5821 Bieber, R^{35}1482 H^{55}5381
In der Tongrube der Fa. Adolf Zeller, Poroton-Ziegelwerke, Märkerstr. 44, 63755 Alzenau (Tel. 06023/97760) am O-Rand von Geiselbach sind meist rotbraun gefärbte Ton- und Schluffsteine angeschnitten. Da sie nur episodisch entnommen werden, rutschen immer wieder stärker verwitterte Schichten nach, so dass Schichtlagerung und primäre

Gesteinsmerkmale, die eine eindeutige stratigraphische Einstufung in den Zechstein ermöglichen, nur schlecht erkennbar sind. Vermutlich handelt es sich um Äquivalente des „braunroten Salztons“ und die untersten Partien des Bröckelschiefers.

4.4.2. Aufschlüsse im Buntsandstein

118 Straßenaufschluss NO Soden: Unterer Buntsandstein

Blatt 6021 Haibach, $R^{35}1638$ $H^{55}3303$

In der Böschung der Straße Soden–Gailbach (scharfe Kehre ca. 1 km NO Soden) ist eine Abfolge leuchtend roter Gesteine aufgeschlossen, die den Übergang vom Bröckelschiefer in den Heigenbrückener Sandstein dokumentiert. Die höchsten Schichten des *Bröckelschiefers* werden von fetten, mergeligen, rotbraunen Tonschluffsteinen gebildet, die erst freigeschürft werden müssen. Die basalen Schichten des *Heigenbrückener Sandsteins* beginnen in feinklastischer Ausbildung: Die schräggeschichteten Sandsteine sind sehr tonig und reich an Hellglimmer-Schüppchen und zerfallen in der Art von Sandschiefern. Sie zeigen grüngraue Reduktionshorizonte, die sandig-karbonatisch ausgebildet sind. Die Abfolge wurde von Reis (1928) detailliert untersucht, der folgende Schichtenfolge ermittelte (Beschreibung vom Hangenden zum Liegenden, hier aktualisiert; Abb. 81):

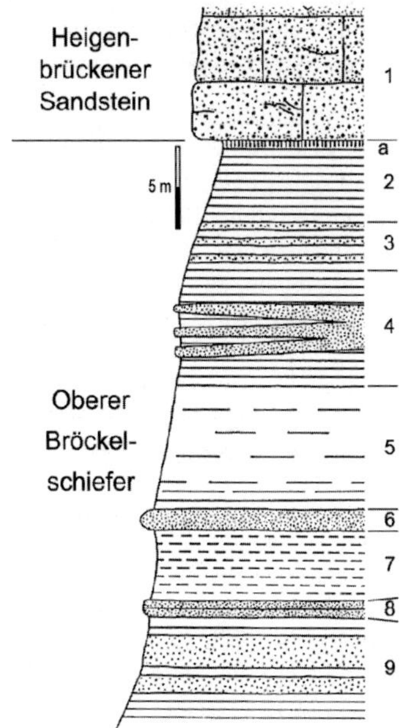

Abb. 81. Schematisiertes Profil der Schichtenfolge im Grenzbereich Bröckelschiefer/Heigenbrückener Sandstein im Sulzbachtal NO Soden (**118**). Verändert nach Reis (1928) und Weinelt (1962, Abb. 26).

1. Heller Sandstein (Heigenbrückener Sandstein)
2. 5 m stark sandig-tonige Gesteine
   a = limonitische Sandstein-Bank, ebenflächig
3. 3 m Schluff- und Tonsteine, schiefrig, lagenweise sandig, mit gelblichen Partien
4. 7 m Ton- und Schluffsteine, rotbraun, mit einzelnen Sandstein-Lagen, die lateral zu einem bis 1,5 m mächtigen Sandstein-Komplex amalgamiert sein können
5. 8 m Ton- und Schluffsteine, klotzig zerfallend, mit vertikalen, röhrenartigen Spuren; mit Einschaltungen von schiefrig zerfallenden Tonsteinen nahe der Basis
6. 1 m Sandstein, hell, mit Spurenfossilien und schwärzlichen Mineral-Flecken
7. 4 m Ton- und Schluffsteine, grünlich
8. 1 m Sandstein mit roten Zwischenlagen von Feinklastika
9. „Leberschiefer“: Sandstein, hellrotbraun, hellgrünlichgrau geflammt oder gefleckt, feinkörnig, plattig zerfallend, mit viel Hellglimmer und feiner Schrägschichtung

Die 5–20 cm mächtige, eisenschüssige Bank mit ca. 15 % Fe (2a) wird in der Gegend häufig gefunden und war bis ins 19. Jh. Ziel von Abbauversuchen. Verhüttungsversuche in der Schmelzhütte Laufach erwiesen sich durchweg als unrentabel.

119 Aufschluss am Sportplatz Dörrmorsbach: Heigenbrückener Sandstein

Blatt 6021 Haibach, $R^{35}1619$ $H^{55}3418$

120 Reibsandkaute nahe der Rückersbacher Schlucht bei Kleinostheim: Heigenbrückener Sandstein

Blatt 5920 Alzenau, $R^{35}0520$ $H^{55}4280$
Wie bei Aufschluss (**24**) und (**104**) zur Gaststätte „Schluchthof“ am Ausgang der Rückersbacher Schlucht (P), von dort ca. 300 m nach S, wo oberhalb des Triebsgrabens ein aufgelassener Steinbruch, die „Reibsandkaute“ liegt. An ihrem Nordrand steht noch stark gebleichter, mürbe zerfallender weißlicher Sandstein mit flachwinkliger Schrägschichtung an, der stratigraphisch zum *Heigenbrückener Sandstein* gehört. Bis zum 2. Weltkrieg wurde der stark zersetzte Sandstein als Scheuersand für hölzerne Dielenböden gewonnen und auf dem Markt in Aschaffenburg verkauft.

121 Alter Steinbruch auf dem Gräfenberg bei Rottenberg: Heigenbrückener Sandstein

Blatt 5921 Schöllkrippen, $R^{35}1652$ $H^{55}4403$
Von Rottenberg zum Gipfel des Gräfenbergs, wo ein aufgelassener Stbr. den *Heigenbrückener Sandstein* erschließt. Die dickbankigen (1,0–1,5 m), mittelkörnigen Sandsteine erscheinen in der Wand rosagrau bis rosabraun. Multiple Schrägschichtungs-Körper, oft durch die Verwitterung herauspräpariert, und Tongallen-Horizonte zeigen an, dass es sich um amalgamierte Bänke aus getrennten Rinnen handelt. Innerhalb der Sandstein-Bänke, in der Mitte der Aufschlusswand, sind oft kleine Löcher er-

kennbar, die durch das Herauswittern von mutmaßlichen Mn-Oxid-Knöllchen entstanden sind.

122 Weißer Steinbruch bei Eichenberg: Heigenbrückener Sandstein

Blatt 5921 Schöllkrippen, $R^{35}1865$ $H^{55}4645$
Der ehem. Stbr. am S-Hang der Kuppe, der vom (P) am Friedhof über schmale Zickzack-Wege zu erreichen ist, liegt im Ausstrichbereich des Heigenbrückener Sandsteins. Er wurde als „weißer Sandstein" gewonnen und in zahlreichen Gebäuden in Eichenberg, Rottenberg und Blankenbach verbaut. Die Ausbleichung geht auf eine oberflächennahe Verwitterung im Neogen zurück. Im obersten Teil und unter dem heutigen Boden ist der Sandstein zu weißem, tonigem Sand mit Kaolinit und Illit zersetzt, der als Scheuersand zur Pflege der Dielenböden abgebaut und auch außerhalb von Eichenberg gehandelt wurde (vgl. **120**).

123 Alter Steinbruch an der Straße Vormwald–Jakobsthal: Heigenbrückener Sandstein

Blatt 5921 Schöllkrippen, $R^{35}2001$ $H^{55}4839$
Der aufgelassene Stbr. an der Kreisstraße AB 19 Vormwald–Jakobsthal, 700 m SO Vormwald, erschließt einen Teil des *Heigenbrückener Sandsteins* in typischer Ausbildung von rötlichgelb-braunen, mittelkörnigen Sandsteinen.

124 Alter Steinbruch am Röderhof bei Schöllkrippen: Heigenbrückener Sandstein

Blatt 5921 Schöllkrippen, $R^{35}2005$ $H^{55}4990$
Der Stbr. N des Röderhofes (P) erschließt mittelkörnigen, rötlichbraunen Heigenbrückener Sandstein mit relativ guter Bankung, aber einigen, auch schräg verlaufenden Horizonten mit Tongallen. Die Schrägschichtungs-Körper weisen auf Schüttungen nach N und NNO hin. Zwischen den dickeren Bänken liegen bis 40 cm mächtige Lagen aus zersetzten tonig-schluffigen Gesteinen und dünnen Sandstein-Lagen. Auf herumliegenden Blöcken waren viele Sedimentmarken erkennbar, allen voran spektakuläre Strömungswülste und Kehlmarken (Flute Casts), die vom fließenden Wasser aus den liegenden Feinklastika herausgearbeitet und später durch Feinsand verfüllt worden waren (Okrusch & Weinelt 1965, Abb. 33). Der Bröckelschiefer im Liegenden, der wenig unterhalb des Stbr. in der Straßenböschung ansteht, ist heute kaum mehr erschlossen. Ein Schild des Lehrpfades weist auf eine Stelle hin, an der er aufgeschürft werden kann. Naturdenkmal.

125 Alter Steinbruch am Niedermittlauer Heiligenkopf: Heigenbrückener Sandstein

Blatt 5820 Langenselbold, R^{35}1054 H^{55}5923
Von der Ortsmitte über den nach O führenden Flurweg bergan zum Niedermittlauer Heiligenkopf. Vom (P) am Waldeck am Waldrand entlang nach S, dann nach O und schließlich links bergauf zum Eingang des großen Stbr., der noch ca. 30 m des Heigenbrückener Sandsteins erschließt. Die am besten erreichbare Aufschlusswand im SO-Teil besteht aus dickbankigem, großenteils feinkörnigem Sandstein mit der typischen rosabraunen Färbung und einem hohen Anteil an Feldspat und Hellglimmer. Feinsandsteine mit stärker toniger Bindung liegen im oberen Teil der Bruchwand; sie sind stärker verwittert und bilden Hohlkehlen unter den eher mittelkörnigen Sandsteinen mit deutlicherer Schrägschichtung und kleinen, münzenförmigen Tonschluffstein-Klasten.

126 Alter Steinbruch am Meerholzer Heiligenkopf: Heigenbrückener Sandstein

Blatt 5820 Langenselbold, R^{35}1066 H^{55}6059
Vom Meerholzer Schloss nach S durch die Schießhaus- und Waldstr. und nach 550 m nach O bergan zum eindrucksvollen Stbr. im Heigenbrückener Sandstein. Das Steinbruchterrain vor der Wand und die Abraumhalden vermitteln eine Vorstellung von den immensen Ausmaßen der gewonnenen Gesteinsmassen. Am besten erhalten sind die unteren Partien im SO-Teil, wo die Wände von Kletterern benutzt werden, die die wenigen größeren Tonschluffstein-Klasten als Ankerstellen für ihre Haken benutzen. Diese Stellen sind oft ausgebrochen und scheinen vergrößerte „Tongallen“ anzuzeigen. Tatsächlich sind in den basalen Teilen der Ablagerungskomplexe nur kleine, scheibenförmige Klasten zu finden, die die Einfallswinkel der Leeblätter nachzeichnen (Abb. 82). Sonst herrschen feine und homogene Korngrößen vor, so dass die Schrägschichtungskörper mit ihrem flachen Einfallswinkel meist nur im unteren Teil der Bänke deutlich zu erkennen sind, wo sie durch zirkulierende Wässer herauspräpariert werden. In der Wand sind allerdings die wechselnden Strömungsrichtungen durch gegenläufig einfallende Leeblätter dokumentiert.

127 Alter Steinbruch am Nordhang des Rauenberg S Hailer: Unterer Buntsandstein

Blatt 5820 Langenselbold, R^{35}1163 H^{55}5957
Von der ehem. Ziegeleigrube Hailer im Wald bergan zum aufgelassenen Stbr., in dem meist der *Heigenbrückener Sandstein* gewonnen wurde. Heute ist nur noch der oberste Teil der Abbauwand aufgeschlossen, der bereits zum *Eckschen Geröllsandstein* gehört. Dieser bildet mitteldimensionale Sandstein-Bänke (hier ohne Geröll-Lagen!), die in scharfkantige Brocken zerfallen. Bisweilen sind sie durch dünne feinklastische Lagen („Sandschiefer“) getrennt.

Abb. 82. Ehemaliger Stbr. im Heigenbrückener Sandstein am Meerholzer Heiligenkopf (**126**). Das Foto zeigt die typische Ausbildung mit Schrägschichtungskörpern, die teilweise von eingelagerten flachen Tongallen nachgezeichnet werden, ihre Richtung oft wechseln und sich spektakulär kappen können, wie im Bereich unterhalb der Bildmitte. Foto: G. Geyer.

128 Alte Steinbrüche am NO-Rand von Gelnhausen: Unterer Buntsandstein

Blatt 5721 Gelnhausen, R^{35}1407 H^{55}6325 und R^{35}1417 H^{55}6321

A. Nordbruch: Von der Ortsmitte durch den Kapellenweg in den steil aufwärts führenden Heinrich-Vingerhut-Weg abbiegen und bis zur höchsten Stelle folgen. Nach O zweigt ein Weg ab, der in das Gelände des Schützenvereins Barbarossa 1862 führt (eingeschränkter Zugang!). Hinter der Schießanlage liegt ein längst auflässiger Stbr., der in der steilen, mehr als 50 m hohen Aufschlusswand fast den gesamten Heigenbrückener Sandstein und am Top die basalen Schichten des Eckschen Geröllsandsteins erschließt. Allerdings ist der obere Teil der Wand nur aus der Entfernung oder vom seitlich gelegenen Wald- und Gartenareal aus zu studieren. Der *Heigenbrückener Sandstein* ist typisch als überwiegend feinkörniger Sandstein mit weißen Feldspatkörnchen und Lagen mit Hellglimmer-Schüppchen ausgebildet. Im unteren Teil herrschen sehr dicke amalgamierte Bänke vor, zum Hangenden nimmt die Bankdicke ab. Der *Ecksche Geröllsandstein* ist nicht zugänglich, aber an der geringmächtigeren Ausbildung der Bänke und der deutlich scharfkantigeren Absonderung sowie weißgrauen Partien auch von unten aus zu erkennen.

B. Südbruch: Der ca. 150 m SW davon liegende Stbr. ist am besten zu erreichen, wenn man im Heinrich-Vingerhut-Weg in einer Linkskurve dem nach rechts nach SO abzweigenden Panoramaweg folgt, an dem etwa 100 m weiter links der Zugang liegt. Oberhalb der Abraumhalde im N-Teil des Geländes sind an einer 30–35 m hohen Wand instruktive Partien des *Heigenbrückener Sandsteins* zugänglich. Die meist dicken Bänke aus violettrosa-braunen Sandsteinen werden oft von deutlichen Schrägschichtungskörpern aufgebaut. Deren Leeblätter fallen flach bis mittelsteil ein, wobei die oft gegensätzlichen Neigungen stark wechselnde Strömungsrichtungen der ehem. Flussrinnen dokumentieren. Ab und an sind auch linsenförmige oder sigmoidal begrenzte Schrägschichtungskörper erhalten geblieben, in denen relativ reine Sandstein-Lagen mit tonig-schluffigen und sandigen Lagen wechseln. Diese Körper sind Überbleibsel von aufgearbeiteten Sedimentmassen, die vorwiegend aus den Überflutungsbereichen neben den Flussrinnen stammen und meist nur kurzzeitig existierten. Die homogenen dicken Sandstein-Bänke bestehen dagegen aus reinen Rinnensanden, die durch mehrfache Umlagerung gut sortiert sind.

Die Kaiserpfalz von *Gelnhausen* wurde von Kaiser Friedrich I. Barbarossa gegründet und war 1180 Schauplatz des Hoftags, auf dem Heinrich dem Löwen in Abwesenheit der Prozess gemacht wurde. Nach ihrer Zerstörung im 30jährigen Krieg wurde die Pfalz als Stbr. benutzt. Die heute noch erhaltene Ringmauer besteht aus Eckschem Geröllsandstein. Außerdem sehenswert: romanisch-frühgotische Marienkirche (12. Jh.) und romanisches Haus.

129 Alter Steinbruch am Eichelberg bei Altenhaßlau: Heigenbrückener Sandstein

Blatt 5821 Bieber, $R^{35}1597$ $H^{55}6149$
Von Altenhaßlau auf der Flurstraße nach O; beim Schild „Zum Jägerheim“ den Weg nach N nehmen, der an einer Schranke endet. Der dahinter liegende Hohlweg erreicht nach 150 m den großen Stbr., der den Heigenbrückener Sandstein auf eine Höhe von ca. 20 m erschließt.

130 Alter Steinbruch am W-Hang des Kerkelberges bei Roßbach: Heigenbrückener Sandstein

Blatt 5821 Bieber, $R^{35}2111$ $H^{55}5917$
Von der B 276 an der Bushaltestelle nach N abzweigen und dem Flurweg nach links bergan folgen; nach gut 500 m erreicht man den ehem. Stbr., in dem der untere Abschnitt des *Heigenbrückener Sandsteins* aufgeschlossen ist. Der feinkörnige, (blass-) rotbraune Sandstein lieferte trotz toniger Kornbindung hochwertige Werksteine.

131 Alter Steinbruch am Burgberg S Bieber: Unterer Buntsandstein

Blatt 5822 Wiesen, $R^{35}2405$ $H^{55}5747$
Von der Ortsmitte in Richtung Wiesen, dann nach links der Straße „Burgberg" folgen bis zu einer Bucht am Waldrand mit dem Hinweis „Zum Burgberg 11"; jenseits der Schranke geradeaus und schräg bergauf zum ehem. Stbr. Die ca. 8 m hohe Wand erschließt den oberen Abschnitt des *Heigenbrückener Sandsteins* und offenbar noch die Basis des *Eckschen Geröllsandsteins*. Zwei feinsandige, 10–20 m dicke Schluffstein-Lagen in ca. 5 m Höhe markieren die Grenze.

132 Schurf im Lochborner Grund SO Bieber: Bröckelschiefer

Blatt 5822 Wiesen, $R^{35}2610$ $H^{55}5629$
Von der Straße K889 zweigt ca. 500 m hinter der Lochmühle links ein kleiner Fahrweg (Kulturweg „Biebererer Acht) ab, der an Halden und Pingen des alten Kobalt-Bergbaus (**265**) vorbeiführt. Nach etwa 550 m liegt im linken Graben, dort wo der Weg stärker bergan führt, ein regelmäßig erneuerter Schurf, die einzige Stelle im Spessart, an der permanent der *Bröckelschiefer* aufgeschlossen ist. Zu sehen sind kräftig rotbraune, strukturlose Tonsteine, die teilweise bläulich überlaufen sind und einzelne schluffige Lagen beinhalten.

133 Alter Steinbruch am Wanderparkplatz Aubach bei Wiesen: Calvörde-Dickbank-Sandstein

Blatt 5822 Wiesen, $R^{35}2718$ $H^{55}5222$
Die Aufschlusswand am Wanderparkplatz Aubach an der Straße Wiesen–Frammersbach, ca. 900 m SO Wiesen, besteht aus „Miltenberger Sandstein". Er zeigt im unteren Abschnitt mittelkörnigen *Dickbank-Sandstein* mit deutlicher, weiter oben dagegen eher dünne Bänke mit undeutlicher Schrägschichtung. Weiter im W ist in den obersten Abschnitten der Übergang zur *Bernburg-Formation* erschlossen.

134 Böschung am NO-Rand von Heinrichsthal: Tonlagen-Sandstein

Blatt 5922 Frammersbach, $R^{35}2484$ $H^{55}4859$
An der Straße nach Habichtsthal liegt an der scharfen Rechtskurve neben einem Schuppen ein kleiner Schurf. Dieser zeigt den selten zu beobachtenden *Tonlagen-Sandstein* der *Bernburg-Formation* mit variabel gefärbten, schräggeschichteten Sandsteinen und tonigen Zwischenlagen.

135 Straßenböschung S Unterlohrgrund: Heigenbrückener Sandstein

Blatt 5922 Frammersbach, $R^{35}2459$ $H^{55}4868$
In der Straßenböschung auf der Ostseite der Straße Heigenbrücken–Heinrichsthal, ca. 600 m S der Mühle, steht der untere Teil des Heigenbrückener Sandsteins an.

136 Alter Steinbruch N Bahnhof Heigenbrücken: Heigenbrückener Sandstein

Blatt 5922 Frammersbach, R^{35}2635 H^{55}4365
Im weithin sichtbaren Stbr., der mit Genehmigung des Besitzers über ein Privatgrundstück betreten werden kann, ist die Typuslokalität des Heigenbrückener Sandsteins erschlossen. (Abb. 29). Die ca. 20 m hohe Wand zeigt typisch ausgebildete Sandsteine mit erheblichen Mengen an kleinen Feldspatkörnern und meist viel Hellglimmer. Der mittel- bis dickbankige Sandstein ist rötlich gefärbt, erscheint aber im Vergleich zu anderen Sandsteinen des Buntsandsteins fahl rosabraun. Im frischen Anbruch ist das Gestein gelblich weißgrau bis rötlichgrau und oft geflammt; vermutlich war es ursprünglich viel kräftiger gefärbt. Das relativ große Porenvolumen ermöglichte einen erheblichen Grundwasserfluss, so dass das heutige Erscheinungsbild weitgehend auf eine sekundäre Bleichung zurückgeht: Die kräftig rotbraun färbenden Fe^{3+}-Oxide wurden durch Stauwirkung der unterlagernden Bröckelschiefer-Tone von zirkulierenden Wässern großenteils abtransportiert und in der Eisensandsteinbank angereichert. Die Gesteine sind arm an Fossilien. Der einzige Pflanzenrest, ein Fragment eines *Anomopteris*-Wedels, stammt aus einer heute nicht mehr existierenden Lokalität nahe Heigenbrücken (Trusheim 1937). Im Aufschluss erkennt man zahlreiche Klüfte, die hier detailliert vermessen wurden. Insgesamt dominieren zwei Kluftrichtungen: N–S (170°) gerichtete Klüfte stehen fast senkrecht und bilden glatte, oft Mineral-besetzte Trennflächen, während O–W (80°) gerichtete Klüfte gebogene Teilflächen bilden, die aber die Mehrzahl der sichtbaren Bankflächen im Aufschluss verursachen. Die Bruchwand wird außerdem von einer mäßig steil einfallenden Abschiebung durchschlagen.

137 Alter Steinbruch am Mittelrain S Heigenbrücken: Heigenbrückener Sandstein

Blatt 5922 Frammersbach, R^{35}2620 H^{55}4285
In Heigenbrücken von der Straße nach Neuhütten in den Feldweg mit dem Schild „Skilift Winterloch“ nach S abbiegen. Kurz vor der Kehre am Skilift liegt links der stark verstürzte Stbr. (Wandhöhe bis 20 m), in dem nur noch die basalen Schichten des *Heigenbrückener Sandsteins* zugänglich sind. Lesesteine des früher im Hangenden aufgeschlossenen *Eckschen Geröllsandsteins* sind auf den enorm hohen Abraumhalden zu finden.

138 Alter Steinbruch am Pollasch S Heigenbrücken: Calvörde-Dickbank-Sandstein

Blatt 5922 Frammersbach, R^{35}2620 H^{55}4260
Die Bruchwand am (P) bei der Wodianka-Hütte an der Straße Heigenbrücken–Hain erschließt die monotone Abfolge des mittelkörnigen Dickbank-Sandsteins. Dieser ist deutlich geklüftet, so dass die Gewinnung größerer Blöcke schwierig war. Die Klüfte zeigen zwei Vorzugsrichtungen: N–S (0°) und NW–SO (110°) sowie zwei Nebenmaxima (60° und 150°).

Die 1934 erbaute Blockhütte trägt den Namen des ehem. Oberförsters Christian Wodianka. Das Ehrenmal des Spessart-Bundes wurde 1927 aus Gesteinen des Pollasch-Steinbruchs errichtet. Vom Denkmal aus hat man einen guten Blick auf das Spessart-Kristallin.

139 Alter Steinbruch am Forsthaus Seehaus bei Waldaschaff: Unterer Buntsandstein

Blatt 6021 Haibach, $R^{35}2307$ $H^{55}3781$
Von der Straße Waldaschaff–Rothenbuch zweigt hinter dem letzten Haus ein Weg nach N zum Forsthaus ab, von wo ein schluchtartiger Durchlass nach 150 m in den Stbr. führt. Dieser erschließt den oberen Teil des *Heigenbrückener Sandsteins* und den unteren Teil des *Eckschen Geröllsandsteins*. Die Sandstein-Typen und ihre Merkmale sind am besten an den Gebäuden des benachbarten Forsthauses zu studieren, die aus den Gesteinen des Stbr. errichtet wurden.

140 Rastplatz an der A3 am Rückelsberg: Eckscher Geröllsandstein

Blatt 6021 Haibach, $R^{35}2345$ bis $^{35}2368$ $H^{55}3542$ bis $^{55}3505$
Raststelle auf der Nordseite der A3 (Fahrtrichtung Frankfurt a. M.), erster (P) zwischen den Anschlussstellen Weibersbrunn und Waldaschaff. Die Aufschlussbereiche liegen ca. 50 m talwärts vom Parkplatz, der zur Zeit der Drucklegung umgebaut wird. Die Straßenböschung erschließt einen Teil des Eckschen Geröllsandsteins in Form von meist dickbankigem Sandstein mit fahlrotbrauner bis graubrauner Färbung. Die namengebenden, bis 2 cm großen Gerölle aus roten und bräunlichen Quarzen, seltener weißen Milchquarzen, dazu grauen Quarzit- und schwarzen Lydit-Partikeln sind nur in wenigen Lagen zu finden.

141 Weganschnitt am Sommerberg SO Keilberg: Bröckelschiefer

Blatt 6021 Haibach, $R^{35}1994$ $H^{55}3656$
Von Keilberg nach SO zum NO-Sporn des Sommerbergs bei P. 265; von dort geradeaus in einen Hohlweg, der den *Bröckelschiefer* erschließt. Die Weganschnitte werden gelegentlich frei geschürft.

142 Alter Steinbruch am Buchwald und N-Hang des Sommerbergs SO Keilberg: Unterer Buntsandstein

Blatt 6021 Haibach, $R^{35}2040$ $H^{55}3650$
Von (**141**) dem Weg ca. 200 m folgen und pfadlos zum Stbr. absteigen, der spessartweit einen der besten Einblicke in den Übergangsbereich vom *Heigenbrückener Sandstein* zum *Eckschen Geröllsandstein* erlaubt. Man sieht schräggeschichtete rotbraune Mittelsandsteine, in den hangenden Bänken mit schwach gradierter Schichtung. Am Top der Bruchwand oft „Pseudomorphosen“.

143 Alter Stbr. am Kaiselsberg bei Dörrmorsbach: Heigenbrückener Sandstein

Blatt 6021 Haibach, R^{35}1569 H^{55}3487
Von Dörrmorsbach knapp 1 km in Richtung Haibach bis zu einem kleinen (P) am Fuß des Kaiselsbergs, an dem vier auflässige Stbr. im *Heigenbrückener Sandstein* liegen. Der am besten erhaltene Stbr. mit bis zu 20 m Wandhöhe ist im Sommer wegen des dichten Bewuchses schwer zugänglich; man steigt ca. 80 m bergan und quert dann die steile Halde.

144 Rotsandsteinbruch bei Oberbessenbach: Heigenbrückener Sandstein

Blatt 6021 Haibach, R^{35}1930 H^{55}3440
Auf der B 8 Oberbessenbach–Hessenthal erreicht man nach 1 km einen (P). Von dort noch ca. 200 m in W-Richtung zum Stbr., der auf die Zeit des Chausseebaus 1780/90 zurückgeht (Punkt 3 des Kulturweges „Oberbessenbach“). Das ausgedehnte Stbr.-Areal erschließt den *Heigenbrückener Sandstein* mit vorzüglichen Einblicken in die Merkmale der Gesteine. Der untere Teil der Abfolge ist sehr dickbankig ausgebildet (bis 4 m). Die Amalgamierung von einzelnen Rinnen ist durch herauspräparierte Anlagerungsgefüge und Tongallen-Lagen gut erkennbar. Die recht gut sortierten Sandsteine sind hellrotbraun, mürbe und ungleichmäßig zementiert. Einzelne Kluftflächen sind durch Eisenoxide tiefrotbraun verfärbt.

145 Straßenböschung NO von Hessenthal: Eckscher Geröllsandstein

Blatt 6021 Haibach, R^{35}2159 H^{55}3307
Die B8 Hessenthal–Rohrbrunn hat bei km 56 eine scharfe Rechtskurve. An der bergwärtigen Böschung sind mittel- bis grobkörnige, unregelmäßig rotbraune Sandsteine des unteren Teils des *Eckschen Geröllsandsteins* aufgeschlossen.

In *Hessenthal* steht eine eindrucksvolle Baugruppe aus drei Kirchen: *Gnadenkapelle* (13. Jh., 1454 erneuert) mit Pietà (15. Jh.); *Wallfahrtskirche* (1439), Grablege der Echter von Mespelbrunn; *moderne Wallfahrtskirche*, 1954/55 von Hans Schädel, mit Kreuzigungsgruppe von Hans Backoffen (1519) und Beweinungsgruppe von Tilman Riemenschneider (1490). Nahebei das reizvolle *Schloss Mespelbrunn*, seit 1412 im Besitz der Familie Echter (jetzt Ingelheim); erbaut im 15./16. Jh., im 19. und frühen 20. Jh. romantisierend restauriert.

146 Alter Steinbruch O Langer Grund, am W-Hang des Steinbuckels in Mespelbrunn: Eckscher Geröllsandstein

Blatt 6021 Haibach, R^{35}2122 H^{55}3072
Knapp 500 m S Kirche Mespelbrunn nach O in die steil bergauf führende Straße „Am Steinbruch“, wo rechts auf Privatgrund Reste der ehem. Bruchwand zu sehen sind, die den Eckschen Geröllsandstein erschließt.

147 Alter Steinbruch am Mainhöllenberg am N-Rand von Obernburg: Calvörde-Dickbank-Sandstein

Blatt 6120 Obernburg a. Main, $R^{35}1109$ $H^{55}2423$
Auf der alten Ausfallstraße von Obernburg nach N zum Groß-(P) neben der Fa. Spilger. Im ehem. Stbr. ist der *Dickbank-Sandstein* („Miltenberger Sandstein") als gelblich-rotbrauner, schwach geflammter, mittelkörniger Sandstein aufgeschlossen.

148 Alter Steinbruch N Laudenbach: Unterer Buntsandstein

Blatt 6221 Miltenberg, $R^{35}1262$ $H^{55}1287$
O der Straße Laudenbach–Trennfurt, ca. 200 m N des Ortsendes von Laudenbach. (Im Sommer kaum zugänglich. Steinschlaggefahr!) liegt ein großes Stbr.-Areal mit hohen Wänden im „Miltenberger Sandstein" (*Dickbank-Sandstein* und *Basissandstein*).

149 Alter Steinbruch im Maintal gegenüber Laudenbach: Bernburg-Basissandstein

Blatt 6221 Miltenberg, $R^{35}1364$ $H^{55}1181$
Von der Straße Großheubach–Röllfeld bei km 13 nach NO zum Anwesen am Waldrand abbiegen (P). Der ehem. Stbr. erschließt den *Basissandstein* („Miltenberger Sandstein").

150 Alter Steinbruch S Trennfurt: Basissandstein

Blatt 6221 Miltenberg, $R^{35}1265$ $H^{55}1465$
N der Kapelle am S-Ende von Trennfurt führt eine Straße nach SW aufwärts zum auflässigen Stbr. (heute Pferdekoppel), der einen Teil des „Miltenberger Sandsteins", vermutlich den *Basissandstein* erschließt.

151 Stollenmundloch des Tonwerks Klingenberg: Mittlerer Buntsandstein

Blatt 6221 Miltenberg, $R^{35}1480$ $H^{55}1640$
Auf der Bergwerkstraße nach O bis zum 1,5 km entfernten Tonbergwerk. Um dessen Stollenmundloch N der Lagerhalle und hinter den Förderanlagen sind Gesteine des Mittleren Buntsandsteins, vermutlich der *Detfurth-Wechselfolge*, aufgeschlossen. Die Aufschlusswände zeigen mittel- und grobkörnige, rotbraune Sandsteine in wechselnder Bankmächtigkeit. Dünnere Bänke haben oft auffällig gebleichte Partien und sind rotbraun/hellgrau gestreift, lagenweise durch Fe- und Mn-Oxide auch schwärzlich gefärbt. Häufig sind tonig-schluffige, bis zu 40 cm dicke Horizonte. Grobsandsteine können eingekieselt und als Härtlinge eckig herauspräpariert sein. Backhaus (1967) bildete eine Schichtunterseite ab, die dicht mit verschiedenen „Wurmspuren" bedeckt ist.

152 Weg von der Burgruine Clingenburg zur Alten Schanze: Mittlerer Buntsandstein

Blatt 6221 Miltenberg, R^{35}1340 bis ^{35}1365 H^{55}1624 bis ^{55}1585
Die bergseitig (SO) gelegene Mauer der Clingenburg steht auf anstehendem Fels aus Gesteinen der Hardegsen-Wechselfolge, die auch an der gegenüberliegenden Straßenböschung ausstreicht. Die meist dünnen, schräggeschichteten Sandstein-Bänke sind rotbraun gefärbt und oft unregelmäßig weißgrau geflammt. Zum Hangenden stellt sich eine Tonstein-Schluffstein-Wechselfolge ein. Vom (P) an der Burgmauer führt ein Wanderweg zur Alten Schanze, einem keltisch-germanischen Ringwall (Schild „Weg zum Aussichtsturm"). Am Weg liegen Brocken des kieseligen Felssandsteins.

Die Clingenburg wurde im 15. Jh. erbaut, steht aber auf älteren Fundamenten; sie wurde 1683 durch französische Truppen zerstört. Das Stadtschloss ist ein Renaissancebau von 1561.

153 Burgklinge und Seltenbach-Schlucht bei Klingenberg: Mittlerer Buntsandstein

Blatt 6221 Miltenberg, R^{35}1330 bis ^{35}1459 H^{55}1638 bis ^{55}1650
Markierter Wanderweg von den Felsenkellern unterhalb der Burg durch die Seltenbach-Schlucht zum Tonbergwerk. Nahe den Felsenkellern ist der grobkörnige bis feinkiesige *Volpriehausen-Basissandstein* („Mittlerer Geröllhorizont") aufgeschlossen. Die bis zu 2,5 cm großen Gerölle können häufig als Milchquarze, z. T. auch als Kieselschiefer identifiziert werden, was einen Hinweis auf das Liefergebiet zulässt. Backhaus (1967) konnte zeigen, dass in kurzer Zeit enorme Richtungsänderungen der Stromrinnen stattfanden. Die Fließ- und Transportrichtung der damaligen Flüsse war zunächst nach WSW, W und WNW gerichtet, sprang dann auf O, OSO und SO, um schließlich wieder nach W zu drehen. Im weiteren Verlauf der Seltenbach-Schlucht ist eine eintönige Abfolge von meist dünn- und mittelbankigen, rotbraunen Sandsteinen zu sehen, die mittel- bis grobkörnig ausgebildet und häufig weißlich geflammt sind (*Volpriehausen-Wechselfolge* bis *Detfurth-Wechselfolge*). Am Brückenlager über den Stellenbach (Zufahrt zur Burg) sind eintönige Sandsteinbänke des *Hardegsen-Grobsandsteins* aufgeschlossen. Die Seltenbach-Schlucht wurde vom Bayerischen Landesamt für Umwelt in die Liste der 100 schönsten Geotope Bayerns aufgenommen.

154 Alter Steinbruch im Walbersgraben bei Röllbach: Plattensandstein

Blatt 6221 Miltenberg, R^{35}1651 H^{55}1546
Auf der Straße Röllbach–Röllfeld bis zur ehem. Zeiselmühle; nach ca. 100 m zweigt gegenüber der Kläranlage ein Fahrweg nach NW ab, der zum ehem. Stbr.-Areal führt. Die hohen Abbauwände am N-Ende des Geländes erschließen den Plattensandstein, der Schrägschichtungskörper mit flachen Neigungswinkeln zeigt. Auf herumliegenden Blöcken sind Sedimentstrukturen, wie Wellenrippeln und zungenförmige Fließmarken, zu erkennen.

155 Alter Steinbruch am Revelsberg bei Röllfeld: Plattensandstein

Blatt 6221 Miltenberg, R^{35}1566 H^{55}1377
Vom (P) am O-Ende von Röllfeld auf dem Wanderweg 22 (rote Raute) zum Stbr., der – am besten im NW-Teil – den *Plattensandstein* mit einer Wandhöhe bis zu 8 m erschließt. Der untere Abschnitt der Sandsteine ist vorwiegend mittelkörnig (mit für den Plattensandstein ungewöhnlich hohen Bankmächtigkeiten von > 2 m!) und erinnert hinsichtlich der Sedimentstrukturen an den Solling-Sandstein. Dieser Abschnitt zeigt deutlich die „Odenwälder Faziesausbildung", die nur bis in den südlichsten Teil des Spessarts reicht. Der obere Teil der Abfolge besteht dagegen schon aus viel geringer mächtigen und feinkörnigen, satt rotbraunen Sandsteinen, die plattig zerfallen.

156 Steinbruchareal an der Nebelkappe bei Großheubach: Plattensandstein

Blatt 6221 Miltenberg, R^{35}1655 H^{55}1145
Von der Straße Großheubach–Röllbach zweigt an der Äußeren Mühle der Main-Höhenweg nach NW zum Rosshof ab; bei der Wegspinne nahe P. 253 einem Weg nach ONO folgen, der zum ausgedehnten Stbr.-Areal im Wald führt. Hier steht typisch sattrotbrauner, schräggeschichteter Plattensandstein mit reichlich Hellglimmer-Schüppchen auf den Schichtflächen an. Die Sandsteinbänke im unteren Bereich sind relativ mächtig und häufig mittelkörnig, während der obere Teil der Abfolge aus feinkörnigen bis schluffigen, plattig bis dünnbankig brechenden Sandsteinen besteht. Zwischengeschaltet sind Tonschluffstein-Horizonte mit mm-dicken Sandlagen, in denen auch Netzleisten als Ausfüllungen von Schrumpfungsrissen auftreten können. Früher fand man auch Steinsalz-Kristallmarken in diesen sandigen Zwischenschichten.

157 Alter Steinbruch am Trial-Europa-Center Großheubach: Mittlerer Buntsandstein

Blatt 6221 Miltenberg, R^{35}1681 H^{55}1220
Von der Straße Großheubach–Röllbach zweigt gegenüber dem Klotzenhof ein Fahrweg nach N ab. Er führt zum ehem. Stbr.-Areal, in dem die Motorrad-Trial-Strecke des MSC Großheubach angelegt wurde. Es erschließt den oberen Teil der *Hardegsen-Wechselfolge* und den *Felssandstein* mit rotbraunen und blassvioletten, teilweise glimmerreichen Sandsteinen, in den oberen Partien auch mit pelitischen Zwischenlagen. Besonders im mittleren Teil der bis zu 7 m hohen Wand sind Schrägschichtungskörper und Strömungsrippeln erkennbar.

Kleinheubach: Das Barock-Schloss der Fürsten von Löwenstein-Wertheim ersetzt einen Vorgängerbau des späten 16. Jh.; es wurde 1723–1732 von L. Remy de la Fosse, Joh. Dientzenhofer und J. J. Rischer erbaut. Kath. Pfarrkirche von H. Schädel (1954–1956). *Großheubach*: Rathaus (1611/12). Zur Wallfahrtkirche auf dem *Engelberg* (1404 bezeugt, 1639 vergrößert) führen die „Engelstaffeln" mit sechs Kapellen (17. Jh.) hinauf. Eine angeschlossene Gaststätte erfreut sich nicht nur bei Pilgern großer Beliebtheit.

158 Gipfel des Ospis: Felssandstein

Blatt 6221 Miltenberg, $R^{35}1918$ $H^{55}1166$
Vom Kloster Engelberg bei Großheubach auf dem Eselsweg (E) über den Rühlesberg und den Langenberg zum Ospis (439 m), in dessen Gipfelbereich ein ausgedehntes Blockmeer aus *Felssandstein*-Blöcken liegt.

159 Die Heunesäulen am Haineberg bei Rüdenau: Unterer Buntsandstein

Blatt 6221 Miltenberg, $R^{35}1511$ $H^{55}0753$
Auf der Straße Miltenberg–Mainbullau bis zum unteren oder oberen (P) im Wald, von denen markierte Wanderwege zu den *Heunesäulen* oder *Hainesäulen* führen, einer Ansammlung von 8 zylindrischen, ca. 1,2 m dicken und 7,5 m langen Sandstein-Säulen (Hinweistafel). Zwei stumpfe oder rechteckige Fortsätze an einem Ende der fast fertigen Rohlinge sollten wahrscheinlich den Transport vereinfachen und später am Ort der Aufstellung abgeschlagen werden. Wahrscheinlich wurden die Säulen aus dem hier anstehenden Sandstein gemeißelt. Nach Röder (1960) wurden sie zwischen dem 8. und 12. Jahrhundert angefertigt und waren wohl für den Bau des Mainzer Doms vorgesehen, während eine Bearbeitung in römischer Zeit unwahrscheinlich ist.

Um 1700 waren angeblich noch 14 Säulen vorhanden, ursprünglich sogar 42. Die heute fehlenden wurden z. T. als Dekorationsobjekte abtransportiert. Eine 14,5 t schwere Säule steht an der Miltenberger Uferpromenade, eine andere in Nürnberg, eine weitere auf dem Domplatz in Mainz. Eine Säule wurde 1879 als Geschenk der Stadt Miltenberg nach München gebracht und dort vor dem Bayerischen Nationalmuseum aufgestellt; sie steht heute vor der Prähistorischen Staatssammlung. Für ihren Transport zum Bahnhof Miltenberg benötigte man einen 35 Zentner schweren Wagen, der von sechs Pferden und zwei Ochsen gezogen wurde. Von Miltenberg ging es auf dem einzigen Schwerlast-Güterwagen der Kgl. Bayerischen Eisenbahn weiter zur Landeshauptstadt.

160 Heunesteine, Heunesäulen und Heunefässer bei Bürgstadt: Werkstücke aus Felssandstein

Blatt 6221 Miltenberg
Der Kulturweg „Bürgstadt“ beginnt am (P) *Stutz* (Punkt 1), mit Blick auf den Steilhang der Mainhölle am rechten Flussufer und die zahlreichen Stbr. im „Miltenberger Sandstein“ (**163**). Weiter über die *Stutzkapelle* (erbaut 1954; Punkt 2) zu den *Heunesteinen* im Wald (Punkt 3, R $^{35}2130$ H $^{55}0955$), nicht genau datierten Rohlingen für Sarkophage, Mühlsteine und Säulen, die aus Buntsandstein gemeißelt, aber nicht fertig gestellt wurden. Über den *Ringwall* auf dem *Wannenberg* (Punkt 4) aus der Urnenfelderzeit (1200–700 v. Chr.) erreicht man die *Heunesäulen* (Punkt 5, R $^{35}2155$ H $^{55}0920$), mächtige, mehrere m lange Monolithsäulen aus Felssandstein, die wohl ebenfalls für den Mainzer Dom gefertigt wurden. Ca. 300 m S liegen die *Heunefässer* (R $^{35}2150$ H $^{55}0895$), ebenfalls aus hartem Buntsandstein gefertigt. Über die Ruine der 1629 begonnenen, aber

wegen des 30-jährigen Krieges unvollendet gebliebenen *Centgrafenkapelle* (Punkt 6) kehrt man nach *Bürgstadt* zurück.

Rathaus (1590–1592); *Martinskapelle* (950 gegründet, 1589–1628 erneuert, mit einzigartiger Innenbemalung 1598); spätromanische *kath. Pfarrkirche* mit schönen Portalen (15. Jh.), nördl. Seitenschiff (1607).

161 Alter Steinbruch in der Mainzer Straße in Miltenberg: Unterer Buntsandstein

Blatt 6221 Miltenberg, $R^{35}1737$ $H^{55}0727$
Am Ostrand der Fa. Bauer, Mainzer Str. 29, führt ein Fußweg über Treppen zum oberen Teil der bis zu 70 m hohen Bruchwand, die den „Miltenberger Sandstein" (*Dickbank-Sandstein* der *Calvörde-Formation* und unterer Teil des *Bernburg-Basissandsteins)* musterhaft erschließt. Das Gestein ist durch Fe-Oxide typisch braunrot gefärbt und entlang der Schrägschichtungs-Blätter durch zirkulierende Wässer weißgrau entfärbt. Es enthält lagenweise braune oder schwärzliche Nester, vermutlich verwitterte, durch Fe-Oxide mineralisierte Karbonat-Ansammlungen, nach denen das Gestein früher Pseudomorphosensandstein hieß. Eingeschaltet sind bis 30 cm dicke Zwischenlagen aus Tonschluffstein. Die Sandsteinbänke fallen schwach nach S und werden durch zwei Hauptkluftrichtungen in Quader zerlegt: Herzynische Klüfte streichen 130–140° und fallen mit 70–80° nach NO ein, mehr oder minder senkrecht dazu streichen Klüfte 30–40° und fallen mit 80–90° nach SO ein. Die Bruchwände werden von Kletterern genutzt. Für Wanderer empfiehlt sich der Fußweg, der am O-Rand des Stbr. zum monolithischen Ottostein führt und schöne Ausblicke auf das Maintal bietet.

Miltenberg wurde 1237 durch die Mainzer Erzbischöfe gegründet, ist früh Münz- und Zollstätte mit Markt- und Stapelrecht. Die *Mildenburg* zeigt noch den inneren Bergring und den Bergfried des 13. Jh.; die äußeren Teile mit dem Palas stammen aus dem 14. /15. Jh. Reizvolles *Stadtbild* mit dem ansteigenden Marktplatz mit Marktbrunnen (1583); in der *Hauptstraße* schöne Fachwerkhäuser des 15.–17. Jh., allen voran das *Haus zum Riesen*, schon 1504 als Fürstenherberge bezeugt und in heutiger Form 1590 erbaut.

162 Steinbruch der Fa. Wassum bei Miltenberg: Calvörde-Dickbank-Sandstein

Blatt 6221 Miltenberg, $R^{35}1848$ $H^{55}0845$
Am Nordbahnhof Miltenberg quert man die Gleise, biegt rechts ins Industriegebiet N ab und folgt der Beschilderung. Anmeldung erforderlich (Miltenberger Natursteinwerk Peter Wassum GmbH, Im Söhlig 20, 63897 Miltenberg, Tel. 09371-2781).

Im 1904 gegründeten Stbr. werden auf mehreren Sohlen Blöcke von „Miltenberger Sandstein" (*Dickbank-Sandstein*) in typischer, deutlich geflammter, enorm dickbankiger Ausbildung gewonnen. Einzelne Lagen zeigen rostbraune Tüpfel, die auf ehem. Karbonat-Anreicherungen mit hohen Goethit-Gehalten zurückgehen. U. d. M. erkennt man, dass der feinkörnige Sandstein überwiegend aus eckigen bis schwach gerundeten

Fragmenten von Quarz und Feldspäten (bis 0,5 mm ∅) besteht. Unter diesen dominiert Kalifeldspat, der z. T. Mikroklin-Gitterung oder Perthit-Lamellen zeigt; Plagioklas ist stark sericitisiert. Auf Grund des hohen Feldspat-Anteils sowie der geringen Menge an Gesteinsbruchstücken (z. B. Lydit) und tonig-eisenschüssigem Bindemittel ist das Gestein als Arkose zu bezeichnen.

Die oberen Sandstein-Horizonte sind deutlich toniger und zeigen schlierige Schrägschichtungskörper. U. d. M. lassen sie einen höheren Anteil an tonig-eisenschüssigem Bindemittel sowie höhere Gehalte an Muscovit- und Biotit-Blättchen (bis 0,7 mm lang) erkennen, die subparallel zur Schichtung eingeregelt und oft verbogen sind. Tonschluffstein-Lagen von bis zu 40 cm trennen aber auch die mächtigen Werkstein-Horizonte.

Das Gestein wird als „Roter Mainsandstein" gehandelt. Die Blöcke werden in den Hallen am Eingang des Stbr. gesägt und zugerichtet. Jährlich werden rund 5.000 m³ Werksteine für Restaurierungs- und Bildhauerarbeiten, Blockstufen, Bossenverblender, Fassadenplatten und Platten für Fußbodenbeläge, aber auch Bruchsteine für Gartengestaltung gewonnen. Gesteine aus dem Stbr. sind z. B. an der Obermainbrücke und am Eisernen Steg in Frankfurt oder am Bahnhof von Schöllkrippen zu sehen.

163 Steinbruch der Fa. Zeller bei Kirschfurt: Calvörde-Dickbank-Sandstein und unterer Teil des Bernburg-Basissandsteins

Blatt 6221 Miltenberg, $R^{35}2146$ $H^{55}1265$
Von Kirschfurt zum Theresienhof und weiter zum Stbr. der Fa. Franz Zeller KG Natursteinwerke (Eichenbühler Str. 11, 63930 Umpfenbach, Tel. 09378-777), der in musterhafter Ausbildung den „Miltenberger Sandstein" erschließt (Abb. 83). Die Bänke zeigen die typische Flammung in braunroten und weißgrauen Farbtönen, wie bei (**161**) beschrieben. Große dunkelrotbraune „Tongallen" in den Sandsteinen sind Zeugnis von Erosionsprozessen der Flussläufe. Solche Tonschluffstein-Einschlüsse verwittern sehr schnell und hinterlassen Löcher, die in Boden- oder Fassadenplatten nicht tolerierbar sind; daher werden solche Sandsteinblöcke aussortiert.

Der Stbr. war früher Schauplatz einer riskanten Abbaumethode. Beim Unterhöhlen wurde am Wandfuß eine bis zu 2 m hohe Kerbe bis zu 10 m in den Fels geschlagen. Man ließ zunächst Pfeiler stehen und stützte mit Holzstempeln zusätzlich ab. Anschließend wurden diese Stützen gesprengt, so dass die bis zu 50 m hohen Wände einstürzten. Heute sind die Abbauwände bis zu 10 m hoch. Mit Hilfe senkrechter Bohrlöcher in dichtem Abstand sprengt man die Blöcke ab.

164–167, 170 Alte Steinbrüche am Main zwischen Miltenberg und Dorfprozelten: Unterer Buntsandstein

164 Alte Steinbrüche gegenüber Bürgstadt: Calvörde-Dickbank-Sandstein

Blatt 6221 Miltenberg, $R^{35}1914$ $H^{55}0987$

Abb. 83. Stbr. im Miltenberger Sandstein am Maintalhang zwischen Kirschfurt und Reistenhausen (163), sporadisch genutzt durch die Fa. Franz Zeller, Umpfenbach.

165 Alte Steinbrüche zwischen Kirschfurt und Reistenhausen: Calvörde-Dickbank-Sandstein und unterer Teil des Bernburg-Basissandsteins

Blatt 6222 Stadtprozelten, R^{35}1235–1247 H^{55}1708–1787
Der große Stbr.-Bereich steht unter Naturschutz und ist als Geotop ausgewiesen.

166 Alter Steinbruch W Freudenberg: Basissandstein

Blatt 6221 Miltenberg, R^{35}2278 H^{55}1139

Die Burg *Freudenberg* wurde um 1195 durch die Würzburger Bischöfe gegründet und im 30-jährigen Krieg zerstört. Bergfried (12./15. Jh.), Schildmauer (12. Jh.) Palas (1361), Vorburg (1499). Ehem. Kath. Pfarrkirche (1692) mit spätgotischer Sakramentsnische (1452), neue Kath. Pfarrkirche von A. Bosslett (1956/57), Rathaus (1499/1605), Amtshaus (1627), Bürgerhäuser (17./18. Jh.), St. Laurentius-Kapelle (13. Jh., 1705 barockisiert).

167 Alter Steinbruch W Tremhof: Bernburg-Basissandstein

Blatt 6222 Stadtprozelten, R^{35}3525 H^{55}1460
In dem kleinen Stbr. wurde der „Miltenberger Sandstein" abgebaut, der hier in Baden-Württemberg als „Bausandstein" bezeichnet wird. Die Südwand zeigt ca. 20 m massigen, sehr dickbankigen, schräggeschichteten *Basissandstein* mit undeutlichen Rippelmarken. An Blöcken vor der Wand sieht man auf der Schichtunterseite Netzleisten. Etwa parallel zum Maintal verlaufende Klüfte, die flach zum Main hin einfallen, entstanden durch gravitative Abscherung der Gesteinsblöcke nach Eintiefung des Maintals.

168 Straßenböschung zwischen Fechenbach und Mönchberg: Detfurth-Formation

Blatt 6221 Miltenberg, R^{35}2301 H^{55}1648
An der Straße Fechenbach–Mönchberg, 1,5 km NNW Fechenbach, bei der Abzweigung eines Forstwegs nach N, steht hellroter, mürber und stark verwitterter und saprolithisierter *Detfurth-Geröllsandstein* mit Schrägschichtung an, überlagert von Hangschutt. Der Aufschluss demonstriert die Gefährdung der Hänge im Mittleren Buntsandstein durch Rutschungen.

169 Alter Steinbruch an der Rotsohlhöhe bei Fechenbach: Plattensandstein

Blatt 6221 Miltenberg, R^{35}2329 H^{55}1712 und R^{35}2336 H^{55}1700
Von der Hauptstraße in Fechenbach auf der nach N führenden Neustadtstr. und einem anschließenden Forstweg über den Spreuners-Berg auf die Rotsohlhöhe. Nahe dem Gipfel liegen mehre Stbr., die einen erstaunlich mächtigen Abschnitt von fein- bis mittelkörnigem, homogenem Plattensandstein erschließen. Im nördl., schluchtartigen Stbr. ist die rinnenförmige Basis des unteren Sandstein-Komplexes angeschnitten, die gegenläufige Schüttungsrichtungen zeigt.

170 Alte Steinbrüche zwischen Dorfprozelten und der Ruine Collenberg: Calvörde-Dickbank-Sandstein und unterer Teil des Bernburg-Basissandsteins

Blatt 6222 Stadtprozelten, R^{35}2607–2634 H^{55}1550–1581
W Dorfprozelten bis nahezu unterhalb der Ruine Collenberg wuchsen kleinere Stbr. zu einer enormen Entnahmestelle des „Miltenberger Sandsteins" zusammen. In den schwer zugänglichen Bruchwänden wurden Nisthilfen für Greifvögel installiert, die vom Publikumsverkehr abgeschirmt werden. Die Sandsteine enthalten vielfältige Sedimentstrukturen, die typisch für wechselhafte Ablagerungsbereiche in fluviatilen Milieus sind (Abb. 84).

Abb. 84. Sedimentstrukturen im Miltenberger Sandstein: Netzleisten als Ausfüllungen von Schrumpfrissen auf einer Schichtunterseite einer Sandstein-Bank. Ehemaliges Stbr.-Areal zwischen Fechenbach und Dorfprozelten.

171 Böschung an der Henneburg bei Stadtprozelten: Unterer und Mittlerer Buntsandstein

Blatt 6222 Stadtprozelten, $R^{35}2997$ $H^{55}1691$
Auf dem Fußweg oder der schmalen Fahrstraße zur Henneburg (P). Diese liegt an der Oberkante des „Miltenberger Sandsteins", der zum Bau der Burg verwendet wurde. Seine unterschiedlichen Ausprägungen können an den verschiedenen Bauabschnitten und an der Schildmauer studiert werden. An der Böschung östl. der Burg sieht man, wie die natürlichen Verhältnisse geschickt zur Strukturierung des Geländes und zur Gewinnung von Baumaterial genutzt wurden. Allerdings ist hier nur der *Tonlagen-Sandstein* aufgeschlossen.

Die ältesten Teile der vom Deutschen Ritterorden gegründeten *Henneburg*, die beiden Bergfriede und der Ost-Palas stammen aus dem 12./13. Jh. Die Burg wurde im 14. Jh. stark ausgebaut. *Stadtprozelten* hat eine sehenswerte gotische Pfarrkirche und ein Rathaus von 1520, umgebaut 1621.

172 Alter Steinbruch im Kreuzsteingrund N Altenbuch: Bernburg-Basissandstein

Blatt 6122 Bischbrunn, $R^{35}2703$ $H^{55}2353$
Straße Altenbuch–Krausenbach, ca. 2,8 km N Altenbuch. Der Stbr. ist im Sommer und Frühherbst kaum zugänglich.

173 Alter Steinbruch N Oberschnorrhof: Bernburg-Basissandstein

Blatt 6122 Bischbrunn, $R^{35}2510$ $H^{55}2575$
Straße Altenbuch–Krausenbach, etwa 350 m S der Kreuzung zur Straße Krausenbach–Rohrbrunn.

174 Gipfel des Geiersberges bei Rohrbrunn: Felssandstein

Blatt 6022 Rothenbuch, R^{35}3095 H^{55}3010
Von der Autobahnraststätte Rohrbrunn auf dem Heunweg (H) oder auf der B8 Bischbrunn–Rohrbrunn auf den Geiersberg (N-Gipfel Breitsohl), den höchsten Berg des Spessarts (586 m): Ausgedehntes Blockmeer aus Felssandstein.

175 Rastplatz der A3 am O-Ende der Haseltalbrücke: Mittlerer Buntsandstein

Blatt 6122 Bischbrunn, R^{35}3183 bis ^{35}3210 H^{55}2693 bis ^{55}2685
Am Rastplatz auf der Nordseite der A3 (Fahrtrichtung Frankfurt a. M.) nahe dem östl. Brückenkopf der Haseltalbrücke (zwischen den Anschlussstellen Marktheidenfeld und Rohrbrunn) tritt eine gefasste Quelle aus, die über den teilweise tonigen Partien der oberen *Volpriehausen-Wechselfolge* austritt. Darüber liegt der untere Teil der *Detfurth-Formation.* Ein in SO-Richtung verlaufender Wanderweg führt durch den etwa 20 m mächtigen *Detfurth-Geröllsandstein.* Im unteren Teil der Abfolge (ca. 10 m) liegen dickbankige, schräg geschichtete Sandsteine, die rotbraun gefärbt, aber oft gelblichbraun gestreift sind. An einzelnen feinkiesigen Lagen lassen sich rötliche Quarze und schwarze Lydite (Kieselschiefer) als Gerölle identifizieren. Darüber folgen ca. 5 m hellrotbraune und gelbbraun gestreifte Sandsteine, die mürbe zerfallen und durch reichliche Tonschluffstein-Partien getrennt werden. Das Top der Abfolge bilden grobkörnige, rotbraune bis fahl gelblichbraune Sandsteine, die z. T. eingekieselt sind. In den oberen Partien des Detfurth-Geröllsandsteins treten, kurz bevor der Wanderweg in den Fahrweg einmündet, linsenförmige Sandstein-Körper auf, in denen „Kugelsandstein" ausgebildet ist. Die kugeligen, dunkelbraunen Sandstein-Partikel von hier bis 2 cm ∅ sind ein Ergebnis von diagenetischen Vorgängen: Kristallaggregate von Calcit oder Dolomit als Anreicherungen im Gestein umwuchsen Sandstein-Partien und verfestigten diese Bereiche, so dass sie bei der Verwitterung als kugelige Körper herauspräpariert wurden. Der (P) wird z. Zt. der Drucklegung umgestaltet.

176 Alter Steinbruch in Weibersbrunn: Bernburg-Basissandstein

Blatt 6022 Rothenbuch, R^{35}2595 H^{55}3330
Die Bruchwände hinter dem Vereinsheim des Schützenvereins „Hochspessart" erschließen den fein- bis mittelkörnigen „Miltenberger Sandstein" (Basissandstein), der hier kaum geflammt ist.

177 Alter Steinbruch am Steintor im Hafenlohr-Tal: Calvörde-Dickbank-Sandstein

Blatt 6022 Rothenbuch, R^{35}2881 H^{55}3220
Beim Steintor an der Straße Weibersbrunn–Rothenbuch überquert man den Steinbach; man folgt dem Forstweg nach O, zweigt 100 m weiter nach SO ab und erreicht nach weiteren 100 m südl. P. 307 m den stark verwachsenen Stbr. im mittleren Teil des Dickbank-Sandsteins.

178 Alter Steinbruch nahe dem Forsthaus Diana: Dickbank-Sandstein

Blatt 6022 Rothenbuch, $R^{35}3520$ $H^{55}3340$
Kleiner, stark verfallener und verwachsener Stbr. im mittleren Teil des Dickbank-Sandsteins, ca. 300 m SO Forsthaus Diana im Hafenlohrtal, gegenüber der Kapuzinereiche.

179 Hohler Stein bei Rothenbuch: Dickbank-Sandstein

Blatt 6022 Rothenbuch, $R^{35}2805$ $H^{55}3562$
Von Rothenbuch auf dem unteren Forstweg am W-Hang des Hafenlohr-Tals nach S; ca. 450 m S des Waldrandes liegt der Hohle Stein, ein natürlicher Felsen aus dem Dickbank-Sandstein. Die Erosion hat die Schrägschichtungskörper deutlich herauspräpariert. Eine Erläuterungstafel behauptet, die Hohlkehle knapp oberhalb des Weges sei durch den Bach, der ehemals in diesem Niveau geflossen sei, ausgewaschen worden. Vermutlich ist sie jedoch das Ergebnis der Sandstein-Verwitterung, wobei die unteren Partien bei trockener Witterung länger durchfeuchtet blieben als die oberen, die dadurch mineralisch imprägniert und verwitterungsbeständiger wurden. Der Hohle Stein war namengebend für eine nahegelegene, frühneuzeitliche Glashütte.

180 Straßeneinschnitt der B26 SO Zieglers-Kreuz: Dickbank-Sandstein

Blatt 6022 Rothenbuch, $R^{35}2794$ $H^{55}3940$
Beiderseits der B26, 400 m SO des Zieglers-Kreuzes, ist der Dickbank-Sandstein in einer Wandhöhe bis 7 m aufgeschlossen.

181 Alter Steinbruch am Sauerberg S Frammersbach: Dickbank-Sandstein

Blatt 5922 Frammersbach, $R^{35}3433$ $H^{55}4688$
Im S-Teil von Frammersbach auf der Str. „Hinterdorf“ die Lohr überqueren und links bergauf zum Stbr., der einförmig rötlich-braun gefärbten Dickbank-Sandstein zeigt. Die Klüfte streichen überwiegend in NNO–SSW (20°) und NW–SO-Richtung (120°).

182 Ehem. Abbau in Frammersbach: Dickbank-Sandstein

Blatt 5922 Frammersbach, $R^{35}3405$ $H^{55}4763$
Von der Hauptstr. zweigt die Bergstr. nach N ab; 85 m nach der Abzweigung sieht man in einem Privatanwesen auf der rechten Seite eine ehem. Abbauwand, die basale Teile des Dickbank-Sandsteins in der monotonen, rötlichbraunen Ausbildung des nördl. Spessarts erschließt.

183 Parkplatz am Gebrannten Schlag N Frammersbach: Eckscher Geröllsandstein

Blatt 5922 Frammersbach, $R^{35}3323$ $H^{55}4967$
Hinter dem Wander-(P) am Ausgang des Rinderbachtals nahe der Straße Frammersbach–Kempfenbrunn wurde früher der Ecksche Geröllsandstein abgebaut.

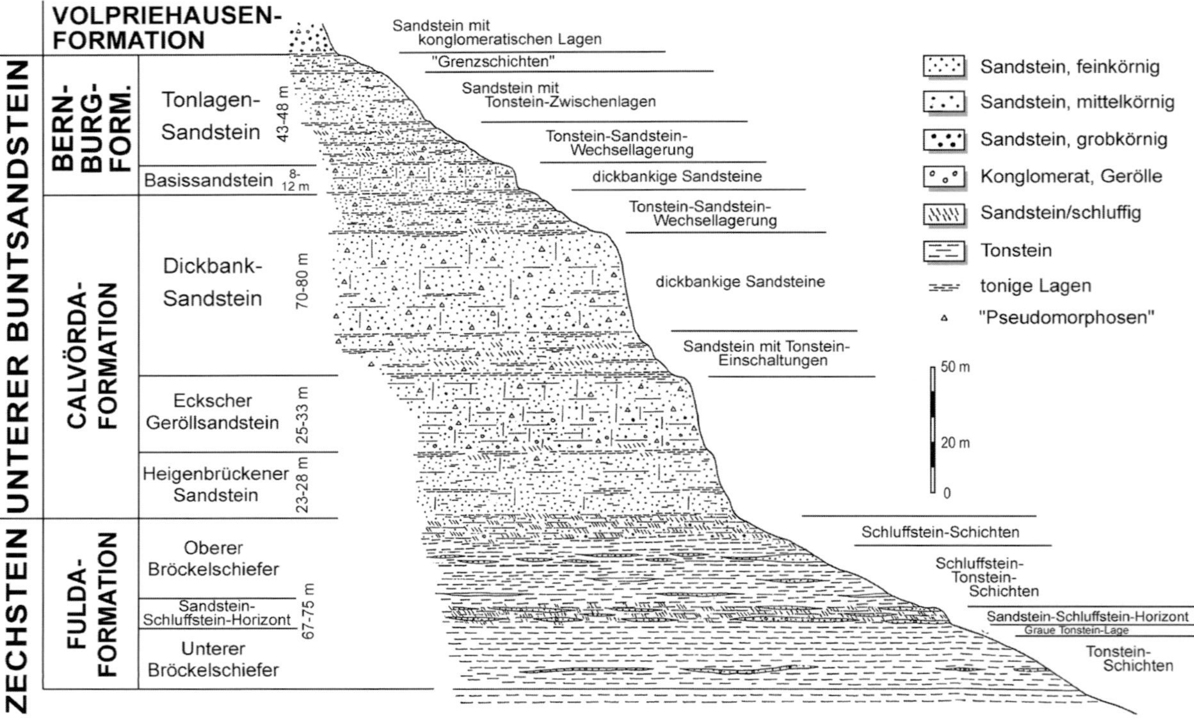

Abb. 85. Stratigraphie und Hangmorphologie im Ausstrichbereich des Unteren Buntsandsteins in der Umgebung von Bieber. Verändert nach Diederich et al. (1964, Taf. 1).

Die Kirche von *Kempfenbrunn* enthält spätgotische Malereien und Emporenbilder (18. Jh.). Schöne Dorflinde.

184 Alter Steinbruch O Lettgenbrunn: Bernburg-Basissandstein

Blatt 5822 Wiesen, $R^{35}3046$ $H^{55}5874$
Von der Hauptst. SO der Kirche über die Jossa und auf der asphaltierten Straße nach SO bergan bis Waldrand. Der verwachsene Stbr. erschließt den hier fein- und mittelkörnigen, rotbraunen bis pinkrotbraunen *Basissandstein*, in dem z. T. gut erkennbare, oft flachwinklige Schrägschichtungskörper ausgebildet sind, deren Leeblätter ab und an mit kleinen Tongallen nachgezeichnet werden. Das Erscheinungsbild wurde von Backhaus (1967) als Beleg für die mittlerweile unzweifelhaft belegte Entstehung in fluviatilen Ablagerungsbereichen benutzt. Im mittleren Abschnitt liegt eine ca. 70 cm dicke Sandsteinbank mit Schrägschichtung, deren Schüttung von S nach N voranschritt, wobei die schrägen Leeblätter jeweils Momentaufnahmen des Ablagerungsgeschehens darstellen. Somit wurden die rechts liegenden Tongerölle früher abgelagert als diejenigen weiter links. Die schräggeschichtete Sandsteinbank wird im Liegenden und im Hangenden jeweils von nahezu horizontal laminiertem Sandstein begrenzt, wobei die Kontaktflächen eine Kappung der Schichten dokumentieren. Aus dem Stbr. wurde auch eine Schichtunterseite mit Arthropoden-Ruhespuren beschrieben, die früher unter dem Namen *Isopodichnus* bekannt waren (heute *Rusophycus*).

185 Ehem. Abbaustelle in Pfaffenhausen: Basissandstein

Blatt 5822 Wiesen, $R^{35}3399$ $H^{55}5977$
Auf einem Abstellplatz im Ortszentrum O der Straße nach Oberndorf ist der Basissandstein in homogener Ausbildung aufgeschlossen.

186 Alter Steinbruch am Alteberg bei Bad Orb: Unterer Buntsandstein

Blatt 5722 Salmünster, $R^{35}2585$ $H^{55}6586$
Im Zentrum von der Hauptstr. nach O durch die Hasel- und Alteberg-Str. ca. 600 m bergauf. S der Straße liegen mehrere Stbr., von denen einer z. Zt. als Gehege genutzt wird und leicht zugänglich ist. Aufgeschlossen sind mittel- bis dickbankige, mittelkörnige Sandsteine von rötlichbrauner bis gelblichbrauner Färbung, ähnlich dem Heigenbrückener Sandstein. Jedoch zeigen Bankgeometrien und sedimentologisches Inventar an, dass hier Äquivalente des „Miltenberger Sandsteins“ (Grenzbereich *Dickbank-/Basissandstein*) vorliegen. Die Bänke beinhalten steile Schrägschichtungsblätter mit Anlagerungsgefügen sowie keilförmige Bänke, die von schräg verlaufenden pelitischen Zwischenlagen getrennt werden. Weiter sind durchhaltende Tongallen-Lagen innerhalb der Bänke zu erkennen.

187 Alter Steinbruch am Kleinen Markberg O Bad Orb: Basissandstein

Blatt 5722 Salmünster, $R^{35}2746$ $H^{55}6578$
Auf der Haselstr. (Wegweiser „Haselruh“) führt der Wanderweg 29 (rotes +) zu einer Schutzhütte und nach 175 m zum Stbr., der einen begrenzten Einblick in den Basissandstein bietet.

188 Alter Steinbruch am Wintersberg bei Bad Orb: Unterer Buntsandstein

Blatt 5722 Salmünster, R^{35}2665 H^{55}6475
Der Weg zum Stbr. am SW-Hang des Winterbergs verläuft hangparallel über dem Wanderweg 73 (rotes ▲). Der aufgeschlossene *Dickbank-* bzw. *Basissandstein* ähnelt dem in (**186**) und (**187**).

189 Alter Steinbruch an der Straße Bad Orb–Wegscheide: Heigenbrückener Sandstein

Blatt 5722 Salmünster, R^{35}2740 H^{55}6415
Der Stbr. ca. 1,5 km nach dem Ortsende an der Straße Bad Orb–Wegscheide – gegenüber kleiner (P) – zeigt primär weißlichen, meist feinkörnigen Heigenbrückener Sandstein mit mittelkörnigen Lagen, die im stark verwitternden Zustand eine rosabräunliche Färbung annehmen. Der Anteil an weißen, meist zersetzten Feldspatkörnern ist hoch, weshalb das Gestein oft mürbe zerfällt. Viele Lagen enthalten scheibenförmige, handtellergroße und bis 2–3 cm dicke Tonstein-Klasten. An losen Blöcken erkennt man auf den Basisflächen zungenförmige Belastungsmarken (*load casts*), seltener auch andere Sedimentstrukturen, die durch die Deformation von wasserreichem Sediment an Grenzflächen entstanden sind. Pelitische Partien sind nur untergeordnet rotbraun gefärbt, so dass auch hier eine sekundäre Entfärbung vorzuliegen scheint. In seiner Ausbildung weicht das Gestein deutlich vom Heigenbrückener Sandstein im südlichen und mittleren Spessart ab. Trotzdem ist die Korrelation, die schon Frantzen (1889) vornahm, noch heute am plausibelsten. Sie zeigt aber, wie sehr sich die Ausbildung der Formationen auf relativ kurze Distanz ändern kann.

Bad Orb, schon im 11. Jh. durch seine Salzquellen bekannt, gehörte seit 1064 zu Kurmainz und wurde 1292 erstmals als Stadt erwähnt. Aus dem Mittelalter sind noch Teile der Stadtmauer, das Obertor und der Wartturm erhalten. Die romanische Burg wurde im 16. Jh. vollkommen umgestaltet. Die *kath. Pfarrkirche St. Martin* geht auf das 12. Jh. zurück, stammt aber vorwiegend aus dem 14. und 15. Jh. Das sehenswerte *Museum* (Kulturweg Bad Orb, Punkt 1) dokumentiert die Geschichte der Stadt, der Salzgewinnung und des späteren Badebetriebs. Dieser wurde 1837 durch den Orber Apotheker F. L. Koch begründet und nahm um die Wende 19./20. Jh. einen großen Aufschwung. Im *Kurpark* (Punkt 2) stehen der Gradierbau (1806), das Kurhaus (1900) und ein Konzertbau (1957). Zur Salzgewinnung in den Gradierwerken vgl. Abschnitt 3.5.

190 Alter Steinbruch am Orber Berg bei Salmünster: Bernburg-Formation

Blatt 5722 Salmünster, R^{35}2676 H^{55}6938
Auf dem Wanderweg 23 (roter •) ins Hirschbachtal zum stark verwachsenen Stbr. Der untere, heute großenteils verdeckte Teil erschließt den oberen Abschnitt des „Miltenberger Sandsteins“, den *Bernburg-Basissandstein*, früher als Salmünster-Basissandstein bekannt. Der Stbr. kann somit als Typuslokalität dieses Gesteinspakets in Franken

und Südhessen gelten. Der obere Teil der Abfolge gehört zum *Tonlagen-Sandstein* (früher Salmünster-Wechselfolge) mit einem größeren Anteil an tonig-schluffigen Zwischenschichten.

191 Weganschnitt SO Mernes: Volpriehausen-Formation

Blatt 5722 Salmünster, $R^{35}3477$ bis $^{35}3499$ $H^{55}6675$ bis $^{55}6667$
Von Mernes nach SO auf der Straße „Hohlweg" bergauf bis zum Sperrschild; ca. 100 m bergwärts ist im Hohlweg die Volpriehausen-Formation aufgeschlossen. Am besten zu studieren ist der mittlere Abschnitt mit ziemlich grobem, mürbem, hellgrau bis gelblichgrau gefärbtem *Volpriehausen-Basissandstein*, der einzelne Quarz-Gerölle enthält. Rotbraune Tonsteingerölle sind meist relativ gut gerundet und unregelmäßig verteilt. Häufiger sind hellrote, glimmerreiche mittelkörnige Sandsteine mit flachwinkliger Schrägschichtung.

192 Alter Steinbruch NW Burgjoß: Tonlagen-Sandstein

Blatt 5722 Salmünster, $R^{35}3382$ $H^{55}6356$
Im kleinen Stbr. an der Straße Burgjoß–Bad Orb, ca. 400 m nach dem Ortsende, wurde der Tonlagen-Sandstein der Bernburg-Formation in relativ bescheidener Qualität abgebaut. Die rotbraunen Sandsteine sind auffällig tonig und in kleinen Rinnenkörpern konzentriert; sie sind lagenweise eingekieselt und z. T. schräggeschichtet. Zwischengeschaltet sind 5–8 cm dicke Zwischenlagen aus Feinklastika.

193 Alter Steinbruch an der Kläranlage Marjoß: Unterer Buntsandstein

Blatt 5723 Altengronau, $R^{35}3763$ $H^{55}6975$
Der kleine Stbr. an der Straße Marjoß–Steinau, unmittelbar N der Brücke über die Jossa, erschließt die obersten Lagen des *Calvörde-Dickbank-Sandsteins* und die basalen Schichten des *Bernburg-Basissandsteins*. Die Sandstein-Bänke im unteren Abschnitt des Stbr. zeigen wechselnde Schrägschichtungskörper und mitunter Massen von Tongallen als schräge Bänder im Bankinneren. Die Sandsteine im hangenden Bereich lassen einen auffälligen Wechsel zwischen Schrägschichtungskörpern mit steilen Leeblättern im oberen Teil und mehr oder weniger horizontaler Laminierung im unteren Teil der Bänke erkennen. Im Stbr. liegen große Blöcke des Dickbank-Sandsteins, auf dessen Schichtunterseiten sich Spuren von Gliederfüßern fanden, taxonomisch als *Cruziana problematica* (früher *Ichnopodichnus problematicum*) bezeichnet. Nahe dem Eingang wurden mehrere Bohrlöcher zur Ermittlung geomagnetischer Daten niedergebracht.

194 Klippen S Bellingser Kreuz: Solling-Formation

Blatt 5723 Altengronau, $R^{35}3620$ $H^{55}7172$
Blockschuttareal 400 m S Bellingser Kreuz: Blöcke aus hellgrauen bis gelblichen oder rötlichen, mittel- bis grobkörnigen Sandsteinen mit kieseliger Bindung aus dem Oberen Geröllhorizont der Solling-Formation. Neben dem dominierenden Quarz enthalten die Sandsteine auch Klasten von metamorphen Gesteinen.

195 Ev. Pfarrkirche in Hohenzell: Volpriehausen-Basissandstein

Blatt 5724 Schlüchtern, $R^{35}3826$ $H^{55}7629$
Die Kirche wurde aus Volpriehausen-Basissandstein erbaut, den man bei Schlüchtern gewonnen hatte. Besonders die im unteren Teil der Nordwand vermauerten Quader machen deutlich, warum dieser, selten als Baustein verwendete Sandstein früher „Mittlerer Geröllhorizont" hieß: Er enthält bis zu 4 cm lange, milchigweiße Gerölle aus Gangquarz, ferner braune Klasten aus paläozoischem Quarzit, Grauwacke und dunklem Kieselschiefer, die Rückschlüsse auf das Abtragungsgebiet zulassen und deren Anordnung den flach einfallenden Schichtungsblättern von Schrägschichtungskörpern folgt (Abb. 86). Die groben Sande und Kiese bezeugen Perioden, in denen eine starke Strömung besonders grobes Material transportieren konnte.

196 Alter Steinbruch am Schützenhaus Altengronau: Calvörde-Dickbank-Sandstein

Blatt 5723 Altengronau, $R^{35}4386$ $H^{55}6766$
Stbr. ca. 300 m SSW der ehem. Wasserburg (Radweg R2).

Die 1131 urkundlich erwähnte Wasserburg (16. Jh.) war fast 900 Jahre im Besitz des Adelsgeschlechtes von Hutten und wird seit 1980 wieder von der Familie bewohnt (Kulturweg „Sinntal-Altengronau", Punkt 2). Nach dem Bau der Eisenbahnlinie Würzburg–Fulda entstand hier ein Betrieb der Steinverarbeitung. Im Ortsteil *Aspen* bestand 1765–1791 eine Glashütte (Punkt 5). Am Waldrand knapp 1 km O der Wasserburg liegt der 1661/1662 eingerichtete *jüdische Friedhof* (Punkt 4) mit zahlreichen Grabsteinen.

Abb. 86. Volpriehausen-Basissandstein in der typischen Ausbildung als konglomeratischer Sandstein, genutzt als Baustein an der Evangelischen Pfarrkirche von Hohenzell (**195**).

197 Alte Steinbrüche am Bahnhof Jossa: Unterer Buntsandstein

Blatt 5723 Altengronau, $R^{35}4286$ $H^{55}6668$ und $R^{35}4303$ $H^{55}6649$
Die Stbr. am Bhf. Jossa zeigen eine umfangreiche Abfolge im Übergangsbereich von der *Calvörde-* zur *Bernburg-Formation*. Die bis 2 m mächtigen, fein- bis mittelkörnigen Sandstein-Bänke sind relativ homogen ausgebildet und zeigen im unteren Teil flachwinklige Schrägschichtung. Ton- und Schluffstein-Einschaltungen; „Sandschiefer"- und Tongallen-Horizonte sind auf einzelne Lagen konzentriert. Die enormen Wandhöhen (bis 20 m) zeigen an, wie begehrt die Werksteine hier waren, so dass ein erheblicher Aufwand beim Abbau geleistet wurde.

198 Straßenböschung am Hof Dittenbrunn: Calvörde-Dickbank-Sandstein

Blatt 5723 Altengronau, $R^{35}4436$ $H^{55}6575$
An der Straße Obersinn–Jossa, rund 100 m NW der Abzweigung zum Hof Dittenbrunn, steht der plattige und mittelbankige, hier untypisch entwickelte obere Dickbank-Sandstein an.

199 Alter Steinbruch NW Ruppertshütten: Unterer Buntsandstein

Blatt 5923 Rieneck, $R^{35}3864$ $H^{55}5019$
Der Stbr. (heute Lagerplatz) N des Friedhofs an der Straße Ruppertshütten–Rengersbrunn zeigt den oberen Abschnitt des *Dickbank-Sandsteins* mit undeutlicher Schichtung und mittleren Bankmächtigkeiten; am Hang darüber der *Bernburg-Basissandstein*.

200 Felsanschnitt am Pumpspeicherwerk Langenprozelten: Bernburg-Basissandstein

Blatt 5723 Rieneck, $R^{35}4169$ bis $^{35}4187$ $H^{55}4639$ bis $^{55}4642$
Die Böschungen am Hang des Pumpspeicherwerkes N der Straße Ruppertshütten–Langenprozelten (P) erschließen den meist mittelbankigen, fleckig rotbraunen Basissandstein in der typischen Ausbildung im NO-Spessart. Auf der O-Seite des Areals ist im unteren Drittel einer ca. 2 m mächtigen, widerstandsfähigen Sandstein-Bank ein auffälliges Anlagerungsgefüge erhalten. Im Pumpenhaus des Unterspeichers liegt eine spektakuläre Sandstein-Platte mit *Chirotherien*-Fährten (Abb. 87). Sie kann im Rahmen einer Führung durch das Kraftwerk besichtigt werden. Anmeldung für Gruppen bei der Werkleitung der Fa. E.ON Wasserkraft GmbH in Langenprozelten (Tel. 09351/971735).

201 Straßen- und Wegböschung an der Ortseinfahrt von Langenprozelten: Calvörde-Dickbank-Sandstein

Blatt 5723 Rieneck, $R^{35}4635$ $H^{55}4742$
Die Straßenböschung an der Bushaltestelle bei der Bahnüberführung der B26 und die darüber liegende Böschung am hangwärtigen Forstweg erschließen den Dickbank-Sandstein. Im tieferen Bereich streichen mittelkörnige Sandsteine aus, bei denen die

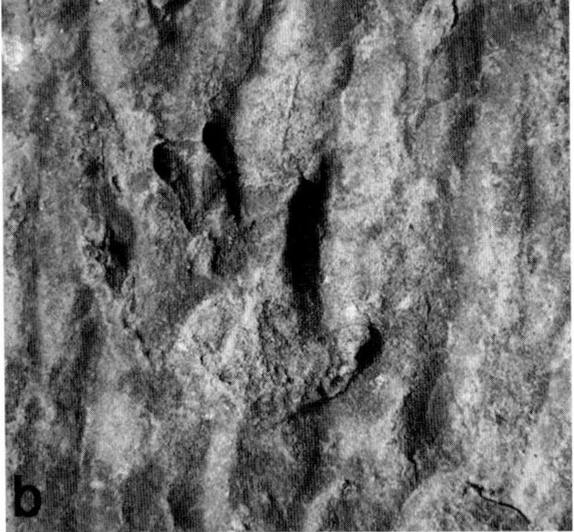

Abb. 87. (**a**) Die etwas über 1 m^2 große Platte aus einem sehr feinkörnigen Sandstein, die 1975 beim Bau des Oberbeckens auf der Sohlhöhe gefunden wurde und im Kraftwerksgebäude (**200**) eingemauert ist. Sie zeigt gut erhaltene, feine Wellenrippeln und darauf stellenweise kleine Löcher in der Oberfläche, die aber keine Eindrücke von Regentropfen darstellen. Auf der linken Seite sind die vier Fußabdrücke zu erkennen, die vermutlich der Spurengattung *Chirotherium* angehören. (**b**) Ausschnitt (links unten) mit dem handförmigen Abdruck. Bildbreite ca. 15 cm.

Schrägschichtung für einen blättrigen Zersatz sorgt. Der höhere Bereich wird von einer enorm dicken, homogenen Sandstein-Bank mit Bohrlöchern für geophysikalische Untersuchungen dominiert.

202 Felsanschnitt am Bahnhof Rieneck: Dickbank-Sandstein

Blatt 5723 Rieneck, R^{35}4758 H^{55}5074
Am Hangfuß schräg gegenüber dem Bahnhof Rieneck, meist von Lagerhütten verdeckt, liegt ein kleiner Stbr. im Dickbank-Sandstein.

203 Alter Steinbruch am O-Rand von Hofstetten: Unterer Buntsandstein

Blatt 5723 Rieneck, $R^{35}4757$ $H^{55}4698$
An der Straße Hofstetten–Gemünden liegt kurz nach dem Ortsende ein Stbr. im Grenzbereich von *Dickbank-* und *Basissandstein.*

204 Alter Steinbruch im Despelsgrund SW Langenprozelten: Dickbank-Sandstein

Blatt 5923 Rieneck, $R^{35}4604$ $H^{55}4630$
Der verwachsene Stbr. im Dickbank-Sandstein liegt am Ausgang der Schlucht an der B26 Langenprozelten–Neuendorf.

Dass zwischen Partenstein und Langenprozelten noch einmal Unterer Buntsandstein großflächig ausstreicht, hat tektonische Ursachen. Während zwischen Stadtprozelten und Lohr im Maintal Schichten des Mittleren und Oberen Buntsandsteins zutage treten und auf den Hochflächen zum Teil schon der Muschelkalk anzutreffen ist, werden N Lohr durch die WSW-ONO streichende ***Bieber–Frammersbacher Verwerfung*** mit großer Sprunghöhe wieder tiefere Stockwerke des Deckgebirges herausgehoben.

205 Alter Steinbruch am Dieftelsgrund SW Nantenbach: Bernburg-Formation

Blatt 5723 Rieneck, $R^{35}4431$ $H^{55}4301$
Auf dem Wirtschaftsweg Nantenbach–Sackenbach zum Stbr. am Ausgang des Diefelsgrundes. Die unteren Partien repräsentieren das Dach des relativ gleichkörnigen *Basissandsteins* mit schwach bogiger Schrägschichtung. Die darüber folgende Bernburg-Wechselfolge wurde auch als *Tonlagen-Sandstein* bezeichnet. Es dominieren Sandsteine mit wechselhafter Färbung, in denen Schrägschichtungskörper mit mittelstarkem Einfallen der Foresets (Vorbaue der Sandkörper) dominieren. Die einzelnen Sandsteinkörper sind nahezu gleichartig mit bis zu 7 cm großen, elliptischen Tonschluffstein-Klasten durchsetzt, allen voran die basale, nahezu 1 m mächtige Lage.

206 Alter Steinbruch am Mittelberg bei Lohr: Plattensandstein

Blatt 5723 Rieneck, $R^{35}4136$ $H^{55}4286$
Vom Bhf. Lohr zum Sanatorium Luitpoldheim und weiter auf dem Maintalhöhen-Ringweg (R4) bis zur Geländeverflachung nahe dem Gipfel des Mittelberges; ca. 500 m südl. P. 416 zweigt der Weg zum kleinen Stbr. im Plattensandstein ab. Die Bankmächtigkeiten von bis zu 1,5 m sind beachtlich und hätten dem Stbr. bei anderen wirtschaftlichen und logistischen Rahmenbedingungen sicher eine höhere Bedeutung bescheren können.

207 Alter Steinbruch am Bahnhof Partenstein: Calvörde-Dickbank-Sandstein

Blatt 5923 Rieneck, R^{35}3775 H^{55}4480
Der Aufschluss 100 m O des Bahnhofs zeigt eine Gesteinsabfolge aus schräggeschichteten Mittelsandsteinen mit dünnen pelitischen Zwischenlagen, die zum Dickbank-Sandstein gehören. Wie üblich, fehlt in dieser Region die auffällige weißgraue Streifung in den Schrägschichtungskörpern, wie sie im südlichen Mainviereck vorkommt. Die erheblich schwankende Bankdicke und der relativ hohe Tonanteil in der Matrix wirken sich negativ auf die Baustein-Qualität aus, weshalb die Gesteine nur lokal genutzt wurden.

208 Alter Steinbruch im Forstgarten bei Partenstein: Dickbank-Sandstein

Blatt 5723 Rieneck, R^{35}3609 H^{55}4431
Vom S-Ortsende in die Reichengrundstr. und dem Schneidweg nach W folgen, der in einen Forstweg übergeht. Etwa 750 m W des Ortsrandes liegt der Stbr., in dem bedarfsweise Werksteine aus dem Bereich des Dickbank-Sandsteins gewonnen wurden.

209 Beilstein bei Lohr: Mittlerer Buntsandstein

Blatt 5923 Rieneck, R^{35}4024 H^{55}4121 bis R^{35}4068 H^{55}4156
Der lokale Wanderweg vom Bhf. Lohr umrundet den Südhang des Beilsteins. An der Biegung gegenüber dem Eisenhammer, wo der Weg nach NO abbiegt, liegen Blöcke von *Tonlagen-Sandstein* der Bernburg-Formation und von *Volpriehausen-Basissandstein*. Der (hier unmarkierte) Weg zieht sich steil hangaufwärts. Im mittleren Hangteil finden sich Blöcke des *Detfurth-Geröllsandsteins*. Man passiert einen breiten Forstweg und gut 20 m höher einen kleinen hangparallelen Weg, an dem Bänke des *Detfurth-Geröllsandsteins* anstehen. Hangaufwärts wandert man durch ausgedehnte Blockmeere aus *Felssandstein*, der im Gipfelbereich des Beilsteins (373 m) ausstreicht.

210 Straßenböschung unterhalb der Kapelle St. Valentin in Lohr: Volpriehausen-Wechselfolge

Blatt 6023 Lohr, R^{35}4048 bis 4060 H^{55}3997
Am Stationenweg unterhalb der Kapelle (Straße „Valentinsberg“) erstreckt sich ein teilweise überwachsenes Profil, das den unteren Teil der Volpriehausen-Wechselfolge in typischer Ausbildung zeigt. Auffällig ist die wechselnde, aber teilweise große Bankmächtigkeit. Hier wurden Sandkörper zu dicken Bänken (bis 2,5 m!) verschmolzen, was an den häufigen Lagen von Tonstein-Klasten abzulesen ist. Diese Tongallen bilden innerhalb der Bänke z. T. durchhaltende Lagen, können aber auch schräg angeordnet sein und variieren in Größe und Form. Meist sind es bis zu 7 cm große, eckige oder scheibenförmige Gebilde, die oft nur als herauspräparierte Löcher erkennbar sind.

211 Hohlweg Klapper in Lohr: Volpriehausen-Formation

Blatt 6023 Lohr, R[35]4035 bis [35]4056 H[55]4010 bis [55]4016
Von (**210**) 400 m bergauf zum kleinen (P), von dem der als „Klapper" bezeichnete Hohlweg spitzwinklig nach O abzweigt (Kulturweg „Lohr 3", Punkt 5). Er durchschneidet als romantische Waldschlucht nahezu dieselbe Schichtenfolge, die am Stationenweg (**210**) zu sehen ist, reicht aber etwas höher und erreicht den mittleren Teil der *Volpriehausen-Wechselfolge* mit den typischen eckig brechenden Sandsteinen in relativ hoher Bankmächtigkeit, meist überlagert von auffällig stark schräggeschichteten Sandsteinen mit relativ starken Einfallswinkeln der Foresets und deutlichen Korngrößen-Unterschieden. Die Schrägschichtungskörper variieren in ihren Einfallsrichtungen stark und zeigen dadurch erstaunlich rasch wechselnde Schüttungsrichtungen an. Die Wechselfolgen sind nur an den Hohlkehlen zu erkennen. Der *Volpriehausen-Basissandstein* im untersten Teil des Hohlwegs ist kaum noch aufgeschlossen.

Die schon im 9. Jh. bezeugte Siedlung *Lohr* erhielt 1433 Stadtrecht; sie unterstand zunächst den Grafen von Rieneck, kam aber 1551 an Kurmainz. Kath. Pfarrkirche (13. Jh., Chor und Turm 15. Jh.), Rathaus (1601/02); das Schloss (14./16. Jh.) enthält seit 1936 das sehenswerte *Spessart-Museum* (Kulturweg „Lohr 3", Punkt 6). Am *Rechtenbach* existierte eine Reihe von Mühlen, von denen die *Untere Papiermühle* (heute Jugendherberge; Kulturweg „Lohr 3", Punkt 5) die älteste ist, in der seit 1500 Papier hergestellt wurde. Aus den Mühlen entwickelten sich im 19. Jahrhundert Industriebetriebe, die – begünstigt durch den Bau der Eisenbahnstrecke Würzburg–Frankfurt 1854 – stark expandierten. Von ihnen existiert das High-Tech-Unternehmen Rexroth noch heute.

212 Steinernes Haus zwischen Lohr und Rechtenbach: Hardegsen-Formation und Felssandstein

Blatt 6023 Lohr, R[35]3856 H[55]3904
Der ehem. Steinbruch ist nur zu Fuß und nach längerer Wanderung (ca. 1,5 km von Lohr) zu erreichen, am besten von (**210**) am SO-Hang des Rothenbergs; ca. 300 m W des Scherles-Waldes zweigt bergwärts ein kleiner Pfad ab, der nach 100 m das Steinerne Haus erreicht, einen Felshohlraum in einem Stbr. in der oberen *Hardegsen-Formation*. Große Sandstein-Platten sind so angeordnet, dass eine Art Unterstand mit Höhlencharakter entstand, groß genug, um ein Dutzend Menschen aufzunehmen. Das Gebilde, das heute als Naturdenkmal ausgewiesen ist, wurde seit langem von Waldarbeitern, Wanderern und den Steinbrucharbeitern als Schutz vor Unwettern und sogar als Nachtquartier genutzt. Auf den Platten finden sich Gravuren und Ritzungen, die bis ins Jahr 1776 zurück reichen. Wie üblich, kursieren stark abweichende Theorien über die Entstehung dieses Gebildes; z. B. durch ein lokales Erdbeben, aber auch künstlich durch den Steinbruchbetrieb. An der Hangkante sind große Platten von *Felssandstein* freigestellt, die deutliche Schrägschichtungskörper aufweisen. Unterhalb dieser Blöcke wurde das Lockermaterial ausgeräumt, so dass ein sich erweiternder Hohlraum entstand.

213 Alter Steinbruch am Karl-Neuf-Platz bei Wombach: Plattensandstein

Blatt 5723 Lohr, $R^{35}4032$ $H^{55}3645$
Von Wombach auf dem Mainwanderweg M5 (bzw. R4) zum Karl-Neuf-Platz (benannt nach dem ehem. Markierungswart des Spessartbundes) am NO-Hang des Steinernen Bühl (471 m): Rastgelegenheit (Punkt 2 des Kulturweges „Lohr 1“). Das Bruchgelände S der Straße (Informationstafel) erschließt den *Plattensandstein* in homogener Ausbildung und guter Werkstein-Qualität. Die erhebliche Ausdehnung in dem abgelegenen Areal zeigt an, dass die im 19. und beginnenden 20. Jh. gewonnenen Gesteine den logistischen Aufwand wert waren. Der Stbr. wurde trotz der relativ großen Entfernung ausgewählt, als bei Heigenbrücken der Eisenbahntunnel der Westbahn ausgebaut wurde und die Druck- und Biegezugsfestigkeit der Sandsteine im Umkreis von Heigenbrücken nicht ausreichten.

214 Ehem. Ziegeleigrube N Wiesenfeld: Obere Röttonsteine

Blatt 6024 Karlstadt, $R^{35}4960$ $H^{55}4064$
Die aufgelassene Ziegeleigrube am NO-Rand des Ortes, bereits aus einiger Entfernung zu erkennen, ist z. Zt. der einzige größere Aufschluss in den Oberen Röttonsteinen. Die fortschreitende Verwitterung der Schichten und dichter Bewuchs vermindern allerdings den ehemals detailreichen Einblick in die Schichtenfolge.

215 Straßenböschung an der Straße zwischen Pflochsbach und Waldzell: Detfurth-Geröllsandstein

Blatt 6023 Lohr, $R^{35}4341$ $H^{55}3550$ bis $R^{35}4333$ $H^{55}3510$
Entlang der Straße Pflochsbach–Waldzell am W-Hang des Milchbrunnenschlags zieht sich ein schönes Profil, das den größten Teil des Detfurth-Geröllsandsteins aufschließt. Dieser ist hier 20–25 m mächtig. Den mittel- bis grobkörnigen, blassviolettbraunen Sandsteinen sieht man schon an der scharfkantigen Ausbildung ihre Härte und Verwitterungsresistenz an, welche die steilste Hangneigung in diesem Teil des Maintals erzeugt. Die Basisflächen der Bänke entstanden meist durch erosive Ausräumung von Schlammpartien mit nachfolgender Überdeckung durch Sande und sind deshalb gewellt. Meist zeigen die Sandsteine Schrägschichtung; durch Entfärbung gröberer Lagen kann eine weißgraue Flammung auftreten. Der Name „Geröllsandstein“ verweist auf konglomeratische Lagen mit nur ca. 1 cm großen Geröllen, die hier schwer zu finden sind.

216 Ehem. Steinbruchgelände im Häsling N Margarethenhof: Plattensandstein

Blatt 6023 Lohr, $R^{35}3990$ $H^{55}3542$
Von Neustadt a. M. auf dem Mainhöhenweg (M5) zum Margarethenhof; ca. 250 m N liegt das ausgedehnte Stbr.-Gelände, von dem als kleiner Rest eine ca. 5 m hohe Bruchwand aus Plattensandstein erhalten ist. Auf den Bank-Oberflächen sind Wellenrippeln und in den Bänken feine Schrägschichtungskörper mit meist sehr flachen Einfallswin-

keln der Leeblätter zu erkennen. Erstaunlich flach einfallende Klüfte zerteilen die Bänke z. T. unter Winkeln < 30°, was für die Nutzung unvorteilhaft war.

217 Hohlweg am W-Hang des Hornungsbergs bei Neustadt a. M.: Mittlerer Buntsandstein

Blatt 6023 Lohr, um R^{35}4010 bis ^{35}3991 H^{55}3406 bis ^{55}3334
Vom Ortszentrum auf der Spessartstr. nach W und am Ortsende rechts aufwärts dem Margarethensteig folgen, der in den Hohlweg mündet. Das ehemals sehr instruktive Profil (Scherer 1978, Schwarzmeier 1980) ist heute stark verwachsen, bietet aber den z. Zt. einzigen Einblick in den Mittleren Buntsandstein im östlichen Spessart. Die untersten Sandsteine der *Volpriehausen-Wechselfolge* (nur etwa 2 m aufgeschlossen) sind meist mittelkörnig, rotbraun und weißgrau geflammt und schräggeschichtet. Der *Detfurth-Geröllsandsteins* (hier ca. 20 m mächtig) variiert in der Korngröße recht stark. Gröbere Sandsteine sind schräggeschichtet und meist weißgrau geflammt; horizontbeständige Tongallen-Lagen treten als Löcher bis 15 cm Größe in Erscheinung. Von der *Detfurth-Wechselfolge* (rund 15 m) sind nur einzelne fein- bis mittelkörnige Sandstein-Bänke mit wenigen Tongallen-Lagen aufgeschlossen. Der *Hardegsen-Grobsandstein* (etwa 15–20 m) bildet mittelkörnige, rotbraune, z. T. weißgrau geflammte Bänke, die meist aus flachen Schrägschichtungskörpern bestehen. Von der *Hardegsen-Wechselfolge* sind wieder nur wenige Sandstein-Bänke aufgeschlossen.

218 Hanganriss am Silberloch-Tal bei Neustadt a. M.: Mittlerer Buntsandstein

Blatt 6023 Lohr, R^{35}3987 H^{55}3417
An der Weggabelung bei **217** nimmt man den linken Weg, der in einer großen Kurve nach N und W zum Silberloch-Bach hinunter führt; dort überquert man die Brücke und biegt links nach W auf einen hangparallelen Fußweg zum lückenhaften, aber sehenswerten Aufschluss ab (Scherer 1978). Die sonst selten einzusehende *Detfurth-Wechselfolge* besteht im unteren Teil aus rotbraunen, schräg geschichteten Sandsteinen, die oft mürbe zerfallen. Auffällig ist ein dickbankiger (ca. 2 m) fein- bis mittelkörniger Sandstein mit Tongallen und dünnen Schluffstein-Lagen, der von glimmerführenden, dünnplattigen Sandsteinen und einem Schluffstein-Horizont überlagert wird. Darüber folgen fein- bis mittelkörnige, ebenfalls rotbraune Sandsteine der *Hardegsen-Formation*. Die basalen, ca. 0,5 m mächtigen Bänke können auch grobsandige Lagen enthalten. Erst im Hangenden sind wieder schräggeschichtete Partien erkennbar. Über einem verstürzten und verwachsenen Hangteil (ca. 10 m) tritt ein 1,5 m dicker, eingekieselter Sandstein auf, der auffällig eckig in Erscheinung tritt. In seiner Mitte findet sich eine Partie mit vielen herausgewitterten Tongallen.

Gründer der Benediktiner-Abtei *Neustadt am Main* ist der zweite Würzburger Bischof Megingoz (gest. um 783). Mit Ausnahme des älteren Nordturms stammt die Klosterkirche aus dem 12. Jh., wurde jedoch nach Brand (1857) bis auf die Vierung neoromanisch wieder aufgebaut. Im Querschiff Steinreliefs der ehem. Chorschranken und vom Doppelgrabmal des Voit von Rieneck und seiner Gattin (1379, 1381).

Von Neustadt kann man auf dem Kulturweg „Kloster Neustadt am Main“ über den *Hornungsberg* (Punkt 2) und den *Margarethenhof* (Punkt 3, **216**) zum Forsthaus Aurora (Punkt 4) wandern und über den Michelsberg nach Neustadt zurückkehren; hier steht an der Stelle eines karolingischen Kastells die *Michaelskirche*.

219 Alter Steinbruch im Büchelsrain bei Ansbach: Plattensandstein

Blatt 6023 Lohr, R^{35}4329 H^{55}3140

220 Alter Steinbruch am Scheuerberg N von Zimmern: Plattensandstein

Blatt 6023 Lohr, R^{35}4267 H^{55}3040
Vor dem letzten Bauernhof an der Straße Zimmern–Ansbach auf den Weg N einbiegen und nach ca. 2 km an der Wegeteilung im Wald (Brunnschlag) dem linken Weg folgen. Die breiten Bruchwände erschließen den feinkörnigen, sattrotbraunen *Plattensandstein* in recht großer Mächtigkeit (ca. 7 m). Schrägschichtungskörper zeigen steil einfallende Leeblätter und bogige, basale Anlagerungsgefüge, die das flache Auslaufen der Vorschüttung am Hangfuß anzeigen. Im unteren Teil der Wand sind dicke, homogengleichkörnige Bänke in hervorragender Werksteinqualität angeschnitten. Im mittleren Teil des Profils ist eine Hohlkehle ausgebildet, weil dort tonig-schluffig-sandige Partien blättrig zerfallen. Die Klüfte im oberen Teil sind z. T. mit Calcit-Tapeten belegt.

221 Hölzlesgraben an der Fuchsenmühle bei Zimmern: Mittlerer und Oberer Buntsandstein

Blatt 6123 Marktheidenfeld, R^{35}4440 H^{55}2770 bis R^{35}4475 H^{55}2781
Die Schlucht des Hölzlesgrabens, die von der Fuchsenmühle hangaufwärts nach O führt, gehört zu den klassischen Profilen vom Solling-Sandstein bis zum Rötquarzit, ist aber mittlerweile stark überwachsen. Zu erkennen sind am Schluchteingang noch Bänke des *Solling-Sandsteins* und untere Partien des *Plattensandsteins* (hier nach Backhaus 1968 > 35 m mächtig!). Die *Unteren Röttonsteine* (nur ca. 13 m!) sind dagegen kaum erkennbar. Besonders instruktiv ist der oberste Teil des Profils, der eine komplette Abfolge des *Rötquarzits* zeigt. Vom Hangenden zum Liegenden sind folgende Schichtglieder erkennbar (modifiziert nach Siebenhüner 1964; Abb. 88, 89):

2,30 m	Sandstein, feinkörnig bis mittelkörnig, eingekieselt, violettgrau, gut gebankt, unterer Teil lückig zerfallend (1)
0,05 m	Ton- und Schluffstein, dunkelviolettbraun (2)
0,30 m	Sandstein, feinkörnig, eingekieselt, mit einzelnen Tonschluffstein-Lagen (3)
0,07 m	Sandstein, feinkörnig, rötlichbraun, mit weißgrauen Entfärbungsschlieren (4)
1,00 m	Sandstein, feinkörnig, leicht kieselig, grünlich- bis violettbraun, mit braun verwitterten Mineralkörnern; Ton- und Tonmergelstein-Klasten als herausgewitterte Löcher im Bankinneren und an der deutlich erosiven Basis, die außerdem stark bioturbiert ist und teilweise Spurenfossilien erkennen lässt (5)

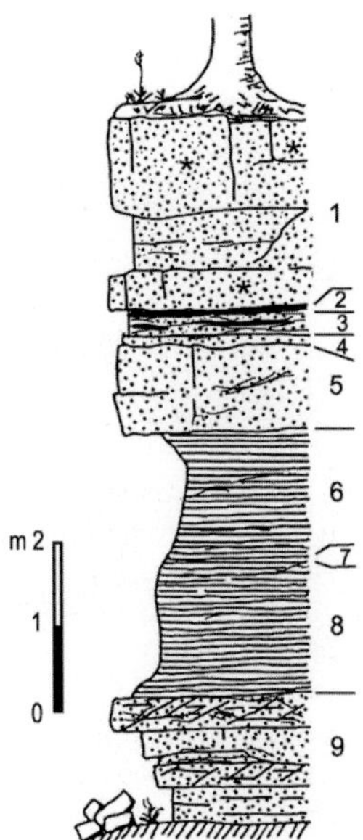

Abb. 88. Aufschlussprofil im oberen Hölzlesgraben bei Zimmern (**221**). Detaillierte Erklärung im Text. Verändert nach Siebenhüner (1967, S. 39).

1,50 m	Ton- und Schluffstein, rotbraun (6)
0,05 m	Tonmergelstein grüngrau (7)
1,50 m	Ton- und Schluffstein, rotbraun, mit sandigen Lagen (8)
1,50 m	Sandstein, feinkörnig, weißgrau, partienweise grünlichgrau, plattig zerfallend, im unteren Abschnitt laminiert, im oberen Teil mit flachwinkliger Schräg- und Kreuzschichtung; viel Pflanzenhäcksel (9)

222 Stelzenbach-Schlucht unterhalb der Burg Rothenfels: Mittlerer Buntsandstein

Blatt 6123 Marktheidenfeld, R^{35}4242 H^{55}2851
Von der Straße Rothenfels–Bergrothenfels zweigt kurz vor Erreichen des Plateaus ein beschilderter Fußweg nach SO in die Stelzenbach-Schlucht unterhalb der Burg ab. Hier ist eine Schichtenfolge aufgeschlossen, die von der *Hardegsen-Wechselfolge* (unten) über den *Felssandstein* bis zum *Solling-Sandstein* reicht, auf dem die Burg thront (Abb. 90). Wegen der steilen Hangneigung sollte man die Gesteine nur aus der Distanz, von der Treppe am Schluchteingang aus betrachten. Am besten sind die oft weiß geflammten Sandsteine der Hardegsen-Wechselfolge mit Massen von Tongallen einzusehen, in denen hier Spurenfossilien (Spreitenbauten) gefunden wurden. Im oberen Teil der Wand stehen massive Bänke von schräggeschichtetem Felssandstein an.

Abb. 89. Wurzelabdrücke von Koniferen im Rötquarzit. Profil im oberen Hölzlesgraben bei Zimmern (**221**). Feuersalamander als Größenskala. Aus Siebenhüner (1967, Abb. 8).

Burg Rothenfels wurde 1148 vom Kloster Neustadt gegründet und im 30-jährigen Krieg z. T. zerstört; sie kam 1803 an die Fürsten Löwenstein-Rosenberg und ist heute Jugendherberge. *Rothenfels* hat ein schönes, altfränkisches Stadtbild mit dem Rathaus von 1588/89.

223 Alter Steinbruch an der Hölle bei Windheim: Plattensandstein

Blatt 6123 Marktheidenfeld, $R^{35}4217$ $H^{55}2778$

Der Fahrweg Windheim–Rothenfels erreicht nach ca. 1 km ein heute verfülltes Stbr.-Areal, links davon ein weiterer Stbr., der den oberen Teil des Plattensandsteins erschließt.

224 Alte Steinbrüche am Heugarn W Karbach: Plattensandstein

Blatt 6123 Marktheidenfeld, $R^{35}4407$ $H^{55}2621$

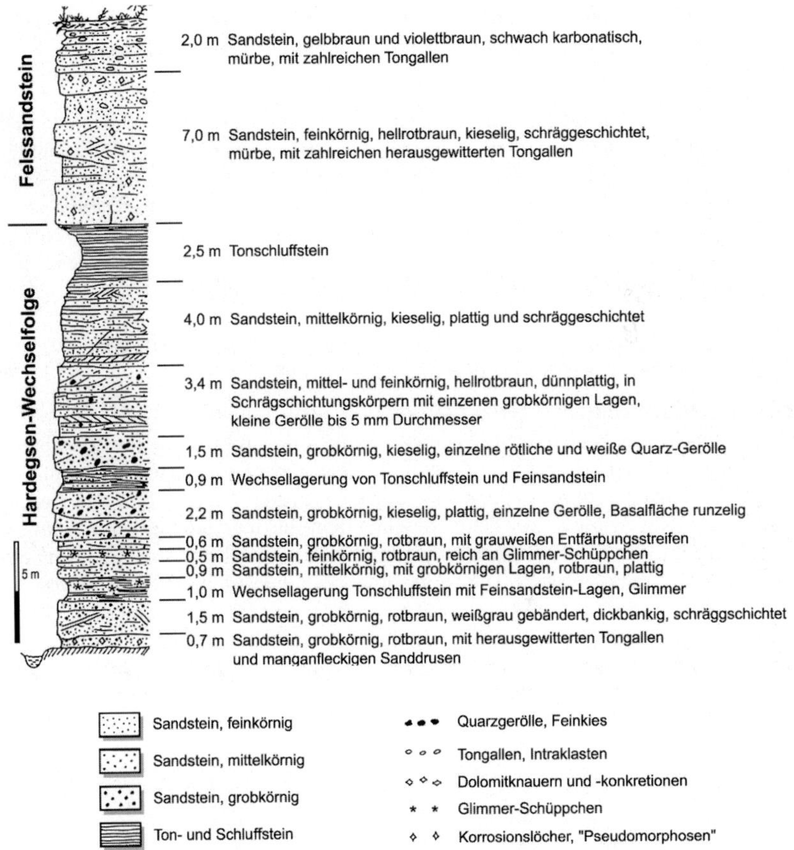

Abb. 90. Profil der Schichtenfolge in der Stelzenbach-Schlucht bei Rothenfels (**222**). Verändert und umgezeichnet nach Siebenhüner (1967, S. 36).

225 Alte Steinbrüche nahe der Elisabethenhütte N Marktheidenfeld: Oberer Buntsandstein

Blatt 6123 Marktheidenfeld, $R^{35}4385$ $H^{55}2570$

Von der Kreuzung der östl. Mainuferstraße gegenüber Hafenlohr dem Wanderweg (R4) ca. 400 m nach SO und S Richtung Elisabethenhütte folgen. Das stark verstürzte Stbr.-Areal, etwas hangabwärts gelegen, erschließt heute noch bis zu 4 m *Plattensandstein*, der vom ca. 40 cm mächtigen, grünlichgrauen und eingekieselten *Grenzquarzit* überlagert wird.

226 Straßenböschung nahe dem westlichen Brückenlager der alten Mainbrücke von Marktheidenfeld: Mittlerer Buntsandstein

Blatt 6123 Marktheidenfeld, $R^{35}4286$ $H^{55}2364$
Entlang der ansteigenden B8 sind Bänke des fein- bis mittelkörnigen, fahlviolettbraun bis braunrot gefärbten und kieselig („quarzitisch") gebundenen *Felssandsteins* aufgeschlossen. Durch die Verwitterung wurden die färbenden Fe-Oxide z. T. abgeführt, so dass die Bänke blasser wirken als andere Sandsteine des Buntsandsteins. Das kieselige Bindemittel sorgt für glitzernde Bruchflächen. Es sind aber auch Löcher zu erkennen, die Lagen von herausgewitterten Tongallen anzeigen. Hangaufwärts steht der hangende *Solling-Sandstein* an, ebenso jenseits der Hafenlohrer Kreuzung (**227**).

227 Straßenböschung oberhalb der Hafenlohrer Kreuzung bei Marktheidenfeld: Mittlerer Buntsandstein

Blatt 6123 Marktheidenfeld, $R^{35}4282$ $H^{55}2392$
Von Marktheidenfeld über die alte Mainbrücke und rechts in Richtung Aschaffenburg; 270 m weiter folgt die Abzweigung nach Lohr; gegenüber eine kleine Parkbucht. Die bergseitige Böschung setzt das kurze Profilstück an der Mainbrücke (**226**) fort. Bis ins Niveau der Abzweigung ist der harte, kieselige, fein- bis mittelkörnige *Felssandstein* aufgeschlossen, der neben seiner Verwitterungsresistenz auch an der fahlviolett- bis braunroten Farbe erkennbar ist. Die bergan folgenden, meist feinklastischen *Karneol-Dolomit-Schichten* sind überwachsen und kaum mehr aufgeschlossen (hier ca. 2,25 m mächtig). Darüber liegt der hier nur 1,30 m mächtige hellbraune, mittelkörnige und meist mürbe *Solling-Sandstein*. Der hangende *Thüringische Chirotheriensandstein* (ca. 60 cm) ist nicht mehr identifizierbar.

Der Aufschluss stellte ehemals das bedeutsamste Profil dieses stratigraphischen Abschnitts im östl. Spessart dar und trug wesentlich zum Verständnis der Schichtenfolge im fränkischen Raum bei (modifiziert nach Berger 1964 und Lepper 1970):

Hangendes:	**Plattensandstein**
1–2 m	verdeckte Schichten
Chirotherienschiefer	
0,80 m	Schluffstein, partienweise tonig, rotbraun, lagenweise mit Glimmer-Schüppchen (1)
Thüringischer Chirotheriensandstein	
0,10 m	Sandstein, feinkörnig, weißlichgrau, eingekieselt, flaserig geschichtet (2)
0,10 m	Schluffstein, rötlichviolettbraun, partienweise grünlichgrau, mit kieseligen Feinsandstein-Zwischenlagen (3)
0,20 m	Sandstein, feinkörnig, fahl violettbraun bis weißgrau, eingekieselt, flaserig geschichtet; Schichtoberflächen mit Rippelmarken; mit grünlichgrauen und violettbraunen, Millimeter-dicken Tonschluffstein-Zwischenlagen (4)
0,20 m	Sandstein, feinkörnig, weißlich violettbraun, eingekieselt, mit Glimmer-Schüppchen und tonigen Flasern (5)

Solling-Sandstein

0,10 m	Sandstein, feinkörnig, rotbraun, tonig, mit Glimmer-Schüppchen und tonigen Flasern (6)
0,20 m	Sandstein, feinkörnig, schmutzig violettrotbraun, partienweise bräunlich dunkelgrau, eingekieselt, porig, mit Glimmer-Schüppchen, flaserartig geschichtet (7)
0,05 m	Schluffstein, mit fein- und mittelkörnigen Sandlagen, glimmerführend (8)
0,20 m	Sandstein, fein- bis mittelkörnig, rotbraun, tonig gebunden, mit Glimmer-Schüppchen (9)
0,35–0,5 m	Sandstein, feinkörnig, hell rotbraun, schwach eingekieselt, mit hellen Entfärbungshöfen (10)
0,1–0,25 m	Sandstein, feinkörnig, lagenweise mittelkörnig, rotbraun, tonig gebunden, mürbe, mit wenigen Glimmer-Schüppchen (11)
Karneol-Dolomit-Schichten	
0–0,12 m	Ton- und Schluffstein, rotbraun, violettbraun und grau, weich
0,65 m	Sandstein, fein- bis mittelkörnig, rotbraun, lagenweise violettbraun, mit Glimmer-Schüppchen im unteren Teil, mit dolomitischen Knollen (12)
Felssandstein	
0,90 m	Sandstein, fein- bis mittelkörnig, rot- bis violettbraun oder bläulichbraun, verkieselt, ohne erkennbare Schichtung, mittel- bis dickbankig, basal mit Schrägschichtungskörpern, Glimmer-Schüppchen und mürbe (13)
0,4–0,6 m	Sandstein, fein- bis mittelkörnig, rotbraun bis fahl rotbraun oder rotviolettbraun, stark eingekieselt, mit Schrägschichtungskörpern; basaler Abschnitt mürbe, mit Löchern von herausgewitterten Tongallen (14)
0,20 m	Sandstein, fein- bis mittelkörnig, blassviolettbraun, stark eingekieselt (15)
0,95 m	Sandstein, blassrotbraun bis lokal blauviolett oder grau, eingekieselt, schräggeschichtet, homogene Bank (16)

228 Ehem. Abbaustellen am Maintalhang des Dillbergs bei Marktheidenfeld: Mittlerer Buntsandstein

Blatt 6123 Marktheidenfeld, $R^{35}4275$ $H^{55}2250$

Im Stbr. bei den Felsenkellern an der Straße Marktheidenfeld–Lengfurt, ca. 200 m W des letzten Hauses (Gaststätte) sind fein-, mittel- und grobkörnige, oft dickbankige Sandsteine der *Hardegsen-Wechselfolge* aufgeschlossen. Manche Lagen weisen ursprünglich gut gerundete Gerölle aus monomineralischem Quarz oder feinkörnigen Quarzaggregaten (z. T. metamorphe Quarzite) auf. Wie man u. d. M. erkennt, sind sie bei der Diagenese weitergewachsen. In die gröberen Sandsteine sind oft Tonstein-Klasten lagenweise eingestreut, die meist nur noch als Löcher in Erscheinung treten. In den höheren Partien sind öfter dünnbankige, fein- bis mittelkörnige Sandsteine mit tonig-schluffigen Zwischenlagen eingeschaltet. Diese enthalten Pflanzenreste und sind reich an Spurenfossilien („*Corophioides*“), die auf den Schichtflächen durch die Verwitterung als halbmondförmige Vertiefungen herauspräpariert sind. Etwas oberhalb beginnt der *Felssandstein*, der aus ursprünglich wohlgerundeten Geröllen von monomineralischem Quarz, feinkörnigen Quarzaggregaten (selten metamorphem Quarzit) und Kalifeldspat besteht. Bei der Diagenese sind diese Quarz- und Feldspat-Gerölle randlich weitergewachsen und bilden jetzt ein verzahntes Kornpflaster. Die ursprüngliche Kornform ist beim Quarz durch Kränze von feinsten Opakeinschlüssen markiert, während beim Kalifeldspat die Altkörner durch Zersetzung getrübt, die neu gewachsenen Säume dagegen klar sind.

Marktheidenfeld gehörte schon vor 855 dem Kloster Holzkirchen, seit Ende des 13. Jh. Grafschaft Wertheim, wurde 1397 erstmals als Stadt bezeichnet, die 1612–1803 zum Hochstift Würzburg, danach zu Bayern gehörte. St. Laurentius-Kirche (13. Jh.), Franck'sches Haus (1745), Alte Mainbrücke (1845).

229 Alte Steinbrüche am Osthang der Glasofener Höhe: Plattensandstein

Blatt 6123 Marktheidenfeld, R^{35}4202 bis ^{35}4206 H^{55}2317 bis ^{35}2330
Vom (P) an der Straße Marktheidenfeld–Kreuzwertheim nach NW zu zwei Stbr. im Plattensandstein.

230 Straßenböschung an den Eichenhecken bei Eichenfürst: Plattensandstein

Blatt 6123 Marktheidenfeld, R^{35}4078 H^{55}2272
Etwa 250 m W von Eichenfürst liegen an der B8 niedrige Aufschlüsse im Plattensandstein, der am Top Spurenfossilien (vertikale Gänge von einigen mm ∅) enthält.

231 Steinbruch am Stengelskopf W Röttbach: Oberer Buntsandstein

Blatt 6123 Marktheidenfeld, R^{35}3674 H^{55}1905
Von der Ortsmitte nach W (Petersgasse; Hinweis „Hasloch") bis in den Wald, wo an der ersten Gabelung der linke Weg direkt zum Stbr. am Stengelskopf führt. Hier wird ungewöhnlich ausgebildeter *Plattensandstein* noch sporadisch abgebaut und als „Röttbacher Sandstein" in den Handel gebracht. Auf vielen im Stbr. lagernden Blöcken erkennt man einen der grünlich entfärbten, deutlich gröber ausgebildeten, mürberen Abschnitte, der somit eine gute Wegsamkeit für zirkulierende Wässer besitzt. An seiner Basis ist ein scharfer, welliger Kontakt zu den unterlagernden rotbraunen Sandsteinen zu erkennen. Diese Kontaktfläche ist glatt, aber stark reliefiert; sie zeigt zuweilen Belastungsmarken, die Fährten von großen Sauriern ähneln können. An einigen Stellen ist sogar ein grober, stark eisenschüssiger Aufarbeitungshorizont erhalten, in dem bis cm-große Tonschluffstein-Klasten eingebettet sind (Abb. 91). Die untersten Schichten des Plattensandsteins sind dagegen in der normalen Ausbildung als sehr feinkörnige, satt rotbraune bis fast violettbraune Sandsteine entwickelt, die plattig zerfallen und oft deutlich laminiert sind. Alle Gesteine enthalten massenweise Hellglimmer, die auf den Schichtflächen angereichert, z. T. auch dispers verteilt sind. Im Hangenden des Plattensandsteins sind einige m rotbrauner Schluffsteine mit sandigen Lagen, aber ohne diskrete Sandstein-Bänke angeschnitten, die *Unteren Röttonsteine*.

Abb. 91. Plattensandstein (so genannter „Röttbacher Sandstein") im Stbr. am Stengelskopf bei Röttbach (**231**). In den Werkstein-Blöcken ist der für den Röttbacher Stbr. typische grünliche, entfärbte Bereich gut zu erkennen, der auf ein gröberes Korn und eine bessere Wegsamkeit zirkulierender Wässer zurückgeht. Zu erahnen ist auch ein an der violettbraunen Färbung erkennbarer konglomeratischer Aufbereitungshorizont, wie im kleineren Block im Hintergrund. Foto: G. Geyer.

232 Ehem. Steinbruch in den Sohlhecken NW Hasloch: Plattensandstein

Blatt 6222 Stadtprozelten, $R^{35}3413$ $H^{55}1800$
Von Hasselberg auf dem Wanderweg 38 (rotes ▲) nach SW zum eingezäunten Stbr. Die erstaunlich hohe Bruchwand (ca. 15 m) erschließt bis 4 m dicke Bänke von fein- und mittelkörnigem, gewöhnlich rotbraun gefärbtem Plattensandstein. Der typisch violettstichige Farbton des Plattensandsteins am östl. Spessartrand fehlt hier. Der Stbr. war bis in die späten 1980er Jahre in Betrieb und damit einer der letzten in Unterfranken aktiven Abbaustellen im Plattensandstein.

233 Mainprallhang NO Bestenheid: Mittlerer Buntsandstein

Blatt 6223 Wertheim, $R^{35}3686$ $H^{55}1680$
Am NO-Prallhang des Mains, den man vom (P) an der Straße, ca. 1,4 km von Hasloch und 2,2 km von Kreuzwertheim, erreicht, ist ein Profil durch den Mittleren Buntsandstein aufgeschlossen. An der Basis liegen ca. 3 m der *Volpriehausen-Wechselfolge*, die jedoch kaum aufgeschlossen ist. Darüber folgen ca. 20 m *Detfurth-Geröllsandsteins*. Von den ca. 14 m mächtigen Schichten der *Detfurth-Wechselfolge* sind nur die Sandstein-Bänke instruktiv. Dagegen vermittelt die ca. 17 m mächtige Abfolge des *Hardegsen-Grobsandsteins* im höheren Hangbereich besonders informative Einblicke: Hier sind Felsen vorhanden, in denen die Erosion die Sandstein-Bänke mit ihren Sedimentstrukturen freipräpariert hat. Linsenartige, schräg gekappte Sandsteinkörper zeigen steile interne Schrägschichtung, die rasch wechselnde Schüttungsrichtungen dokumentieren. Die *Hardegsen-Wechselfolge* ist mit etwa 28 m der mächtigste Abschnitt der

Schichtenfolge, die vom ca. 7 m mächtigen *Felssandstein* abgeschlossen wird (Freudenberger 1990).

234 Aufschlüsse um das Schloss Wertheim: Mittlerer und Oberer Buntsandstein

Blatt 6223 Wertheim $R^{35}3750$ $H^{55}1375$ bis $R^{35}3775$ $H^{55}1360$
Hinter dem Chor der Stadtpfarrkirche führt ein Fußweg zum Schloss empor, das direkt auf felsigem Untergrund der *Hardegsen-Wechselfolge* steht. Diese ist im Ringgraben und an den Böschungen um das Schloss aufgeschlossen, am besten wohl unter der ehem. Zugbrücke. Es handelt sich meist um mittel- und grobkörnige, rotbraune, oft weiß geflammte Sandsteine, die partienweise Gerölle führen. Die im dm-Bereich gebankten Sandsteine werden durch dünne tonige Zwischenlagen getrennt. In den Gesteinsquadern der Schlossbefestigung sind charakteristische Sedimentstrukturen zu erkennen: Man sieht viele gekappte, oft linsige Schrägschichtungskörper mit steil einfallenden Foresets, die durch die lagenweise Entfärbung ein grob gezähntes Muster bilden. Dort wo scheibenförmige Tonschluffstein-Klasten im Anschnitt herausgewittert sind, erscheinen sie als lange, schmale, schräg angeordnete Hohlräume. Oberhalb, im S und O des Schlosses, liegen dickbankige Sandsteine mit deutlichen Sedimentstrukturen.

Von der Burgklinge führt der Wanderweg 88 (roter –) zum Gipfel des Schlossbergs. Auf der Südseite der Burg ist der Grenzbereich zwischen *Hardegsen-Wechselfolge* und dem überlagernden *Felssandstein* aufgeschlossen, wobei die Unterschiede zwischen beiden Schichtgliedern nur graduell sind: Der Felssandstein erscheint etwas massiver; er ist leicht eingekieselt und mittelkörnig. Die Schrägschichtung ist nicht mehr linsenförmig, sondern *planar* mit flach einfallenden Leeblättern (Abb. 92). Sie ist wegen der geringen Korngrößenunterschiede eher unauffällig, wird aber durch eingestreute Tongallen akzentuiert. Die Silifizierung ist in den höheren Abschnitten, die oberhalb des Halsgrabens gut aufgeschlossen sind, deutlicher entwickelt. Dort sind auch die großen, von Tongallen hinterlassenen Löcher häufiger. Die wenig markante Grenze zwischen Hardegsen-Wechselfolge und Felssandstein ist bemerkenswert: Nach den neuen überregionalen Erkenntnissen (Abschnitt 2.4.3.2, S. 85) müsste die *Hardegsen-Diskordanz* als bedeutendste, beckenweite Schichtlücke zwischen diesen beiden Schichtgliedern liegen, wofür hier bei Wertheim keine offenkundigen Anzeichen zu finden sind.

Der Wanderweg führt über den Ausstrichbereich des Felssandsteins im Waldareal bergan. Die deutliche Verebnung, ehemals zur Anlage eines Burgstalls genutzt, von dem noch die Gräben erkennbar sind, wird durch den Wechsel vom *Solling-Sandstein* in den *Chirotherienschiefer*, d. h. durch die Grenze zwischen Mittlerem und Oberem Buntsandstein verursacht. Nahe dem Sendemast liegt ein ehem. Stbr. im glimmerreichen, feinkörnigen *Plattensandstein*, der typisch rotbraun, schwach violettstichig gefärbt ist.

Kehrt man zum Schloss zurück und folgt von dort dem Halsgraben und dem anschließenden Bachriss zum südlichen Tal, kann man einzelne Profilstücke erkennen, die unter der *Hardegsen-Wechselfolge* noch den *Hardegsen-Grobsandstein*, die *Detfurth-Wechselfolge* und, im untersten Bereich nahe der Straße, einzelne Lagen des *Detfurth-*

Abb. 92. Grenze Hardegsen-Wechselfolge/Felssandstein am Schloss Wertheim (**234**). Erläuterungen im Text. Foto: G. Geyer.

Geröllsandsteins erschließen. Die Schlucht endet an der Straße Wertheim–Bad Mergentheim gegenüber der Tauberinsel am Badischen Wehr.

Wertheim erhielt 1009 durch Kaiser Heinrich II. Marktrecht und ist seit 1300 als Stadt bezeugt, die 1142–1806 den Grafen von Wertheim unterstand. Die *Burg* wurde im frühen 12. Jh. gegründet; erste Ringmauer und Palas (1170), Kapelle (13. Jh.), wichtige Umbauten, z. B. am Palas, und Erweiterungen (14./15. Jh.), z. B. durch Wehrmauern, Torbau, Brücke und eine vorgeschobene Bastei (1380–1385) sowie den „Johannesbau" der Unterburg (um 1470). Im 16. Jh. Wandel von der wehrhaften Burg zum repräsentativen Schloss: Umbau von Palas und Kapelle, „Löwensteiner Bau" der Unterburg. 1634 durch kaiserliche Truppen zerstört und später als Stbr. benutzt. Reizvolles *Stadtbild*; ev. *Stadtpfarrkirche*, spätgotisch (1383) auf romanischen Fundamentresten; Chörlein der Heiliggeist-Kapelle (vor 1419), Portal-Vorhalle (16. Jh.), spätgotische Wandmalereien, Grabmal des Grafen Ludwig II. und seiner Gattin von M. Kern (1614–1618); spätgotische Kilianskapelle (1472); Marienkapelle (1447); Rathaus (1560), Rosenbergische Hofhaltung (1646) mit Glasmuseum; ehem. Bronnbacher Klosterhof mit Portal (1749); Engelsbrunnen (1574). Im eingemeindeten Dorf *Eichel* kleine Kirche 13./14. Jh.) mit romanischem Portal, spätgotischer Sakramentsnische und Schnitzaltar (15. Jh.); Glocke von 1361.

Einige wichtige Buntsandstein-Aufschlüsse im Raum Wertheim, aber außerhalb des Spessarts sind aus Platzgründen nur kurz erwähnt:

235 Alter Steinbruch am Borkenrain N Reicholzheim: Mittlerer Buntsandstein

Blatt 6223 Wertheim, $R^{35}3854$ $H^{55}1071$
Aufgeschlossen sind Hardegsen-Grobsandstein, Hardegsen-Wechselfolge und Felssandstein.

236 Alter Steinbruch am Buchwald W Bronnbach: Mittlerer Buntsandstein

Blatt 6223 Wertheim, $R^{35}3954$ $H^{55}0791$
Hardegsen-Wechselfolge, Felssandstein (Bock et al. 2005).

Kloster Bronnbach, 1151 gegründet, blieb trotz Plünderungen im Bauernkrieg und teilweiser Zerstörung im 30-jährigen Krieg bis zur Säkularisation ein bedeutsames, politisch unabhängiges Kloster; 1803–1986 im Besitz der Fürsten von Löwenstein-Wertheim-Rosenberg. Monumentale Klosterkirche: Ostteile 12. Jh., Langhaus 1222 beendet; spätgotische Kapellen am Querhaus; Ausstattung 18. Jh., Epitaphien 14.–18. Jh. Der Kreuzgang ist vollständig erhalten: Ostflügel spätromanisch (um 1230), Nordflügel frühgotisch (1250), West- und Südflügel spätgotisch (15./16. Jh.), Brunnenturm 1411; Kapitelsaal 12. Jh., 1674 aufgestockt, 1724/25 barock ausgeschmückt; Bursariusbau (1742), Orangerie (1773–1775), Klostermühle, Klosterbrauerei. Schöne Gartenanlagen.

237 Alter Steinbruch am Neuberg SW von Höhefeld: Grenzschichten Mittlerer/Oberer Buntsandstein

Blatt 6223 Wertheim, $R^{35}4266$ $H^{55}0717$
Felssandstein, Karneol-Dolomit-Schichten, Solling-Sandstein, Plattensandstein (Freudenberger 1990).

238 Schlucht am Mühlberg S Höhefeld: Hardegsen-Formation

Blatt 6223 Wertheim, $R^{35}4390$ $H^{55}0788$
Hardegsen-Grobsandstein, Hardegsen-Wechselfolge (Freudenberger 1981, 1990)

239 Rainberg bei Kreuzwertheim: Ehem. Umlaufberg des Mains und Oberer Buntsandstein

Blatt 6223 Wertheim, Zentrum bei $R^{35}3835$ $H^{55}1480$
Von Wertheim blickt man über den Main nach N auf den bayerischen Schwesterort Kreuzwertheim, über dem sich der Rainberg erhebt. Die heutige Bergkuppe wurde im jüngeren Pleistozän vom damals ca. 50 m höher verlaufenden Main umflossen und bildete eine enge Schleife N des heutigen Flusstals. Neben dem ehem. Umlaufberg ist knapp 50 m über dem heutigen Talniveau ein pleistozänes Talstück erhalten, das infolge des verkürzten Flusslaufs abgeschnitten wurde. Vom Sportplatz (P) führt ein Forstweg bis zum Wasserbehälter und zu einem Stbr.-Gelände, in dem *Plattensandstein* abgebaut wurde. Darüber ist in einem der Stbr. eine dünne Bank aus grünlichgrauem, kieseligem

Grenzquarzit aufgeschlossen, dessen Oberfläche mit Rippelmarken besetzt ist, gefolgt von basalen Schichten der *Unteren Röttonsteine*. Oberhalb des Stbr. findet man am Wegrand eckige Blöcke von eingekieseltem, hellem Sandstein, die vom höher liegenden *Rötquarzit* abgerutscht sind.

Kreuzwertheim: Benannt nach einem uralten Steinkreuz in der Ortsmitte, erstmals beurkundet 779, Marktrecht 1069. Nachdem Wertheim 1309 Stadtrechte erhalten hatte, ging die Bedeutung von Kreuzwertheim zurück, war aber Amt der Reichsgrafen von Löwenstein–Wertheim–Freudenberg, bis es 1814 an Bayern kam. Das Schloss (1763) ist noch heute Wohnsitz der Löwenstein'schen Fürstenfamilie. Alte Wehrkirche, Wohnhaus des Schultheißen Peter Herrschaft (1594), Ziehbrunnen, spätgotische Wehrtürme.

240 Ehem. Bahntrasse O Kreuzwertheim: Hardegsen-Grobsandstein

Blatt 6223 Wertheim, R^{35}3823 H^{55}1436
Vom N-Ende der Mainbrücke der Bahnhofstraße nach O bis zu einer Parkbucht folgen. Der ehem. Bahneinschnitt entblößt den meist grobkörnigen, rotbraun gefärbten, durch Entfärbung oft weiß geflammten Hardegsen-Grobsandstein. Dickere Bänke weisen eine deutliche Schrägschichtung auf und können partiell eingekieselt sein.

241 Mainprallhang W Urphar: Mittlerer bis Oberer Buntsandstein

Blatt 6223 Wertheim, R^{35}4000 H^{55}1222
Hier sind die Schichten von der Hardegsen-Formation bis zum Rötquarzit teilweise aufgeschlossen (Rückert 1977). Der Zugang zum Profil ist schwierig, er erfordert Trittsicherheit und Orientierungsvermögen. Die Schichtenfolge beginnt nahe der Mainufer-Straße mit dem variabel ausgebildeten, häufig verkieselten *Hardegsen-Grobsandstein* (ca. 10 m). Seine Färbung variiert von rotbraun, z. T. weiß geflammt, bis zu rosa und gelblich. Die basalen Schichten der *Hardegsen-Wechselfolge* (ca. 25 m), durch Blockschutt weitgehend verdeckt, bestehen aus rotbraunen, oft weiß gebleichten, mittel- und grobkörnigen Sandsteinen, die teils eingekieselt und zumeist sehr reich an Hellglimmer sind. Die Basis des *Felssandsteins* ist vermutlich durch fahlviolettbraune, fein- bis mittelkörnige Sandsteine mit Tongallen-Lagen repräsentiert, über dem der Rest des Felssandsteins unter Hangschutt verborgen ist. Die *Solling-Formation* im Hangenden (ca. 3,5 m) besteht aus dickbankigen, rotbraun gefärbten oder grauweiß gebleichten, meist mürben Sandsteinen mit geringem Karbonatgehalt, die z. T. Schrägschichtung aufweisen. In den obersten Bänken sieht man bisweilen Harnische, die tektonische Bewegungen in diesem Niveau anzeigen. Über einer weiteren Überdeckungslücke folgt im Hangenden der *Plattensandstein* in typischer Ausbildung (ca. 27 m). Der untere Abschnitt dürfte Schichten vertreten, die weiter N als (Thüringischer) Chirotheriensandstein und Chirotherienschiefer ausgeschieden werden, während hier noch der „untere Plattensandstein" der Odenwälder Faziesausbildung zu sehen ist. Ein ca. 0,5 m mächtiger weißgrauer, feinkörniger Sandstein mit kieseliger Bindung am Top der Plattensandstein-Abfolge ist der *Grenzquarzit*. Über ihm folgen die *Unteren Röttonsteine* (ca. 14 m) als rotbraune Tonschluffsteine mit dünnen Sandsteinlagen. Diese werden über

einer weiteren Überdeckungslücke von rund 5 m von rotbraunen bis etwas violettbraunen, fein- bis mittelkörnigen, eingekieselten Sandsteinen des *Rötquarzits* überlagert, in denen deutliche Schräg- und z. T. Kreuzschichtung zu erkennen ist.

Urphar: Die Evang. Johanneskirche ist eine romanische Wehrkirche (13. Jh.) mit frühgotischer Fensterrose; im Inneren bedeutende Wandmalereien (um 1300/1350); spätgotische Sakristei (1497) mit Wandmalereien aus der Erbauungszeit; Orgel von 1780.

242 Alter Steinbruch am Kembach zwischen Urphar und Dietenhan: Oberer Buntsandstein

Blatt 6223 Wertheim, R^{35}4245 H^{55}1290
Aufgeschlossen sind der obere *Plattensandstein* (10 m), der auf herumliegenden Blöcken z. T. Wellenrippeln und zungenförmige Interferenzrippeln zeigt, der grünlichgraue, schwach eingekieselte *Grenzquarzit* und die *Unteren Röttonsteine* (> 5 m).

243 Steinbruch der Fa. Zeller am Rauenberg O Dietenhan: Oberer Buntsandstein

Blatt 6223 Wertheim, R^{35}4430 H^{55}1216
Der noch im Abbau stehende Stbr. der Firma Franz Zeller KG Natursteinwerk (Eichenbühler Str. 11, 63930 Neunkirchen) erschließt die höheren Bereiche des Plattensandsteins (den „oberen Bausandstein"), den Grenzquarzit, die Unteren Röttonsteine und z. T. noch den Rötquarzit. Gut erkennbar sind die lateralen Veränderungen der Gesteinskörper und der Übergang zu den Röttonsteinen (Abb. 93, 94). In den bis 3 m mächtigen Bänken des *Plattensandsteins* erkennt man z. T. verzahnte Rinnenfüllungen der ehem. Flussläufe, die nun zu größeren Sandstein-Körpern amalgamiert sind. Auf den Oberflächen der Schrägschichtungsblätter sind Muscovit-Blättchen angereichert und parallel dazu eingeregelt, während innerhalb der vom damaligen Fluss schnell geschütteten Sandlagen dunkle, tiefrote Partien mit hohem Tonanteil dominieren. Große Tongallen sind hier selten; wo sie herausgewittert sind und der Sand leicht abgrust, wurde dieses unerwünschte Gestein von den Arbeitern als „Grätz" oder „Wilder Fels" ausgesondert. An der Oberkante des Plattensandsteins, teils aber auch im Kontakt zwischen einzelnen Rinnenkörpern, ist der Übergang von feinkörnigen Sandsteinen zu Schluff- und Tonsteinen der *Unteren Röttonsteine* zu sehen, wobei noch relativ viele sandige Lagen vorhanden sind. Das Abflauen der Strömungen führte dazu, dass vom fließenden Wasser immer feinere Sedimentpartikel transportiert wurden, bis der Fluss endgültig verschwand und nur noch episodische Schlammströme flossen. Die Bruchwand zeigt zahlreiche linsenförmige Sedimentationskörper. Im höheren Bereich liegt sogar ein ausgedehnter Sandkörper, der nicht mit dem Rötquarzit zu verwechseln ist.

Das bis zu 25 m mächtige Schichtpaket über dem eigentlichen Werkstein, von tonig-schluffigen Gesteinen dominiert, erzeugt viel Abraum, dessen Bewältigung ein Problem ist. Dass der Betrieb dennoch aufrecht erhalten wird, zeigt die wirtschaftliche Bedeutung dieses Natursteins. Etwa die Hälfte der Produktion wird für Restaurierungsarbeiten, die andere Hälfte von Bildhauern verwendet (Bock et al. 2005).

Abb. 93. Die farbigen Schichten des Oberen Buntsandsteins (Röt-Formation). Die dunkelbraunen bis rotbraunen und blaugrauen Lagen bestehen aus tonigen Sandsteinen, die weißlichen aus kalkigen Sandsteinen mit Calcit-Drusen. Nahe der Oberfläche folgt eine Überdeckung mit ockerfarbenem Löss. Erläuterung im Text. Bildhöhe ca. 8 m. Stbr. der Fa. Franz Zeller bei Dietenhan (**243**), 5. April 2010.

244 Bachriss beim Fischerhäusl NW Triefenstein: Mittlerer bis Oberer Buntsandstein

Blatt 6123 Marktheidenfeld, $R^{35}4183$ $H^{55}2008$

Vom SW-Ende der Mainbrücke Lengfurt–Triefenstein nach NW auf den Fahrweg in den Mainauen; ca. 1 km nach der Staustufe erreicht man den unteren Ausgang der Schlucht. Der obere Einstieg liegt ca. 1 km SO Altfeld, wo bei P. 244 m an der Straße Altfeld–Lengfurt ein Waldweg nach N abzweigt. Das Profil in der Schlucht gehört zu den altbekannten Abfolgen im Grenzbereich Mittlerer/Oberer Buntsandstein. Die Aufschlussverhältnisse sind heute nicht mehr gut, die Begehung setzt festes Schuhwerk und Trittsicherheit voraus. Der untere Teil der Schlucht zeigt den mittelkörnigen, rotbraunen, z. T. weißgrau geflammten, z. T. eingekieselten *Felssandstein* (etwa 18 m); bis 20 cm dicke feinklastische Horizonte gliedern die Abfolge. Das Top der *Hardegsen-Wechselfolge* wird von einem 2,0–2,3 m mächtigen, dickbankigen Sandstein gebildet, der nach oben zunehmend von rotbraun/weißlich gefleckt nach violettbraun changiert, partienweise durch herausgewitterte Tonstein-Klasten löcherig aussieht und auch Kar-

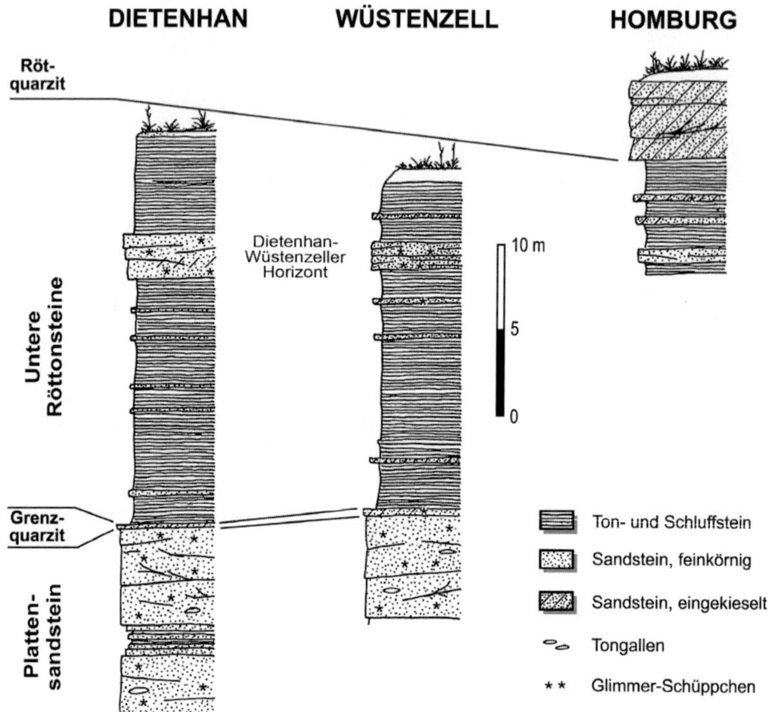

Abb. 94. Profile der Schichtenfolgen in den Stbr. am Rauenberg bei Dietenhan (**243**, links) und N Wüstenzell (**248**, Mitte) sowie an der Straßenböschung am Schlossberg von Homburg am Main (**247**, rechts). Verändert und umgezeichnet nach Freudenberger (1990, Abb. 11).

bonat-Konkretionen enthält. Dieser Horizont wurde als Äquivalent der *Karneol-Dolomit-Schichten* interpretiert (Schuster 1933). Der darüber liegende, nur ca. 1 m mächtige *Solling-Sandstein* ist leicht zu übersehen; er besteht aus feinkörnigem, rotbraunem bis hellgrauem Sandstein mit Tongallen und Karbonat-Knollen. Am Top einer der dünnen Bänke sind Rippelmarken erkennbar. Etwa 80 cm mächtige, feinkörnige, helle, eingekieselte Sandsteine mit viel Hellglimmer und grünlichgrauen Tonstein-Flasern im Hangenden werden stratigraphisch als *Chirotherienschiefer* interpretiert. Darüber folgt der typisch rotbraune, feinkörnige, glimmerreiche, plattig zerfallende *Plattensandstein*, der hier bis ca. 70 cm mächtige Zwischenlagen von Feinklastika enthält.

Kloster Triefenstein wurde 1102 gegründet und 1803 zum Schloss der Fürsten von Löwenstein-Wertheim-Freudenberg umgebaut. Die Kirche enthält eine ausgezeichnete frühklassizistische Ausstattung von M. Bossi, J. Zick und P. Wagner (2. Hälfte 18. Jh.).

245 Eingangsbereich des Zementwerks Lengfurt: Oberer Buntsandstein und Unterer Muschelkalk

Blatt 6123 Marktheidenfeld, $R^{35}4450$ $H^{55}1911$
Das Zementwerk Lengfurt der Fa. HeidelbergCement AG (Homburger Str. 41, 97855 Lengfurt) ist eines der beiden großen unterfränkischen Zementwerke, in denen Gesteine des Unteren Muschelkalks verarbeitet werden. Die ausgedehnten Stbr. sind nur nach vorheriger Anmeldung und mit Schutzhelm für Exkursionsgruppen zugänglich (vgl. **255**). Von der Straße nahe der Ladeeinrichtung kann man aber hinter den Betriebsgebäuden ein farbenfrohes geologisches Profil im Oberen Buntsandstein erkennen (Schwarzmeier 1979), das früher mit nahezu 10 m *Plattensandstein* begann, von dem aber die obersten 3,30 m tonig-schluffig ausgebildet sind. Der hangende *Grenzquarzit* ist hier ein 15 cm dicker, kieselig gebundener Sandstein. Darüber folgen 21,35 m *Untere Röttonsteine*, die meist als kräftig rotbraune Ton- und Schluffsteine ausgebildet sind. Der 7,60 m mächtige *Rötquarzit* bildet hellgraue Bänke; darüber folgen etwa 0,5 m *Obere Röttonsteine*. Die grauen Hänge im Hintergrund werden aus den basalen Schichten des Unteren Muschelkalks aufgebaut.

Die kath. Pfarrkirche in *Lengfurt* geht auf die Zeit des Würzburger Fürstbischofs Julius Echter von Mespelbrunn zurück (1613ff); Chor und Turm (1700–1702); Hochaltar von P. Wagner (1779), Altarkreuz aus Elfenbein (um 1720).

246 Oberhang des Kallmuth zwischen Homburg am Main und Lengfurt: oberster Röt und unterster Muschelkalk

Blatt 6123 Marktheidenfeld, $R^{35}4498$ $H^{55}1856$
Der Prallhang auf der Ostseite des Mains zwischen Lengfurt und Homburg erschließt weithin erkennbar den oberen Teil des Buntsandsteins (etwa ab den Unteren Röttonsteinen) und den unteren Teil des Muschelkalks. Diese „Homburger Höhe", die man von Homburg auf Weinbergswegen ersteigt, trägt einen der bekanntesten Weinberge Frankens: den Homburger Kallmuth. Dieser liegt in der unteren Hälfte des Hangs auf *Röttonsteinen*, mit der Hangversteilung beginnt darüber der *Muschelkalk*, der hier die deutliche Bänderung durch die rhythmisch eingeschalteten sparitischen Kalksteine zeigt. Auch die Weinberge werden rhythmisch gegliedert, allerdings durch historische Natursteinmauern, deren Quader meist aus dem Buntsandstein gewonnen wurden. Der Weg durch die oberen Weinberge zeigt die typischen Gesteine des *Unteren Muschelkalks*, meist in Wellenkalk-Fazies. An der Bergnase ist das leuchtend ockergelbe Band des *Grenzgelbkalks* sichtbar, das in Franken traditionell die Basis des Muschelkalks markiert. In vorzüglicher Weise sind die verschieden mächtigen Dolomitstein-Bänke erkennbar, die erst durch die Verwitterung die augenfällige Färbung erhalten. Darüber folgt der Übergang zu grauen dolomitischen Mergelsteinen und darüber liegenden Wel-

lenkalk-Gesteinen, die Massen von Spurenfossilien führen. Über dem Grenzgelbkalk ist die unterste *Konglomeratbank* aufgeschlossen, die hier als Sediment-Akkumulation infolge Sturmereignissen entstand (Tempestit) und viele Seelilien-Reste sowie *Black Pebbles* enthält. Bedeutsamer ist die Schichtenfolge darunter: Hier ist die einzige Stelle entlang des Mains, an der man den Finger auf die Grenze Buntsandstein/Muschelkalk legen kann. Unter dem Grenzgelbkalk liegen graue, tonige Schluffsteine, die das Top des Buntsandsteins darstellen. Die letzten roten Tonsteine liegen > 2 m tiefer und sind gerade noch zu sehen. Dazwischen erkennt man mergelige und teilweise sandige Schichten. Der gesamte hier sichtbare Komplex unter dem Grenzgelbkalkstein gehört zu den ca. 12 m mächtigen *Myophorienschichten.* In manchen der Lagen finden sich (andernorts) schon Muscheln, Schnecken, Brachiopoden und Conchostraken, die anzeigen, dass die Schichten im Grenzbereich Meer/Küste/Land abgelagert wurden, als die terrestrische Periode des Buntsandsteins bereits Vergangenheit war.

247 Schlossberg von Homburg am Main: Röttonsteine, Rötquarzit und Kalktuff

Blatt 6223 Wertheim, $R^{35}4482$ $H^{55}1764$
Der Homburger Schlossberg besteht aus Gesteinen des Oberen Buntsandsteins mit einer Kappe aus Muschelkalk, der den nahezu vertikalen Hang auf der Nordseite veranlasst. Die von der Mainuferstraße in den Ort führende Straße ist in *Röttonsteine* eingeschnitten, die am Schlossberg und an der gegenüberliegenden Böschung stellenweise sichtbar sind. Eindrucksvoller sind die harten Bänke des *Rötquarzits*: rosarote, kieselige Sandsteine mit undeutlicher Schrägschichtung, die in der nördl. Böschung anstehen (Abb. 94).

Bekannter sind jedoch die jungen geologischen Bildungen am Schlossberg: Gleich neben den kräftig bemoosten Quellaustritten an der Fußgängerbrücke ist der gesamte, fast 30 m hohe Felsen, auf dem hoch über der Straße das Schloss steht, mit Sinterkalken bedeckt. Diese „Kalktuffe von Homburg“ entstanden als Ausscheidungen von Ca-Karbonat aus kalkreichen bis kalkgesättigten Wässern unter Mitwirkung von Algen und/oder höheren Pflanzen. Die Ausfällung erfolgte durch den Verlust an CO_2 beim Versprühen des kalkhaltigen Quellwassers nach der Gleichung:

$$Ca^{2+} + 2\ HCO_3^- \rightarrow CaCO_3 + H_2O + CO_2$$

Nach herkömmlicher Auffassung scheidet sich $CaCO_3$ in Kalksintern zunächst als metastabiler Aragonit aus, der sich erst allmählich in stabilen Calcit umwandelt. In den Kalktuffen von Homburg konnten Lorenz & Schönmann (2006) allerdings ausschließlich Calcit nachweisen. Das im Wasser gelöste $CaCO_3$ stammt aus dem Muschelkalk. Im Ortsbereich von Homburg trifft das Wasser der Bug-Quelle (Schüttung 10–40 l/s; 23–25° deutscher Gesamthärte) auf die kalkarmen Röttonsteine, auf denen Kalk in winzigen Kristallen ausfällt und zunächst als dünne Lagen alle Oberflächen überzieht. Am Fällungsvorgang sind Cyanobakterien („Blaualgen“) maßgeblich beteiligt. Die stetig wachsenden Krusten können aufliegende organische oder anorganische Reste, wie Blätter, Pflanzenstengel, Bodenreste oder Papierfetzen, inkrustieren. Das Ergebnis sind meist lückige, poröse Kalksteine, die auch als Grottensteine bezeichnet werden. Gerade der Kalktuff von Homburg lässt erkennen, mit welcher Geschwindigkeit die Bildung erfolgen kann: Unter den dicken Krusten verborgen, deren Alter man noch vor einigen Jahrzehnten als pleistozän vermutet hatte, fanden sich neben Pflanzenresten auch Keramikscherben und Reste von Bierflaschen. Früher stürzte der Bach über den Rötquarzit und bildete einen Wasserfall. Der heutige Einschnitt N des Felsens entstand erst später. Die kleineren Höhlen wie die Burkardus-Grotte sind Relikte der ursprünglichen Situation. Der einst sehr viel größere Felsen wurde durch den Abbau des Kalks als Zuschlagstoff für die Glashütten des Spessarts verkleinert. Balthasar Neumann benutzte den porösen und daher leichten, zugleich aber festen Kalktuff zum Bau der freitragenden Deckenkonstruktion im Treppenhaus der Würzburger Residenz.

Der Unterbau des Bergfrieds des Schlosses *Homburg* geht auf romanische Zeiten zurück, trägt aber ein Achteck aus dem 18. Jh.; die Wohnbauten stammen von 1561. Die St. Burkardus-Grotte ist angeblicher Sterbeort des Würzburger Bischofs St. Burkard (†754), Altar (1721), Alabasterrelief des Ölberges (1623); ehem. Zehentscheuer (1614); Bildstock an der Straße nach Remlingen (18. Jh.).

248 Auflässiger Steinbruch der Fa. Hofmann N Wüstenzell: Oberer Buntsandstein

Blatt 6223 Wertheim, $R^{35}4730$ $H^{55}1610$
Der vor kurzem aufgegebene Stbr. gibt einen der besten Einblicke in den Plattensandstein und die hangenden Schichten (Abb. 94). Der *Plattensandstein* war zum Ende des Abbaus in einer Mächtigkeit von 6 m aufgeschlossen und bestand aus rotbraunen, feinkörnigen und tonigen Sandsteinen in idealer Werksteinqualität mit einer sehr gleichmäßigen Sortierung und einer moderat ausgebildeten Schrägschichtung. Einzelne Lagen mit Tongallen zeigen die Horizonte, in denen von der Strömung mitgerissenes Material am Rande der Flussrinne wieder abgelagert wurde. Vor wenigen Jahren wurde hier ein Wedelrest eines Samenfarns vom Typ *Anomopteris* gefunden, der den größten Pflanzenrest repräsentiert, der je aus dem unterfränkischen Buntsandstein registriert wurde (Abb. 95).

Das Top des Plattensandsteins wird von einem 30 cm mächtigen, mittelkörnigen, lokal sogar grobkörnigen *Grenzquarzit* überlagert. Die hangenden *Unteren Röttonsteine* waren hier in einer Mächtigkeit von 19 m aufgeschlossen. Auffällig ist hier die Vielzahl von dünnen (meist ca. 10 bis 20 cm dicken) Sandstein-Bänken, die feinkörnig sind und zwischen rotbrauner und grünlichgrauer Färbung schwanken können. Ein 1,6 m mächtiger Sandstein nahe der Oberkante der Bruchwand entspricht dem Sandstein-Horizont, der in den Unteren Röttonsteinen des Stbr. bei Dietenhan (Aufschluss **241**) entwickelt ist. Diese Präsenz von Sandsteinen ist ein Zeugnis des Eintrags von Sand aus südlicher Richtung in einzelnen Sandsteinlagen, die hier nicht mehr ein annähernd homogenes Sandstein-Paket bilden.

Abb. 95. Wedel von *Anomopteris* sp., der größte bekannte Pflanzenrest aus dem Buntsandstein (Plattensandstein) der Spessart-Region. Länge des Wedels ca. 45 cm. Aufgelassener Stbr. der Fa. Hofmann bei Wüstenzell (**248**). Foto: G. Geyer.

4.4.3. Aufschlüsse im Muschelkalk

249 Alter Kalksteinbruch am Weinberg O Hohenzell: Unterer Muschelkalk

Blatt 5623 Schlüchtern, $R^{35}3912$ $H^{55}7630$

In Höhe der 90°-Kurve der Durchgangsstraße folgt man der Straße „Am Schloßborn" nach NW, geht bergauf bis zum Sattel des Berges und von dort rechts zu den Windrädern; ca. 250 m nach dem zweiten Windrad zweigt rechts ein Feldweg zum ehem. Stbr. ab, der eine ca. 5 m mächtige Schichtenfolge des Unteren Muschelkalk erschließt. Die Schichten in der *Wellenkalksteinfolge 6* zeigen die typisch knauerig bis flaserig geschichteten mergeligen Kalksteine, die namengebend für den „Wellenkalk" waren. Allerdings ist gerade dieser Abschnitt bekannt für augenfällige Wechsel im sedimentären Gefüge: Partien mit zwar unruhig ausgebildeten Schichtflächen oder knollig-knauerig zerfallenden Lagen, aber insgesamt horizontaler Lagerung wechseln mit meist geringmächtigeren Partien, in denen die Schichtung kaum mehr zu erkennen oder aber eine faltenartig verwürgte Schichtlagerung zu beobachten ist (Abb. 35). Die Verstellung dieser Schichten muss erfolgt sein, nachdem sie bereits leicht verfestigt, aber noch plastisch deformierbar waren. Solche Bereiche werden heute als *Seismite* bezeichnet und als Ergebnis von Erdbeben-Ereignissen interpretiert, bei denen Schichtpakete von bis zu 1,5 m Dicke durch die Bewegungen der Erdkruste mobilisiert wurden und auf kurze Distanz hangabwärts rutschten, wodurch die ursprüngliche Schichtung deformiert wurde. Besonders an den Ober- und Unterkanten dieser Partien sind im Aufschluss Gefüge-Erscheinungen zu studieren, die nicht durch normale Sedimentation zustande kommen können, wobei sich die Deformation verschieden stark bemerkbar macht: An der Basis liegt eine Schicht, die besonders stark deformiert ist, während in der Mitte der Abfolge, besonders am O-Rand der Bruchwand weniger stark verwürgte Schichten zu sehen sind. Aber auch die normalen knollig-knauerigen Wellenkalk-Gesteine sind kein Abbild der primären Ablagerungen. Die primäre Schichtung der mergeligen Kalkschlämme, deren Ton/Kalk-Verhältnis variierte, wurde durch wühlende Organismen (meist als „Würmer“ bezeichnet, aber vermutlich mit einem hohen Anteil von Krebstieren) zerstört. Bei der anschließenden Gesteinsbildung wurden die Ton- und Kalkgehalte weiter verändert, so dass letztlich ein nur ungefähres Abbild der ursprünglichen Schlämme am Meeresboden entstand. Zwischen den einzelnen Knöllchen sind selten Reste der ehemaligen Grabgänge als längliche, gebogene Gebilde von mehreren mm Ø erkennbar.

Die *Spiriferinabank* am Top der Schichten bildet in der sonst recht monotonen Abfolge des Unteren Muschelkalks einen stratigraphischen Leithorizont. Der Name leitet sich von dem Brachiopoden *Punctospirella fragilis* (ehemals *Spiriferina fragilis*) ab. Es handelt sich um kräftig berippte Klappen von Armfüßern mit einem geraden Schlossrand, die im vorliegenden Aufschluss regelmäßig und in guter Erhaltung zu finden sind. Daneben kommt mit *Hirsutella hirsuta* ein weiterer Brachiopode vor.

250 Wildtisch und Teufelskanzel N Bernhardskopf zwischen Hohenzell und Weiperz: Unterer Muschelkalk

Blatt 5623 Schlüchtern, R^{35}4024 H^{55}7517
Von (**249**) dem Flurweg bis in den Wald folgen und weiter auf dem Wanderweg „roter Milan“ durch eine Schranke; am Forstweg folgt linkerhand ein Schild „Wilder Tisch“. Der Steinabbruch am Oberhang des westl. Quellbach-Bereiches am Ahlersbach-Tal erschließt eine Abfolge von etwa 20 m mächtigen Schichten im mittleren Teil des Unteren Muschelkalks. Die Klippen bestehen zum größten Teil aus Kalk- und Kalkmergelsteinen in Wellenkalk-Fazies mit mehr oder weniger stark bioturbierten und diagenetisch veränderten Horizonten. Der „Wilde Tisch“ ist eine 2 m hohe, pilzförmige Klippe am Hang, die durch Hangrutschung entstand; das gleiche Gestein ist am Oberhang im Anstehenden zu sehen. In den stärker verwitterten Gesteinspartien sind Zeugnisse von tierischer Aktivität zu erkennen: Im weichen Kalkschlamm suchten wühlende Organismen nach Nahrung und hinterließen „Wurmspuren“, die heute als gebogene Kalkröhren im Gestein erhalten sind. Fast fingerdicke Exemplare werden als *Solemyotuba* bezeichnet, dünne als *Planolites*.

251 Profil am Forstweg östl. des Wildtisches und der Teufelskanzel zwischen Hohenzell und Weiperz: Unterer Muschelkalk

Blatt 5623 Schlüchtern, R^{35}4043 H^{55}7521
Der Forstweg, von dem der Pfad zum Steinernen Tisch (**250**) abzweigt, erreicht ca. 200 m weiter eine Kurve, an der in einen Steilhang ein 20 m dickes Schichtenprofil im mittleren Teil des Unteren Muschelkalks erschlossen ist. Die z. T. vermoosten Felsen zeigen eine Abfolge von Kalk- und Kalkmergelsteinen in Wellenkalk-Fazies mit verschiedenartigen Gefüge-Ausprägungen: Neben der häufigen welligen oder flaserigen Ausbildung von mergeligen mikritischen Kalksteinen mit einer annähernd durchhaltenden Schichtung im oberen Teil, finden sich stark bioturbierte und somit in einzelne unregelmäßig geformte Kalkpartikel zerfallende Abschnitte. Außerdem sind Seismite zu erkennen, wie sie bei (**247**) beschrieben wurden.

252 Alter Steinbruch am Häselberg N Ansbach: Unterer Muschelkalk

Blatt 6023 Lohr, R^{35}4495 H^{55}3253
Der ehem. Stbr. am Häselberg an der Straße Ansbach–Waldzell zeigt die typische Wellenkalk-Fazies aus dem – sonst selten aufgeschlossenen – tieferen Teil des *Unteren Muschelkalks*. Die Bruchsohle liegt auf der *Oolithbank Alpha*, deren Oberfläche z. T. mit einem lockeren Schalenpflaster, meist aus Muschelklappen von *Plagiostoma*, ferner von Dentalien, turmförmigen Gastropoden und Wirbeltierresten, bedeckt ist. Außerdem wurde der nicht sehr häufige Ammonit *Beneckeia buchi* gefunden (Abb. 96), angeblich sogar Stielglieder von Seelilien. Der aufmerksame Besucher kann hier verschiedene Einbettungsphänomene und Sedimentgefüge entdecken. So sind unterhalb

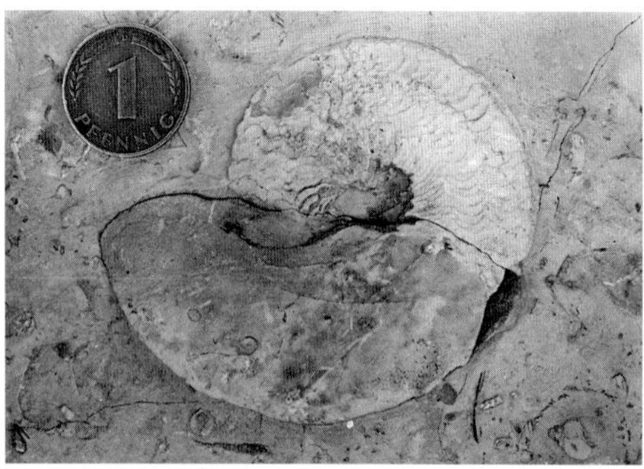

Abb. 96. *Beneckeia buchi*, ein relativ seltener Ammonit des Unteren Muschelkalks. Unten rechts ist der Steinkern einer Schnecke zu erkennen. Dachfläche der Oolithbank Alpha im Stbr. am Häselberg bei Ansbach. Foto: Leythaeuser (1965: Abb. 13).

des Schalenpflasters in der Bank Intraklasten als aufgearbeitete Fragmente von leicht verfestigtem Schlamm eingebettet.

253 Alter Steinbruch am Frohnberg bei Ansbach: Unterer Muschelkalk

Blatt 6023 Lohr, R^{35}4497 H^{55}3191
Der relativ große Stbr. liegt am Sportplatz von Ansbach und erschließt eine wechselhafte Schichtenfolge im unteren bis mittleren Teil des Unteren Muschelkalks. Die Basis des Stbr. wird von freigelegten Flächen in Wellenkalkfazies gebildet, die teils die übliche Runzelung der Schichtoberflächen aufweisen, teils aber relativ glatt bleiben und „Wurmgänge" des Spurenfossils *Rhizocorallium* zeigen: Bogige Gänge dieser Spreitenbauten sind oft herauspräpariert oder verlaufen schräg ins Innere der Schichten. Die darüber liegende Sohle wird von einem Paket von bräunlich verwitternden, vergleichsweise gut gebankten, schwach dolomitischen Kalksteinen der *Oolithbank Beta 2* (Grenze Unterer Muschelkalk 1 und 2) gebildet, die im Top stellenweise oolithisch ausgebildet sind. An der Basis können aufgearbeitete Intraklasten enthalten sein. Die Dachfläche ist lokal als Schalenschill-Lage mit Steinkernen von Muscheln entwickelt. Darüber liegt ein Schichtpaket von mikritischen Kalksteinen, die als Steigerung der Wellenkalk-Fazies zu kleinen Knauern zerteilt sind und oft einfache Spurenfossilien („Wurmgänge" von knapp fingerdickem Ø) enthalten. An einzelnen Abschnitten ist die ursprüngliche Schichtung nicht nur durch die Tätigkeit von wühlenden Organismen, sondern durch Gleitfaltung völlig zerstört. Eine zweite Bank aus intraklastenreichem Kalkstein mit Muschelschalenschill liegt an der Oberkante dieser Abfolge und bildet im O-Teil des Stbr. eine zweite Sohle. Unter ihr ist eine rund 5 cm dicke, fahlgelbgraue Schicht zu erkennen, die generell homogen mikritisch ist, aber völlig von Bohrspuren durchlöchert ist. Diese „*Bohrwürmerbank*" kann auch ein knaueriges Aussehen haben. Die hangenden 2,5 m der Abfolge bestehen wiederum aus Wellenkalk-Gesteinen mit mehr oder minder stark aufgelöster Schichtung und z. T. flaserigem Gefüge. Zwei bis drei schillführende Kalksteinbänkchen unterteilen die sonst relativ eintönige Abfolge.

254 Ehem. Steinbruchgelände am Bocksberg bei Unterwittbach: Unterer Muschelkalk

Blatt 6123 Marktheidenfeld, R^{35}4080 H^{55}1860
Von der Straße Unterwittbach–Altfeld an der Einmündung nach Oberwittbach nach SO zum Stbr.-Gelände auf dem Bocksberg abbiegen, das den basalen Bereich des Unteren Muschelkalks erschließt. Der ockergelbe Grenzgelbkalk als Basisschicht des Muschelkalks ist auf den unmittelbar benachbarten Feldern als Lesestein zu finden. Etwas entfernt sind die Böden der Felder noch rotbraun gefärbt, weil dort die Gesteine der oberen Röt-Formation ausstreichen. Die Bruchsohle wird im NW-Teil von einem mikritischen Kalkstein gebildet, der stark bioturbiert ist. In tieferen Anschnitten dieser Schicht erkennt man bis 6 cm große Intraklasten als Zeugnis von Aufarbeitungsvorgängen. Die nur 3 m hohe Wand zeigt meist ein stark zerrüttetes Gestein; es besteht aus mikritischen Kalksteinpartikeln, die von mergeligen Partien getrennt werden. Diese „rubbelige" Fazies ist auf komplizierte Weise entstanden. Der ursprünglich abgelagerte Kalkschlamm

enthielt lagenweise höhere Tonanteile. Diese undeutliche Schichtung wurde durch wühlende Organismen völlig zerstört. Bei der diagenetischen Verfestigung separierten sich kalkreiche und tonreiche Bereiche weiter; letztere verwittern wesentlich leichter und geben die kalkreichen Partikel frei, die nun bevorzugt in Erscheinung treten.

Vom Ostrand des Stbr.-Geländes hat man einen Blick über das Maintal auf den auffallenden Steilhang des Kallmuths zwischen Homburg und Lengfurt (vgl. **246**). Im unteren Teil des Hangs sind die bekannten Weinberge in den Oberen Röttonsteinen zu sehen. Der schroffe obere Hangteil wird vom Unteren Muschelkalk gebildet; er ist größtenteils bewaldet. Die im obersten Teil zu erkennende durchgehende Gesteinsschicht ist der Horizont der Terebratelbänke. Die Dachfläche liegt bereits im Bereich der Schaumkalkbänke.

255 Steinbruch des Zementwerks Lengfurt: Unterer Muschelkalk

Blatt 6123 Marktheidenfeld, $R^{35}4481$ bis $^{35}4561$ $H^{55}1886$ bis $^{55}1951$
Das Zementwerk bietet sporadisch Führungen an, die unter HeidelbergCement AG, Zementwerk Lengfurt, Homburger Str. 41, 97855 Lengfurt, erfragt werden können.

Das Stbr.-Areal erschließt nahezu die komplette Schichtenfolge des Unteren Muschelkalks, die von Haltenhof (1962) beispielhaft untersucht wurde. Seine Dissertation bildet die Grundlage für die heute noch gebräuchliche Standard-Gliederung in Bayern. Die stratigraphisch detailgenaue Probennahme ermöglichte auch eine der ersten präzisen geochemischen Untersuchungen der Schichtenfolge, wobei die Ca-/Mg-Verhältnisse Aufschlüsse auf den Chemismus des Meerwassers zur Zeit der Ablagerung der Sedimente ermöglichen (vgl. Abb. 34, S. 97).

Die *Grenze Buntsandstein/Muschelkalk* liegt an der Zufahrtstraße knapp unterhalb der Sohle mit der Brecheranlage am Rand des Stbr. Die genaue Abfolge lässt sich derzeit nicht darstellen, aber der Farbwechsel von Rot nach Grau im obersten Bereich der *Myophorienschichten* ist an der bergseitigen Böschung zu erkennen. Dort liegen auch die interessanten Partien oberhalb des Grenzgelbkalksteins, die noch unter randmarinen Bedingungen abgelagert wurden, wie Haltenhof (1962) anhand der niedrigen Ca/Mg-Verhältnisse nachweisen konnte.

Der gesamte untere Bereich des Unteren Muschelkalks ist im Stbr. in einer monotonen Abfolge in Wellenkalk-Fazies erschlossen. Die Ausbildung der *Wellenkalksteinfolgen 1–4*, die größtenteils in der Bruchwand über der untersten Sohle aufgeschlossen sind, zeigt nur graduelle Unterschiede in den unruhig geschichteten Mergel- und Kalkmergelsteinen mit welliger oder bröckeliger Textur und häufigen Spurenfossil-Resten. Einzelne Kalksteinbänke in einer Ausbildung als Bio-, Intra- oder Oospariten (Wackestones, Packstones oder Grainstones) gliedern die Abfolge. Keine der Bänke lässt sich aber im Handstück einer der Leitbänke (*Oolithbank* α, β_1 oder β_2) zuordnen. Dagegen ist der Bereich der Terebratelbänke bereits von weitem als Abschnitt mit höherem Kalkgehalt und somit hellerer Färbung und durchhaltenden Schichten erkennbar. Dieser Abschnitt liegt in dem Bereich, der am Südrand des Stbr. durch mehrere kleinere Abbausohlen gegliedert ist. Dort ist die *Untere Terebratelbank* als etwa 40–50 cm dicke, komplex zusammengesetzte Kalksteinbank entwickelt, die ruppig bricht und in größerer Menge Gehäuse des namengebenden Brachiopoden *Coenothyris vulgaris* (früher *Terebratula vulgaris*) enthält. Bemerkenswert ist, dass in der typischen Ausbildung neben den Terebrateln kaum andere Fossilien vorkommen. Einzelne Partien der zusammengesetzten Bank können auch oolithisch ausgebildet sein, was auf hohe Wasserenergie und die Bildung in sehr flachen Meeresarealen schließen lässt.

Oberhalb der oberen, großen Abbausohle ist der Bereich von der Wellenkalksteinfolge 6 bis zur 1. Schaumkalkbank aufgeschlossen. Blöcke aus der *Wellenkalksteinfolge 6* zeigen oft Mergel- und Kalkmergelsteine, die intensiv bioturbiert sind und Massen von einfachen Spurenfossilien als mäßig gebogene, Bleistift- bis knapp Finger-dicke Zylinder beinhalten. Die Schichtung ist oft völlig zerstört und macht scheinbar chaotischen Lagerungsverhältnissen Platz. Solche Partien mit einer oft faltenartig verwürgten Schichtlagerung wurden bereits bei (**247**) ausführlich als Seismite beschrieben. In der Mitte der Abbauwand erkennt man die ca. 20–30 cm mächtige, hellgrau gefärbte, homogene *Spiriferinabank* aus sparitischem Kalkstein. Aus herabgefallenen Bruchstücken lassen sich Exemplare des namengebenden Brachiopoden *Punctospirella fragilis* bergen. Selten finden sich sogar Exemplare der kleineren, weniger dicht berippten Brachiopodenart *Hirsutella hirsuta*. Außerhalb des Kernbereichs kommen auch Bruchstücke von Muscheln wie der berippten *Plagiostoma striatum* und der austernartigen *Enantiostreon difforme* vor, beides Bewohner von festem Substrat.

Die über der Spiriferinabank folgende *Wellenkalksteinfolge 7* besteht überwiegend aus flaserigen bis knauerigen Mergelsteinen, die hier im unteren Teil relativ gut geschichtet, im oberen Teil dagegen wiederum chaotisch erscheinen. Die *1. Schaumkalkbank* bildet oft das Dach der Abfolge und ist deshalb meist nur als plattige Lage an der Oberkante zu sehen. Lesesteine zeigen meist die charakteristische Ausbildung aus kleinen Ooiden, zwischen denen Zerreibsel von Fossilschalen vorhanden sein können. An der Basis tauchen auch größere Muschelreste auf. Außerdem dokumentierten Bohrspuren von Muscheln die Phasen, in denen für längere Zeit keine Ablagerung stattfand und stattdessen bereits eine biologische Erosion der verhärteten Meeresböden stattfand (Abb. 97).

Bemerkenswert sind auch die häufigen und engständigen Klüfte, die das Gestein zerteilen. Ihre überwiegende NW–SO-Richtung stimmt mit dem bevorzugten Streichen der strukturellen Elemente im nordbayerischen Deckgebirge überein. Entlang der Klüfte hat die Verwitterung Lösungshohlräume im Kalkstein angelegt, die z. T. als erstaunlich große, kegelförmige *Karsttaschen* in Erscheinung treten. Die lehmigen Füllungen solcher Karsttaschen enthielten im Kalksteinbruch von Karlstadt pleistozäne Säugerreste (Trusheim 1975); für das Zementwerk Lengfurt stehen solche Untersuchungen noch aus.

Parallel zu den Klüften treten im Lengfurter Stbr. relativ zahlreiche, NW–SO gerichtete („herzynische") Verwerfungen auf, deren Versatzbetrag aber einige m selten übersteigt. Dort, wo Y-förmige, keilförmige Schollen ausgebildet sind, lässt sich anhand der Verstellung nachweisen, dass die kausalen Spannungsverhältnisse eine zweiphasige Deformation des Deckgebirges verursachten, also – vereinfacht ausgedrückt – Druckspannungen im Gefolge der Alpen-Orogenese, die von Zugspannungen gefolgt wurden.

256 Alter Steinbruch im Sauloch bei Dertingen: Unterer Muschelkalk

Blatt 6223 Wertheim, $R^{35}4530$ $H^{55}1563$
Dem Talweg nach N bis zum Waldrand folgen und nach rechts aufwärts bis zum Stbr. im tieferen Teil des Unteren Muschelkalks. Der untere Teil der Schichtenfolge besteht aus relativ gut geschichteten Kalk- und Kalkmergelschichten, der obere Teil dagegen aus rubbelig zerteilten Karbonaten in Wellenkalk-Fazies. In etwa zwei Drittel der Wandhöhe über der Bruchsohle liegen zwei relativ unscheinbare Kalkstein-Lagen mit unruhigen Basis- und Dachflächen, die von kleinen, unregelmäßig angeordneten Löchern durchsetzt sind. Diese Löcher sind Bohrgänge, die als *Trypanites* bezeichnet werden (Abb. 97). Die beiden Lagen werden deshalb als Bohrwürmerbänke bezeichnet. Das höher liegende der Bänkchen repräsentiert vermutlich die *Oolithbank Beta 2* und markiert somit die Basis des Unteren Muschelkalks 2.

257 Alter Steinbruch am Ellenberg bei Dertingen: Unterer Muschelkalk

Blatt 6223 Wertheim, $R^{35}4588$ $H^{55}1584$
Am östl. Ortsrand in den Rötering einbiegen und durch die Weinberge am S- und O-Hang des Ellenbergs entlang bis zum höchsten Punkt fahren. Der aufgelassene Stbr. im höheren Bereich Unteren Muschelkalks zeigt eine insgesamt eintönige Schichtenfolge in Gesteinen der Wellenkalk-Fazies. Im unteren Teil sind vor allem bioturbierte Kalk- und Kalkmergelsteine „rubbeligen" Habitus zu sehen. Der obere Teil besteht dagegen aus gut geschichteten Gesteinen mit insgesamt bankartigem Habitus. Dieser Abschnitt enthält mehrere oolithische Schichten, von denen die *2. Schaumkalkbank* gut aufge-

Abb. 97. Oolithbank Beta 2 im aufgelassenen Stbr. am Sauloch bei Dertingen (256). Der Anschnitt senkrecht zur Schichtung zeigt die großen Intraklasten in einer limonitisierten Matrix. Die Intraklasten selbst zeigen Bohrspuren, die von ebenfalls limonitisiertem Material verfüllt und deshalb als ockergelbe Flecken zu erkennen sind. Die großen rundlichen Spuren sind *Balanoglossites triadicus*, die kleinen, oft länglichen, *Trypanites*.

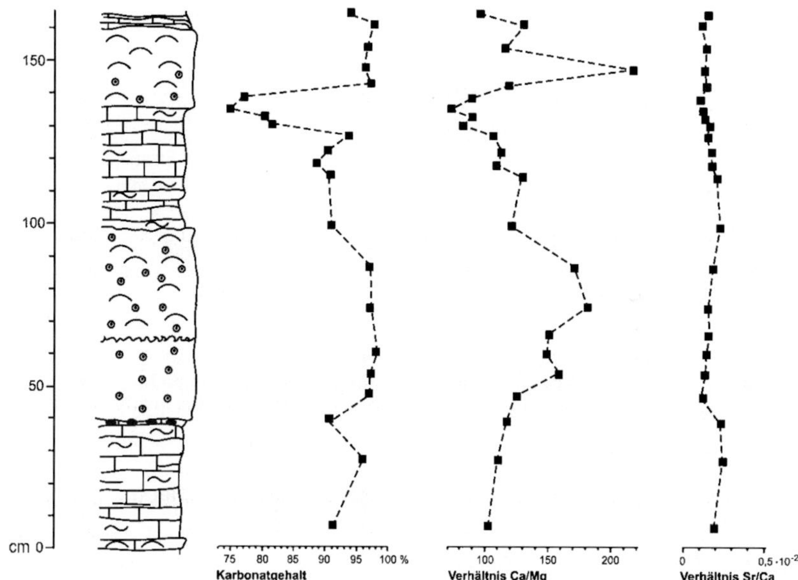

Abb. 98. Schematisches Profil der Schichtenfolge im ehemaligen Stbr. am Neuberg bei Dertingen. Das Profil zeigt die wechselhafte Ausbildung der aus mehreren Bänken zusammengesetzten Oberen Schaumkalkbank. Umgezeichnet nach Schenkel (1980) und Freudenberger (1990: Abb. 15 rechts).

schlossen ist. Die geochemischen Variationen im Bereich der Schaumkalkbänke dokumentieren – die auch regional charakteristischen – Veränderungen der Ablagerungsverhältnisse (Abb. 98).

Der Stbr. zeigt besonders auf seiner Ostseite spektakuläre tektonische Strukturen: Dort ist die Schichtlagerung im Wellenkalk deformiert, wobei sattelartige Aufwölbungen oder moderate Knickfalten entstanden. Manche dieser Strukturen scheinen dort ausgebildet, wo die primäre horizontale Schichtung schon durch Rutschungen der wenig verfestigten Sedimente gestört wurde.

4.5. Aufschlüsse in jungtertiären und quartären Sedimenten

258 Ehem. Tongrube Bellingser Kreuz: Tertiäre Tone

Blatt 5723 Altengronau, $R^{35}3609$ $H^{55}7182$
In der ehemaligen 50×50 m großen Tongrube, nur wenige m W der Straße Steinau a.d. Str.–Marjoß, ca. 300 m S des (P) Bellingser Kreuz gelegen, gewann man tertiärzeitlichen Ton, der von den Töpfern in Marjoß verarbeitet wurde. In den letzten Jahren beschränkte sich der Tonabbau auf wenige Tage im Jahr und kam für einige Jahre völlig zum Erliegen. Zum Zwecke des Tonabbaus räumte ein Bagger den Versturz und den Sand im Hangenden der Tone ab und legte die Tonschichten in mehreren m Tiefe frei. Heute sind noch die weißen, teils mit Eisenoxiden verfärbten Sande erschlossen, die Teil der sog. tonigen Schichten des sedimentären Tertiärs im Nordspessart und in der Umgebung von Schlüchtern sind. Zahlreiche Pingen, die ca. 2 km NO im Bereich des Flächenpasses am Tonkautenkopf (Name!) erkennbar sind, stellen Reste ehemaliger Tagebaulöcher des historischen Tonabbaus in diesem Gebiet dar.

259 Ziegeleigrube der Fa. Zeller in Alzenau: Löss, Lösslehm, Tephra-Lagen

Blatt 5920 Alzenau, $R^{35}0625$ $H^{55}4990$
Die Ziegelei Zeller (siehe S. 131) mit ihrem weithin sichtbaren Schornstein liegt S der Straße Alzenau–Kälberau. Die bergwärts gegen den Hahnenkamm liegende Tongrube wird nur noch in geringem Umfang genutzt; der größte Teil der benötigten Rohstoffe wird aus der Umgebung angefahren und hier nur umgeschlagen. Die Zufahrt ist über die Straße von Alzenau nach Kälberau möglich (Beschilderung). Im Büro kann man sich zum Besuch anmelden.

In der Tongrube stehen unter einer würmzeitlichen Lössüberdeckung die ca. 15 m mächtigen Sedimente aus Kiesen, Sanden, Lehmen, Torfschmitzen und Tonen an. Das Liegende bilden die an Kristallingeröllen reichen Schotter der Kahl. Im Löss finden sich zahlreiche Konkretionen aus Calcit, die als Lösskindel bekannt sind. Geissert (1989) beschrieb aus dem Löss noch eine artenreiche Molluskenfauna. In dem nicht immer aufgeschlossenen Profil lassen sich Wurzelhorizonte, Kryoturbationen, Eiskeile und eine Ortsteinlage aus Calcit beobachten. Das gesamte Profil überdeckt einen Zeitrahmen von etwa 700.000 Jahren.

Aus der Tongrube sind auch größere Fossilien bekannt. So liegen im Museum der Stadt Alzenau im nicht weit entfernten Schlösschen von Michelbach 1 Hals- und 1 Lendenwirbel von einem Elefantenartigen. Weiter wurde von G. Seidenschwann 1990 ein ca. 1,5 m langes Stück vom Stoßzahn eines Mammuts gefunden, der sich heute in der Sammlung der Wetterauischen Gesellschaft von Hanau befindet.

Die Besonderheit in dem Profil sind mind. 5 dünne Tephralagen mit Asche aus der Eifel (Seidenschwann & Juvigné 1986, Juvigné & Seidenschwann 1989). Dabei konnte nach den darin enthaltenen Gläsern und Mineralen, wie basaltischen Hornblenden, Klinopyroxen, Feldspat-Vertetern, Olivin und Magnetit geschlossen werden, dass aufgrund des geringen Alters und der räumlichen Nähe zur Eifel, die dortigen Vulkane als die Lieferanten gelten können. Im nördl. Teil ist die ca. 12.900 Jahre alte, ca. 3 cm mächtige Lage des Tuffs vom Laacher Bimsvulkan zu sehen (Da es sich um Lockersedimente handelt, sind frische Anschnitte innerhalb eines Jahres wieder verfallen, so dass man meist eine Hacke oder/und einen Spaten benötigt, um diese Lage frei zu legen).

260 Kiesgrube der Fa. Weiß in Großwelzheim: Pleistozäne und pliozäne Sedimente

Blatt 5920 Alzenau, $R^{35}0125$ $H^{55}4685$
Ehemalige Kiesgrube der Fa. Kaspar Weiss, Goldbach, bei Karlstein-Großwelzheim, unmittelbar an der sehr komplexen und großen Kies-Aufbereitungsanlage. Der See (mundartlich „Weißsee") ist in ein kommunales Schwimmbad mit angeschlossenem Campingplatz und Angelbereich umgewandelt worden. Der viel größere, einst nahezu gänzlich mit Kiefernwald bewachsene Bereich in der Alzenauer Gemarkung „Seewald" (jenseits der Bahnlinie Frankfurt – Würzburg) wird z. Zt. bis an die Grenze zu Großwelzheim mit einem Schwimmbagger ausgekiest, wobei sowohl pleistozäne Schotter als auch pliozäne Sande und Tone, die Lignit enthalten, gewonnen werden. Nach den derzeitig sichtbaren Vorräten wird der Kiesabbau ca. 2011 beendet sein. Die dabei entstandenen Seen sind bis zu 1 km^2 groß und 25 m tief. Der Transport des Kieses und des Wassers zum Aufbereiten erfolgt mittels Förderbändern bzw. Rohrleitungen über die Bahnlinie. Die großen Gesteinsbrocken werden leider schon auf dem Schwimmbagger über einen Rost in Schuten separiert und dann wieder in den See gekippt. Die umfangreiche Aufbereitung erfolgt nach dem Brechen, so dass auch hier kein Überkorn aufgehaldet wird. Daher gibt es kaum Fundmöglichkeiten für größere Gerölle. Da die Lignite der Baunkohlen-Schmitzen und -Lagen ausgesiebt werden, bietet sich hier die Möglichkeit des Studiums.

261 Kiesgrube der Fa. Volz & Herbert in Hörstein bei Dettingen: Pleistozäne Schotter des Maines

Blatt 5920 Alzenau, $R^{35}0260$ $H^{55}4580$
Man erreicht die Kiesgrube über die Anschlussstelle Karlstein der A45, passiert im Industriegebiet von Alzenau S Hörstein die Shell-Tankstelle und folgt nach ca. 200 m links der Beschilderung zur Kiesgrube. Diese wurde 1985 angelegt und wird gegenwärtig langsam betrieben. Dazu wird sehr reichlich Material von Baustellen der näheren und weiteren Umgebung angefahren und aufbereitet. Trotzdem hat man hier aufgrund der einfachen Abbauweise einen guten Einblick in das Geröllspektrum der Niederterrasse des Mains. Alle anderen Kiesgruben baggern mittels Schwimmbagger und geben den gewonnen Kies sofort in die Aufbereitung, so dass man keine ungebrochenen Gerölle studieren kann.

262 Sandgrube der Stadt Alzenau: pliozäne bis subrezente Dünensande

Blatt 5920 Alzenau, $R^{35}0340$ $H^{55}5100$
Von der Umgehungsstraße von Michelbach zur A45 erreicht man mit der südlichsten Zufahrt das weitläufige Gelände. Kurz vor dem Kreisel kann man während der Betriebszeiten die Sandgrube neben einem Förderband, welches die Straßen überbrückt, betreten. Die früheren Sandgruben sind sukzessiv mit einem Industriegelände überbaut worden. Der Abbau wurde immer weiter nach N fortgesetzt; weitere Vorrang-Flächen sind W der Umgehungsstraße vorhanden. Das sehr weitläufige Gelände gibt einen eindrucksvollen Einblick in die äolisch verfrachteten Sedimente. Die Sande weisen im Dünenbereich ein auffallend großes Kornspektrum auf. Unter den Dünen sind zweitweise die fluviatilen Sande und Schotter der Kahl erschlossen. Neben Nagerbauten, Stauhorizonten und Hinweisen auf mehrere Kaltzeiten konnten auch sehr junge Verwerfungen festgestellt werden, die prähistorische, holozäne Erdbeben bezeugen (G. Seidenschwann, pers. Mitt.).

5. Dingliche Relikte von altem Bergbau und historischer Technik

Siehe auch Aufschlüsse **18, 41, 48, 52, 76, 103**.

5.1. Erzbergbau

263–271 Kulturweg „Bergbau und Naturschutz – Die Bieberer Acht“: Auf den Spuren des alten Bergbaus in Bieber

Blatt 5821 Bieber und 5822 Wiesen
Wie in Abschnitt 3.1.3 und 3.1.4 ausführlicher dargestellt, war über den langen Zeitraum von mindestens 1494 bis 1807 der Ort Bieber ein Zentrum des Kupferschiefer-Bergbaus mit Gewinnung der Metalle Kupfer, Blei und Silber. In den Jahren 1731–1867 wurden hydrothermale Gänge, die sog. Kobaltrücken, auf Kobalt, Nickel und Bismut abgebaut. Schließlich gewann man im 18, 19. und frühen 20. Jh. Eisen und Mangan aus metasomatisch verändertem Zechstein-Dolomit, ein Bergbau, der erst 1925 zum Erliegen kam.

Es verwundert daher nicht, dass bereits Ende des 18. und zu Beginn des 19. Jh. wichtige geologische und mineralogische Arbeiten über dieses Gebiet publiziert wurden (Okrusch 1963b). Durch seine Beobachtungen über die Zusammenhänge zwischen Tektonik, Spaltenbildung und Gangfüllung und seine Gangtheorien hat es besonders J. C. L. Schmidt (z. B. 1823) zu überregionaler Bedeutung gebracht. Er war zunächst Bergmeister in Bieber, zuletzt Bergrat und Bergamtsdirektor in Siegen und gilt als einer der bedeutendsten Geologen und Lagerstättenkundler („Gang-Schmidt“) seiner Zeit.

263 Biebergrund-Museum

Blatt 5821 Bieber, $R^{35}2340$ $H^{55}5820$
Kulturweg Biebergemünd-Bieber, Punkt 1 am NW-Ortsausgang von Bieber, Am Pflaster 3, 63599 Biebergemünd, Tel. 06050-3186 (P). In diesem empfehlenswerten Museum neben dem ehemaligen Amtsgericht sind eine schöne Sammlung von Mineralen, Erzen und Gesteinen aus dem Bieberer Bergbau-Revier sowie zahlreiche Dokumente der Bergbaugeschichte zu besichtigen. Das Museum ist am 1. Sonntag im Monat 14–17 Uhr oder nach Voranmeldung beim Geschichtsverein Biebergemünd (Herr Peter Nickel Tel. 06050/3186) zu besichtigen.

264 Ehem. Tagebau am Galgenberg bei der Mauritius-Kapelle: Verkieselter Zechstein-Dolomit

Blatt 5622 Wiesen, $R^{35}2480$ $H^{55}5728$
Kulturweg Biebergemünd-Bieber, nach 108 folgt man dem Weg zur Mauritius-Kapelle. Etwa 100 m vorher kann man im Wald S des Weges gegen den Galgenberg als verwachsene Vertiefung einen der vielen Tagebaue erkennen, in dem der Bieberer Eisenstein von Hand gewonnen wurde. Während vom Erz heute nichts mehr zu finden ist, wurden die verkieselten Dolomite ausgehalten und aufgehaldet, so dass man diese teils Mn-reichen Quarzite als braune bis dunkelbraune, äußerst harte und zähe Gesteinsbrocken noch heute sehen kann. Dieses Gestein wurde in Bieber als „Raukalk" bezeichnet.

Mauritius-Kapelle am Burgberg (Blatt 5622 Wiesen, $R^{35}2493$ $H^{55}5716$), Kulturweg Biebergemünd-Bieber, Punkt 3. Die aus dem späten Mittelalter stammende, 2005 renovierte Burgberg-Kapelle steht vermutlich an der Stelle eines vorgeschichtlichen Heiligtums. Sie kann unter Führung vom kath. Pfarrgemeinderat in Bieber besichtigt werden. Oberhalb, auf dem NW-Sporn des Burgberges befindet sich ein keltischer Ringwall. Die im Wald sichtbaren Spuren aus Haldenresten und Pingen des Kobalt-Bergbaus in der Umgebung der Kapelle stammen meist aus dem 18. Jh.

265 Lochborntal bei Bieber: Halden und Pingen des alten Kobalt-Bergbaus

Blatt 5622 Wiesen, $R^{35}2584$ $H^{55}5650$
Kulturweg Biebergemünd-Bieber, Punkt 4, ca. 600 m SW Burgberg (468,9 m) und 650 m O der früheren Senckenberg-Außenstelle Lochmühle (269). Da das gesamte Areal Naturschutz-Gebiet ist, ist ein Sammeln oder Graben im Gelände untersagt. An einer Weggabelung befindet sich die Halde des 1. Lochborner Kobaltschachtes (Kunstschacht Nr. 12), der im 18. Jh. auf Kobalterze abgeteuft wurde. Man erkennt sie N des Weges in einer widersinnig und mühsam aufgezogenen Bewaldung – wegen des hohen Gehaltes an Schwermetallen ist das Wachstum von Pflanzen eingeschränkt! – und einer Wiese unterhalb des Waldes. Die Halde wurde über Jahrzehnte von Sammlern sehr stark zerwühlt und Funde wären nur bei sehr tiefem Graben (> 1,5 m) möglich. Unter den bisher im Bergbaugebiet von Bieber gefundenen Mineralen ragen heraus: ged. Bismut (Wismut) (Abb. 99), Maucherit, Nickelin, Emplektit, Safflorit und Klinosafflorit, Skutterudit, Nickel-Skutterudit ,Tennantit, Arsenolith, Siderit, Bieberit $Co[SO_4] \cdot 7\ H_2O$ (Abb. 100), Rösslerit $Fe^{2+}Fe^{3+}_2[(SO_4)_4] \cdot 14\ H_2O$, Erythrin, Annabergit, Pikropharmakolith und Pharmakolith (Näheres s. Lorenz 2010).

Wissenschaftshistorischer Hinweis: Das Mineral *Bieberit* wurde – begleitet von Pharmakolith – als ganz junge Bildung in den alten Grubenbauen von Bieber beobachtet und vermutlich erstmals von Cancrin (1787) als „Vitriol" erwähnt. Auch für *Rösslerit* ist Bieber die Typlokalität. Es wurde erstmals von Blum (1861) als Sekundärmineral in Bieber gefunden und nach Dr. Karl Rössler aus Hanau benannt.

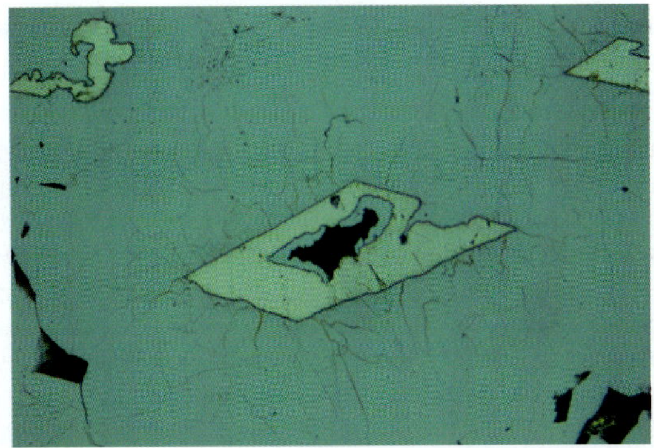

Abb. 99. Rautenförmiger Kristall von ged. Bismut (cremefarben) aus Bieber, eingeschlossen in Skutterudit (grünlichgrau). Die rhomboedrische Form des Bismut-Kristalls, der selbst Skutterudit umwächst, weist darauf hin, dass die Bildung von Skutterudit unterhalb des Schmelzpunktes von ged. Bi (271 °C) erfolgt sein muss; sonst wäre dieses wieder geschmolzen und in Tropfenform erstarrt. Die von ged. Wismut ausgehenden Risse sind die Folge seiner negativen Wärmeausdehnung: beim Abkühlen nimmt sein Volumen zu! Erzanschliff JL263-1326. Bildbreite 0.5 mm.

Weitere Halden und zahlreiche Schachtpingen (hier „Lichtlöcher" genannt) finden sich SO Fundpunkt **265** entlang einer Störung (Kulturweg Punkt 4). Bei den ringförmigen Haufen um das zentrale Loch handelt es sich um kleine Schächte, die in regelmäßigen Abständen über den Strecken abgeteuft wurden. Sie dienten hauptsächlich der Bewetterung. Die Größe des Haldenringes ist ein Hinweis auf die Größe und Tiefe des Schachtes. Während des aktiven Bergbaues waren sie abgedeckt, so dass kein (Regen-)wasser eindringen konnte.

Von hier kann man talabwärts nach Bieber wandern, wobei man teilweise dem Damm für die Gleise der Kleinbahn folgt, die dem Transport von Eisenerz diente.

Abb. 100. Bieberit aus Bieber in einer verkorkten Phiole. Museum für Naturkunde Berlin Nr. 1999-4488. Foto R. T. Schmitt.

266 Oberes Lochborntal bei Bieber: Halden, Pingenzüge und Fundamente des alten Eisen-Mangan-Bergbaus

Blatt 5822 Wiesen, $R^{35}2684$ $H^{55}5529$
Zugang: Kulturweg Biebergemünd-Bieber, zwischen Punkt 4 und 5. Der beste Aufschluss liegt ca. 300 m NO Gasthaus „Waldeslust" am Wiesbüttsee; (P), auch für Busse. Vom Eselsweg (E) abzweigend, führt ein steiler Fußweg ins Tal. Dort trifft man auf einen Bach, der an einer ausgedehnten Halde entlang fließt und dem man bis Ende der Halde folgt (Erläuterungstafel). Hier standen der 1899 abgeteufte Maschinenschacht, der im Endausbau 3 Sohlen in 105, 125 und 150 m Teufe besaß, sowie – etwas talabwärts – der Schacht L von 1897. Vom Oberen Maschinenschacht sind noch Fundamentreste sichtbar. Man baute Siderit ab, der metasomatisch aus dem Zechstein-Dolomit entstanden ist. Auf den Halden, insbesondere am Haldenfuß finden sich große Brocken von massivem Fe-Mn-Erz, die oberflächennah aus dem Siderit entstanden sind und wegen des hohen Baryt-Anteiles aufgehaldet wurden. Als Erzminerale treten u. a. Goethit, Romanèchit, Lepidokrokit, Manganit, Manganomelane und Siderit auf. Außerdem können auch Lesesteine von Gesteinstypen des kristallinen Grundgebirges, insbesondere von Staurolith-Granat-Glimmerschiefer der Mömbris-Formation, seltener von plattigem Schöllkrippener Orthogneis, gefunden werden. In diesem Zusammenhang sei daran erinnert, dass Schmidt (1811) als erster Staurolith von Bieber beschrieben hat.

267 Wiesbütt-Moor und Wiesbütt-Teich

Blatt 5822 Wiesen, ca. $R^{35}2720$ $H^{55}5480$
Kulturweg Biebergemünd-Bieber, Punkt 5; am Wiesbüttsee kreuzen sich die Fernwanderwege Eselsweg (E) und Birkenhainer Straße (B). Anfahrt von Bieber, Wiesen oder Flörsbach zum Wirtshaus „Waldeslust", (P), auch für Busse.

Nach Pollenanalysen an Torfen des 440 m hoch gelegenen *Wiesbütt-Moors* (ca. 60×800 m) entstand dieses etwa 2.800 v. Chr. Die erste Siedlungsphase im Spessart erfolgte in der Bronzezeit. Eine ausgeprägte Rodungstätigkeit des Menschen ist erst seit dem 10. Jh. n. Chr. nachweisbar. Der *Wiesbütt-Teich* wurde dagegen erst unter Cancrin im 18. Jh. als Staubecken für wassergetriebene Bergbau-Maschinen angelegt, mit denen die Stollen entwässert und die Pochwerke angetrieben wurden.

268 Lochborner Teich: Wasserreservoir für „Kettenkünste"

Blatt 5822 Wiesen, $R^{35}2573$ $H^{55}5642$
Kulturweg Biebergemünd-Bieber, Punkt 6. Der Lochborner Teich diente als Wasserreservoir zum Antrieb von Bergbau-Maschinen, den so genannten „Kettenkünsten", und von großen Feldgestängen, die während der Blütezeit des Bieberer Bergbaus zu den modernsten technischen Errungenschaften zählten. Der Teich lag lange trocken, so dass sich ein Erlenbestand bilden konnte. Nach der Reparatur des Auslasses und des Dammes um 1990 wurde der Kunstteich wieder geflutet und die Bäume starben ab (Abb. 101).

Abb. 101. Abgestorbene Bäume im Lochborner Kunstteich (268).

269 Lochmühle: Ehemalige Eisenbahnstation

Blatt 5822 Wiesen, $R^{35}2515$ $H^{55}5655$
Zugang: Kulturweg Biebergemünd-Bieber, Punkt 7. Die Eisenbahnstrecke Gelnhausen–Bieber war von 1885 bis 1951 in Betrieb; sie diente nicht nur dem Transport der geförderten Erze, sondern auch von Personen. Von 1969 bis 2006 beherbergte die ehemalige Bahnstation die Forschungsstation für Mittelgebirge des Forschungsinstituts Senckenberg (FIS) in Frankfurt am Main. Heute ist der ehem. Bahnhof Privatbesitz.

270 Bieber: Gebäude des ehemaligen Bergbaus und Halde der alten „Eisenschmelz“

Blatt 5821 Bieber, $R^{35}2370$ $H^{55}5765$
Kulturweg Biebergemünd-Bieber, Punkt 8; großer (P), auch für Busse, oberhalb des Sportplatzes am Schmelzweg. Wir stehen an der Stelle der ehemaligen *Eisenschmelz* (Erläuterungstafel), d. h. der Bieberer Eisenhütte, von der allerdings heute nichts mehr zu sehen ist. Erhalten blieb ein Architektur-Ensemble aus ehemaligem Bergamt, Hüttenamt, Repräsentantenhaus und einer massiven Stützmauer. 1702 wurde der veraltete Rennfeuer-Betrieb durch eine neue Rohhütte mit zwei Krummöfen, Wäsche und Röst-

Abb. 102. Biebérer Taler von 1778 Rückseite mit dem Schriftzug „Biberer Silber".

haus abgelöst und 1726 blies man den ersten Hochofen an. Angeschlossen waren ein Form- und Gießhaus sowie ein Schlacken-Pochwerk. 1802 wurde ein zweiter, wesentlich größerer Hochofen errichtet, der die Jahresproduktion von 2.000–3.000 Zentnern (100–150 t) auf 1.000 t steigerte. Eine Bieberer „Hüttenreise", d. h. die kontinuierliche Verhüttung einer Roherz-Charge dauerte 18–24 Wochen. Im März 1875 wurden die Hochöfen ausgeblasen und das preußische Hüttenamt aufgelöst. Die Bieberer *Kupfer- und Silberhütte* (Erläuterungstafel), die seit dem 15. Jh. in Betrieb war, wurde unter den Bergmeistern J. H. Cancrin und später durch F. L. Cancrin(us) wesentlich ausgebaut. Die Jahresproduktion betrug 500 Zentner (= 25 t) Kupfer, 200–300 Zentner (10–15 t) Blei, 140–230 kg Silber. Das Kupfer wurde von Kupferhämmern im Raum Frankfurt am Main verarbeitet, aus dem Silber wurden z. T. die sog. Bieberer Taler geprägt (Abb. 102). 1806 wurde die Hütte stillgelegt.

271 Grube „Segen Gottes" bei Huckelheim Alter Kupfer- und Kobalt-Bergbau

Blatt 5821 Bieber, $R^{35}1800$ $H^{55}5480$
Von Huckelheim auf dem Radwanderweg nach Bieber zur Ziegelhütte. Zwischen dieser und dem Aehlchen (Bachgrund des Querbaches) liegen im Wald die Halden des alten Bergbaus.

Fundmöglichkeiten bestehen heute kaum noch, da die Halden in den 1980er Jahren stark abgesammelt und die außerhalb des Waldes liegenden Äcker in Wiesen umgewandelt wurden. Der Bergbau auf Cu und Co ging – allerdings mit größeren Unterbrechungen – von 1567 bis 1837 bei Huckelheim um. Abgebaut wurden neben dem Kupferschiefer ein NW–SO streichender, Siderit-führender Baryt-Gang vom Typ der „Kobaltrücken", die ähnlich wie in Bieber Co-Minerale enthielten (Freymann 1991, Schmitt 1992, 1993a, b, 2001). Die wichtigsten Erzminerale im Kupferschiefer und den benachbarten Zechstein-Schichten sind: Pyrit und Markasit, Chalkopyrit, Tennantit und

Galenit. Darüber hinaus wurde in Huckelheim und Großkahl (**272**) eine Vielzahl von meist selteneren Mineralen gefunden (Schmitt 2001, Lorenz 2010).

272 Grube „Hilfe Gottes“ bei Großkahl: Alter Kupferschiefer-Bergbau

Blatt 5821 Bieber, R[35]2056 H[55]5340
Auf der Straße Kleinkahl–Wiesen (Radwanderweg 4) bis zur Abzweigung eines Waldweges nach N, ca. 400 m SW Wesemichshof – (P) „Am Felsenkeller“ und „Am Tannhof“. Dort weist an einem Grillplatz eine alte Tafel (leider mit falschem Text) auf das verschlossene Stollen-Mundloch unterhalb der Straße hin. Am Hang des oberhalb (NW) gelegenen Habersberges kann man noch Schacht-Pingen auffinden, die den Verlauf des alten Stollens markieren (Freymann 1991, Schmitt 1993a, 2001). Folgt man der Straße ca. 2, 5 km in Richtung Wiesen, so erreicht man das Gasthaus „Kahlquelle“, die frühere Bamberger Mühle. Hinter dieser befinden sich die beiden in Buntsandstein gefassten Kahl-Quellen, deren Schüttung im Mittel 50–60 l/sec beträgt. Das reichte aus, die schon wenig unterhalb gelegene Bamberger Mühle zu betreiben. In der Nähe findet man Fundamentreste von alten Glashütten (**292**). Im Zuge der Einrichtung des ca. 9 km langen Kulturrundweges „Über dem Horizont“ von Kleinkahl zur Bamberger Mühle wurden die Glashüttenreste gesichert und mit einer Erläuterungstafel ausgestattet. Minerale: Siehe Grube „Segen Gottes“ (Vorkommen **271**).

273 Grubenfeld „Johannes“ bei Wasserlos: Halden und Pingen des Versuchs-Bergbaus auf Eisen-Mangan-Erz

Blatt 5920 Alzenau, R[35]0648 H[55]4794
Von Wasserlos auf dem Wanderweg 93 (roter -) unterhalb der Weinberge bis an den Waldrand bei der Gemarkung Altheeg, wo ein Weg nach links (NO) abbiegt; nach ca. 200 m erreicht man einen Wander-(P) an einer scharfen, nach O gerichteten Kurve; dorthin auch vom Hotel „Schlossberg“ (etwa 200 m). Man erkennt einige Pingen des (Versuchs-)Bergbaus auf Mn-haltiges Brauneisenerz, der sicher nur in kleinem Maßstab betrieben und schon vor 1880 eingestellt wurde. Es handelt sich um eine Imprägnation von Eisen- und Manganoxiden und -hydroxiden im Glimmerschiefer der Geiselbach-Formation. Dabei ist Goethit das mengenmäßig vorherrschende Eisenerz-Mineral (Lorenz 2010:728).

Das Schloss Wasserlos wurde 1767/68 auf dem Gelände einer mittelalterlichen Burg erbaut. Unter den wechselnden Besitzern war auch Ludovica Freifrau von Bordes de la Roche, die Schwester des Schriftstellers Clemens von Brentano. Im Park stehen exotische Bäume, darunter ein Mammutbaum (*Sequoiadendron giganteum*) und eine stattliche Sumpfzypresse (*Taxodium distichum*).

274 Rother Rain bei Sailauf: Schacht-Pingen des mittelalterlichen Duckel-Bergbaus

Blatt 5921 Schöllkrippen, etwa $R^{35}2050$ $H^{55}4355$
Auf dem Kulturweg Sailauf zu Punkt 2 am Römerweg (Erläuterungstafel). Im Wald findet man Pingen als Überreste des mittelalterlichen Bergbaus auf Kupferschiefer, der hier lokal Gehalte von 1,5 % Cu, 3 % Zn und 2 % Pb aufwies. Beim Duckel-Bergbau, der im Altertum und im Mittelalter häufig angewendet wurde, teufte man einen einfachen Schacht ab, bis man den Kupferschiefer erreichte. Man gewann diesen, soweit ein Zugriff vom Schachtende aus möglich war. Sobald man die entstandene Strecke abstützen und/oder Maßnahmen zur Wasserhaltung ergreifen musste, wurde nahebei ein neuer Schacht abgeteuft. So entstanden zahlreiche Pingen. Die Förderung des Erzes erfolgte mit einfachen Haspeln. Der Ort der Erzverhüttung ist unbekannt. Im Jahr 1649 suchte der Bergmeister Johannes Rudolff mit Hilfe einer Wünschelrute nach neuen Erzvorkommen zwischen Sailauf und Laufach. Vor wenigen Jahren entdeckte man beim Ausheben einer Pinge im Rahmen des Trinkwasserschutzes eine Schachtanlage, die aus dem 18. Jh. stammt (Lorenz 2010:720).

275 Höllhammer bei Heimbuchenthal: Eisenhammerdorf

Blatt 6121 Heimbuchenthal, $R^{35}2084$ $H^{55}2570$
Auf dem Kulturwege Heimbuchenthal vom Südausgang von Heimbuchenthal (Punkt 1) (P) zum Höllenhammer (Punkt 6), Dieser ging aus der Mühle der Burg „Mole“ hervor, die heute nur noch in Fundamenten existiert. In der 1. Hälfte des 18. Jh. entstand hier unter Leitung der Familie Rexroth – heute noch eine bekannte high-tech-Firma mit einer Eisengießerei in Lohr – ein Eisenhammerdorf, das sich selbst versorgen konnte.

Etwa 1,5 km NNO Höllhammer führt eine schöne Lärchenallee (Wanderweg 28, rotes +) zum *Heimathenhof*, der 1484 an Echter von Mespelbrunn kam und 1849 in bäuerlichen Besitz überging (Kulturweg Heimbuchenthal, Punkt 5). Am *Kapellenberg* liegt die 1853 errichtete Kapelle „Herrin der Berge“ mit schönem Rundblick (Punkt 4). Die barocke *Martinskirche* in *Heimbuchenthal* (Punkt 3) wurde 1753–1759 auf einem älteren Vorgängerbau errichtet, aus dem noch die Figurengruppe des heiligen Martin stammt. In der 1560 erstmals urkundlich erwähnten, 1976 stillgelegten *Kernmühle* (Punkt 2) befindet sich seit 2002 eine Gaststätte und seit 2004 ein Fahrrad-Museum. Entlang der Promenade am Wiesenweg wurden die historischen Bewässerungs-Anlagen, die sog. Wässerwiesen, rekonstruiert.

276 Eisenhammer bei Hasloch bei Wertheim

Blatt 6122 Bischbrunn, $R^{35}3560$ $H^{55}1965$
An der Straße Schollbrunn–Hasloch, nahe der Abzweigung zur Kartause Grünau, steht auf dem Gelände der Eisengießerei Kurz der einzige heute noch tätige, 1779 erbaute Eisenhammer im Spessart und Deutschlands. In Handarbeit werden Klöppel für Glocken mit einem Gewicht von 100 g bis 150 kg aus Stahl hergestellt. Besichtigung ist möglich (Tel. 09392-1852).

Etwa 500 m nördl. befindet sich an der Straße nach Schollbrunn die Ruine der 1216 erstmals erwähnten und im Bauernkrieg zerstörten Markus-Kapelle. Von hier führt der Wanderweg 16/19 (roter •, rotes ×) zur *Kartause Grünau*, die 1328 durch Elisabeth von Wertheim gegründet und 1525 im Bauernkrieg zerstört wurde. Von den Verwüstungen und dem folgenden Konfessionswechsel der Wertheimer Grafschaft erholte sich das Kloster nicht mehr; 1803 wurde es aufgehoben.

5.2. Schwerspat-Bergbau

Übergreifende Literatur: Lorenz & Schönmann (2006), Lorenz (2010:721ff) mit Angabe der früheren Publikationen.

277 Ehem. Schwerspat-Grube „Helene" in Sommerkahl

Blatt 5921 Schöllkrippen, $R^{35}2072$ $H^{55}4720$
Von der neuen Kirche Sommerkahl folgt man ca. 2 km einem Waldweg am Nordufer der Speckkahl, zunächst nach O, dann nach SO bis zum Waldrand bei der Einmündung des Steintales am NW-Hang des Schmachtberges. Der Verlauf eines ca. NW–SO streichenden Baryt-Ganges wird durch kleine Schürfe und einen Pingenzug angedeutet, der von einem Bach durchflossen wird. Am tiefsten Punkt erkennt man das verstürzte Stollen-Mundloch. Das Bergwerk wurde 1890/91 von dem Heidelberger Konrad Nicolai aufgefahren, jedoch nicht weiter verfolgt. Die Deutsche Schwerspat GmbH (Frankfurt/Main), deren Inhaber der bergbauerfahrene Sommerkahler Ortsbürger Josef Dorn war, nahm 1922 die Grube erneut in Abbau, legte sie aber bereits 1924 wieder still. Die gleiche Firma betrieb in den 1920er Jahren mehrere andere Schwerspat-Gruben im Raum Sommerkahl, z. B. „Ceres", „Justus" und „Clara". Neben Baryt wurden in den Schwerspat-Gängen von Sommerkahl noch zahlreiche weitere Primär- und Sekundärminerale gefunden (Lorenz 2010).

278 Ehem. Schwerspat-Grube „Marga" zwischen Eichenberg und Sailauf

Blatt 5921 Schöllkrippen, $R^{35}1835$ $H^{55}4490$
Nahe **66** an der Straße Mittelsailauf–Eichenberg, ca. 350 m S Eichenberger Mühle. Nur das ehemalige Verwaltungsgebäude erinnert noch an den Bergbau, der hier mit Unterbrechungen von 1933 bis 1952 betrieben wurde. Zwei NW–SO streichende, durchschnittlich 1,5 m mächtige Baryt-Gänge im Goldbacher Orthogneis wurden durch mehrere Schächte erschlossen, die bis zur einer Teufe der 125m-Sohle reichten, heute aber alle verfüllt sind. Das Stollen-Mundloch ist verstürzt und verwachsen; es kann im Wiesengelände östl. der Straße kaum noch ausgemacht werden. Ursprünglich war im ehemaligen Schacht „Heinrich" eine Mn-reiche Fe-Vererzung im Zechstein-Dolomit abgebaut worden, ähnlich wie der auf dem Kalmus (**18**). Zum Transport dieses Erzes wurde im 1. Weltkrieg eine Feldbahn bis nach Hösbach-Bahnhof gebaut; die Verladestation

befand sich etwas S des Verwaltungsgebäudes; im Talgrund ist noch eine Halde erkennbar. Leider sind Mineralfunde heute kaum noch möglich.

279 Ehem. Schwerspat-Grube „Elisabeth" bei Hain

Blatt 5921 Schöllkrippen, $R^{35}2345$ $H^{55}4105$
Vom Sportzentrum Seebachtal (**93**) führt ein Weg nach SO in den Wald, wo man gut sichtbare Halden und Pingenreste des ehemaligen Bergbaus findet. Das Stollen-Mundloch ist verstürzt und kaum noch sichtbar. Eine Gruppe von NW–SO streichenden, bis 4 m mächtigen Baryt-Gängen setzt im Quarzdiorit und im Leukogranit auf. Der Bergbaubetrieb in einem der Gänge begann 1913/14 als Grube „Waldfrieden" und wurde von 1922 bis ca. 1940 als Grube „Elisabeth" fortgeführt. 1947 kam es in der auflässigen Grube mehrfach zu Tagesbrüchen. Der Gang enthielt neben derbem bis grobkristallinem Baryt älteren Quarz, blassgrünen Fluorit, Calkopyrit, Pyrit und Fahlerz.

280 Ehem. Schwerspat-Grube „Im Bächlesgrund" bei Heigenbrücken

Blatt 5922 Frammersbach, $R^{35}2788$ $H^{55}4364$
Wildpark Heigenbrücken im Bächlesgrund. (P), auch für Busse. Die NNW–SSO und NW–SO streichenden Baryt-Gänge im Raum Heigenbrücken, die im Zechstein-Dolomit, im Bröckelschiefer und im Unteren Buntsandstein aufsetzen, konnten auf mehrere km verfolgt werden. Der Abbau erfolgte – mit Unterbrechungen – von 1906 bis 1968. Nach einer ersten Abbauphase in den 1920er Jahren durch die Firmen Concordia und G. Menz wurde die Grube 1956 durch die Firma Stolte & Co. (Lohr) neu eröffnet; sie förderte 1961–1965 mit 5 Mann Belegschaft durchschnittlich 1.300 t Baryt guter Qualität aus einem ca. 1,5 m mächtigen Gang. Nahe dem Kiosk ist das verstürzte Stollenmundloch der ehemaligen Baryt-Grube sichtbar; neben dem Schild liegen große Blöcke von weißem Baryt. Außerdem gibt es Blöcke und zahlreiche Lesesteine eines sehr auffälligen, gelbbraunen Gesteins, das in unregelmäßiger Verteilung Nester von weißem, aber stark verunreinigtem und daher unverkäuflichem Baryt enthält. Das Gestein selbst besteht nach mikroskopischem und röntgenographischem Befund ausschließlich aus feinkörnigem Quarz und Limonit mit Resten von Hämatit; es könnte sich um verkieselten Zechstein-Dolomit handeln. Im Baryt-Gang konnten Fahlerz, Chalkopyrit, Malachit, Quarz sowie Eisen- und Mangan-Hydroxide nachgewiesen werden. In der Nachbarschaft kann man immer noch reichlich Lesesteine von Baryt finden.

> Im Bächlesgrund hielt der 1406 gegründete Glasmacherbund der „*gleser uff umb den Speßhart*" bis in erste Viertel des 16. Jh. seine Pfingstversammlungen ab, auf denen Verstöße gegen die Bundesordnung gerügt, über Streitfälle und andere Anliegen entschieden wurde.

281 Ehem. Schwerspat-Grube Neuhütten

Blatt 5922 Frammersbach, $R^{35}2980$ $H^{55}4150$
Auf den Wanderwegen 33 (roter •) oder 63 (rotes ×) zur Fleckenstein-Mühle. An der Kreuzung der Straßen Heigenbrücken–Partenstein und Neuhütten–Partenstein liegen

auf dem Grundstück von Rudolf Kunkel der Schacht und die Gebäude der gleichnamigen Baryt-Grube, die 1922–1962 mit Unterbrechungen im Abbau stand. Im Querbau, Firstenstoßbau und im Strossenbau gewann man monatlich 300–400 t Schwerspat. Die Wasserzuflüsse erreichten 800–1.000 l/min. Ab 1959 förderten die Niederrheinischen Mineralwerke GmbH ca. 600 t/Monat Baryt, stellten jedoch 1962 den Betrieb ein. Der Fluorit-führende Baryt bildet hier bis 1,5 m mächtige Gänge im Quarzdiorit, im Bröckelschiefer des Zechsteins und im Unteren Buntsandstein; stellenweise wurde Baryt vollständig durch jüngeren Quarz verdrängt.

282 Ehem. Schwerspat-Gruben „Erichstollen“ und „Marienschacht“ bei Partenstein

Blatt 5923 Rieneck, $R^{35}3835$ $H^{55}4585$ und $R^{35}3792$ $H^{55}4658$
Vom Bahnhof Partenstein (Kulturweg Partenstein, Punkt 2) geht man ins Schnepfental, wo man nach ca. 2 km den Verladebunker *Erichstollen* erreicht (Punkt 3: Schutzhaus und Tafel); man folgt dem Kulturweg weiter nach N und trifft nach ca. 1 km auf die Fundamente des ehemaligen *Marienschachtes* im Wald (Punkt 4). Die im Buntsandstein aufsetzenden hydrothermalen Baryt-Gänge im Gebiet von Partenstein wurden im Zeitraum 1867–1948 in mehreren Untertage-Bergwerken abgebaut, von denen jedoch nur noch wenige dingliche Reste erhalten blieben. Den *Erichstollen* legte man zu Beginn der 1920er Jahre an, um das Gestein auf Loren aus dem Berg transportieren zu können. Gegenüber der alten Fördermethode mit Körben und Winden ergab sich damit eine erhebliche Produktions-Steigerung. Ein mit Buntsandstein gepflasterter Fahrweg zeigt die Spurrinnen der mit Baryt beladenen Fuhrwerke. Der noch heute sichtbare Verladebunker wurde 1946 gebaut, blieb aber nur zwei Jahre in Betrieb, da die bis 1964 fortgesetzten Explorations-Versuche erfolglos blieben. Vom nahe gelegenen *Marienschacht* sind heute nur noch die Fundamente zu erkennen.

283 Ehem. Schwerspat-Grube „Katharinenbild“ bei Lohr

Blatt 5923 Rieneck, $R^{35}4155$ $H^{55}4570$
Mit PKW auf einem geschotterten Weg von der „Farbmühle“ (Fa. Scholz, an der Straße Lohr– Rechtenbach) oder zu Fuß auf dem Wanderweg 72 (roter Schrägstrich) bis zur Wegkreuzung Katharinenbild zwischen Lohr und Ruppertshütten (P). Von hier folgt man dem hangparallelen Wanderweg 64 (rotes Kreuz mit Kreis) nach O, bis man nach ca. 1 km eine große Halde N des Weges erreicht. Gegenüber sieht man das mit einer Stahltür verschlossene Mundloch eines Stollens, der für die Überwinterung von Fledermäusen offen steht. Etwa 100 m S liegt ca. 30 m oberhalb ein weiteres Mundloch mit Halde. (Wir befinden uns NW des oberen Beckens des Pumpspeicher-Kraftwerkes der Fa. EON.) Die beiden Stollenmundlöcher mit den dazu gehörenden Halden und Pingen zeugen von der Grube „Katharinenbild“, die in den Jahren 1894–1902, 1904–1912 und 1922–1925 im Abbau stand, wenn auch mit großen Unterbrechungen und mit Wechseln der Besitzer wie auch bei der Belegschaft. Ein neuer Explorationsversuch auf den Baryt-Gang im Jahr 1934 erwies sich als erfolglos.

284 Ehem. Schwerspat-Gruben am Heinrichsberg bei Dörrmorsbach

Blatt 6021 Haibach, R^{35}1680 H^{55}3515
Vom Stahl'schen Stbr. (**80**) folgt man einem Waldweg, der zunächst südöstl., später östl. und nordöstl. um den Heinrichsberg herumführt. Im Bereich zwischen Oberbessenbach und Grünmorsbach sitzen langgestreckte, NW–SO streichende Gangzüge von Baryt im Quarzdiorit auf, wobei die einzelnen Gänge bis 6 m mächtig werden. Ihr Abbau erlangte in den 1870er Jahren eine gewisse wirtschaftliche Bedeutung, als man Schwerspat-Mehl in die Niederlande, nach England und sogar nach Nordamerika exportierte. Im südwestl. Gang, der entlang der NO-Flanke des Heinrichsberges verläuft und sich – durch Querstörungen versetzt – auf 2,5 km im Streichen verfolgen lässt, teufte man drei Schächte ab. Wegen abnehmender Mächtigkeit der Gänge, Schwierigkeiten bei der Wasserhaltung und ungünstiger Transport-Möglichkeiten wurde der Bergbau auf diese Gänge 1909 eingestellt; damals betrug die Jahresförderung immerhin noch über 1.000 t. Es gab zahlreiche weitere Gruben, die nur kurze Zeit in Betrieb waren: Die Fa. Heck & Co. begann 1878 in der „Grube Weisser Grund" mit dem Abbau von Baryt. Paul Baer war der Besitzer der Grube „Amalienglück", die 1900–1909 betrieben wurde.

285 Ehem. Schwerspat-Grube „Pauline" in Waldaschaff

Blatt 6021 Haibach, R^{35}2136 H^{55}3734
Im Gebiet von Waldaschaff treten mehrere WNW–OSO und NW–SO streichende Baryt-Gänge auf, die im Granodiorit aufsitzen. Sie standen zwischen 1873 und 1925 im Abbau, wenn auch mit Unterbrechungen. Die bergbaulichen Aktivitäten der Grube „Pauline" beschränken sich auf die Jahre 1898–1903. Der Baryt ist teilweise verquarzt und führt sulfidische Erzminerale, darunter den seltenen Cuprobismutit (Lorenz et al. 2007). Auf den Grundstücken der Häuser Neuer Weg 19 und 19a war das Stollen-Mundloch der ehemaligen Baryt-Grube „Pauline" zu sehen. Der Stollen ist ca. 1 m hoch und 50 cm breit und hatte eine Länge von 52 m; seine Wände zeigen eindeutige Spuren von Schlegel- und Eisenarbeit. Der Baryt-Gang, der im Granodiorit aufsitzt, dürfte in etwa 7 m Entfernung vom Stollen-Mundloch noch anstehen. In der Baugrube von Haus Nr. 21 war 1997 der 1,2 m mächtige Gang aus weißem, feinspätigen Baryt (Abb. 103), der stellenweise etwas Hämatit führte, aufgeschlossen. Der Abbau des Baryt-Ganges

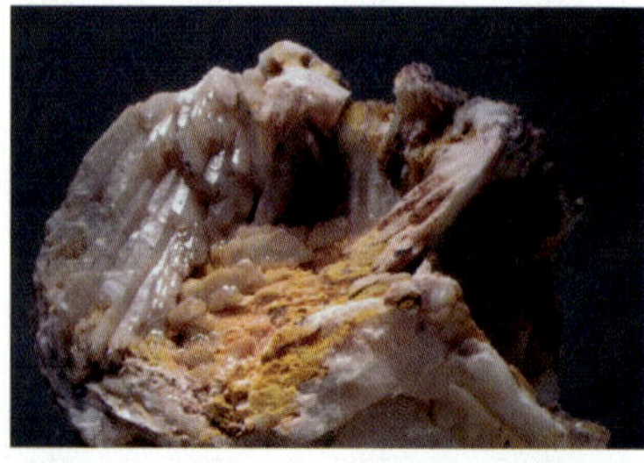

Abb. 103. Tafelige, parallel orientierte Baryt-Kristalle in einer Druse aus dem Baryt-Gang der Grube Pauline bei Waldaschaff (**285**). Bildbreite ca. 8 cm.

begann 1898, wurde aber bereits 1903 eingestellt, wahrscheinlich aus wirtschaftlichen Gründen. Den Förderschacht hatte man bis zu einer Teufe von 20 m niedergebracht.

286 Ehem. Grube „Neue Hoffnung“ im Tiefen Graben bei Waldaschaff

Blatt 6021 Haibach, $R^{35}2112$ $H^{55}3820$
Durch die Helgenfeldstr. nach N zum Gelände des Waldaschaffer Bogen-Sport-Vereins.

Sicherheitshinweis: Man verhalte sich vorsichtig und beachte die Hinweise von anwesenden Bogenschützen.

Ein Stollenmundloch im Wald zeugt von der ehemaligen Schwerspat-Grube „Neue Hoffnung“, die in den Jahren 1923/24 mit 12 Mann betrieben wurde, jedoch über das Versuchs-Stadium nicht hinaus kam. Hierfür waren die geringen Vorratsmengen und die schlechte Qualität des Baryts verantwortlich, der zu stark mit beigemengten Eisenoxiden verunreinigt war und daher keine reinweiße Farbe besaß.

Beim Burgstall am „Wahlmich“ in der Nähe des Schlösschens *Weiler* liegt der Ursprung von *Waldaschaff*. In der Neuzeit wurde das Ortsbild durch einen Eisenhammer, den Schwerspat-Bergbau und die Trift von Brennholz auf der Aschaff geprägt. Sehenswert ist das Deutsche Medaillen-Museum.

287 Ehem. Grube „Christiane“ bei Rechtenbach

Blatt 6022 Rothenbuch, $R^{35}3463$ $H^{55}3848$
Die Grube „Christiane“ liegt an der B26, ca. 1,5 km W Rechtenbach und ca. 1,5 km O Bischborner Hof („Schwerspat“ in der topographischen und der geologischen Karte). Im Bereich der Grube setzen im Mittleren Buntsandstein zwei parallele, etwa saiger stehende Baryt-Gänge auf, die maximal 6 m mächtig werden. Etwa seit 1875 standen die oberen Partien der Gänge im Abbau, wovon noch Schachtpingen und Stollenmundlöcher am Hirschberg zeugen. 1916 wurde der etwa 1000 m lange Stollen im nördl. Baryt-Gang aufgefahren, in dem die Harzer Firma Vereinigte Werke Dr. Rudolf Alberti 1922–1970 Baryt gewann. Dieser wurde in Lohr aufbereitet und fand in der Papier-, Glas- und chemischen Industrie, im Strahlenschutz und zur Herstellung von Belastungs-Formkörpern Verwendung. Das Stollenmundloch des ehemaligen Bergwerks ist höchstens zu erahnen; außerdem ist im Wald der Damm der Feldbahn sichtbar. Die Halden sind weitgehend abgetragen oder überwachsen; doch lassen sich noch Lesesteine von Baryt finden.

5.3. Braunkohlen-Bergbau und Torf-Abbau

Siehe auch Vorkommen **267** (Wiesbüttmoor)

288 Naherholungsgebiet bei Kahl am Main: Ehem. Braunkohlen-Tagebau „Emma Süd“

Blatt 5919 Seligenstadt, $R^{35}9960$ $H^{55}4825$
Kulturweg Kahl 1, Punkt 4. In den Jahren 1877–1932 wurden im Raum Kahl am Main die bis 28 m mächtigen Braunkohlen-Lager des Oberpliozäns in den Tagebauen „Amalia“ (N Seligenstadt), „Gustav I“ bis „Gustav III“ (NW Großwelzheim), „Friedrich I“ und „Friedrich II“ im heutigen Kahl, „Emma Nord“ und „Emma Süd“ (W Kahl am Main) sowie „Freigericht Ost“ und „Freigericht West“ (N Kahl am Main) abgebaut. Die Kohlen wurden entweder für Hausbrand brikettiert oder bis 1932 im Kraftwerk Dettingen in Großwelzheim verfeuert. In der noch holzigen Braunkohle (Lignit) wurden durch Pollenanalyse (Kilpper in Streit 1967) zahlreiche Baum- und Straucharten nachgewiesen, die auf ein oberpliozänes Alter hindeuten. Einige der gefundenen Arten sind nur in einem subtropischen Klima, ähnlich wie im heutigen Florida, lebensfähig und starben während der Vereisungen im Pleistozän aus. Heute stehen alle ehemaligen Tagebaue unter Wasser und bilden eine ausgedehnte Seenplatte. Die Seen „Emma-Süd“ und „Gustav II“ besitzen eine spezielle Tier- und Pflanzenwelt; sie sind nur teilweise oder gar nicht zugänglich. Die Seen Freigericht Ost (Strandbad Spessartblick) und West (Campingplatz Kahl) wie auch Emma Nord (Waldschwimmbad Kahl) werden im Sommer als Badeseen genutzt.

289 Campingsee bei Kahl am Main: ehem. Braunkohlen-Tagebau „Freigericht Ost“

Blatt 5920 Alzenau, $R^{35}0075$ $H^{55}5000$
Strandbad Spessartblick am Kulturweg Kahl 2, Punkt 2. Der Tagebau entstand 1928–1932 durch Abbau der oberpliozänen Braunkohle und wurde 1937–1956 als Kiesgrube genutzt. Wegen der guten Wasserqualität entwickelte sich der See zu einem Tier- und Pflanzenbiotop und einem beliebten Freizeitgebiet. 1959 wurde von der Gemeinde Kahl der Campingplatz eingerichtet.

290 Langer See bei Großwelzheim: ehem. Torf-Abbau

Blatt 5919 Seligenstadt, $R^{35}0085$ $H^{55}4665$.
Sportplatz an der Straße Großwelzheim–Kahl am Main. Das Torfmoor entstand durch die Verlandung eines ehemaligen Mainarmes. Heute ist noch ein kleiner See mit reicher Vegetation erhalten geblieben, der wegen des sinkenden Grundwasserspiegels zuletzt 2009 tiefer ausgebaggert wurde. Als biologische Besonderheit gibt es hier „blaue Frösche“, eine Form des Teichfrosches, dem aufgrund eines genetischen Defektes der gelbe Farbstoff fehlt.

5.4. Glasherstellung

291 Laubersbachtal bei Frammersbach: Glashütten

Blatt 5922 Frammersbach, $R^{35}2965$ $H^{55}5050$
Vom (P) „Bengel“ (auch für Busse) an der Straße Frammersbach – Wiesen beim Abzweig der Straße nach Habichtsthal folgt man dem Fahrweg auf der Südseite des Tales leicht ansteigend talaufwärts. Wenn der Fahrweg das Tal überquert (rechts ein kleiner Stbr. im Unteren Buntsandstein (Bernburg-Formation), bleibt man auf der bisherigen Talseite und erreicht nach ca. 800 m die Hinweistafel auf die Glashütte, von der jedoch keine Reste mehr sichtbar sind (Kulturweg Flörsbachstal 2, Punkt 4). Im Laubersbachtal bestanden sechs Glashütten, die 1722–1740 aktiv waren. Die Täler um Bieber und Lohrhaupten waren ein Zentrum der hanauischen Glasherstellung.

292 Kahlquelle am Weiler Bamberger Mühle: Glashütten

Blatt 5821 Bieber, $R^{35}2252$ $H^{55}5356$
Man geht von der Kahlquelle südlich, bis nach ca. 750 m von rechts im spitzen Winkel ein Weg einmündet. Diesem folgt man ca. 200 in NW-Richtung, bis ein schmaler Weg nach NW zu einem einzelnen Haus führt. Links davon sieht man die ausgegrabenen Reste der *Eppstein-Glashütte*, die im Jahr 1510 erstmals urkundlich erwähnt wurde. Bei den Ausgrabungen 1983 fand man einen Schmelz- und vier Nebenöfen zum Herstellen der Fritte und zum Nachbehandeln der erzeugten Gläser. Etwa 100 m NW ist eine weitere Glashütte freigelegt worden, die 1619–1626 betrieben wurde. Im Schürkanal des aus rohen Sandsteinbrocken gemauerten Schmelzofens erkennt man thermisch stark veränderte Sandsteine: In einer inneren Zone kam es zur Aufschmelzung, weiter außen dagegen nur zur Bleichung und zur Säulenbildung, wie man das in der Natur am Kontakt von Basalt zum Nebengestein beobachten kann (**99**).

Es versteht sich von selbst, dass man keine – auch noch so kleinen – Proben der gefritteten und verglasten Sandsteine oder Glasscherben einsammelt! Im Zuge der Einrichtung des ca. 9 km langen Kulturrundweges „Über dem Horizont“ von Kleinkahl zur Bamberger Mühle wurden die Glashüttenreste gesichert und mit einer Erläuterungstafel ausgestattet.

293 Rechtenbach: Modell eines Glasofens

Blatt 6023 Lohr, $R^{35}3654$ $H^{55}3872$
In der Ortsmitte von Rechtenbach – in einer Urkunde des Grafen Philipp von Rieneck von 1522 erstmals erwähnt – ist das moderne Modell eines Glasofens aufgestellt. Die zugehörige Glashütte wurde 1687/88 von dem Hüttenmeister Johann Wenzel aus Ruppertshütten gegründet und 1698 von Glasmachern aus Lothringen und der Picardie übernommen. Sie stellten nach einem neuen Verfahren Flachglas her, das in der Lohrer Spiegelmanufaktur zu prachtvollen Spiegeln verarbeitet wurde. Noch heute findet man in Rechtenbach und Umgebung Familiennamen französischen Ursprungs, wie Herteux, Matreux und Madre. Nach Schließung der Glashütte 1791 verarmte der Ort, und viele

Rechtenbacher mussten als Holzhauer und Schwellensäger für den Bahnbau ihr Brot in der Fremde verdienen. Der neuzeitliche Nachbau erfolgte anlässlich der 300-Jahr-Feier durch Ofenbauer aus Rechtenbach.

5.5. Mineralquellen

294 Bad Sodenthal: Salzquelle

Blatt 6021 Haibach, $R^{35}1449$ $H^{55}3157$
Die Sodenthaler Mineralbrunnen GmbH, Sodenthalstr. 20, 63834 Soden/Spessart. Tel. 06028-97100, www.Sodenthaler.de) bietet interessierten Gruppen gegen Gebühr die Möglichkeit, den Betrieb zu besichtigen (maximal 45 Personen). Die *geologische Situation* im Raum Soden ist komplex: Tiefengesteine des Quarzdiorit-Granodiorit-Komplexes werden von Sedimenten des Zechsteins und Buntsandsteins überlagert. Die Wegsamkeit für die Mineralquellen liefert eine 160° (SO–NW) streichende, steil westfallende Störung, an welcher der Zechstein gegenüber dem Quarzdiorit unter die Talsohle verworfen ist. Die Sprunghöhe beträgt 45 m. Das Alter des Wassers aus dem Sodenthaler Mineralbrunnen (Tiefenbrunnen) liegt nach Isotopen-Analysen des Hydrogen-Karbonates zwischen 8.000 und 12.000 Jahren (R. Wiesmann, frdl. pers. Mitt.). Die *Echterquelle*, am Westende des Kurparks gelegen, ist mit einem Brunnenhaus überbaut. Der Quellenschacht in Holzkonstruktion reicht bis in ca. 11 m Tiefe; darunter liegen mehrere, aus dem Quarzdiorit ausgehauene Quellkammern, von denen die mittlere 6 m Tiefe besitzt. Die *Rochusquelle* im NO-Teil des Kurparks war im Laufe der Zeit verfallen, wurde jedoch 1961 neu erschlossen.

Soden – heute ein Ortsteil von Sulzbach – wurde 1165 erstmals urkundlich erwähnt. Bereits 1333 bestand eine Salzsiederei, die durch Verleihungsurkunden der Mainzer Kurfürsten Theodor von Erbach an Peter von Eberbach (1456) und Uriel von Gemmingen an den Salzsieder Martin Wernigk (1513) belegt ist. Mit Unterbrechungen wurde die Saline bis in die Mitte des 18. Jh. fortgeführt, aber 1754 eingestellt. Nicht zuletzt durch die Anregungen von M. B. Kittel (1840), der eindringlich auf die Bedeutung der Sodener Salzquelle hinwies, wurde 1856 durch die Aschaffenburger Ärzte Dr. G. Moldenhauer und Dr. R. Steigerwald ein kleiner Kurbetrieb eröffnet. 1872 erhielt man eine Konzession für den Kur- und Badebetrieb und führte den Namen Bad Sodenthal ein. 1895 erwarb Prof. Dr. Albert Hoffa (Würzburg) das Bad, das 1917 von der Stadt Frankfurt übernommen wurde, die ein Kinderkurheim baute und bis 1970 betrieb. 1950 begann Franz Englert mit der Abfüllung des Bad Sodenthaler Mineralwassers, durch die Firma Sodenthaler Mineralbrunnen, die 1964 von Luise und Ewald Hübner und 1996 von der Weltfirma Coca Cola übernommen wurde. Heute arbeiten im Betrieb 45 Menschen. Man füllt jährlich ca. 30.000 m^3 Mineralwasser der Marken Sodenthaler Mineral-Quelle, Sodenthaler Andreas-Quelle, Magdalenen-Brunnen und Aquiva-Quelle in ca. 45 Millionen Flaschen ab.
Der Ringwall auf der Altenburg bei Soden (Kulturweg Sulzbach, Punkt 5), an einem frühmittelalterlichen Salzweg gelegen, wurde vermutlich schon in vorchristlicher Zeit errichtet und im Mittelalter wieder verwendet. Die Anlage hat eine Ausdehnung von ca. 350 m x 180 m.

6. Exkursionsvorschläge

Die Exkursionsvorschläge beinhalten ein Maximalprogramm; bei Zeitmangel können weniger wichtige Aufschlüsse wegfallen.

6.1 Übersichtsexkursionen mit PKW oder Bus

6.1.1 Eintägige Übersichtsexkursion in das Kristallin des Vorspessarts von Aschaffenburg aus

(90 km) A'burg – Kleinostheim **23** – Hörstein **21** – Alzenau **1** – Michelbach – Niedersteinbach **8** – Hemsbach – Hahnenkamm **9** – Niedersteinbach – Mömbris – Blankenbach – Sommerkahl **48** – Blankenbach – Eichenberg – Sailauf **95** – Hösbach – Schmerlenbach – Forsthaus Schmerlenbach **71** – Winzenhohl – Landhotel Klingerhof **74** – Haibach – Dörrmorsbach **83** – Gailbach **76** – Schweinheim – A'burg.

6.1.2 Zweitägige Übersichtsexkursion in den Vorspessart von Aschaffenburg aus

1. Tag (65 km) A'burg – Mainaschaff **105** – Kleinostheim **23** – Schluchthof **104** – Hörstein **21** – Alzenau **1** – Michelbach – Niedersteinbach **8** – Hemsbach – Hahnenkamm **9** – Niedersteinbach – Mömbris – Blankenbach – Sommerkahl **48** (Grubenbefahrung) – Blankenbach **50** (Übernachtung nach Wahl)
2. Tag (35 km) Blankenbach – Eichenberg – Sailauf **95**, **96**, **72** – Hösbach – Winzenhohl – Landhotel Klingerhof **74** – Haibach – Dörrmorsbach **83** – Gailbach **76**, **79** – Stengerts **81** – Schweinheim – A'burg **59**.

6.1.3 Eintägige Übersichtexkursion in das Deckgebirge von Aschaffenburg aus

(200 km) A'burg – Alzenau **259** – Michelbach – Schimborn – Feldkahler Höhe (Golfplatz) **113** – Rottenberg – Eichenberg **122** – Sailauf – Jakobsthal – Heigenbrücken **136** – Partenstein – Lohr **209** – Neustadt am Main – Hafenlohr – Marktheidenfeld – Triefen-

stein – Lengfurt **245** – Homburg am Main **247** – Urphar – Dietenhahn **243** – Wertheim **234** – Miltenberg **162** – A'burg.

6.1.4. *Eintägige Übersichtexkursion im Gebiet des Kahlgrundes von Alzenau aus*

(55 km) Alzenau **1**, **2** – Kälberau **4**, **5** – Michelbach – Herrnmühle **7** – Niedersteinbach – Gretenberg **29** – Mömbris – Abstecher zum Stbr. Glasberg **28** – Schimborn **30** – Kaltenberg – **31** – Erlenbach – Klein-Blankenbach – Dickbusch **50** – Groß-Blankenbach **32** – Schöllkrippen – Schneppenbach – Buchwäldchen **17** – Hofstädten – Geiselbach – Horbach – Neuses – Michelbach – Alzenau.

6.1.5. *Zweitägige Übersichtexkursion in das Deckgebirge von Aschaffenburg aus*

1. Tag (110 km) A'burg – Alzenau **259** – Michelbach – Schimborn – Feldkahler Höhe (Golfplatz) **113** – Rottenberg – Eichenberg **122** – Schöllkrippen **124** – Wesemichshof **116** – Glashütte – Bamberger Mühle **272** – Wiesen – Wiesbüttsee **267** – Flörsbachtal – Lohrhaupten – Ruppertshütten – Langenprozelten **200** – Lohr (Spessartmuseum). Übernachtung in Lohr.
2. Tag (120 km) Lohr **210, 211** – Neustadt am Main – Hafenlohr – Marktheidenfeld **228** – Triefenstein – Lengfurt **245, 255** – Homburg am Main **247** – Urphar – Dietenhahn **243** – Wertheim **234** – Reistenhausen **165** – Miltenberg **162** – Heunesäulen **159** – Klingenberg **151**, **152** – A'burg.

6.1.6. *Eintägige Übersichtexkursion in den südwestlichen Spessart von Aschaffenburg aus*

(120 km) A'burg – Großostheim – Farenberg **106** – Niedernberg – Großwallstadt – Mainhöllenberg bei Obernburg **147** – Trennfurt **150** – Laudenbach **148** – Kleinheubach – Miltenberg **161** – Stbr. Wassum **162** – Großheubach – Stbr. Nebelkappe **156** – Stbr. Trial **157** – Röllbach – Zeiselsmühle – Stbr. Walpertsgrund **154** – Klingenberg **151**, **152**, **153** – Erlenbach a. M. – Elsenfeld – Kleinwallstadt – Sulzbach a. M. – Obernau – A'burg.

6.1.7. Eintägige Übersichtsexkursion in den zentralen Hochspessart von Schöllkrippen aus

(80 km) Schöllkrippen – Röderhof **124** – Schöllkrippen – Vormwald – **123** – Jakobsthal – Heinrichsthal **134** – Unterlohrgrund **135** – Heigenbrücken **136, 137, 280** – Neuhütten **281** – Rothenbuch – Hohler Stein **179** – Weibersbrunn **176** – Autobahn Richtung Frankfurt/Main **140** – Hösbach – Schimborn – Schöllkrippen.

6.1.8. Eintägige Übersichtsexkursion zum historischen Bergbau von Schöllkrippen aus

(80 km) Schöllkrippen – Sommerkahl **48** (Grubenbefahrung) – Heigenbrücken **280** – Partenstein **282** – Frammersbach – Flörsbach – Bieber **263** – **270** (längere Wanderung) – Abstecher nach Roßbach **130** – Wiesen – Bamberger Mühle **272** – Schöllkrippen.

6.1.9. Eintägige Übersichtsexkursion im nördlichen Spessart von Gelnhausen aus

(40 km) Gelnhausen **128** – Meerholz **126** – Bernbach – Altenmittlau **110** – Horbach – Geiselbach – Kreuzberg **13** – Omersbach **14** – Hofstädten **17** – Oberwestern **16** – Huckelheim **15, 271** – Altenhaßlau – Eichelberg **129** – Gelnhausen.

6.1.10. Eintägige Übersichtexkursion in den nördlichen Spessart von Bad Orb aus

(120 km) Bad Orb **189** – Wegscheide – Lettgenbrunn **99** – Flörsbach – Bieber – Kassel **100** – Wächtersbach – Salmünster **190** – Alsberg **101** – Seidenroth – Steinau an der Straße – Bellings – Hohenzell **195, 249** – Marjoß – Jossgrund – Bad Orb.

6.1.11. Eintägige Übersichtsexkursion in den nordöstlichsten Spessart von Gemünden aus

(125 km) Gemünden – Langenprozelten **201** – Pumpspeicherwerk Langenprozelten (Unterspeicher) **200** – Ruppertshütten **199** – Bayerische Schanz – Lohrhaupten – Pfaffenhausen – Oberndorf – Burgjoß **192** – Mernes **191** – Marjoß **193** – Bellingser Kreuz **194, 258** – Tonkautenkopf **102** – Bellings – Hohenzell **195** –Weinberg bei Hohenzell **249** – **250, 251** – Weiperz – Neuengronau – Altengronau **196** – Bahnhof Jossa **197** – Hof Dittenbrunn **198** – Obersinn – Mittelsinn – Burgsinn – Bahnhof Rieneck **202** – Gemünden.

6.1.12. Eintägige Übersichtexkursion in den nordöstlichen Spessart von Lohr aus

(55 km) Lohr **210**, **211** – Forstgarten bei Partenstein **208** – Bahnhof Partenstein **207** – kurze Wanderung zur ehemaligen Schwerspatgrube „Erichstollen“ und „Marienschacht“ **282** – Partenstein – Frammersbach **182** – **183** – Lohrhaupten – Ruppertshütten **199** – Pumpspeicherwerk Langenprozelten **200** – Langenprozelten **201** – Despelsgrund **204** – Neuendorf – Nantenbach Dieftelsgrund **205** – Sackenbach – Lohr.

6.1.13. Eintägige Übersichstexkursion im Bereich östlich des Mains von Lohr aus

(65 km) Lohr – Pflochsbach – **215** – Waldzell – Ansbach – Abstecher Büchelsrain **219** – Zimmern – Fuchsenmühle **221** – Zimmern – Abstecher zum Stbr. Scheuerberg **220** – Ansbach – **253**, **252** – Waldzell – Steinfeld – Wiesenfeld **214** – Massenbuch – Hofstetten **203** – Lohr.

6.1.14. Eintägige Übersichtexkursion in den östlichen Spessart von Marktheidenfeld aus

(75 km) Marktheidenfeld – Maintalhang unterhalb des Dillbergs **228** – Zementwerk Lengfurt **245**, **255** – Kallmuth **246** – Homburg am Main **247** – Dertingen – Sauloch **256** – Ellenberg **257** – Lindelbach – Urphar – Wertheim – Kreuzwertheim – Unterwittbach – Bocksberg **254** – Altfeld – Eichenfürst **230** – Glasofener Höhe **229** – Marktheidenfeld.

6.1.15. Eintägige Übersichtsexkursion in der Umgebung von Wertheim

(90 km) Wertheim – Stbr. Borkenrain bei Reicholzheim – Kloster Bronnbach – Stbr. Buchwald **236** – Höhefeld – Stbr. Neuberg **237** – Schlucht am Mühlberg **238** – Kembach – Dietenhahn **243** – Stbr. Kembach **242** – Urphar – Lindelbach – Dertingen – Sauloch **256** – Ellenberg **257** – Wüstenzell **248** – Homburg am Main **247** – Urphar – Profil am Mainprallhang **241** (schwierig) – Eichel – Wertheim – Kreuzwertheim **239**, **240** – Mainprallhang **233** – Bestenheid – Hasloch – Hasselberg – Stbr. Sohlhecken **232** – zurück nach Wertheim.

6.1.16. *Eintägige Übersichtsexkursion in den südlichen Spessart*

(150 km) Von Marktheidenfeld über die Glasofener Höhe **229** oder von Lohr über Röttbach – Stbr. Stengelskopf **231** – zur Autobahn-Auffahrt Marktheidenfeld – A3 Richtung A'burg – Parkplatz Haseltalbrücke **175** – Autobahn-Auffahrt Weibersbrunn – Stbr. Weibersbrunn **176** – Hafenlohrtal – Steintor **177** – Rothenbuch – Hohler Stein **179** – B26 Richtung Hain – Zieglers-Kreuz **180** – Pollasch **138** – Hain – Seebachtal **94** – Laufach – Stbr. Weiberhöfe **64** – Hösbach – Unterbessenbach – **141**, **142** – Bessenbach – B8 Richtung Marktheidenfeld – Rotsandsteinbruch **144** – Hessenthal **145** – Mespelbrunn **146** – Schloss – Heimbuchenthal – Wintersbach – Krausenbach – Oberschnorrhof **173** – Kreuzsteingrund **172** – Altenbuch – Breitenbrunn – Faulbach – Kreuzwertheim – Wertheim.

6.1.17. *Übersichtsexkursion im südwestlichen Spessart von Miltenberg aus*

(60 km) Miltenberg **161** – Nordbahnhof – Stbr. Wassum **162** – Großheubach – Stbr. Nebelkappe 156 – Stbr. Trial **157** – Röllbach – Zeiselsmühle – Stbr. Walbersgraben **154** – Paradeismühle – Stbr. Revelsberg **155** – zurück nach Röllbach – Mönchberg – **168** – Fechenbach – Stbr. Rotsohlhöhe **169** – **165** – Kirschfurt – Theresienhof Stbr. Zeller **164** – Stbr. gegenüber Bürgstadt **163** – Miltenberg.

6.2. Fußexkursionen

6.2.1. *Eintägige Wanderung in den südlichen Vorspessart von Aschaffenburg aus*

(20 km) Mit Bus nach A'burg-Schweinheim – Aumühlweg – Fußberg – Exerzierplatz **80** – Jugendzentrum am Grauberg – Stbr. Stengerts **81** – Stengerts-Gipfel **82** und zurück – Stbr. Noriswand **79** – Heinrichsstollen **76** – Gailbach **78**, **77** – Kaiselsberg **143** – Dörrmorsbach **119** – Abstecher zum Bensenbruch **86** – Heinrichsberg **83**, **84**, **284** – Beutelstein **85** – Zeckenmühle **90** – Oberbessenbach **144** – Straßbessenbach. Rückfahrt mit Bus oder weiter (+ 10 km) zum Klingerhof **74** – Haibach – Wendelberg **68** – A'burg.

6.2.2. *Halbtägige Wanderung: Haibacher und Goldbacher Orthogneis zwischen Aschaffenburg und Haibach*

(10 km) Wendelberg **68** – Heckelsgraben – Hohes Kreuz **69** – Sportplatz Haibach **70** – Keltischer Ringwall – Forsthaus Schmerlenbach **71** – Sieben Wege – Kugelberg **61** –

Gartenberg **62** – Schellenmühle – Röderbachshof – Teufelskanzel am Godelsberg **60** – A'burg.

6.2.3. Eintägige Wanderung in den westlichen Vorspessart von Aschaffenburg aus

(17 km). Mit Bus oder PKW nach Mainaschaff **57** (P) – Strietwald **105** – Kalbsbuckel bei Kleinostheim **23** – Ausgang des Treppengrabens **112** – Schluchthof **120** – Rückersbacher Schlucht **112, 120, 104**, **24**, **25** – Sternberg – Steinbach h. d. S. **55** – Steinbachtal **56** – Mainaschaff.

6.2.4. Halbtägige Wanderung durch das Grauenstein-Gebiet nördlich Aschaffenburg

(10 km) Mit Bus nach Goldbach: Friedhof **53** – Schwimmbad **51** – Englischer Rück – Käsrain **52** – Grauenstein-Felsen **39**, **40** – Bildeiche – Abstecher zum Grauenstein-Gipfel **41**, **45** – Schwarzenberg (Steinrücken) **42** – Glattbach – Birkes – Pfaffenberg **43** – A'burg-Damm.
Variante (+ 5 km): Glattbach – Neubaugebiet „Enzlinger Berg" – Stbr. Rauenthal **54** – Felsen am Fahrbach **44** – Rosen-Berg – A'burg-Damm.

6.2.5. Eintägige Wanderung durch den zentralen Vorspessart von Aschaffenburg aus

(14 km) Mit Bus nach Wenighösbach **36** und Hösbachit vom Sternberg (**47**) – Akazienbruch **37** – Denkmal am Buch **46** – Fuchsgraben **35** – Hühner-Grund **34** – Sternberg **47** – Golfplatz Feldkahl **113** – evtl. Abstecher zum Sportplatz Feldkahl **115** – Weingut Holler am Gräfenberg **65** – Stbr. Gräfenberg **114** – Stbr. Gipfel Gräfenberg **121** – Marienkapelle – Sailauf **67**. Rückfahrt mit Bus nach A'burg. Zusätzliche Variante (+ 4 km): Steinbrüche Hartkoppe **95** und Rehberg **96**, **72**.

6.2.6. Eintägige Wanderung durch den nordwestlichen Vorspessart von Alzenau aus

(24 km) Alzenau – Ziegelei **259** – Burgstall **11** – Hahnenkamm-Gipfel **9** – Kreuzwasen **10** – Groß-Hemsbach – Abstecher zum MHI-Steinbruch **8** – Klein-Hemsbach – Molkenberg **20** – Angelsberg **19** – Gunzenbach – Hohl – Stbr. Pfahlloch **26** – **22** – Stbr. Abtsberg **21** – Hörstein – Wasserlos **273** – Alzenau.

6.2.7. *Eintägige Wanderung auf den Spuren des alten Bergbaus im Revier von Bieber: Kulturweg „Die Bieberer Acht“*

(11 km) Bieber (Biebergrund-Museum) **263** – Eisensteintagebau **264** – Mauritiuskapelle am Burgberg – **131** – Lochborntal **132**, **265** – Oberes Lochborntal **266** – Wiesbütt-Teich **267** – Lochborner Teich **268** – Lochmühle **269** – Bieber „Eisenschmelz“ **270**.

6.2.8. *Eintägige Wanderung im nördlichen Spessart von Bad Orb aus*

(26 km) Bad Orb – Stbr. am Alteberg **186** – Stbr. am Wintersberg **188** – Wegscheide – Soldatenfriedhof am Roßkopf – Sieben-Wege-Kreuz – Madstein **98** – Jagdhaus Horst – Abstecher Hoher Berg **97** – Villbach – Beilstein **99** – Lettgenbrunn **184** – Villbach – auf dem Fernwanderweg Alpen – Ostsee zur Küppelsmühle und nach Bad Orb.

6.2.9. *Halbtägige Wanderung in der Umgebung von Bad Orb*

(12 km). Bad Orb – Kleiner Markberg **187** – Haselruhe – Wegscheide – Winterberg **188** – Alteberg **186** – Bad Orb.

6.2.10. *Halbtägige Wanderung zu den Heiligenköpfen von Gelnhausen aus*

(11 km) Von Gelnhausen mit PKW oder Bus nach Hailer. Vom Schloss Meerholz zu Fuß zum Meerholzer Heiligenkopf **126** – Niedermittlauer Heiligenkopf **125** – Rauenberg **127** – Bergmannsloch am Grauberg **111** – Mülldeponie Gelnhausen – Hailer.

6.2.11. *Eintägige Wanderung durch den nordwestlichen Spessart von Lohr aus*

(23 km) Lohr – Hohlweg Klapper **211** – Kapelle St. Valentin **210** – Waldhaus Rexroth – Steinernes Haus **212** – Fürther Pfad – Rechtenbach – Hemmberg – Neustadter Tor – Margarethenhof – Karl-Neuf-Platz **213** – Wombach – Lohr.

6.2.12. *Eintägige Wanderung von Lohr aus zur ehemaligen Schwerspatgrube „Katharinenbild“ und zum Pumpspeicherwerk Langenprozelten*

(22 km) Bahnhof Lohr – Beilstein **209** – Sanatorium Luitpoldheim – ehemalige Schwerspatgrube Katharinenbild **283** – Pumpspeicherwerk Langenprozelten, Unterspeicher **200** – Oberspeicher – **206** – Sanatorium Luitpoldheim – Lohr.

6.2.13. *Eintägige Wanderung von Neustadt am Main nach Lohr*

(15 km) Neustadt a. M. – Margarethensteig am Westhang des Hornungsberges **217** – Abstecher ins Silberloch-Tal **218** – Margarethenhof – Stbr. Häsling **216** – Karl-Neuf-Platz **213** – Wombach – Lohr.

6.2.14. *Eintägige Wanderung im Gebiet nördlich Marktheidenfeld*

(23 km) Marktheidenfeld **226**, **227** – Stbr. Glasofener Höhe **229** – Glasofen – Marienbrunn – Windheim – Stbr. Hölle **223** – Rothenfels **222** – Mainübergang Staustufe – Zimmern – Mainleite – Stbr. am Westhang des Heugarn **224** – Stbr. Elisabethenhütte **225** – Marktheidenfeld.

6.2.15. *Eintägige Wanderung im Maintal südlich Marktheidenfeld*

(20 km) Marktheidenfeld **226**, **227** – Mainhöhenweg – Bachriss am Fischerhäusl **244** – Triefenstein – Lengfurt – Zementwerk **245**, **246** – Staustufe Lengfurt – Dillberg **228** – Marktheidenfeld.

6.2.16. *Eintägige Wanderung im Taubertal südlich Wertheim*

(21 km) Wertheim – Schloss Wertheim **234** – Borkenrain bei Reicholzheim **235** – Bronnbach – Tauberbrücke – Stbr. Buchwald **236** – Bronnbach – Wegkreuzung am Trappenhardt (Punkt 296,1 m) – Abstecher nach Urphar und zum Stbr. am Kembach **242**; von Urphar mit Bus nach Wertheim – oder von der Kreuzung auf dem Höhenweg nach Wertheim. Das Profil am Mainprallhang **241** ist von oben nur schwierig zu durchsteigen.

6.2.17. Eintägige Wanderung von Stadtprozelten nach Miltenberg

(31 km) Stadtprozelten Ruine Henneburg **171** – Dorfprozelten – Ruine Collenberg **170** – Fechenbach – Rotenberg – Schöllesberg – Langer Berg – Sohlhöhe – Ospis **158** – Kloster Engelberg – Miltenberg.

6.2.18. Kurze Wanderung zu den Heunesäulen bei Miltenberg

Mit PKW bis zum (P) an der Straße nach Rüdenau, von dort ca. 150 m zu den Heunesäulen **159**.

6.2.19. Halbtägige Wanderung auf dem Kulturweg „Bürgstadt" von Miltenberg aus

Von Bürgstadt mit PKW zum (P) Stutz; von dort zu Fuß: **160** Heunesteine – Ringwall auf dem Wannenberg – Heunesäulen – Heunefässer – Centgrafenkapelle. Von Bürgstadt aus kann noch der Stbr. westlich Freudenberg **166** und westl. des Trennhofes **167** mit PKW angefahren werden.

6.2.20. Halbtägige Wanderung bei Klingenberg

(8 km) Altstadt Klingenberg – Burgklinge – Seltenbach-Schlucht **153** – Stollenmundloch des Tonwerks **151**; zurück nach Klingenberg und Aufstieg zur Clingenburg **152** und weiter zum keltisch-germanischen Ringwall auf der Alten Schanz mit Aussichtsturm.

Literatur

*Regionale Arbeiten über den Spessart

*Amrhein, A. (1896): Der Bergbau im Spessart unter der Regierung der Kurfürsten von Mainz. – Archiv histor. Ver. **37**: 5–84, Würzburg (Stahel).

*Anthes, G. (1998): Geodynamische Entwicklung der Mitteldeutschen Kristallinschwelle: Geochronologie und Isotopengeochemie. – Dr. rer. nat. Diss. Univ. Mainz, 154 S.

*Anthes, G. & Reischmann, T. (2001): Timing of granitoid magmatism in the eastern mid-German crystalline rise. – J. Geodyn. **31**: 119–143.

*Backhaus, E. (1967): Zur Genese des Buntsandsteins im Spessart. – Jber. Mitt. oberrhein. geol. Ver., N.F. **49**: 157–171.

*Backhaus, E. (1968): Fazies, Stratigraphie und Paläogeographie der Solling-Folge (Oberer Buntsandstein) zwischen Odenwald – Rhön und Thüringer Wald. – Oberrhein. geol. Abh. **17**: 1–164.

*Backhaus, E. & Weinelt, W. (1967): Über die geologischen Verhältnisse und die Geschichte des Bergbaues im Spessart. – Veröff. Geschichts- und Kunstver. Aschaffenburg, **10**: 217–250.

Batchelor, R. A. & Bowden, P. (1985): Petrogenetic interpretation of granitoid rock series using multicationic parameters. – Chem. Geol. **48**: 43–55.

*Bayerisches Oberbergamt (1936): Die nutzbaren Mineralien, Gesteine und Erden Bayerns. Bd. II: Franken, Oberpfalz und Schwaben nördlich der Donau. – S. 306–308, München.

*Bederke, E. (1957): Alter und Metamorphose des kristallinen Grundgebirges im Spessart. – Abh. Hess. L.-Amt Bodenforsch. **18**: 7–19.

*Behlen, S. (1823): Der Spessart. Versuch einer Topographie dieser Waldgegend, mit besonderer Rücksicht auf Gebirgs-, Forst-, Erd- und Volkskunde. – Leipzig (Brockhaus).

Behr, H. J. & Heinrichs, T. (1987): Geological interpretation of DEKORP 2-S: A deep seismic reflection profile across the Saxothuringian and possible implications for the Late Variscan structural evolution of Central Europe. – Tectonophysics **142**: 173–202.

*Berberich, L. (1990): 100 Jahre Franz Zeller Natursteinwerke 63897 Miltenberg. Festschrift anlässlich der 100-Jahr-Feier am 14. und 15. September 1990. – 48 S., Miltenberg (Caruna Druck).

Beudant, F. S. (1832): Traité élémentaire de Minéralogie. – 2. Aufl., Bd. **2**, 797 S. Paris (Verdiere).

*Bindig, M. (1994): Die Architektur der fluvialen Environments der Solling-Formation (Buntsandstein). – Zbl. Geol. Paläont. I, **1992**: 1167–1187.

*Bindig, M. & Backhaus, E. (1995): Rekonstruktion der Paläoenvironments aus den fluviatilen Sedimentkörpern der Röt-Sandsteinfazies (Oberer Buntsandstein) Südwestdeutschlands. – Geol. Jb. Hessen **123**: 69–105.

*Bock, H., Freudenberger, W., Lepper, J., Schmitt, P. & Weber, J. (2005): Der Buntsandstein in Main-Tauberfranken (Exkursion B am 31. März 2005). – Jahresber. Mitt. Oberrhein. Geol. Ver. (N.F.) **87**: 65–96.

Bogaard, P. van den & Schmincke, H.-U. (1985): Laacher See tephra: a widespread isochronous late Quaternary ash layer in Central and Northern Europe. – Geol. Soc. America Bull. **96**: 1554–1571.

Boldt, K.-W. (1998): Das Modell der restriktiven Flächenbildung – ein Ansatz zur Erfassung von Regeln der Landschaftsgenese im Bereich wechselnd widerständiger Sedimentgesteine. – Z. Geomorph. N.F. **42**: 21–37.

Boldt, K.-W. (2001): Känozoische Geomorphogenese im nordöstlichen Mainfranken. – Würzburger Geogr. Arb. **96**, 413 S.

Borger, H. (2000): Mikromorphologie und Paläoenviroment. Die Mineralverwitterung als Zeugnis der cretazisch-tertiären Umwelt in Süddeutschland. – Relief, Boden, Paläoklima **15**, 243 S.

*Braitsch, O. (1957a): Beitrag zur Kenntnis der kristallinen Gesteine des südlichen Spessarts und ihrer geologisch-tektonischen Geschichte. – Abh. Hess. L.-Amt Bodenforsch. **18**: 21–72.

*Braitsch, O. (1957b): Zur Petrographie und Tektonik des Biotitgneises im südlichen Vorspessart. – Abh. Hess. L.-Amt Bodenforsch. **18**: 73–99, Wiesbaden.

Brätz, H. & Zeh, A. (1999): Timing of magmatism in the Mid-German Crystalline Rise: Evidence from the Ruhla Crystalline Complex. – J. Conf. Abstr. **4**: 97.

*Brauckmann, C. & Schlüter, T. (1993): Neue Insekten aus der Trias von Unter-Franken. – Geologica et Palaeontologica **27**: 181–199.

Brinkmann, R. (1948): Die mitteldeutsche Schwelle. – Geol. Rdsch. **36**: 56–66.

*Bubnoff, S. von (1926): Studien im südwestdeutschen Grundgebirge. II. Die tektonische Stellung des Böllsteiner Odenwaldes und des Vorspessarts. – N. Jb. Mineral. Geol. Paläont. **55**: 468–496.

*Bücking, H. (1891a): Erläuterungen zur geologischen Specialkarte von Preussen und den Thüringischen Staaten, Blatt Bieber, 55 S., Berlin (Preuß. Geol. Landesanst.). – Mit Behelfsausgabe der Geol. Karte Hessen 1:25 000, faksimilierter Nachdruck, Blatt 5821 Bieber, Wiesbaden 1996a (Hess. L.-Amt Bodenforsch.).

*Bücking, H. (1891b): Erläuterungen zur geologischen Specialkarte von Preussen und den Thüringischen Staaten, Blatt Langenselbold, 42 S., Berlin (Preuß. Geol. Landesanst.). – Mit Behelfsausgabe der Geol. Karte Hessen 1:25 000, faksimilierter Nachdruck, Blatt 5820 Langenselbold, Wiesbaden 1996b (Hess. L.-Amt Bodenforsch.).

*Bücking, H. (1892): Der nordwestliche Spessart. – Abh. Preuß. geol. Landesanst., N. F. **12**, 274 S., Berlin.

Büdel, J. (1981): Klima-Geomorphologie. – 2. veränd. Aufl., Berlin (Borntraeger), 304 S.

Cameron, W. E. (1976): Coexisting sillimanite and mullite. – Geol. Mag. **113**: 497–513.

*Chatterjee, N. D. (1959): Die Lamprophyre des Spessarts und das Lamprophyrproblem. – Nachr. Akad. Wiss. Göttingen, II. math.-phys. Kl. **59** (1), 24 S.

Christensen, A.-M., Holm, P. M., Schüssler, U. & Petrasch, J. (2006): Indications of a major Neolithic trade route? An archeometric geochemical and Sr, Pb isotope study on amphibolitic raw material from present day Europe. – Applied Geochemistry **21**: 1635–1655.

*Cramer, P. & Weinelt, W. (1978): Erläuterungen zur Geologischen Karte von Bayern 1:25000, Blatt Nr. 5922 – Frammersbach, 137 S., München (Bayer. Geol. L.-Amt).

Dallmeyer, R. D., Franke, W. & Weber, K. (Eds., 1995): Pre-Permian Geology of Central and Eastern Europe. – 604 S., Berlin–Heidelberg–New York (Springer).

DEKORP Research Group (1985): First results and preliminary interpretation of deep reflection seismic recordings along profile DEKORP 2-South. – J. Geophys. **57**: 137–163.

*Deml, P. M. (1931): Gesteinskundliche Untersuchungen im Vorspessart südlich der Aschaff. – Abh. Geol. Landesuntersuch. Bayer. Oberbergamt, **5**, 47 S.

*Diederich, G. (1978): Exkursion B durch den Buntsandstein des Nordspessarts am 30. März 1978. – Jber. Mitt. oberrhein. geol. Ver., N. F. **60**: 55–63.

*Diederich, G. & Ehrenberg, K.-H. (1977): Erläuterungen zur Geologischen Karte von Hessen 1:25 000, Blatt 5721 Gelnhausen, 256 S. – Wiesbaden (Hess. L.-Amt Bodenforsch.).

*Diederich, G. & Ehrenberg, K.-H. (1998): Geologische Karte von Hessen 1:25000, Blatt Nr. 5722 Salmünster, 2. Aufl. – Wiesbaden (Hess. L.-Amt Bodenforsch.).

Diederich, G., Ehrenberg, K.-H. & Hickethier, H. (1988): Erläuterungen zur Geologischen Karte von Hessen 1:25 000, Blatt Nr. 5621 Wenings. 267 S. Wiesbaden (Hess. L.-Amt Bodenforsch.).

*Diederich, G., Laemmlen, M. & Villwock, R. (1964): Das obere Biebertal im Nordspessart: Neugliederung des unteren Buntsandsteines, Exkursionsführer und geologische Karte. – Abh. Hess. L.-Amt Bodenforsch. **48**: 1–34.

Dietz, K.-R. (1981): Zur Reliefentwicklung im Main-Tauber-Bereich. – Rhein-Mainische Forsch. **93**, 241 S.

*Dill, H. (1988): Geologic setting and age relationships of fluorite-barite mineralization in southern Germany with special reference to the Late Paleozoic unconformity. – Mineral. Deposita **23**: 16–23.

*Dobner, A. (1987): Spezialton. – In: Der Bergbau in Bayern. Geol. Bavarica **91**: 121–134.

*Dombrowski, A., Okrusch, M. & Henjes-Kunst, F. (1994): Geothermometry and geochronology on mineral assemblages of orthogneisses and related metapelites of the Spessart Crystalline Complex, NW Bavaria, Germany. – Chem. Erde, **54**: 85–101.

*Dombrowski, A., Henjes-Kunst, F., Höhndorf, A., Kröner, A., Okrusch, M. & Richter, P. (1995): Orthogneisses in the Spessart Crystalline Complex, Northwest Bavaria: Silurian granitoid magmatism at an active continental margin. – Geol. Rdsch. **83**: 399–411.

*Doutsos, T. (1979): Tektonische Analyse des nördlichen kristallinen Spessart. – Geol. Bavarica **79**: 127–167.

*Edel, J.-B. & Wickert, F. (1991): Paleopositions of the Saxothuringian (Northern Vosges, Pfalz, Odenwald, Spessart) in Variscan times: paleomagnetic investigation. – Earth Planet. Sci. Lett. **103**: 10–26.

*Ehrenberg, K.-H. & Hickethier, H. (1971): Erläuterungen zur Geologischen Karte von Hessen 1:25 000, Blatt Nr. 5623 Schlüchtern, 298 S. – Wiesbaden (Hess. L.-Amt Bodenforsch.).

Ehrenberg, K.-H. & Hickethier, H. (1978): Erläuterungen zur Geologischen Karte von Hessen 1:25 000, Blatt Nr. 5620 Ortenberg, 351 S. – Wiesbaden (Hess. L.-Amt Bodenforsch.).

*Ehrenberg, K.-H. & Hickethier, H. (1982): Erläuterungen zur Geologischen Karte von Hessen 1:25 000, Blatt Nr. 5622 Steinau a. d. Str., 199 S. – Wiesbaden (Hess. L.-Amt Bodenforsch.)

*El Shazly, S. (1983): Petrography and geochemistry of the striated paragneiss series in the southern part of the Spessart crystalline complex. – Diss. Techn. Univ. Braunschweig 1983, 153 S.

*Emmrich, S. (1997a): Quellen zum Bieberer Bergbau. Die Betriebsberichte 1907–1925. – 110 S., Bieber (Geschichtsverein Biebergemünd e. V.).

*Endrich, P. (1961): Vor- und Frühgeschichte des bayerischen Untermaingebietes. – Veröff. Geschichts- u. Kunstver. Aschaffenburg **4**, 441 S.

*Erb, L. (1928): Erläuterungen zur Geologische Spezialkarte von Baden. Blatt Nassig (Nr. 2) und Blatt Wertheim (Nr. 3), 46 S. – Freiburg i. Br. (Herder & Co.). Unveränderter Nachdruck Geologische Karte von Baden-Württemberg 1:25 000, Blatt 6222 Stadtprozelten und 6223 Wertheim. – Stuttgart 1985 (Geol. L.-Amt Baden-Württemberg).

*Erb, L. & Reis, O. M. (1928): Geologische Spezialkarte von Baden, Blatt 2 Nassig. Unveränderter Nachdruck Geologische Karte 1:25 000 von Baden-Württemberg, Blatt 6222 – Stadtprozelten. – Stuttgart 1985 (Geol. L.-Amt Baden-Württ.).

*Fahlbusch, K. (1967): Sedimentologische Untersuchungen im Zechsteindolomitsteinbruch Hufgard, Rottenberg im Spessart. – Veröff. Geschichts- u. Kunstver. Aschaffenburg **10**: 91–105.

Franke, W. (1989): Tectonostratigraphic units in the Variscan belt of central Europe. – Geol. Soc. America Spec. Paper **230**: 693–708.

Franke, W. & Oncken, O. (1990): Geodynamic evolution of the North-Central Variscides – a comic strip. – In: Freeman, R., Giese, P. & Mueller, St. (eds.): The European Geotraverse: Integrative studies. Results from the Fifth Study Centre, Rauischholzhausen (26 March–7 April 1990), S. 187–194, Eur. Sci. Found., Strasbourg.

*Frantzen, W. (1884): Ueber Chirotherium-Sandstein und die carneolführenden Schichten des Buntsandsteins. – Jb. kgl. preuß. geol. L.-Anst. Bergakad. **1883**: 347–382, Berlin.

*Frantzen, W. (1889): Beiträge zur Kenntniss der Schichten des Buntsandsteins und der tertiären Ablagerungen am Nordrande des Spessarts. – Jahrb. kgl. preuß. geol. L.-A. **1888**: 243–258.

Franz, L. & Seifert, W. (1998): Basement studies in a continental suture zone – Xenoliths from the Mid-German Crystalline Rise (Rhön area, Mid-European Variscides). – N. Jb. Mineral Abh. **173**: 263-303.

*Frentzen, K. (1920): Die Flora des Buntsandsteins Badens. – Mitt. Bad. Geol. L.-Anst. **8**: 63–163.

*Freudenberger, W. (1990): Geologische Karte 1 : 25 000 von Baden-Württemberg. Erläuterungen zu Blatt 6223 Wertheim. – 147 S., Stuttgart (Landesvermessungsamt Baden-Württemberg).

*Freymann, K. (1991): Der Metallerzbergbau im Spessart – Ein Beitrag zur Montangeschichte des Spessarts. – 413 S. Aschaffenburg (Geschichts- und Kunstverein Aschaffenburg e. V.).

*Fuchs, S. (2008): Geomorphologische Untersuchungen an Inselberg-Komplexen im nördlichen Vorspessart. – Unpubl. Dipl.-Arb., Geogr. Institut, Univ. Würzburg.

Fuhrmann, U. & Lippolt, H. J. (1987): K-Ar-Datierungen an Maintrapp-Basalten aus Bohrungen in Frankfurt a. M. nach der $^{40}Ar/^{39}Ar$-Stufenentgasungstechnik. – Geol. Jb. Hessen **115**: 245–257.

*Gabert, G. (1957): Zur Geologie und Tektonik des nördlichen kristallinen Vorspessarts. – Abh. Hess. L.-Amt Bodenforsch. **18**: 101–133.

*Geissert, F. (1989): Mollusken aus dem Cromer-Profil von Alzenau i. Ufr. – Jber. wetterau. Ges. ges. Naturkunde, **140/141**: 97–108.

Gerdes, A. & Zeh, A. (2006): Combined U-Pb and Hf isotope LA-(MC)-ICP-MS analyses of detrital zircons: Comparison with SHRIMP and new constraints for the provenance and age of an Armorican metasediment in Central Germany. – Earth Planet. Sci. Lett. **249**: 47–61.

*Geyer, G. (2002): Geologie von Unterfranken und angrenzenden Regionen. – Fränkische Landschaft, **2**, 588 S., Gotha (Klett–Perthes).

*Geyer, G. & Schmidt-Kaler, H. (2009): Den Main entlang durch das Fränkische Schichtstufenland. – Wanderungen durch die Erdgeschichte, **23**, 208 S., München (Verlag F. Pfeil).

Goll, M. & Lippolt, H. J. (2001): Biotit-Geochronologie ($^{40}Ar_{rad}/K$, $^{40}Ar_{rad}/^{39}Ar_K$, $^{87}Sr_{rad}/^{87}Rb$) spät-variszischer Magmatite des Thüringer Waldes. – N. Jb. Geol. Paläont. Abh. **222**: 353–405.

*Gregor, H.-J. (1989): Vorläufige Mitteilung über makrofloristische Untersuchungen des Talverschüttungsprofils Alzenau i. Ufr. (Ziegeleigrube Zeller). – Jber. wetterau. Ges. ges. Naturkunde, **140/141**: 109–120.

*Grosse-Brauckmann, G. & Streitz, B. (1977): Das Wiesbüttmoor: Über die Pflanzendecke eines kleinen Naturschutzgebietes im Spessart – Natur und Museum **107**: 103–108, 141–148.

*Gümbel, C. W. von (1866): Die geognostischen Verhältnisse des fränkischen Triasgebietes. – Bavaria **4**, I: 3–77, München.

*Gümbel, C. W. von (1881): Geologische Skizze des bayerischen Spessarts. – Deutsche geogr. Bl. **4**: 5–32.

*Gümbel, C. W. von (1894): Geologie von Bayern. Zweiter Theil: Geologische Beschreibung von Bayern. – I–VIII + 1184 S., Kassel (Theodor Fischer).

Hagdorn, H. & Nitsch, E. (2009): 6th International Triassic Field Workshop: Triassic of Southwest Germany. September 7–11, 2009, Tübingen and Ingelfingen. Field Guide. – 72 S., Freiburg (L.-Amt für Geologie, Rohstoffe und Bergbau Baden-Württemberg).

Haltenhof, M. (1962): Lithologische Untersuchungen im Unteren Muschelkalk von Unterfranken (Stratinomie und Geochemie). – Abh. naturwiss. Ver. Würzburg **3**: 1–124.

Hansch, R. & Zeh, A. (2000): Metabasites from the Ruhla Crystalline Complex: Evidence for distinct pre-Variscan, plate-tectonic environments within the Mid-German Crystalline Rise. – Chem. Erde **60**: 1–25.

*Hautmann, S., Brander, H., Lippolt, H. J. & Lorenz, J. (1999): K-Ar und (U+Th)-He chronometry of multistage alteration and mineralisation in the Hartkoppe rhyolite, Spessart, Germany. – J. Conf. Abstr. **4**: 769.

*Heine, C. (2004): Qualitätsmodell Ton Klingenberg/Main. Altbergbau und Restvorräte. – Unpubl. Dipl.-Arb. Inst. Geol. TU Bergakademie Freiberg.

Heinrichs, T. (1986): Structure and development of the Saxothuringian Zone. – In: Freeman, R., Mueller, St. & Giese, P. (eds.): Proc.Third EGT Workshop: The central segment, Bad Honnef, 14–16 April 1986. Eur. Sci. Found., 135–140.

*Hess, G. (1973): Zum geologisch-tektonischen Rahmen der Schwerspatlagerstätten im Südharz und im Spessart. – Geol. Jb. **D4**: 3–65.

*Hildebrand, E. (1924): Geologie und Morphologie der Umgebung von Wertheim a. M. – Diss. Univ. Freiburg, 79 S., Freiburg i. Br. (Karl Henn).

*Hirschmann, G. & Okrusch, M. (1988): Spessart-Kristallin und Ruhlaer Kristallin als Bestandteile der Mitteldeutschen Kristallinzone – ein Vergleich. – N. Jb. Geol. Paläont. Abh. **177**: 1–39.

*Hirschmann, G. & Okrusch, M. (2001): Spessart und Rhön – Teil der MKZ. – In: Stratigraphische Kommission Deutschlands: Stratigraphie von Deutschland II. Ordovizium, Kambrium, Vendium, Riphäikum. Teil II: Baden-Württemberg, Bayern, Hessen, Rheinland-Pfalz, Nordthüringen, Sachsen-Anhalt, Brandenburg. – Courier Forsch.-Inst. Senckenberg **234**: 93–108.

*Hock, J., Kolb, H. & Völker, P. (1986): Seltener Kluftfund im kristallinen Vorspessart. – Aufschluss **37**: 239–244.

*Hofmann, R. (1979): Die Entwicklung der Abscheidungen in den gangförmigen, hydrothermalen Barytvorkommen Mitteleuropas. – In: Zur Minerogenie des hydrothermalen Baryts in Deutschland. Monogr. Ser. Mineral Depos. **17**: 81–214.

Hoisch, T. D. (1991): Equilibria within the mineral assemblage quartz + muscovite + biotite + garnet + plagioclase, and implications for mixing properties of octahedrally-coordinated cations in muscovite and biotite. – Contrib. Mineral. Petrol. **108**: 43–54.

Holdaway, M. J. & Mukhopadhyay, B. (1993): A reevaluation of the stability relations of andalusite: Thermochemical data and phase diagram for the aluminum silicates. – Amer. Mineral. **78**: 298–315.

Holtz, F., Pichavant, M., Barbey, P. & Johannes, W. (1992): Effects of H_2O on liquidus phase relationships in the haplogranite system at 2 and 5 kbar. – Amer. Mineral. **77**: 1223–1241.

*Horn, P., Lippolt, H. J. & Todt, W. (1971): Altersbestimmungen nach der K-Ar-Gesamtgesteinsmethode an den Basalten des Strietwaldes bei Kleinostheim und vom Faren-Berg (Büschchen) bei Großostheim. – In: Streit, R. & Weinelt, W. (1971): Erläuterungen zur Geologischen Karte von Bayern 1:25 000, Blatt 6020 – Aschaffenburg, S. 130–132.

*Horn, P., Lippolt, H. J. & Todt, W. (1972): K-Ar-Altersbestimmungen an tertiären Vulkaniten des Oberrheingrabens I. Gesamtgesteinsalter. – Eclogae geol. Helv. **65**: 131–156, Basel.

*Hottenrott, M. (1989): Zur Pollen-Führung der früh-mittelpleistozänen Sedimentfolge von Alzenau in Unterfranken (Ziegeleigrube Zeller). – Jber. wetterau. Ges. ges. Naturkunde **140/141**: 133–141.

*Hus, J. J. & Geeraerts, R. (1989): Gesteinsmagnetische und paläomagnetische Untersuchungen an pleistozänen Ablagerungen der Ziegeleigrube Zeller, Alzenau i. Ufr. – Jber. wetterau. Ges. ges. Naturkunde **140/141**: 121–132.

Irvine, T. N. & Baragar, W. R. A. (1971): A guide to the chemical classification of common volcanic rocks. – Canad. J. Earth Sci. **8**: 523–548.

*Jahn, G. (1996): Fossile Holzreste, Früchte und Süßwasserschnecken aus dem jüngeren Tertiär von Hohenzell. – Beitr. Naturkunde Osthessen **32**: 17–26.

Johannes, W. & Holtz, F. (1996): Petrogenesis and experimental petrology of granitic rocks. – Berlin – Heidelberg – New York – Tokyo (Springer).

*Juckenack, C. (1990): Beitrag der Anisotropie der magnetischen Suszeptibilität (AMS) für Struktur- und Gefügeuntersuchungen von Metamorphiten: Einzelbeispiele und Anwendung im Spessart-Kristallin. – Dr. rer. nat. Diss. Univ. Göttingen, 177 S.

*Jung, J. (2004): Tertiärzeitliche Verwitterungsbildungen im Buntsandstein des Südwest-Spessarts und ihre eiszeitliche Aufarbeitung. – Mitt. Naturwiss. Ver. Stadt Aschaffenburg **23**, 123 S.

*Jung, J. (2006): GIS-gestützte Rekonstruktion der neogenen Reliefentwicklung tektonisch beeinflusster Mittelgebirgslandschaften am Beispiel des Spessarts (NW-Bayern, SE-Hessen). – Diss. Univ. Würzburg, 399 S., Würzburg (http://www.opus-bayern.de/uni-wuerzburg/ frontdoor.php? source_opus=2096&la=de).

*Jung, J. (2008): Der Hahnenkamm am westlichen Spessartrand – Schlüssel zur Reliefentwicklung dieser Mittelgebirgsregion. – Jber. wetterau. Ges. ges. Naturkunde, Jubiläumsband, **158**: 131–156.

*Juvigné, E. & Seidenschwann, G. (1989): Das Talverschüttungsprofil von Alzenau i. Ufr. (Ziegeleigrube Zeller) – eine Typlokalität früh-mittelpleistozäner Tephren. – Jber. wetterau. Ges. ges. Naturkunde, **140/141**, S. 143–172.

Käding, K.-C. (1978): Die Grenze Zechstein/Buntsandstein in Hessen, Nordbayern und Baden-Württemberg. – Jber. Mitt. oberrhein. geol. Ver., N. F. **60**: 233–252.

Käding, K.-C. (2000): Die Aller-, Ohre-, Friesland- und Fulda-Folge (vormals Bröckelschiefer-Folge) – Stratigraphie und Verbreitung des z4 bis z7 im Zechstein-Becken. – Glückauf **136** (12), Kali und Steinsalz **13**: 760–770.

*Kampfmann, G. & Krimm, S. (1988): Verkehrsgeographie und Standorttypologie der Glashütten im Spessart. – Veröff. Geschichts- und Kunstver. Aschaffenburg **18**, 244 S.

*Kittel, M. B. (1840): Skizze der geognostischen Verhältnisse der nächsten Umgebung Aschaffenburgs. – 63 S., Aschaffenburg (Pergay).

Kleemann, U. & Reinhardt, J. (1994): Garnet-biotite geothermometry revisited: The effect of Al^{VI} and Ti in biotite. – Eur. J. Mineral. **6**: 925–941.

*Klemm, G. (1895): Beiträge zur Kenntnis des krystallinen Grundgebirges im Spessart mit besonderer Berücksichtigung der genetischen Verhältnisse. – Abh. Großherzogl. hess. geol. Landesanst. **2**: 165–257.

Klotz, W. (1993): Lithologie, Fazies und Genese des „Wellenkalks“ im Unteren Muschelkalk. – In: Muschelkalk. Schöntaler Symposium 1991. Sonderbände der Gesellschaft für Naturkunde in Württemberg **2**: 116.

*Knauer, E., Okrusch, M. & Keesmann, I. (1967): Erzmineralparagenesen in Gesteinen der Mobilisationszone Aschaffenburg – Feldkahl im Spessart. – Veröff. Geschichts- und Kunstver. Aschaffenburg **10**: 47–70.

Knauer, E., Okrusch, M., Richter, P., Schmidt, K. & Schubert, W. (1974): Die metamorphe Basit-Ultrabasit-Assoziation in der Böllsteiner Gneiskuppel, Odenwald. – N. Jb. Mineral. Abh. **122**: 186–228.

Kober, B. (1987): Single zircon evaporation combined with Pb^+ emitter bedding for $^{207}Pb/^{206}Pb$-age investigations using thermal mass ion spectrometry, and implications to zirconology. – Contrib. Mineral. Petrol. **96**: 63–71.

*Koch, M. (2004): Die Feldbahnen der Bong'schen Mahlwerke. – 240 S. Freiburg (EK-Verlag).

*Körber, H. (1959): Zur oberpliozänen und altpleistozänen Entwicklung der östlichen Untermainebene und des Aschaffenburger Beckens. – Notizbl. hess. L.-Amt Bodenforsch. **87**: 408–414.

*Körber, H. (1962): Die Entwicklung des Maintals. – Würzburger Geogr. Arb. **10**, 170 S.

*Kowalczyk, G. (1983): Das Rotliegende zwischen Taunus und Spessart. – Geol. Abh. Hessen **84**, 99 S., Wiesbaden.

*Kowalczyk, G. & Prüfert, J. (1978): Exkursion F in das Oberrotliegende und den Zechstein am Rand von Spessart und Vogelsberg am 1. April 1978. – Jber. oberrhein. geol. Ver. (N. F.) **60**: 87–108.

*Kowalczyk, G. & Schaarschmidt, F. (1989): Neue Koniferenfunde aus dem Zechsteinkonglomerat Südhessens. – Cour. Forsch.-Inst. Senckenberg **109**: 153–163.

*Kowalczyk, G., Murawski, H. & Prüfert, A. (1973): Geologische Exkursion in das Perm des nördlichen Spessart und der Wetterau (Exkursion B_{2b}, 7. 10. 1973). – In: Murawski, H.: Geowissenschaftliche Tagung Frankfurt a. M., 1.–8. Oktober 1973: 93–114.

Kozur, H. (1989): The correlation of the continental Triassic with special reference to the Lower Triassic and their comparison with the marine scale. – 28th International Geological Congress, Washington, July 9–19, 1989, Abstracts **2**: 219–220.

Kozur, H. (1993): The problem of the Lower Triassic subdivision and some remarks to the position of the Permian-Triassic boundary. – Jb. Geol. Bundesanstalt **136**: 795–797, Wien.

*Kreuzer, H., Lenz, H., Harre, W., Matthes, S., Okrusch, M. & Richter, P. (1973): Zur Altersstellung der Rotgneise im Spessart, Rb/Sr-Gesamtgesteinsdatierungen. – Geol. Jb. **A9**: 69–88.

Kreuzer, H., Kunz, K., Müller, P., Schenk, E. (1974): Petrologie und Kalium/Argon-Daten einiger Basalte aus der Bohrung 31, Rainrod (Vogelsberg). – Geol. Jb. **D9**: 67–84.

*Krimm, S. (1982): Die mittelalterlichen und frühneuzeitlichen Glashütten im Spessart. – Veröff. Geschichts- u. Kunstver. Aschaffenburg **18**, 264 S.

Kroner, U., Romer, R. L. & Linnemann, U. (2010): The Saxo-Thuringian Zone of the Variscan Orogen as part of Pangea. – In: Linnemann, U. & Romer, R.L. (eds.): Pre-Mesozoic geology of Saxo-Thuringia – From the active Cadomian margin to the Variscan Orogen, S. 3–16.

Kulick, J., Leifeld, D., Meisl, S., Pöschl, W., Stellmacher, R., Strecker, G., Theuerjahr, A.-K. & Wolf, M. (1984): Petrofazielle und chemische Erkundung des Kupferschiefers der Hessischen Senke und des Harz-Westrandes. – Geol. Jb. **D 68**, 223 S.

*Kulturwege 1 (2003): Europäische Kulturwege im Spessart 1. – Spessart **99**, Sonderheft Dezember 2003, unveränderter Nachdruck Dezember 2005.

*Kulturwege 2 (2005): Europäische Kulturwege in Spessart und Odenwald 2. – Spessart **99**, Sonderheft Dezember 2005.

*Laemmlen, M. (1967): Stratigraphische Auswertung einiger Buntsandsteinbohrungen im bayerischen Spessart. – Veröff. Geschichts- und Kunstver. Aschaffenburg **10**: 107–134.

*Lagies, M. (2003): Vegetationsgeschichtliche Untersuchungen am Wiesbüttmoor (Spessart). – In: Hessen Archäologie 2003, S. 167–170. Archäol. Paläontol. Denkmalpflege, L.-Amt f. Denkmalpflege Hessen, Stuttgart (Theiss).

Le Bas, M. J. & Streckeisen, A. L. (1991): The IUGS systematics of igneous rocks. – J. Geol. Soc. London **148**: 825–833.

Le Bas, M. J., Le Maitre, R. W. & Woolley, A. R. (1992): The construction of the total alkali-silica chemical classification of volcanic rocks. – Mineral. Petrol. **46**: 1–22.

*Lepper, J. (1970): Neue Ergebnisse lithostratigraphisch-fazieller Detailuntersuchungen im Grenzbereich Mittlerer/Oberer Buntsandstein zwischen Fulda und Neckar. – Unpubl. Diss. Geol. Inst. Univ. Würzburg: 189 S.

*Leythaeuser, D. (1965): Erläuterungen zur geologischen Kartierung auf dem Süd-Drittel des Gradabteilungsblattes 6023 Lohr 1 : 25 000. – Unpubl. Dipl.-Arb. Geol. Inst. Univ. Würzburg, 99 S.

Liew, T. C. & Hofmann, A. (1988): Precambrian crustal components, plutonic associations, plate environments of the Hercynian Fold Belt of central Europe: Indications from a Nd and Sr isotopic study. – Contrib. Mineral. Petrol. **98**: 129–138.

Linnemann, U. & Romer, R.L. (eds., 2010): Pre-Mesozoic geology of Saxo-Thuringia – From the active Cadomian margin to the Variscan Orogen. – IV, 485 S., Stuttgart (Schweizerbart).

*Lippolt, H. J. (1986): Nachweis altpaläozoischer Primäralter (Rb-Sr) und karbonischer Abkühlungsalter (K-Ar) der Muskovit-Biotit-Gneise des Spessarts und der Biotit-Gneise des Böllsteiner Odenwaldes. – Geol. Rdsch. **75**: 569–583.

*Lippolt, H. J., Baranyi, I. & Todt, W. (1975): Die Kalium-Argon-Alter der postpermischen Vulkanite des nordöstlichen Oberreingrabens. – Aufschluss, Sonderband **27** (Odenwald): 205–212.

Lippolt, H. J., Raczek, I. & Venzlaff, V. (1989): Isotopic evidence for the stratigraphic position of the Saar-Nahe Rotliegend volcanism. III. Synthesis of results and geologic implications. – N. Jb. Geol. Paläont. Mh. **1989**: 539–552.

*Lorenz, J. (1991a): Die Mineralien im Rhyolith von Sailauf – eine Ergänzung. – Aufschluss **42**: 1–38.
*Lorenz, J. (1991b): Die Mineralien im Rhyolith von Sailauf – mit Beobachtungen zur Geologie. – Nachr. Naturwiss. Museum Aschaffenburg **97**: 1–77.
*Lorenz, J. (1992): Opal von Alzenau. – Aufschluss **43**: 188–190.
*Lorenz, J. (1993): Über die Kluftmineralien im Amphibolit bei Hörstein. – Aufschluss **44**, 233–236.
*Lorenz, J. (1995): Mineralisationen aus dem Rhyolith-Steinbruch von Sailauf einschließlich der Neufunde von ged. Arsen, Bertrandit, Humboldtin und Tilasit. – Aufschluss **46**: 105–122.
*Lorenz, J. (1996a): Lithiophorit und Dravit aus dem Quarzit-Steinbruch bei Hemsbach (Spessart). – Aufschluss **47**: 314–320.
*Lorenz, J. (1996b): Chernovit-(Y), Domeykit, Liebigit und weitere Mineralien aus dem Rhyolith von Sailauf im Spessart. – Mineralienwelt **7** (5): 33–44.
*Lorenz, J. (1997): Der Zechstein-Dolomit von Alzenau im Spessart und seine Mineralien. – Nachr. Naturwiss. Museum Aschaffenburg **104**: 3–34.
*Lorenz, J. (1998a): Koutekit, Uraninit und weitere Mineralien vom Stahl'schen Dioritsteinbruch bei Dörrmorsbach im Spessart (Teil 1). – Mineralienwelt **9** (4): 55–63.
*Lorenz, J. (1998b): Der Stahl'sche Dioritsteinbruch bei Dörrmorsbach im Spessart (Teil 2): Allanit-(Ce), Thorit, Skapolith und weitere Mineralien. – Mineralienwelt **9** (5): 36–45.
*Lorenz, J. (1999): Der Hufgard'sche Steinbruch im Zechstein-Dolomit an der „Feldkahler Höhe" bei Feldkahl im Spessart und seine Mineralien. – Aufschluss **50**: 65–78.
*Lorenz, J. (2001): Tujamumunit, Pumpellyit, Scheelit und andere Neufunde aus dem Stahl'schen Steinbruch bei Dörrmorsbach im Spessart. – Mineralienwelt **12** (4): 16–23.
*Lorenz, J. (2002a): Crandallit und ein bauxitischer Ton aus dem Quarzit-Steinbruch bei Hemsbach im Spessart. – Aufschluss **53**: 201–208.
*Lorenz, J. (2002b): Brandtit-Fundstelle von Weltrang: Sailauf/Spessart. – Mineralienwelt **13** (4): 12–25.
*Lorenz, J. (2003): Bariumpharmakosiderit und Lithiophorit von der kleinen Eisen- und Manganerzgrube „Beschertglück" am Kalmus bei Schöllkrippen im Spessart. – Aufschluss **54**: 45–56.
*Lorenz, J. (2004): Sailaufit, Rhodochrosit, Kaatialit, Bixbyit, Takanelit, gediegen Wismut und weitere Neufunde aus dem Rhyolith-Steinbruch in der Hartkoppe bei Sailauf im Spessart (Teil 1). – Mineralienwelt **15** (4): 21–33.
*Lorenz, J. (2006): Die Achate aus dem Rhyolith vom Rehberg bei Sailauf im Spessart. – Lapis **31** (6): 13–20.
*Lorenz, J. mit Beiträgen von Okrusch, M., Geyer, G., Jung, J., Himmelsbach, G. & Dietl, C. (2010): Spessartsteine. Spessartin, Spessartit und Buntsandstein – eine umfassende Geologie und Mineralogie des Spessarts. Geographische, geologische, petrographische, mineralogische und bergbaukundliche Einsichten in ein deutsches Mittelgebirge. – IV, 912 S., Karlstein a. Main (Helga Lorenz Verlag).
*Lorenz, J. & Jung, J. (2009): Die Mainkiesel – haben Goldwäscher eine Chance? Über die Sedimente des Mains, ihre Herkunft und den früheren Lauf des Flusses. – Spessart **103**: 3–28.
*Lorenz, J. & Okrusch, M. (2010): Der Buchit vom Kasselgrund (Gemeinde Biebergemünd) im Spessart, ein bemerkenswertes Kontaktgestein. Durch die basaltische Schmelze im Sandstein entstanden auch Sandsteinsäulen. – In: Die Alteburg bei Biebergemünd-Kassel. Geologische und historische Besonderheiten am Kulturweg

„Kelten im Kasselgrund“, S. 55–65, Biebergemünd (Geschichtsverein Biebergemünd e. V.). Mit Angabe der älteren Literatur.

*Lorenz, J. & Schmitt, R. T. (2005): Das Kupfererzbergwerk Grube Wilhelmine in Sommerkahl. – Spessart **99**: 3–32.

*Lorenz, J. & Schönmann, H. (2006): Schwerspat – das „weiße Gold“ des Spessarts! – Spessart **100**: 3–25.

*Lorenz, J. & Weinelt, W. (1981): Der Basalt von Winzenhohl im südlichen kristallinen Vorspessart. – Aufschluss **32**: 25–27.

*Lorenz, J. & Weis, T. (2008): Gediegen Gold aus den Mainschottern am Untermain. – Der Aufschluss **59**: 213–219.

*Lorenz, J. , Schmitt, R. T. & Hahn, W. (2007): Rhabdophan und Cuprobismutit von der Barytgrube „Pauline“ in Waldaschaff im Spessart. – Aufschluss **58**: 41–54.

Mader, D. (1985): Beiträge zur Genese des germanischen Buntsandsteins. – 630 S., Hannover (Sedimo).

Mahler, H. & Sell, J. (1993): Die „vulgaris/costata-Bank“ (Oberer Buntsandstein, Mitteltrias) – ein lithostratigraphisch verwertbarer biostratigraphischer Leithorizont mit chronostratigraphischer Bedeutung. – In: Hagdorn, H. & Seilacher, A. (Hrsg.): Muschelkalk. Schöntaler Symposium 1991. Sonderbände der Ges. Naturkunde Württemberg **2**: 187–192, Stuttgart (Korb).

Mai, D. H. (1995): Tertiäre Vegetationsgeschichte Europas. Methoden und Ergebnisse. – 691 S., Jena (Gustav Fischer).

*Malkmus, R. (2007): Aus grauer Vorzeit: Spessartfelsen. – Spessart **101**: 3–10.

Massonne, H.-J. & Schreyer, W. (1987): Phengite geobarometry based on the limiting assemblage with K-feldspar, phlogopite, and quartz. – Contrib. Mineral. Petrol. **96**: 212–224.

*Matthes, S. (1954): Die Paragneise im mittleren kristallinen Vor-Spessart und ihre Metamorphose. – Abh. Hess. L.-Amt Bodenforsch. **8**, 86 S.

*Matthes, S. (1958): Zur Metamorphose des kristallinen Grundgebirges im mittleren Vorspessart. – Notizbl. Hess. L.-Amt Bodenforsch. **86**: 320–326.

*Matthes, S. (1963): Exkursion in das Kristallin des Spessarts am 17. September 1962. – Fortschr. Mineral. **41**: 13–45.

*Matthes, S. & Krämer, H. (1955): Die Amphibolite und Hornblendegneise im mittleren kristallinen Vor-Spessart und ihre petrogenetische Stellung. – N. Jb. Mineral. Abh. **88**: 225–272.

*Matthes, S. & Okrusch, M. (1965a): Petrographische Untersuchung zur Frage der Rotgneise im Spessart. – Geologie **14**: 1148–1200.

*Matthes, S. & Okrusch, M. (1965b): Spessart. – Sammlung geologischer Führer **44**, X, 220 S., Berlin (Borntraeger).

*Matthes, S. & Okrusch, M. (1974): Mineralogisch-Petrographische Exkursion in das kristalline Grundgebirge des Spessarts. Exkursion B_{2a} am 6. 10. 1973. – Fortschr. Mineral. **51**: 157–175.

*Matthes, S. & Okrusch, M. (1977): The Spessart crystalline complex, North-West Bavaria: Rock series, metamorphism and position within the Central German crystalline rise. – In: La chaine varisque d’europe moyenne et occidentale. Colloque international du Centre National de la Recherche Scientifique (Rennes 1974) **243**: 375–390, Paris.

*Matthes, S. & Schubert, W. (1967): Der Chlorit-Hornblende-Fels von Wenighösbach im mittleren Vorspessart und seine Beziehungen zu spätkinematischen Chlorit-Amphiboliten. – Veröff. Geschichts- und Kunstverein Aschaffenburg **10**: 15–46.

Matthes, S., Okrusch, M., Röhr, C., Schüssler, U., Richter, P. & Gehlen, K. von (1995): Talc-Chlorite-amphibole felses of the KTB pilot hole, Oberpfalz, Bavaria: Protolith characteristics and phase relationships. – Mineral. Petrol. **50**: 25–59.
McFarlane, M.J. (1976): Laterite and Landscape. – 151 S., London (Academic Press).
*Melzer, D. & Ehrt, E. (2002): Der Ton von Klingenberg am Main – eine Besonderheit der bildsamen Silicatrohstoffe. – Keram. Z. **54**: 952–955.
*Mosebach, R. (1934a): Die kontaktmetamorphen Kalke des kristallinen Spessarts. – Chem. Erde **8**: 622–662.
*Mosebach, R. (1934b): Die körnigen Kalke von Auerbach-Hofstädten a. d. Bergstraße und der Umgegend von Aschaffenburg. – Senckenbergiana **16**: 175–192.
*Mosebach, R. (1935): Über die Entstehung der Barytgänge im jüngeren Granit des Spessarts bei Aschaffenburg. – Senckenbergiana **17**: 218–223.
*Mosebach, R. (1938): Petrographische Studien im Kristallin des Spessarts. Pegmatite und deren Mineralien. – Senckenbergiana **20**: 443–462.
*Murawski, H. (1954): Bau und Genese der Schwerspatlagerstätten des Spessarts. – N. Jb. Geol. Paläont. Mh. **1954**: 145–163.
*Murawski, H. (1957): Zur Altersfrage von Tektonik und Metamorphose im mittleren Spessart. – Abh. Hess. L.-Amt Bodenforsch. **18**: 135–148.
*Murawski, H. (1958): Der geologische Bau des zentralen Vorspessarts. – Z. deutsche geol. Ges. **110**: 360–388.
*Murawski, H. (1965): Der Spessart als Bestandteil der mitteldeutschen Schwelle. – Geol. Rdsch. **54**: 835–852.
*Murawski, H. (1966): Stofflicher Aufbau und petrogenetische Problematik der kristallinen Gesteine des zentralen Vorspessarts. – Z. deutsche geol. Ges. **115**: 374–424.
*Murawski, H. (1967): Spessartschwelle und Wetteraubecken – Funktion und Bild. – Veröff. Geschichts- und Kunstver. Aschaffenburg **10**: 71–89.
*Murawski, H. (1992): „Nur ein Stein" – Geologie des Spessarts. – 308 S., Museen der Stadt Aschaffenburg.
Nahon, D. B. (1991): Introduction to the petrology of soils and chemical weathering. – 313 S., New York (Wiley).
*Nasir, S. (1986): Die Metabasite im mittleren kristallinen Vorspessart: Petrographie – Geochemie – Phasenpetrologie. – Diss. Univ. Würzburg 1986, 191 S.
*Nasir, S. (1990): Coexisting cummingtonite-hornblende pairs in metamafic rocks from the central Spessart crystalline complex, NW-Bavaria, F.R.G. – Chem. Erde **50**: 181–188.
*Nasir, S. & Okrusch, M. (1991): Metabasites from the Central Vor-Spessart, North-West Bavaria. Part 1: Geochemistry. – N. Jb. Mineral. Mh. **1991**: 500–522.
*Nasir, S. & Okrusch, M. (1997): Metabasites from the Central Vor-Spessart, North-West Bavaria. Part 2: Comparison of different geothermometers and geobarometers. – Chem. Erde **57**: 25–50.
*Nasir, S., Okrusch, M., Kreuzer, H., Lenz, H. & Höhndorf, A. (1991): Geochronology of the Spessart crystalline complex, mid-German crystalline rise. – Mineral. Petrol. **43**: 39–55.
Neugebauer, J. (1988): The Variscan plate tectonic evolution: an improved "Iapetus model". – Schweiz. Mineral. Petrogr. Mitt. **68**: 313–333.
*Neumann, W. (1966): Versuch eines lithostratigraphischen Vergleiches von Grundgebirgsanschnitten im Bereich der Mitteldeutschen Schwelle. – Geologie **15**: 942–962.
Nicolaysen, L. O. (1961): Graphic interpretation of discordant age measurements on metamorphic rocks. – Annals New York Acad. Sci. **91**: 198–206.

*Niemz, G. (1964): Das Aschaffgebiet. – Veröff. Geschichts.- u. Kunstver. Aschaffenburg **9**, 167 S.
*Niemz, G. (1967): Der Einfluss von Vorzeitenklimaten auf die Morphogenese im kristallinen Spessart. – Veröff. Geschichts- u. Kunstver. Aschaffenburg **10**: 183–200.
*Okrusch, M. (1963a): Bestandsaufnahme und Deutung dioritartiger Gesteine im südlichen Vorspessart. Ein Beitrag zum Dioritproblem. – Geol. Bavarica, **51**: 4–107.
*Okrusch, M. (1963b): Die Anfänge der mineralogisch-petrographischen Erforschung des Vorspessarts. – Abh. Naturwiss. Ver., Würzburg **4**: 1–32. Mit Angabe der älteren Literatur.
*Okrusch, M. (1983): The Spessart crystalline complex, Northwest Bavaria. – DMG SFMC Joint Meeting. Excursion E 4. – Fortschr. Mineral., **61**, Beiheft 2: 135–169.
*Okrusch, M. (1995): Chapter IV, E. Metamorphic evolution. – In: Dallmeyer, R. D., Franke, W. & Weber, K. (Eds.): Pre-Permian Geology of Central and Eastern Europe, 201–213. Berlin – Heidelberg – New York (Springer)
Okrusch, M. & Matthes, S. (2009): Mineralogie. Eine Einführung in die spezielle Mineralogie, Petrologie und Lagerstättenkunde. – 8. Aufl., Berlin – Heidelberg – New York (Springer).
*Okrusch, M. & Richter, P. (1967): Petrographische, geochemische und mineralogische Untersuchungen zum Problem der Granitoide im mittleren Spessartkristallin. – N. Jb. Mineral. Abh. **107**: 21–73.
*Okrusch, M. & Richter, P. (1969): Zur Geochemie der Diorit-Gruppe – Vergleichende Untersuchungen an Gesteinen des Bayerischen Waldes, des Spessarts und des Odenwaldes (Süd-Deutschland). – Contrib. Mineral. Petrol. **21**: 75–110.
*Okrusch, M. & Richter, P. (1986): Orthogneisses of the Spessart crystalline complex, Northwest Bavaria: Indicators of the geotectonic environment? – Geol. Rdsch. **75**: 555–568.
*Okrusch, M. & Schubert, W. (2006): Das Gestein Hösbachit als bronzezeitlicher Werkstoff. – In: Sauer, F. (Hrsg.): Ortschronik von Hösbach, S. 39–52, Mainaschaff (Kuthal).
*Okrusch, M. & Weber, K. (1996): Der Kristallinkomplex des Vorspessart. – Z. geol. Wiss. **24**: 141–174.
*Okrusch, M. & Weinelt, W. (1965): Erläuterungen zur Geologischen Karte von Bayern 1:25000 – Blatt Nr. 5921 – Schöllkrippen, München (Bayer. Geol. L.-Amt).
*Okrusch, M., Streit, R. & Weinelt, W. (1967): Erläuterungen zur Geologischen Karte von Bayern 1:25000, Blatt Nr. 5920 – Alzenau i. Ufr., München (Bayer. Geol. L.-Amt).
*Okrusch, M., Müller, R. & El Shazly, S. (1985): Die Amphibolite, Kalksilikatgesteine und Hornblendegneise der Alzenauer Gneisserie am Nordwest-Spessart. – Geol. Bavarica **87**: 5–37.
*Okrusch, M., Schubert, W. & Nasir, S. (1995): Chapter IV, D. Igneous activity. 1. Pre- to early Variscan magmatism. – In: Dallmeyer, R. D., Franke, W. & Weber, K. (Eds.): Pre-Permian Geology of Central and Eastern Europe. 190–200. Berlin – Heidelberg – New York (Springer).
Okrusch, M., Kelber, K.-P., Friedrich, V. & Neubert, M. (2006): Historische Steinbrüche des Würzburger Stadtgebietes im Wandel der Zeit. – Mainfränk. Hefte **105**: 1–70, Volkach (Hart).
*Okrusch, M., Lorenz, J. & Weyer, S. (2007): The genesis of sulfide assemblages in the former Wilhelmine Mine, Spessart, Bavaria, Germany. – Canad. Mineral. **45**: 723–750.

Oncken, O. (1997): Transformation of a magmatic arc and an orogenic root during oblique collision and it's consequences for the evolution of the European Variscides (Mid-German Crystalline Rise). – Geol. Rdsch. **86**: 2–20.

*Paul, J. (1982): Der Untere Buntsandstein des Germanischen Beckens. – Geol. Rdsch. **71**: 795–811.

Pearce, J. A. (1982): Trace element characteristics of lavas from destructive plate boundaries. – In: Thorpe, R. S. (ed.): Andesites, S. 525–548, New York (Elsevier).

Pearce, J. A., Harris, N. B. W. & Tindle, A. G. (1984): Trace element discrimination for the tectonic interpretation of granitic rocks. – J. Petrol. **25**: 956–983.

Pearce, J. A. & Parkinson, I. J. (1993): Trace elements for mantle melting: application to volcanic arc petrogenesis. – Geol. Soc., London, Spec. Publ. **76**: 373–403.

*Pfister, P. (1976): Tonbergwerk der Stadt Klingenberg und seine Geschichte. – In: 700 Jahre Stadt Klingenberg. Beiträge zur geschichtlichen, kulturellen und wirtschaftlichen Entwicklung der Stadt Klingenberg am Main, S. 198–253, Obernburg-Klingenberg (Bingemer).

*Plessmann, W. (1957): Zur Baugeschichte des nordwestlichen Kristallinen Spessarts. – Abh. hess. L.-Amt Bodenforsch. **18**: 149–166.

*Prüfert, J. (1969): Der Zechstein im Gebiet des Vorspessarts und der Wetterau. – Sonderveröffentl. Geol. Inst. Univ. Köln **16**: X, 176 S.

*Quentin, K.-E. (1970): Die Heil- und Mineralquellen Nordbayerns. – Geol. Bavarica **62**, 312 S.

Reible, P. (1962): Die Conchostraken (Branchiopoda, Crustacea) der Germanischen Trias. – N. Jb. Geol. Paläont. Abh. **114**: 169–244.

Reis, O. M. (1927): Über Einzelheiten und Allgemeinheiten in vulkanischen Durchbrüchen und Mineralbildungen im Spessart und in der Rhön. – Geognost. Jahresh. **40**: 109–132, München.

Reis, O. M. (1928): Erläuterungen zum Blatt Würzburg Nr. XXIII der Geognostischen Karte von Bayern 1 : 100 000, Teilblatt Würzburg. – 54 S., München (Piloty & Loehle).

Reischmann, T., Anthes, G., Jaeckel, P. & Altenberger, U. (2001): Age and origin of the Böllsteiner Odenwald. – Mineral. Petrol. **72**: 29–44.

*Reitz, E. (1987): Palynologie in metamorphen Serien: I. Silurische Sporen aus einem granatführenden Glimmerschiefer des Vor-Spessart. – N. Jb. Geol. Paläont. Mh. **1987**: 699–704.

Rhodenburg, H. (1968): Jungpleistozäne Hangformung in Mitteleuropa – Beiträge zur Kenntnis, Deutung und Bedeutung ihrer räumlichen und zeitlichen Differenzierung. – Göttinger Bodenkdl. Ber. **6**: 3–107.

Richter-Bernburg, G. (1955): Stratigraphische Gliederung des deutschen Zechsteins. – Z. deutsch. geol. Ges. **105**: 843–854.

*Röder, J. (1960): Toutonenstein und Heunesäulen bei Miltenberg. Ein Beitrag zur alten Steinindustrie am Untermain. – Materialh. Bayer. Vorgesch., **15**, 86 S., Kallmünz/Opf. (Lassleben).

Rollinson, H. (1993): Using geochemical data: Evaluation, presentation, interpretation. – Harlow, Essex, UK (Longman).

*Rückert, T. (1977): Erläuterungen zu einer geologischen Kartierung auf dem Blatt 6223 Wertheim der topogr. Karte 1 : 25 000. – Unpubl. Dipl.-Arb. Geol. Inst. Univ. Würzburg, 103 S.. Dipl.-Arb. Inst. Geol. Univ. Würzburg.

*Rückert, T. (1994): Zur Geschichte der Kalkbrennerei unter besonderer Berücksichtigung der Verhältnisse am bayerischen Untermain. – Aschaffenburger Jahrb. für Geschichte, Landeskunde und Kunst des Untermaingebietes. **17**: 241–278 (Geschichts- und Kunstverein Aschaffenburg).

Rutte, E. & Wilczewski, N. (1995): Mainfranken und Rhön. – Sammlung geologischer Führer **74**, 3. Aufl., VI, 232 S., Stuttgart (Borntraeger).
Sabel, K.-J. (1989): Zur Renaissance der Gliederung periglazialer Deckschichten in der deutschen Bodenkunde. – Frankfurter Geogr. Arb. **D10**: 9–16.
*Salger, M. (1973): Bunte Tertiärtone bei Alzenau/Unterfranken. – Geol. Bavarica, **67**: 249–252.
*Salger, M. & Schwarzmeier, J. (1985): Tonmineralogische Untersuchungen im Buntsandstein des Ostspessarts. – Geol. Bavarica **87**: 91–96.
*Sandberger, F. von (1867): Die Gliederung der Würzburger Trias und ihrer Aequivalente. – Würzburger naturwiss. Z. **6**: 131–155, 157–210.
*Sandberger, F. v. (1890): Übersicht der Versteinerungen der Triasformation Unterfrankens. – Verh. Phys.-Med. Ges. Würzburg, N. F. **23**: 1–46.
*Sandberger, F. von (1892): Übersicht der Mineralien des Regierungsbezirkes Unterfranken und Aschaffenburg. – Geognost. Jahresh. **4**: 1–34.
*Scheinpflug, A. (1977): Chirotherien-Fährten aus dem östlichen Spessart. – Aufschluss **28**: 1–14.
*Schenkel, M. (1980): Erläuterungen zu einer geologischen Kartierung auf dem Blatt 6223 Wertheim der topogr. Karte 1 : 25 000. – Unpubl. Dipl.-Arb. Geol. Inst. Univ. Würzburg, XVI + 255 S.
*Scherer, U. (1978): Erläuterungen zur geologischen Kartierung auf Blatt Nr. 6023 Lohr (mittleres Drittel) der topographischen Karte von Bayern 1 : 25 000 mit speziellen sedimentologischen und geophysikalischen Untersuchungen. – Unpubl. Dipl.-Arb. Geol. Inst. Univ. Würzburg, 163 S.
*Schirmer, W. (1988): Ziegeleigrube Marktheidenfeld. – DEUQUA-Exkursion D Mittelmaintal: 5–10.
*Schmeer, D. (1967): In: Okrusch, M., Streit, R. & Weinelt, W. (1967): Erläuterungen zur Geologischen Karte von Bayern 1:25000, Blatt Nr. 5920, S. 123–142.
*Schmeer, D. (1971): In: Streit, R. & Weinelt, W. (1971): Erläuterungen zur Geologischen Karte von Bayern 1:25 000, Blatt 6020 – Aschaffenburg, S. 112-125.
*Schmeer, D. (1973): Petrographische und genetische Beobachtungen an Einschlüssen (Knollen) in kleinen Tuffvorkommen in der Umgebung von Aschaffenburg. – Geol. Bavarica **67**: 215–228.
*Schmid, H. & Weinelt, W. (1978): Lagerstätten in Bayern. – Geol. Bavarica **77**, 160 S.
Schmidt, F. P. & Friedrich, G. H. (1988): Geologic setting and genesis of Kupferschiefer mineralization in West Germany. – In: Friedrich, G. H. & Herzig, P. M. (eds.): Base metal sulfide deposits in volcanic and sedimentary environments. – SGA Spec. Publ. **6**: 25–59. Berlin – Heidelberg (Springer).
*Schmidt, J. C. L. (1811): Beschreibung zwey seltener Fossilien des Spessarts. – Schriften Herzogl. Soc. Ges. Mineralogie zu Jena **3**: 342–348, Jena (Göpferdts).
*Schmidt, J. C. L. (1823): Über mehrere allgemeine Verhältnisse der Gänge und über die Beziehungen derselben zur Formazion des Gebirgsgesteins. – Karstens Arch. Bergbau u. Hüttenwesen **6**: 3–91.
*Schmitt, R. T. (1991): Buntmetallmineralisation im Zechstein 1 (Werra-Folge) des nordwestlichen Vorspessarts (Großkahl-Huckelheim-Altenmittlau). – Unpubl. Dipl. Arb. Mineral. Inst. Univ. Würzburg.
*Schmitt, R. T. (1992): Die Grube Hilfe Gottes bei Großkahl im Spessart. – Aufschluss **43**: 309–318.
*Schmitt, R. T. (1993a): Sulfide und Arsenide aus den Gruben Segen Gottes bei Huckelheim und Hilfe Gottes bei Großkahl im Spessart. – Aufschluss **44**: 111–122.
*Schmitt, R. T. (1993b): Wismutminerale aus den Barytgängen des Spessarts (Nord-Bayern). – Aufschluss **44**: 329–336.

*Schmitt, R. T. (2001): Zur Petrographie, Geochemie und Buntmetallmineralisation des Zechstein 1 (Werra-Folge) im Gebiet Huckelheim – Großkahl (Nordwestlicher Spessart). – Mitt. Naturwiss. Mus. Stadt Aschaffenburg **20**, 100 S.
*Schottler, W. (1922): Erläuterungen zur Geologischen Karte von Hessen 1:25 000, Blatt Seligenstadt. – Darmstadt (Hessischer Staatsverlag).
*Schrepfer, H. (1924): Das Maintal zwischen Spessart und Odenwald. Eine morphologische Studie. – Forsch. deutschen Landes- und Volkskunde **23** (Heft 3): 89–224.
Schubert, W. (1969): Chlorit-Hornblende-Felse des Bergsträßer Odenwaldes und ihre Phasenpetrologie. – Contrib. Mineral. Petrol. **21**: 295–319.
*Schubert, W., Okrusch, M. & Böhme, M. (1998): Urnenfelderzeitliche Bronze-Gußformen aus dem fränkisch-thüringischen Raum: Materialansprache und archäologische Bedeutung. – Veröff. Joachim-Jungius-Ges. Wiss. Hamburg **87**: 791–813.
*Schulze-Seeger, W. (1992): Von der Salzstadt zum Heilbad. Beiträge zur Salinen- und Ortsgeschichte von Bad Orb. – 2. Aufl., 157 S., Bad Orb (Orbensien).
*Schulze-Seeger, W. (1994): Orb – 1300 Jahre Sole und Salz. Schicksale einer Stadt und ihrer Menschen im Spiegel zeitgenössischer Dokumente. – 241 S., Bad Orb (Orbensien).
*Schuster, M. (1928): Abriß der Geologie von Bayern rechts des Rheins und des angrenzenden Gebietes. – VI. Abteilung, 229 S., München (Oldenbourg und Piloty & Loehle).
*Schuster, M. (1933): Die Gliederung des Unterfränkischen Buntsandsteins. II. Der Obere Buntsandstein oder das Röt. a. Die Grenzschichten zwischen Mittlerem und Oberem Buntsandstein. – Abh. Geol. Landesunters. Bayer. Oberbergamt **9**, 58 S.
*Schuster, M. (1934): Die Gliederung des Unterfränkischen Buntsandstein. II. Der Obere Buntsandstein oder das Röt. b. Das Untere Röt oder die Stufe des Plattensandsteins. – Abh. Geol. Landesunter. Bayer. Oberbergamt **15**, 64 S.
*Schuster, M. (1935): Die Gliederung des Unterfränkischen Buntsandsteins. II. Der Obere Buntsandstein oder das Röt. c. Das Obere Röt oder die Stufe der Röt-Tone (1. Die Unteren Röt-Tone und der Röt-Quarzit). – Abh. Geol. Landesunter. Bayer. Oberbergamt **22**, 67 S.
*Schuster, M. (1936): Die Gliederung des Unterfränkischen Buntsandsteins. II. Der Obere Buntsandstein oder das Röt. c. Das Obere Röt oder die Stufe der Röt-Tone (2. Die Oberen Röttone mit den Myophorien-Schichten). – Abh. Geol. Landesunter. Bayer. Oberbergamt, **23**, 53 S.
Schwarz, H. U. (1975): Sedimentary structures and facies analysis of shallow marine carbonates (Lower Muschelkalk, Middle Triassic, Southwestern Germany). – Contrib. Sedimentol. **3**, 100 S.
Schwarzbach, M. (1993): Das Klima der Vorzeit. Eine Einführung in die Paläoklimatologie. – 5. Aufl., 380 S., Stuttgart (Enke).
*Schwarzmeier, J. (1977): Erläuterungen zur Geologischen Karte von Bayern 1:25 000, Blatt 6024 Karlstadt und zum Blatt 6124 Remlingen. – München (Bayer. Geol. L.-Amt).
*Schwarzmeier, J. (1979): Erläuterungen zur Geologischen Karte von Bayern 1:25 000, Blatt 6123 Marktheidenfeld. – München (Bayer. Geol. L.-Amt).
*Schwarzmeier, J. (1980): Erläuterungen zur Geologischen Karte von Bayern 1:25 000, Blatt 6023 Lohr am Main. – München (Bayer. Geol. L.-Amt).
*Schwarzmeier, J. (1984): Erläuterungen zur Geologischen Karte von Bayern 1:25 000, Blatt 6121 Bischbrunn. – München (Bayer. Geol. L.-Amt).
*Schwarzmeier, J. (1985): Der Mittlere Buntsandstein in Kernbohrungen des Ostspessarts. – Geol. Bavarica **87**: 61–90.

*Schwarzmeier, J. (1986): Über den Buntsandstein an der unteren Saale und Sinn. – Geol. Bavarica **89**: 95–115.

*Schwarzmeier, J. (1990): Erläuterungen zur Geologischen Karte von Bayern 1:25 000, Blatt 5924 Gemünden a. Main. – München (Bayer. Geol. L.-Amt).

*Schwarzmeier, J. (im Druck a): Erläuterungen zur Geologischen Karte von Bayern 1 : 25 000, Blatt 5924 Gemünden a. Main. – Augsburg (Bayer. L.-Amt für Umwelt).

*Schwarzmeier, J. (im Druck b): Erläuterungen zur Geologischen Karte von Bayern 1 : 25 000, Blatt 6121 Heimbuchenthal. – Augsburg (Bayer. L.-Amt für Umwelt).

*Schwarzmeier, J. & Weinelt, W. (1993): Naturpark Spessart. Geol. Kt. Bayern 1:100 000, mit Kurzerläuterung auf der Rückseite. – München (Bayer. Geol. L.-Amt).

Schweitzer, H.-J. (1996): *Voltzia hexagona* (Bischoff) Geinitz aus dem mittleren Perm Westdeutschlands. – Palaeontographica Abt. **B 239**: 1–22.

*Schwenzer, B. (1967): Beiträge zur Morphologie des nordwestlichen Vorspessarts. – Rhein.-Main. Forsch. **60**, 116 S.

*Seckendorff, V. von, Timmerman, M. J., Kramer, W. & Wrobel, P. (2004a): New $^{40}Ar/^{39}Ar$ ages and geochemistry of late Carboniferous – early Permian lamprophyres and related volcanic rocks in the Saxothurigian Zone of the Variscan Orogen (Germany). – In: Wilson, M. et al. (eds.): Permo-Carboniferous Magmatism and Rifting in Europe. Geol. Soc., London, Spec. Publ. **223**: 335–359.

Seckendorff, V. von, Arz, C. & Lorenz, V. (2004b): Magmatism of the late Variscan intermontane Saar-Nahe Basin (Germany): a review. – In: Wilson, M. et al. (eds.): Permo-Carboniferous Magmatism and Rifting in Europe. Geol. Soc., London, Spec. Publ. **223**: 361–391.

*Seidenschwann, G. (1980): Zur pleistozänen Entwicklung des Main-Kahl-Gebietes. – Rhein-Main. Forsch. **91**, 194 S.

*Seidenschwann, G. (1989): Die pleistozäne Talverschüttung im Kahl- und Kinziggebiet, ihre Gliederung und geomorphologische-stratigraphische Stellung innerhalb der Terrassenfolgen von Kahl und Kinzig. – Jber. wetterau. Ges. ges. Naturkunde.**140/141**: 71– 96.

*Seidenschwann, G. & Juvigné, E. (1986): Fundstellen mittelpleistozäner Tephralagen im Randbereich des Kristallinen Vorspessarts. – Z. dt. geol. Ges. **137**: 625–655.

*Seyfried, E. von (1914): Erläuterungen zur Geologischen Karte von Preußen und den benachbarten Bundesstaaten. Lieferung 172, Blatt Altengronau, 22 S. – Berlin (Preuß. Geol. Landesanst.)

*Siebenhüner, M. (1964): Erläuterungen zur geologischen Kartierung auf dem Norddrittel des Gradabteilungsblattes Marktheidenfeld im Maßstab 1 : 25 000. – Unpubl. Dipl.-Arb. Univ. Würzburg: 72 S., Würzburg.

*Smoler, M. (1987): Petrographische, geochemische und phasenpetrologische Untersuchungen an Metasedimenten des NW-Spessart/Bayern. – Dr. rer. nat. Diss. Univ. Würzburg 1987, 256 S.

Spear, F. S. & Cheney, J. T. (1989): A petrogenetic grid for pelitic schists in the system SiO_2–Al_2O_3– FeO–MgO–K_2O–H_2O. – Contrib. Mineral. Petrol. **101**: 149–164.

*Spruth, F. (1979): Die Bieberer Bergbautaler. Ein Katalog sämtlicher Bieberer Prägungen von 1754 bis 1802, verbunden mit einem Beitrag zur Geldgeschichte der Grafschaft Hanau und der Landgrafschaft Hessen-Kassel sowie mit einer Darstellung der Bergbaugeschichte von Bieber. – Veröff. Ges. Internat. Geldgesch. **7**, 111 S.

Steinhäuser, W. (1936): Tertiärgeologische und vulkanologische Untersuchungen am südöstlichen Vogelsberg und am Hessischen Landrücken. – Unpubl. Diss. Univ. Gießen, 138 S.

*Stenger, E. (1948): Die Steingutfabrik Damm bei Aschaffenburg 1827–1884. – Unveränderter Nachdruck 1990, 208 S., Veröff. Geschichts- und Kunstverein Aschaffenburg e.V.

*Streit, R. (1967a): Das Pliozän in der Tongrube Mainflingen. – Veröff. Geschichts- und Kunstver. Aschaffenburg **10**: 175–181.

*Streit, R. (1967b): In: Okrusch, M., Streit, R. & Weinelt, W. (1967): Erläuterungen zur Geologischen Karte von Bayern 1:25000, Blatt Nr. 5920.

*Streit, R. & Weinelt, W. (1971): Erläuterungen zur Geologischen Karte von Bayern 1:25 000, Blatt 6020 – Aschaffenburg. – München (Bayer. Geol. L.-Amt).

*Streitz, B. & Grosse-Brauckmann, G. (1977): Das Wiesbüttmoor: Entstehung und Entwicklungsgeschichte einer kleinen Vermoorung im Spessart. – Natur und Museum **107**: 367–374.

Strunz, H. & Nickel, E. H. (2001): Strunz Mineralogical Tables – Chemical-Structural Mineral Classification System. – 9. Aufl., 870 S., Stuttgart (Schweizerbart).

Tait, J. A., Bachtadse, V., Franke, W. & Soffel, H. C. (1997): Geodynamic evolution of the European Variscan fold belt: palaeomagnetic and geological constraints. – Geol. Rdsch. **86**: 585–598.

*Teuscher, E. O. & Weinelt, W. (1972): Die Metallogenese im Raume Spessart – Fichtelgebirge – Oberpfälzer Wald – Bayerischer Wald. – Geol. Bavarica **65**: 5–73.

*Thürach, H. (1893): Über die Gliederung des Urgebirges im Spessart. – Geognost. Jahresh. **5**, 160 S.

Tietze, K.-W. (1982): Zur Geometrie einiger Flüsse im Mittleren und Oberen Buntsandstein Süddeutschlands. – Geol. Rdsch., **71**: 813–828.

Trench, A. & Torsvik, T. H. (1992): The closure of the Iapetus Ocean and Tornquist Sea: new paleomagnetic constraints. – J. Geol. Soc. London **149**: 867– 870.

*Trusheim, F. (1935): Ein Labyrinthodontenrest aus dem Buntsandstein des Spessarts. – Zbl. Min. Geol. Paläont. Abt. B **1935**: 294–298.

*Trusheim, F. (1937): Wurzelböden im Plattensandstein Mainfrankens. – Zbl. Min., Geol. Paläont., Abt. B, **1937**: 385–388.

Trusheim, F. (1963): Zur Gliederung des Buntsandsteins. – Erdöl-Z. **79**: 277–292.

Trusheim, F. (1964): Über den Untergrund Frankens. Ergebnisse von Tiefbohrungen in Franken und Nachbargebieten 1953–1960. – Geol. Bavarica **54**, 92 S.

Trusheim, F. (1975): Die Fundstelle Pleistozäner Säugetiere im Karst von Karlstadt am Main. – Abh. naturwiss. Ver. Würzburg **16**: 3–18.

Tuttle, O. F. & Bowen, N. L. (1958): Origin of granite in the light of experimental studies in the system $NaAlSi_3O_8$–$KAlSi_3O_8$–SiO_2–H_2O. – Geol. Soc. America Mem. **74**, 153 S.

Valeton, I. (1956): Fossile Bodenbildung an der Sohle des Maintales. – Geol. Bavarica **25**: 44–50.

*Vogel, C. (1894): Geologische Karte des Großherzogthums Hessen 1:25 000. V. Lieferung. Blatt König – Woerth – mit Behelfsausgabe der Geol. Karte Hessen 1: 25 000, faksimilierter Nachdruck, Blatt 6022 Wörth am Main, Wiesbaden 1994 (Hess. L.-Amt Bodenforsch.).

Vossmerbäumer, H. (1970): Zur bathymetrischen Entwicklung des Muschelkalkmeeres in Mainfranken. – Abh. Naturwiss. Ver. Würzburg **11**: 57–76.

*Wagner, T. & Lorenz, J. (2002): Mineralogy of complex Co-Ni-Bi vein mineralization, Bieber deposit, Spessart, Germany. – Mineral. Mag. **66**: 385–407.

*Wagner, T., Okrusch, M., Weyer, S., Lorenz, J., Lahaye, Y., Taubald, H. & Schmitt, R. T. (2010): The role of Kupferschiefer in the formation of hydrothermal base-metal mineralization in the Spessart ore district, Germany: insight from detailed sulphur isotope studies. – Mineral. Depos. **45**: 217–239.

*Weber, K. (1981): The structural development of the Rheinische Schiefergebirge. – Geol. Mijnbouw **60**: 149–159.
*Weber, K. (1984): Variscan events: Early Paleozoic continental rift metamorphism and late Paleozoic crustal shortening. – In: Hutton, D. H. & Sanderson, D. J. (eds): Variscan tectonics in the North Atlantic region, S. 3–22, London (Blackwell).
*Weber, K. (1995a): Chapter IV.C.1 The Spessart Crystalline Complex. – In Dallmeyer, R. D., Franke, W. & Weber, K. (Eds.): 167–273. Berlin – Heidelberg – New York (Springer).
*Weber, K. (1995b): Chapter IV.C.4 Structural relationship between Saar-Nahe Basin, Odenwald and Spessart Mts. – In Dallmeyer, R. D., Franke, W. & Weber, K. (Eds.): 186–189. Berlin – Heidelberg – New York (Springer).
*Weber, K. (1996): – In: Okrusch, M. & Weber, K. (1996): Der Kristallinkomplex des Vorspessart, S. 152–160.
Weber, K. & Behr, H.-J. (1983): Geodynamic interpretation of the mid European Variscides. – In: Martin, H. & Eder, F. W. (eds): Intracontinental Fold Belts, S. 427–469, Heidelberg–New York –Tokyo (Springer).
*Weber, K. & Juckenack, C. (1990): The structure of the Spessart Mts. crystalline basement and its position in the frame of the European Variscides. – Description of stops. – In Field Guide Mid-German Crystalline Rise & Rheinisches Schiefergebirge. Internat. Conf. Paleozoic Orogens in Central Europe, Göttingen – Giessen, Aug. – Sept. 1990, IGCP 233, S. 101–114.
*Weidmann, C. (1929): Zur Geologie des Vorspessarts – Lithogenetische und tektonische Untersuchungen. – Rhein-Main. Forsch. **8**, 74 S.
*Weinelt, W. (1962): Erläuterungen zur Geologischen Karte von Bayern 1:25000, Blatt 6021 – Haibach, 246 S., München (Bayer. Geol. L.-Amt).
*Weinelt, W. (1965a): Der Zechstein in der Kernbohrung von Bad Sodenthal, Gemeinde Soden im südlichen kristallinen Vorspessart. – Geol. Bavarica **55**: 89–104, München.
*Weinelt, W. (1965b): – In: Okrusch, M. & Weinelt, W. (1965): Erläuterungen zur Geologischen Karte von Bayern 1:25 000 – Blatt Nr. 5921 – Schöllkrippen.
*Weinelt, W. (1967a): – In: Okrusch, M., Streit, R. & Weinelt, W. (1967): Erläuterungen zur Geologischen Karte von Bayern 1:25000, Blatt Nr. 5920.
*Weinelt, W. (1967b): Ein neuer Fundpunkt von pleistozänem, pflanzenführendem Ton im unteren Aschafftal, nördlich von Hösbach im Spessart. – Veröff. Geschichts- und Kunstver. Aschaffenburg **10**: 209–215.
*Weinelt, W. (1971): – In: Streit, R. & Weinelt, W. (1971): Erläuterungen zur Geologischen Karte von Bayern 1:25 000, Blatt 6020 – Aschaffenburg.
*Weinelt, W. (1972): – In: Wittmann, O. (1972): Erläuterungen zur Geologischen Karte von Bayern 1:25 000, Blatt 6022 Rothenbuch.
*Weinelt, W. (1978): – In: Cramer, P. & Weinelt, W. (1978): Erläuterungen zur Geologischen Karte von Bayern 1:25000, Blatt Nr. 5922 – Frammersbach.
*Weinelt, W. & Lorenz, J. (1983): Ein neues Basaltvorkommen im südlichen kristallinen Spessart. – Aufschluss **34**: 405–406.
*Weinelt, W., Schmeer, D. & Wild, A. (1965): Durchbrüche jungtertiärer Vulkanite im westlichen kristallinen Vorspessart. – Geol. Bavarica **55**: 317–340, München.
*Weinelt, W., Okrusch, M. & Richter, P. (1985): Das kristalline Grundgebirge im nördlichen Hochspessart auf Grund der Ergebnisse neuer Tiefbohrungen. – Geol. Bavarica **87**: 39–60, München.
Wernicke, R. S. & Lippolt, H. J. (1997): (U+Th) – He evidence of Jurassic continuous hydrothermal activity in the Schwarzwald basement, Germany. – Chem. Geol. **138**: 273–285.

*Wilbertz, O. M. (1982): Die Urnenfelderkultur in Unterfranken. – Materialh. bayer. Vorgesch. **A49**: 82–102.

Wilhelmy, H. (1981): Klimamorphologie der Massengesteine. – 254 S., Wiesbaden (Akademische Verlagsgesellschaft).

*Wildner, M., Tillmanns, E., Andrut, M. & Lorenz, J. (2003): Sailaufite, $(Ca,Na,\square)_2Mn_3O_2(AsO_4)_2(CO_3)\cdot 3H_2O$, a new mineral from Hartkoppe hill, Ober-Sailauf (Spessart mountains, Germany), and its relationships to mitridatite-group minerals and paraobertsite. – Eur. J. Mineral. **15**: 555–564.

Will, T. M. (1998a): Phase equilibria in metamorphic rocks – thermodynamic background and petrological applications. – VI, 315 S., Berlin–Heidelberg–New York (Springer).

*Will, T. M. (1998b): Phase diagrams and their application to determine pressure-temperature paths of metamorphic rocks. – N. Jb. Mineral. Abh. **174**: 101–118.

Winchester, J. A. & Floyd, P. A. (1976): Geochemical magma type discrimination to altered and metamorphosed basic igneous. – Earth Planet. Sci. Lett. **28**: 459–469.

*Wittmann, O. (1972): Erläuterungen zur Geologischen Karte von Bayern 1:25 000, Blatt 6022 Rothenbuch. – 102 S., München (Bayer. Geol. L.-Amt).

Woolley, A. R., Bergman, S., Edgar, A. D., Le Bas, M. J., Mitchell, R. H., Rock, N. M. S. & Scott Smith, B. H. (1996): Classification of lamprophyres, kimberlites, and the kalsilitic, melilitic, and leucite-bearing rocks. – Canad. Mineral. **34**: 175–186.

*Wrobel, P. L. (2000): Postcollisional lamprophyres and hydrous basaltic dykes from the Mid German Crystalline Rise: Resolution of effects of mantle metasomatism, wedge depletion, melting degree, fractionation and crustal assimilation. – Diss. Univ. Würzburg, 190 S.

*Wrobel, P. L. & Seckendorff, V. von (2000): Die Genese der Spessart-Lamprophyre: Einfluß der Mantel-, Fraktionierungs- und Kontaminations-Prozesse auf die Isotopen- und Spurenelementsystematik der Lamprophyrschmelzen. – Ber. Deutsche Mineral. Ges., Beih. Eur. J. Mineral **12**, 1: 238.

Wurm, A. (1956): Beiträge zur Flußgeschichte des Main und zur diluvialen Tektonik des Maingebietes. – Geol. Bavarica **25**: 1–21.

Zeh, A. (1996): Die Druck-Temperatur-Deformations-Entwicklung des Ruhlaer Kristallins (Mitteldeutsche Kristallinzone). – Geotekton. Forsch. **86**, 212 S.

Zeh, A. & Gerdes, A. (2010): Baltica- and Gondwana-derived sediments in the Mid-German Crystalline Rise (Central Europe): Implications for the closure of the Rheic ocean. – Gondwana Res. **17**: 254–263.

*Zeh, A. & Will, T. M. (2010): The Mid-German Crystalline Zone. – In: Linnemann, U. & Romer, R.L. (eds.): Pre-Mesozoic geology of Saxo-Thuringia – From the active Cadomian margin to the Variscan Orogen, S. 195–220.

Zeh, A., Cosca, M., Brätz, H. Okrusch, M. & Tichomirowa, M. (2000): Simultaeous horst-basin formation and magmatism during Late Variscan transtension: evidence from $^{40}Ar/^{39}Ar$ and $^{207}Pb/^{206}Pb$ geochronology in the Ruhla Crystalline Complex. – Internat. J. Earth Sci. **89**: 52–71.

Zeh, A., Williams, I. S., Brätz, H. & Millar, I. L. (2003): Different age response of zircon and monazite during the tectono-metamorphic evolution of a high grade paragneiss from the Ruhla Crystalline Complex, Central Germany. – Contrib. Mineral. Petrol. **145**: 691–706.

Zelger, C. (1867): Geognostische Wanderung im Gebiet der Trias Frankens. – 2. Aufl., Würzburg (Bucher'sche Buchhdlg.).

Sachwortverzeichnis

Fettgedruckte Ziffern weisen auf eine ausführlichere Behandlung eines Stichwortes hin

Ortsverzeichnis

Fettgedruckte Seitenzahlen weisen auf Fundpunkte hin.

Sammlung geologischer Führer, lieferbare Bände

Format der Bände 42 bis 47: 11,2 x 16 cm, in Leinen gebunden, ab Band 48 im Format 19,5 x 13,5 cm, in flexiblem Kunststoff:

Band 42: Flügel, H.:
Das Steirische Randgebirge
1963. XVI, 160 Seiten, 15 Abbildungen, 4 Photos, 1 geol. Karte
ISBN 978-3-443-39044-0

Band 48: Richter, Dieter:
Aachen und Umgebung; [Nordeifel und Nordardennen mit Vorland.];
3., vollk. überarb. Aufl.
1985. 3. Auflage. XVI, 302 Seiten, 46 Abbildungen, 7 Tabellen, 7 Faltbeilagen, 10 Karten
ISBN 978-3-443-15044-0

Band 49: Richter, Max:
Vorarlberger Alpen; 2. veränd. Aufl.
1978. X, 171 S., 58 Abb., 2 Faltbeil., 1 Karte
ISBN 978-3-443-15023-5

Band 50: Schröder, Bernt:
Fränkische Schweiz und Vorland;
3. Aufl. 1977, Nachdr. 1992
1992. VIII, 86 Seiten, 20 Abb., 4 Faltbeilagen
ISBN 978-3-443-15004-4

Band 53: Purtscheller, F.:
Ötztaler und Stubaier Alpen;
2. veränd. Aufl.
1978. VIII, 129 Seiten, 21 Abbildungen, 1 Karte
ISBN 978-3-443-15022-8

Band 55: Richter, Dieter:
Ruhrgebiet und Bergisches Land;
[Zwischen Ruhr und Wupper.]
3. vollk. überarb. Aufl.
1996. VIII, 222 Seiten, 68 Abbildungen, 5 Tabellen, 5 Faltbeilagen, 11 Karten
ISBN 978-3-443-15063-1

Band 57: Streif, Hansjörg:
Das ostfriesische Küstengebiet; [Nordsee, Inseln, Watten und Marschen.];
2. völlig neubearb. Aufl.
1990. 2. Auflage. VII, 376 Seiten, 48 Abbildungen, 10 Tabellen, 1 Faltbeilage
ISBN 978-3-443-15051-8

Band 58: Mohr, Kurt:
Harz. Westlicher Teil; 5. erg. Aufl.
1998. XII, 216 Seiten, 33 Abbildungen, 17 Tab., 1 Karte, 18 Routenkarten, 1 Routenübersicht
ISBN 978-3-443-15071-6

Band 59: Plöchinger, B.; Prey, S.:
Der Wienerwald; 2. völlig neu bearb. Aufl.; Red.: Schnabel, W.
1993. XIV, 168 Seiten, 28 Abbildungen, 3 Tabellen, 2 Faltbeilage
ISBN 978-3-443-15059-4

Band 62: Schreiner, Albert:
Hegau und westlicher Bodensee;
3. ber. Aufl. 2008
X, 90 Seiten, 22 Abb., 1 Tab.
ISBN 978-3-443-15040-2

Band 63: Labhart, Toni P.:
Aarmassiv und Gotthardmassiv
1977. XI, 173 Seiten, 22 Abb., 1 Tab.
1 Karte, 1 Faltbeilage
ISBN 978-3-443-15019-8

Band 64: Waldeck, Hans:
Die Insel Elba und die kleineren Inseln des Toskanischen Archipels; [Mineralogie, Geologie, Geographie, Kulturgeschichte.]; 2., verbesserte u. erweiterte Aufl.
1986. VIII, 216 Seiten, 82 Abbildungen, 8 Tabellen
ISBN 978-3-443-15046-4

Band 66: Sindowski, Karl-Heinz:
Zwischen Jadebusen und Unterelbe
1979. X, 145 Seiten, 15 Abbildungen, 13 Tabellen, 1 Faltbeilage
ISBN 978-3-443-15025-9

Band 67: Geyer, Otto F.; Gwinner, Manfred P.:
Die Schwäbische Alb und ihr Vorland; 3. verb. Aufl. 1984, unveränd. Nachdr.
1997. VI, 275 Seiten, 36 Abbildungen, 14 Tafeln, 1 Faltbeilage
ISBN 978-3-443-15041-9

Band 68: Grabert, Hellmut:
Oberbergisches Land;
[Zwischen Wupper und Sieg]
1980. VIII, 178 Seiten, 65 Abbildungen, 2 Tabellen, 2 Faltbeilagen
ISBN 978-3-443-15027-3

Band 69: Pichler, Hans:
Italienische Vulkan-Gebiete III; [Lipari, Vulcano, Stromboli, Tyrrhenisches Meer]
1990. XIX, 272 Seiten, 53 Abb., 11 Tab., 4 Tafeln, 3 Faltbeil., 1 Karte
ISBN 978-3-443-15052-5

Band 70: Mohr, Kurt:
Harzvorland – westlicher Teil
1982. VIII, 155 Seiten, 30 Abbildungen, 12 Tabellen
ISBN 978-3-443-15029-7

Band 73: Plöchinger, Benno:
Salzburger Kalkalpen
1983. X, 144 Seiten, 34 Abbildungen, 3 Fossiltafeln, 1 geol. Karte, 2 Tabellen
ISBN 978-3-443-15034-1

Band 74: Rutte, Erwin; Wilczewski, Norbert:
Mainfranken und Rhön;
3. überarb. Aufl.
1995. VI, 232 Seiten, 65 Abbildungen, 3 Tabellen, 4 Tafeln, 1 Karte
ISBN 978-3-443-15067-9

Band 81: Rothe, Peter:
Kanarische Inseln; [Lanzarote, Fuerteventura, Gran Canaria, Tenerife, Gomera, La Palma, Hierro.]. 3. Auflage 2008. XVI , 338 Seiten, 100 Abbildungen, 13 Tabellen, 1 Beilage
ISBN 978-3-443-15081-5

Band 82: Schmidt-Thomé, Paul:
Helgoland; [Seine Dünen-Inseln, die umgebenden Klippen und Meeresgründe]
1987. X, 111 Seiten, 53 Abbildungen, 3 Faltbeilagen
ISBN 978-3-443-15049-5

Band 83: Pichler, Hans:
Italienische Vulkangebiete V; [Mte. Vúlture, Äolische Inseln II (Salina, Filicudi, Alicudi, Panarea), Mti. Iblei, Capo Pássero, Ustica, Pantelleria und Linosa]
1989. X, 271 Seiten, 56 Abbildungen, 7 Tabellen, 11 Tafeln, 6 Faltbeilagen
ISBN 978-3-443-15050-1

Band 84: Schneider, Horst:
Saarland; mit Beiträgen von Dieter Jung.
1992. X, 271 Seiten, 61 Abbildungen, 12 Tabellen, 1 Faltbeilage, 1 Karte
ISBN 978-3-443-15053-2

Band 85: Seidel, Gerd:
Thüringer Becken
1992. VII, 204 Seiten, 70 Abbildungen, 17 Tabellen, 2 Faltbeilagen
ISBN 978-3-443-15058-7

Band 86: Geyer, Otto F.:
Die Südalpen zwischen Gardasee und Friaul; [Trentino, Veronese, Vicentino, Bellunese]
1993. XIII, 576 Seiten, 175 Abb., 4 Tab.
ISBN 978-3-443-15060-0

Band 87: Beeger, Dieter; Quellmalz, Werner:
Dresden und Umgebung, 1994. VIII, 205 Seiten, 61 Abbildungen
ISBN 978-3-443-15062-4

Band 88: **Die deutsche Ostseeküste**; Hrsg.: Duphorn, Klaus; Kliewe, Heinz; Niedermeyer, Ralf-Otto; Janke, Wolfgang; Werner, Friedrich.
1995. VIII, 281 Seiten, 87 Abbildungen, 6 Tabellen, 1 Faltbeilage
ISBN 978-3-443-15065-5

Band 89: Meyer, Wilhelm; Stets, Johannes:
Das Rheintal zwischen Bingen und Bonn
1996. XII, 386 Seiten, 44 Abbildungen, 2 Faltbeilage
ISBN 978-3-443-15069-3

Band 90: Bachmann, Gerhard H.; Brunner, Horst:
Nordwürttemberg; [Stuttgart, Heibronn und weitere Umgebung]. 1998. XIV, 403 Seiten, 61 Abbildungen, 3 Tabellen
ISBN 978-3-443-15072-3

Band 91:
Ungarn; [Bergland um Budapest, Balaton-Oberland, Südbakony. Unter Mitarbeit von Pál Müller u. a.]; Hrsg.: Trunkó, László
2000. IX, 158 Seiten, 26 Abbildungen, 11 Photos, 1 Karte
ISBN 978-3-443-15073-0

Band 92: Groiss, Josef Th.; Haunschild, Hellmut; Zeiss, Arnold:
Das Ries und sein Vorland
2000. XII, 271 Seiten, 58 Abbildungen, 6 Tabellen, 4 Beilagen
ISBN 978-3-443-15074-7

Band 93: Prinz-Grimm, Peter; Grimm, Ingeborg:
Wetterau und Mainebene
2002. IX, 167 Seiten, 50 Abbildungen, 2 Tabellen, 1 Karte mit den Exkursionsrouten
ISBN 978-3-443-15076-1

Band 94: Geyer, Otto F.; Schober, Thomas; Geyer, Matthias:
Die Hochrhein-Regionen zwischen Bodensee und Basel, 2003. XI 526 Seiten, 110 Abbildungen
ISBN 978-3-443-15077-8

Band 95: Martens, Thomas:
Thüringer Wald
2003. X , 252 Seiten, 68 Abb., 17 Tab., 12 Photos, viele Routenkärtchen im Text
ISBN 978-3-443-15078-5

Band 96: Patzelt, Gerald:
Nördliches Harzvorland
2003. 182 S., 50 Abb., 1. Tab., 11 Exkursionsrouten
ISBN 978-3-443-15079-2

Band 97: Schneider, Gabi:
The Roadside Geology of Namibia
2. Aufl. 2008. X, 294 pages, 112 fig., 1 tab., 29 route descriptions
ISBN 978-3-443-15084-6

Band 98: Frisch, Wolfgang; Meschede, Martin; Kuhlemann, Joachim:
Elba
2008. VIII, 216 S., 24 Abb., 3 Tab., 104 Farbabbildungen
ISBN 978-3-443-15082-2

Band 99: Kuhlemann, Joachim; Frisch, Wolfgang; Meschede, Martin:
Korsika,
2009. XII , 236 S., 37 Abb., 4 Karten, 103 Farbabb.
ISBN 978-3-443-15085-3

Band 100: Walter, Roland:
Aachen und südliche Umgebung
2010. VII, 360 S., 122 Abb., 102 Farbabb., 12 Exkursionsrouten
ISBN 978-3-443-15086-0

Band 101: Walter, Roland
Aachen und nördliche Umgebung
2010. VIII, 214 S., 76 Abb., 77 Farbabb., 7 Exkursionsrouten
ISBN 978-3-443-15087-7

Band 102: Günther, Dieter
Der Schwarzwald und seine Umgebung
2010. VI, 302 S., 85 Abb., 78 Farbabb., 10 Tab.
ISBN 978-3-443-15088-4

Band 103: Eisbacher, G.H., Fielitz, W.
Karlsruhe und seine Region
2010. VI, 346 S., 34 Abb., 33 Farbabb., 1 Tab.
ISBN 978-3-443-15089-1

Band 104: Franzke, H.J., Schwab, M.
Harz, östlicher Teil
2011. 326 S., 141 Abb., 5 Farbabb., 11 Exkursionen
ISBN 978-3-443-15090-7

Band 105: Niedermeyer, R.-O., Lampe, R., Janke, W., Schwarzer, K., Duphorn, K., Kliewe, H., Werner, F.
Die deutsche Ostseeküste
2011. völlig neu bearbeitete Auflage, VI, 360 S., 97 Abb., 20 Farbabb., 17 Exkursionsrouten
ISBN 978-3-443-15091-4

Band 106: Okrusch, M., Geyer, G., Lorenz, J.
Spessart.
2011. VIII, 368 S., 2 Karten und 103 großenteils farbige Abbildungen
ISBN 978-3-443-15093-8